Python 机器学习核心算法编程实例

丁伟雄　编著

電子工業出版社
Publishing House of Electronics Industry
北京 • BEIJING

内 容 简 介

在大数据时代背景下，机器学习是人工智能研究领域中一个极其重要的方向，本书是一本机器学习方面的入门读物，注重理论与实践相结合。本书以 Python 3.6.5 为编写平台，全书分为 13 章，主要包括机器学习绪论、线性模型、树回归、K-means 聚类算法、朴素贝叶斯、数据降维、支持向量机、随机森林、人工神经网络、协同过滤算法、基于矩阵分解的推荐算法、集成学习、数据预处理等内容。通过本书的学习，除使读者轻松掌握 Python 外，还能利用 Python 简单、快捷地解决各种机器学习问题。

本书适合 Python 初学者，也适合研究 Python 的广大科研人员、学者、工程技术人员阅读使用。

图书在版编目（CIP）数据

Python 机器学习核心算法编程实例 / 丁伟雄编著. —北京：电子工业出版社，2019.12

ISBN 978-7-121-38247-5

Ⅰ. ①P… Ⅱ. ①丁… Ⅲ. ①软件工具—程序设计②机器学习 Ⅳ. ①TP311.561②TP181

中国版本图书馆 CIP 数据核字（2020）第 009676 号

责任编辑：陈韦凯　　文字编辑：康　霞
印　　刷：北京七彩京通数码快印有限公司
装　　订：北京七彩京通数码快印有限公司
出版发行：电子工业出版社
　　　　　北京市海淀区万寿路 173 信箱　邮编　100036
开　　本：787×1 092　1/16　印张：22.75　字数：582.4 千字
版　　次：2019 年 12 月第 1 版
印　　次：2023 年 3 月第 3 次印刷
定　　价：78.00 元

凡所购买电子工业出版社图书有缺损问题，请向购买书店调换。若书店售缺，请与本社发行部联系，联系及邮购电话：（010）88254888，88258888。

质量投诉请发邮件至 zlts@phei.com.cn，盗版侵权举报请发邮件至 dbqq@phei.com.cn。

本书咨询联系方式：chenwk@phei.com.cn。

前　言

“大家还没搞清 PC 的时候，移动互联网时代来了，还没有搞清移动互联网的时候，大数据时代来了。”马云的这句话，形象地描述了大数据时代的不期而遇。而 2016 年，著名的计算机科学家——吴军博士携带他的全新力作——《智能时代：大数据与智能革命重新定义未来》，宣告智能时代到来了！

新的时代，需要新的技术；新的技术，需要新的人才。为满足时代的需要，深度学习、机器学习应运而来。那么什么是大数据、什么是机器学习、什么是深度学习呢？

（1）什么是大数据

大数据（Big Data）指无法在一定时间范围内用常规软件工具进行捕捉、管理和处理的数据集合，是需要使用新处理模式才能具有更强的决策力、洞察发现力和流程优化能力的海量、高增长率和多样化的信息资产。

在维克托·迈尔-舍恩伯格及肯尼思·库克耶编写的《大数据时代》中，大数据指不用随机分析法（抽样调查）这样的捷径，而采用所有数据进行分析处理。大数据的 5V 特点（IBM 提出）：Volume（大量）、Velocity（高速）、Variety（多样）、Value（低价值密度）、Veracity（真实性）。

（2）什么是机器学习

机器学习（Machine Learning，ML）是一门多领域交叉学科，涉及概率论、统计学、逼近论、凸分析、算法复杂度理论等多门学科。它研究计算机怎样模拟或实现人类的学习行为，以获取新的知识或技能，重新组织已有的知识结构使之不断改善自身的性能。它是人工智能的核心，是使计算机具有智能的基本途径。它的应用已遍及人工智能的各个分支，如专家系统、自动推理、自然语言理解、模式识别、计算机视觉、智能机器人等领域。其中尤其典型的是专家系统中的知识获取瓶颈问题，人们一直在努力试图采用机器学习的方法加以克服。

（3）什么是深度学习

深度学习是指多层的人工神经网络和训练它的方法。一层神经网络会把大量矩阵数字作为输入，通过非线性激活方法取权重，再产生另一个数据集合作为输出。这就像生物神经大脑的工作机理一样，通过合适的矩阵数量，多层组织链接在一起，形成神经网络“大脑”，进行精准复杂的处理，就像人们识别物体标注图片一样。

深度学习是从机器学习中的人工神经网络发展出来的新领域。早期所谓的“深度”是指超过一层的神经网络。但随着深度学习的快速发展，其内涵已经超出了传统的多层神经网络，甚至机器学习的范畴，逐渐朝着人工智能的方向快速发展。

在数据科学大数据方面从业者和研究人员必备的技能中，机器学习和 Python 应该是位列前五中的两项。机器学习炙手可热，在互联网、金融保险、电商、电信、智能制造、零售业、智慧医疗等领域发挥了越来越大的作用，关注度也越来越高。Python 是全球四大流行语言之一，它具有简单易学、应用限制性少等特性，因此在开发从业者眼中是全栈开发的。

针对机器学习与 Python 软件的特点，我们将两者相结合编写了本书，其主要内容包括：

第 1 章介绍机器学习绪论，主要包括机器学习的定义、学习算法、Python 的安装与使用、Python 基础知识等内容。

第 2 章介绍线性模型，主要包括一般线性回归、局部加权线性回归、广义线性模型、逻辑回归分析、牛顿法等内容。

第 3 章介绍树回归，主要包括决策树的构建、决策树的绘制、决策树的存储、CART 回归树等内容。

第 4 章介绍 K-means 聚类算法，主要包括相似性的度量、K-近邻算法及各种聚类算法等内容。

第 5 章介绍朴素贝叶斯，主要包括朴素贝叶斯理论、朴素贝叶斯算法等内容。

第 6 章介绍数据降维，主要包括维度灾难与降维、高维数据降维的方法等内容。

第 7 章介绍支持向量机，主要包括分类间隔、拉格朗日乘子、核函数、SOM 算法等内容。

第 8 章介绍随机森林，主要包括集成学习、Stacking、随机森林算法、随机森林算法实践等内容。

第 9 章介绍人工神经网络，主要包括感知机模型、从感知机到神经网络、多层前馈神经网络等内容。

第 10 章介绍协同过滤算法，主要包括协同过滤的核心、协同过滤的分类、相似度的度量方法等内容。

第 11 章介绍基于矩阵分解的推荐算法，主要包括矩阵分解、利用矩阵分解进行预测、非负矩阵分解、基于矩阵分解的推荐方法等内容。

第 12 章介绍集成学习，主要包括集成学习的原理及误差、集成学习方法等内容。

第 13 章介绍数据预处理，主要包括数据预处理概述、去除唯一属性、处理缺失值等内容。

本书由丁伟雄编写，张德丰参与了部分内容的编写和审校工作。

本书适合 Python 初学者，也适合研究 Python 的广大科研人员、学者及工程技术人员阅读使用。

为便于读者学习，本书提供实例源代码下载。读者登录华信教育资源网（www.hxedu.com.cn），注册成为会员，即可查找本书免费下载。

由于时间仓促，加之作者水平有限，所以错误和疏漏之处在所难免。在此，诚恳地期望得到各领域专家和广大读者的批评指正。

编著者

目　录

第1章　机器学习绪论

机器学习（Machine Learning，ML）是一门多领域交叉学科，涉及概率论、统计学、逼近论、凸分析、算法复杂度理论等多门学科，专门研究计算机怎样模拟或实现人类的学习行为，以获取新的知识或技能，重新组织已有的知识结构使之不断改善自身性能。

机器学习是人工智能的核心，是使计算机具有智能的根本途径，其应用遍及人工智能的各个领域，其主要使用的方法是归纳、综合，而不是演绎。

1.1　机器学习的定义

机器学习算法是一类从数据中自动分析、获得规律，并利用规律对未知数据进行预测的方法。在算法设计方面，机器学习理论关注可以实现的、行之有效的学习算法。很多推论问题是无程序可循的，所以部分机器学习研究开发容易处理的近似算法。

机器学习已经有了十分广泛的应用，如数据挖掘、计算机视觉、自然语言处理、生物特征识别、搜索引擎、医学诊断、检测信用卡欺诈、证券市场分析、DNA序列测序、语音和手写识别、战略游戏和机器人等。

1.1.1　概论

自从计算机被发明以来，人们就想知道它们能不能学习。如果我们理解了计算机学习的内在机制，即怎样使它们根据经验来提高机制，那么影响将是空前的。想象一下，在未来，计算机能从医疗记录中学习，获取治疗新疾病的有效方法；住宅管理系统分析住户的用电模式，以降低能源消耗；个人软件助理跟踪用户的兴趣，并为其选择最感兴趣的在线新闻……对计算机学习的成功理解将开辟出全新的应用领域，并使其计算能力和可定制性上升到新的层次。同时，透彻地理解机器学习的信息处理算法，也有助于更好地理解人类的学习能力。

目前，人们还不知道怎样才能使计算机的学习能力和人类相媲美。然而，一些针对特定学习任务的算法已经产生。关于学习的理论认识已逐步形成。人们开发出了很多实践性的计算机程序来实现不同类型的学习，一些商业化的应用也已经出现。例如，对于语音识别这样的课题，至今为止，基于机器学习的算法明显胜过其他方法。在数据挖掘领域，机器学习算法理所当然地得到应用，从包含设备维护记录、借贷申请、金融交易、医疗记录等类似信息的大型数据库中发现有价值的信息。随着人们对计算机理解的日益成熟，机器学习必将在计算机科学和技术中扮演越来越重要的角色。

通过一些特定的成就，我们可以看到这门技术的现状：计算机已经能够成功地识别人类的讲话（Waibel 1989；Lee 1989）、预测脑炎患者的康复率（Cooper et al. 1997）、检测信用卡欺诈、在高速公路上驾驶（Pomerleau 1989）、以接近人类世界冠军的水平对弈西洋双陆棋游戏（Tesauro 1992，1995）。已有了很多理论成果能够对训练样例数量、假设空间大小、假设错误率三者间的基本关系进行刻画。我们正在开始获取人类和动物学习的原始模型，用于理解它们和计算机学习算法之间的关系。在过去的十年中，无论是应用、算法、理论，还是生物系统的研究，都取得了令人瞩目的进步。

机器学习的几种应用主要表现在以下方面：

1. 识别人类讲话

所有成功的语音识别系统都使用了某种形式的机器学习技术。例如，Sphinx 系统可学习特定讲话者的语音识别策略，从检测到的语音信号中识别出基本的音素（phoneme）和单词。神经网络学习方法和隐式马尔可夫模型（hidden Markov model）的学习方法在语音识别系统中也非常有效，它们可以让系统自动适应不同讲话者、词汇、麦克风特性和背景噪声等。类似技术在很多信号解释课题中有应用潜力。

2. 驾驶车辆

机器学习算法已被应用于训练计算机控制，使其在各种类型的道路上正确行驶。例如，ALVINN 系统（Pomer leau 1988）已经利用它学会的策略独自在高速公路的其他车辆之间奔驰，并以 70 英里（1 英里约为 1.6 千米）的时速行驶了 90 英里。类似技术可能在很多基于传感器的控制问题中得到应用。

3. 分类新的天文结构

机器学习算法已经被应用于从各种大规模数据库中发现隐藏的一般规律。例如，决策树学习算法已经被美国国家航空航天局（NASA）用来分类天体，数据来自第二帕洛马天文台太空调查（Fayyad et al.1995）。这一系统现在被用于自动分类太空调查中的所有天体，其中包含 3TB 的图像数据。

4. 以世界级的水平对弈西洋双陆棋

最成功的博弈类（如西洋双陆棋）计算机程序基于机器学习算法。例如，世界上最好的西洋双陆棋程序 TD-Gammon（Tesauro 1992，1995）是通过和自己对弈一百万次以上来学习策略的。现在它的水平与人类的世界冠军相当。类似技术被应用于许多实际问题，这需要高效地搜索庞大的空间。

1.1.2 机器学习发展历程

机器学习是人工智能研究较为年轻的分支，它的发展过程大体可分为 4 个阶段。

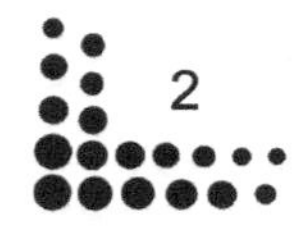

第一阶段是从 20 世纪 50 年代中叶到 60 年代中叶，属于热烈时期。

第二阶段是从 20 世纪 60 年代中叶到 70 年代中叶，称为冷静时期。

第三阶段是从 20 世纪 70 年代中叶到 80 年代中叶，称为复兴时期。

机器学习的最新阶段始于 1986 年。机器学习进入新阶段主要表现在下列几个方面：

（1）机器学习已成为新的边缘学科并在高校形成一门课程。它综合应用心理学、生物学和神经生理学及数学、自动化和计算机科学，形成机器学习理论基础。

（2）结合各种学习方法，以取长补短的多种形式集成学习系统的研究正在兴起。特别是连接学习与符号学习的耦合，可以更好地解决连续性信号处理中知识与技能的获取，使求解问题受到重视。

（3）机器学习与人工智能各种基础问题的统一性观点正在形成。例如，学习与问题求解结合进行、知识表达学习的观点与智能系统 SOAR 的组块学习结合。类比学习与问题求解结合基于案例的方法已成为经验学习的重要方向。

（4）各种学习方法的应用范围不断扩大，一部分已形成商品。归纳学习的知识获取工具已在诊断类专家系统中广泛使用。连接学习在声、图、文识别中占优势。分析学习已用于设计综合型专家系统。遗传算法与强化学习在工程控制中有较好的应用前景。与符号系统耦合的神经网络连接学习将在企业的智能管理与智能机器人运动规划中发挥作用。

（5）与机器学习有关的学术活动空前活跃。国际上除每年一次的大型机器学习研讨会外，还有计算机学习理论会议及遗传算法会议。

1.1.3 机器学习算法的分类

在机器学习中，根据任务的不同，可以分为监督学习（Supervised Learning）、无监督学习（Unsupervised Learning）、半监督学习（Semi-Supervised Learning）和增强学习（Reinforcement Learning）。

监督学习的训练数据包含类别信息，如在垃圾邮件检测中，其训练样本包含邮件的类别信息：垃圾邮件和非垃圾邮件。在监督学习中，典型的问题是分类（Classification）和回归（Regression），典型的算法有 Logistic Regression、BP 神经网络算法和线性回归算法。

与监督学习不同的是，无监督学习的训练数据中不包含任何类别信息。在无监督学习中，其典型的问题为聚类（Clustering）问题，代表算法有 K-Means 算法、DBSCAN 算法等。

半监督学习的训练数据中一部分数据包含类别信息，另一部分数据不包含类别信息，是监督学习和无监督学习的融合。在半监督学习中，其算法一般在监督学习的算法上进行扩展，使之可以对未标注数据建模。

1.1.4 通用机器学习算法

整体来说，通用机器学习算法主要有以下 10 种，本书对这 10 种机器学习算法展开介绍。

（1）朴素贝叶斯分类器算法。

（2）K 均值聚类算法。

（3）支持向量机算法。

（4）Apriori 算法。

（5）线性回归。
（6）逻辑回归。
（7）人工神经网络。
（8）随机森林。
（9）决策树。
（10）最近邻算法。

1.2 学习算法

监督学习和无监督学习是使用较多的两种学习方法，而半监督学习是监督学习和无监督学习的融合，本书着重介绍监督学习和无监督学习。

1.2.1 监督学习

在监督学习中，给定一组数据，我们知道，正确的输出结果应该是什么样子，并且知道在输入和输出之间有一个特定的关系。在监督学习中，分类算法和回归算法是两类重要的算法，两者之间主要的区别是，分类算法中的标签是离散值，如广告点击问题的标签为{+1，-1}，分别表示广告的点击和未点击。而回归算法中的标签值是连续值，如通过人的身高、性别、体重等信息预测人的年龄，因为年龄是连续的正整数，因此标签为$y \in N^{+}$且$y \in [1,80]$。

1. 监督学习流程

监督学习流程的具体过程如图 1-1 所示。

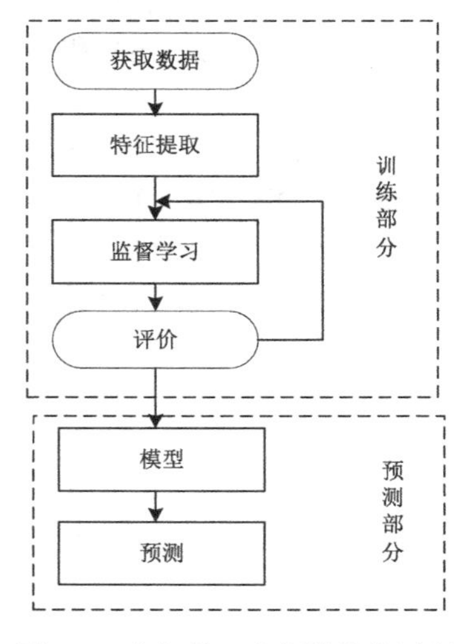

图 1-1 监督学习流程的具体过程

对于具体的监督学习任务，首先是获取到带有属性值的样本，假设有 m 个训练样本 $\{(X^{(1)},y^{(1)}),(X^{(2)},y^{(2)}),\cdots,(X^{(m)},y^{(m)})\}$，然后对样本进行预处理，过滤数据中的杂质，保留有用信息，这个过程称为特征处理或特征提取。

通过监督学习算法习得样本特征到样本标签之间的假设函数。监督学习通过样本数据中习得的假设函数，用其对新数据进行预测。

2. 监督学习算法

分类问题是指通过训练数据学习一个从观测样本到离散标签的映射，其是一个监督学习问题。典型问题有：

（1）垃圾邮件的分类（Spam Classification）：训练样本是邮件中的文本，标签是每个邮件是否是垃圾邮件（{+1,-1}，+1 表示是垃圾邮件，-1 表示不是垃圾邮件），目标是根据这些带标签的样本，预测一个新邮件是否是垃圾邮件。

（2）点击率预测（Click-through Rate Prediction）：训练样本是用户、广告和广告主的信息，标签是否被点击（{+1,-1}，+1 表示点击，-1 表示未点击）。目标是在广告主发布广告后，预测指定用户是否会点击。上述两种问题都是二分类问题。

（3）手写字识别，即识别是 {0,1,…,9} 中的哪个数字，这是一个多分类问题。

与分类问题不同的是，回归问题是指通过训练数据学习一个从观测样本到连续标签的映射，在回归问题中的标签是一系列连续值。典型的回归问题有：

（1）股票价格的预测，即利用股票的历史价格预测未来的股票价格。

（2）房屋价格的预测，即利用房屋的数据，如房屋的面积、位置等信息预测房屋的价格。

1.2.2 无监督学习

和分类、回归算法相比，无监督学习算法的主要特性是输入数据是未标注过的，即没有给定的标签或分类，其在没有任何辅助的条件下学习数据结构。这带来了两点主要不同。

（1）使我们可以处理大量数据，因为数据不需要人工标注。

（2）评估无监督学习算法的质量比较难，因为缺乏监督学习算法所用的明确的优秀测度。

无监督学习中常见的任务之一是降维。一方面，降维可能有助于可视化数据（如 t-SNE 方法）；另一方面，降维可能有助于处理数据的多重共线性，为监督学习算法（如决策树）准备数据。

1. 无监督学习流程

无监督学习流程的具体过程如图 1-2 所示。

对于具体的无监督学习任务，首先是获取带有特征值的样本。假设有 m 个训练数据 $\{X^{(1)},X^{(2)},\cdots,X^{(m)}\}$，对这 m 个样本进行处理，得到有用的信息，这个过程称为特征处理或特征提取，最后通过无监督学习算法处理这些样本，如利用聚类算法对这些样本进行聚类。

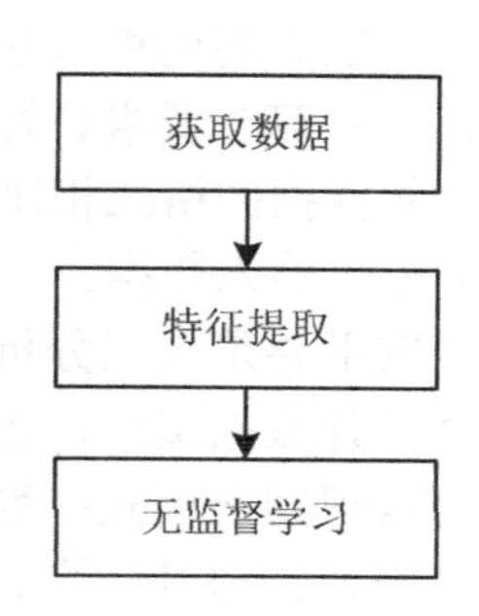

图 1-2　无监督学习流程的具体过程

2. 无监督学习算法

聚类算法是无监督学习算法中最典型的一种学习算法。聚类算法利用样本的特征将具有相似特征的样本划分到同一个类别中，而不关心这个类别具体是什么，如表 1-1 所示的聚类问题。

表 1-1　聚类问题

样本	特征	
	是否有翅膀	是否有鳍
样本 1（鲤鱼）	0	1
样本 2（鲫鱼）	0	1
样本 3（麻雀）	1	0
样本 4（喜鹊）	1	0

在表 1-1 所示的聚类问题中，通过分别比较特征 1（是否有翅膀）和特征 2（是否有鳍）来对上述样本进行聚类。从表 1-1 中的数据可看出，样本 1 和样本 2 较相似，样本 3 和样本 4 较相似，因此，可以将样本 1 和样本 2 划分到同一个类别中，将样本 3 和样本 4 划分到另一个类别中，而不用去关心样本 1 和样本 2 所属的类别具体是什么。

除了聚类算法，在无监督学习中，还有一类重要的算法是降维算法，数据降维的基本原理是将样本点从输入空间通过线性或非线性变换映射到一个低维空间，从而获得一个关于原始数据集的低维表示。

1.3 机器学习应用程序的步骤

在学习和使用机器学习算法来开发应用程序时，通常遵循以下步骤。

（1）收集数据。

我们可以使用很多方法收集样本数据，如制作网络爬虫从网站上抽取数据、从 RSS 反馈或从 API 中得到信息、设备发送过来的实测数据（风速、血糖等）。提取数据的方法非常多，为了节省时间与精力，可以使用公开可用的数据源。

（2）准备输入数据。

得到数据后，必须确保数据格式符合要求，本书采用的格式是 Python 语言的 List。使用这种标准数据格式可以融合算法和数据源，方便匹配操作。

此外，还需要为机器学习算法准备特定的数据格式，如某些算法要求特征值使用特定的格式，一些算法要求目标变量和特征值是字符串类型，而另一些算法可能要求是整数类型。与收集数据的格式相比，处理特殊算法要求的格式相对简单。

（3）分析输入数据。

此步骤主要是人工分析以前得到的数据。为了确保前两步有效，最简单的方法是用文本编辑器打开数据文件，查看得到的数据是否为空值。此外，还可以进一步浏览数据，分析是否可以识别出模式；数据中是否存在明显的异常，如某些数据点与数据集中的其他值存在明显差异。通过一维、二维或三维图形展示数据也是不错的方法，然而多数时候我们得到的数据特征值不会低于 3 个，无法一次图形化展开所有特征。

这一步的主要作用是确保数据集中有可用数据且没有垃圾数据。如果是在产品化系统中使用机器学习算法，并且算法可以处理系统产生的数据格式，或者我们信任数据来源，可以直接跳过第 3 步。此步骤需要人工干预，如果在自动化系统中需要人工干预，显然降低了系统的价值。

（4）训练算法。

机器学习算法从这一步才真正开始学习。根据算法的不同，第 4 步和第 5 步是机器学习算法的核心。我们将前两步得到的格式化数据输入到算法中，从中抽取知识或信息。这里得到的知识需要存储为计算机可以处理的格式，方便后续步骤使用。

如果使用无监督学习算法，那么由于不存在目标变量值，故不需要训练算法，所有与算法相关的内容都集中在第 5 步。

（5）测试算法。

这一步将实际使用第 4 步机器学习得到的知识信息。为了评估算法，必须测试算法工

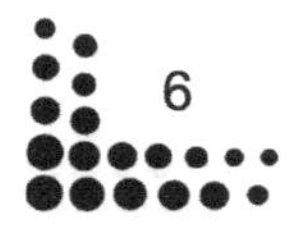

作的效果。对于监督学习，必须已知用于评估算法的目标变量值；对于无监督学习，也必须用其他评测手段来检验算法的成功率。无论是哪种情形，如果不满意算法的输出结果，则可以回到第 4 步，改进并加以测试。问题常常与数据的收集和准备有关，这时就需要跳回第 1 步重新开始。

（6）使用算法。

将机器学习算法转换为应用程序，执行实际任务，以检验上述步骤是否可以在实际环境中正常工作。此时如果碰到新的数据问题，同样需要重复执行上述步骤。

1.4　Python 语言

Python 是一种面向对象的解释型计算机程序设计语言，由荷兰人 Guido van Rossum 于 1989 年发明，第一个公开发行版发行于 1991 年。

Python 具有丰富和强大的库，常被称为“胶水语言”，能够把用其他语言制作的各种模块（尤其是 C/C++）很轻松地联结在一起。常见的一种应用情形是，使用 Python 快速生成程序的原型（有时甚至是程序的最终界面），然后对其中有特殊要求的部分，用更合适的语言改写，如 3D 游戏中的图形渲染模块，其性能要求特别高，就可以用 C/C++重写，而后封装为 Python 可以调用的扩展类库。需要注意的是，在使用扩展类库时可能需要考虑平台问题，某些情况可能不提供跨平台实现。

1.4.1　Python 的风格

Python 在设计上坚持了清晰的风格，这使得其成为一款易读、易维护，被大量用户所欢迎的、用途广泛的语言。

Python 的作者有意地设计了限制性很强的语法，使得不好的编程习惯（如 if 语句的下一行不向右缩进）都不能通过编译。其中很重要的一项就是 Python 的缩进规则。

一个和其他语言（如 C 语言）的区别就是，一个模块的界限完全是由每行的首字符在这一行的位置来决定的（而 C 语言是用一对花括号{}来明确模块边界的，与字符的位置毫无关系）。这一点曾经引起过争议。因为自从 C 这类语言诞生后，语言的语法含义与字符的排列方式分离开来，这曾经被认为是一种程序语言的进步。不过不可否认的是，通过强制程序员们缩进（包括 if、for 和函数定义等所有需要使用模块的地方），Python 确实使得程序更加清晰和美观。

1.4.2　Python 的优势

基于 Python 具有以下优势，本书选择 Python 作为实现机器学习算法的编程语言。

（1）简单。Python 是一款代表简单主义思想的语言。阅读一个良好的 Python 程序感觉像是在读英语一样，它能够使你专注于解决问题而不是去搞明白语言本身。

（2）易学。因为 Python 有极其简单的说明文档，所以极容易上手。

（3）速度快。Python 的底层是用 C 语言写的，很多标准库和第三方库也是用 C 语言写的，运行速度非常快。

（4）免费、开源。Python 是 FLOSS（自由/开放源码软件）之一。使用者可以自由地复制这个软件、阅读它的源代码、对它做改动、把它的一部分用于新的自由软件中。FLOSS 是基于一个团体分享知识的概念。

（5）高层语言。用 Python 语言编写程序的时候无须考虑诸如如何管理你的程序使用的内存一类的底层细节。

（6）可移植性。由于其开源本质，Python 已经被移植在许多平台上（经过改动使其能够工作在不同平台上）。这些平台包括 Linux、Windows、FreeBSD、Macintosh、Solaris、OS/2、Amiga、AROS、AS/400、BeOS、OS/390、z/OS、Palm OS、QNX、VMS、Psion、Acom RISC OS、VxWorks、PlayStation、Sharp Zaurus、Windows CE、PocketPC、Symbian 及 Google 基于 Linux 开发的 Android 平台。

（7）解释性。一个用编译性语言如 C 或 C++写的程序可以从源文件（即 C 或 C++语言）转换到一个计算机使用的语言（二进制代码，即 0 和 1）。这个过程通过编译器和不同的标记、选项完成。

运行程序的时候，连接/转载器软件把程序从硬盘复制到内存中并运行，而 Python 语言写的程序不需要编译成二进制代码，你可以直接从源代码运行程序。

在计算机内部，Python 解释器把源代码转换成称为字节码的中间形式，然后再把它翻译成计算机使用的机器语言并运行。这使得使用 Python 更加简单，也使得 Python 程序更加易于移植。

（8）面向对象。Python 既支持面向过程的编程，也支持面向对象的编程。在面向过程的语言中，程序是由过程或仅仅是可重用代码的函数构建起来的。在面向对象的语言中，程序是由数据和功能组合而成的对象构建起来的。

（9）可扩展性。如果需要一段关键代码运行得更快或希望某些算法不公开，则可以部分程序用 C 或 C++语言编写，然后在 Python 程序中使用它们。

（10）可嵌入性。可以把 Python 嵌入 C/C++程序，向用户提供脚本功能。

（11）丰富的库。Python 标准库确实很庞大。它可以帮助处理各种工作，包括正则表达式、文档生成、单元测试、线程、数据库、网页浏览器、CGI、FTP、电子邮件、XML、XML-RPC、HTML、WAV 文件、密码系统、GUI（图形用户界面）、Tk 和其他与系统有关的操作。这被称作 Python 的“功能齐全”理念。除了标准库以外，还有许多其他高质量的库，如 wxPython、Twisted 和 Python 图像库等。

（12）规范的代码。Python 采用“强制缩进”的方式使得代码具有较好的可读性，而 Python 语言写的程序不需要编译成二进制代码。

1.4.3 Python 语言的缺点

无论功能多么强大的软件，也一定有相应的缺点。Python 的缺点主要表现在以下 3 个方面。

（1）单行语句和命令行输出问题。很多时候不能将程序连写成一行，如 import sys;for i in sys.path:print i，而 perl 和 awk 就无此限制，可以较为方便地在 shell 下完成简单程序，不需要将程序写入一个.py 文件。

（2）独特的语法。这也许不应该被称为缺点，但是它用缩进来区分语句关系的方式还是给很多初学者带来了困惑。即便是很有经验的 Python 程序员，也可能陷入陷阱当中。

（3）运行速度慢。这里是指与 C 和 C++语言相比。

1.5 Python 的环境搭建

安装 Python 非常容易，可以在它的官网找到最新版本并下载，地址为 http://www.python.org。

如图 1-3 所示，进入 Python 官网后下载最新版本的 Python 即可。（本书出版时的最新版为 3.8.1）

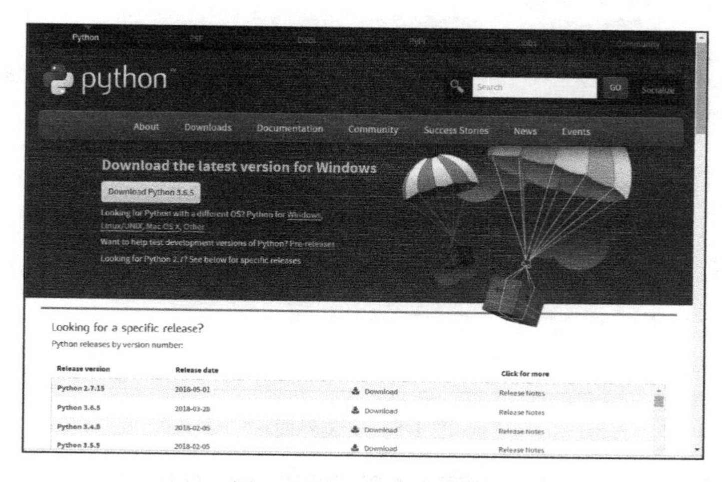

图 1-3　下载 Python 3.6.5

如果是其他操作系统（如 Mac OS X），在页面下方可以找到对应的下载地址，如图 1-4 所示。

图 1-4　用其他操作系统下载 Python 3.6.5

1.5.1 安装

Python 是一款跨平台的编程语言，这意味着它能够运行在所有主流的操作系统中。在所有安装了 Python 的计算机上，都能够运行 Python 程序。然而，在不同的操作系统中，安装 Python 的方法存在细微差别。

Windows 系统并非都默认安装了 Python，因此用户可能需要下载并安装它，以及下载并安装文本编辑器。

1. Python 的安装

下载并安装 Python 3.6.5（注意选择正确的操作系统）。下载后，安装界面如图 1-5 所示。

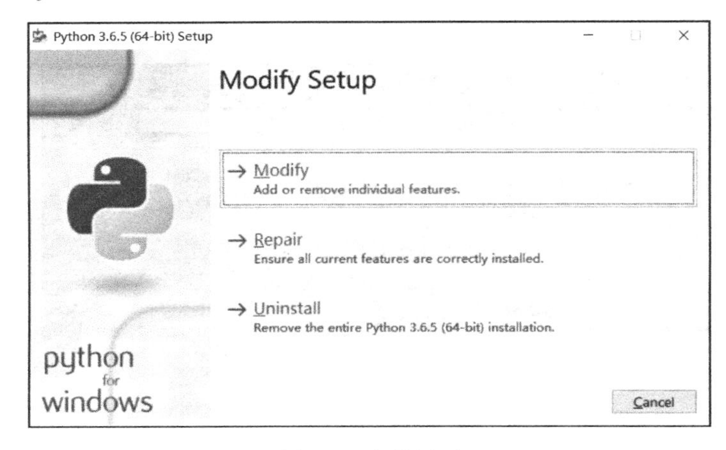

图 1-5 安装界面

在图 1-5 中选择 Modify，进入如图 1-6 所示的界面，可以看出 Python 包自带 pip 命令。

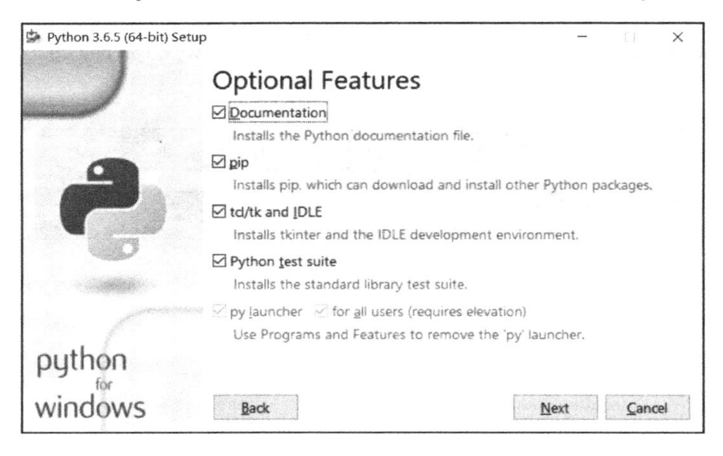

图 1-6 Optional Features 界面

单击“Next”按钮，即选择安装项，并且可选择安装路径，如图 1-7 所示。

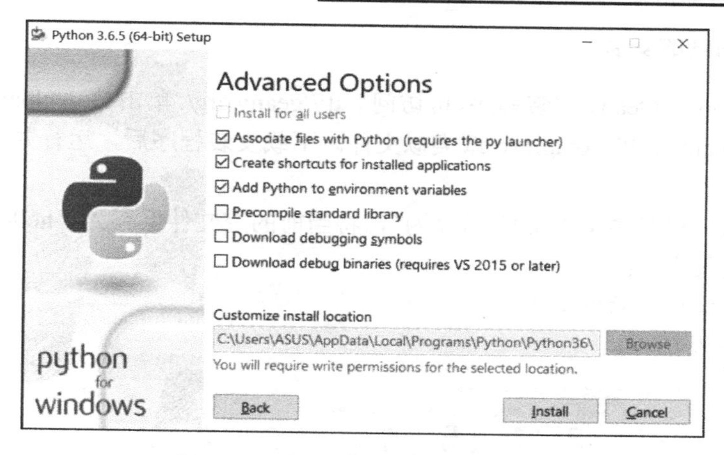

图 1-7　安装项及安装路径选择界面

选择所需要的安装项及所存放的路径后，单击“Install”按钮，即可进行安装，安装完成界面如图 1-8 所示。

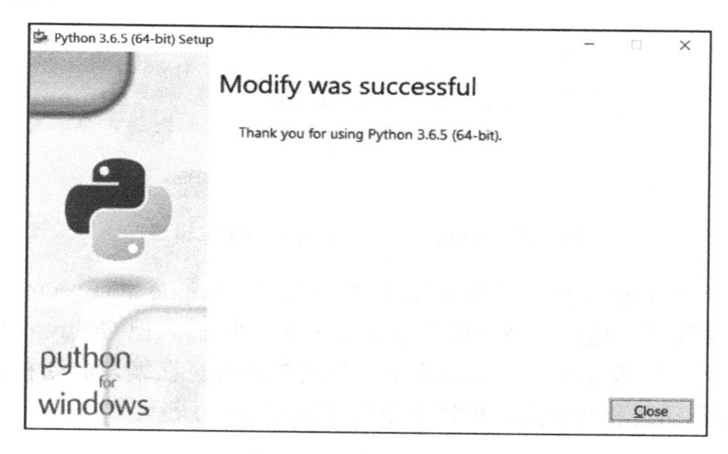

图 1-8　安装完成界面

完成 Python 的安装后，再到 PowerShell 中输入 python，看到进入终端的命令提示，则代表 Python 安装成功。终端显示安装成功后的信息如图 1-9 所示。

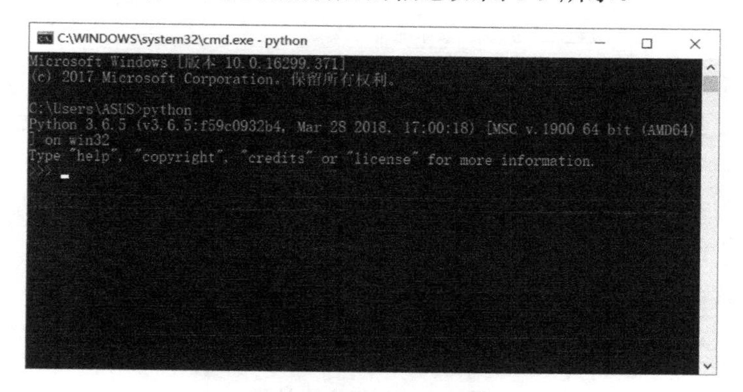

图 1-9　终端显示安装成功后的信息

2. 文本编辑器的安装

要下载 Windows Geany 安装程序，可访问 http://geany.org/，单击 Download 下的 Releases，找到安装程序 geany-1.25_setup.exe 或类似文件。下载安装程序后，运行并接受所有的默认设置。

启动 Geany，选择菜单“文件|另存为”，将当前的空文件保存为“hello_world.py”，再在编辑窗口中输入代码：

```
print("hello world!")
```

效果如图 1-10 所示。

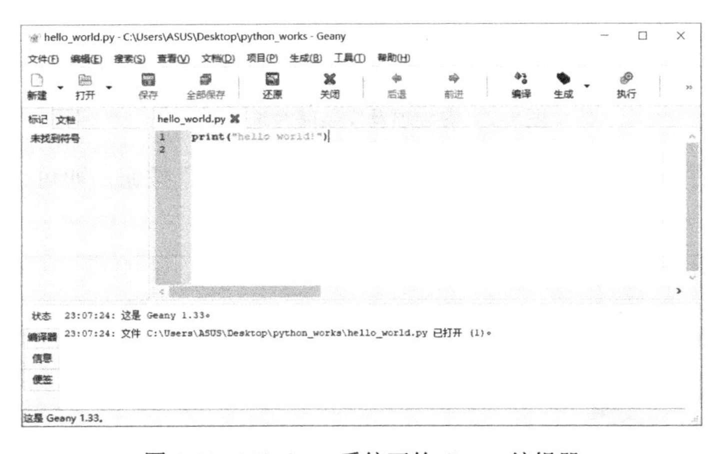

图 1-10　Windows 系统下的 Geany 编辑器

现在选择菜单“生成|设置生成命令”，将看到文字 Compile 和 Execute，二者旁边都有一个命令。默认情况下，这两个命令都是 python（全部小写），但 Geany 不知道这个命令位于系统的什么地方。需要添加启动终端会话时使用的路径。在编译命令和执行中，添加命令 python 所在的驱动器和文件夹。编译命令效果如图 1-11 所示。

设置生成命令
\# 标签 命令 工作目录 重置
Python命令
1. Compile python -m py_compile "%f
2.
3. Lint pep8 --max-line-length=8
错误正则表达式: (.+):([0-9]+):([0-9]+)
文件类型无关命令
1. 生成(M) make
2. 生成自定义目标...(T) make
3. 生成目标文件(O) make %e.o
4.
错误正则表达式:
附注: 第 2 项会打开一个对话框，并将输入的文本追加到命令中。
执行命令
1. Execute python "%f"
2.
命令和目录字段中的 %d、%e、%f、%p 和 %l 将被替代，详见手册。
取消(C) 确定(O)

图 1-11　编译命令效果

提示：务必确定空格和大小写都与图 1-11 中显示的完全相同。正确地设置这些命令后，单击“确定”按钮，即可成功运行程序。

在 Geany 中运行程序的方式有 3 种。为运行程序 hello_world.py，可选择菜单“生成|Execute”，也可单击 按钮或按 F5 键。运行 hello_world.py 时，弹出一个终端窗口，效果如图 1-12 所示。

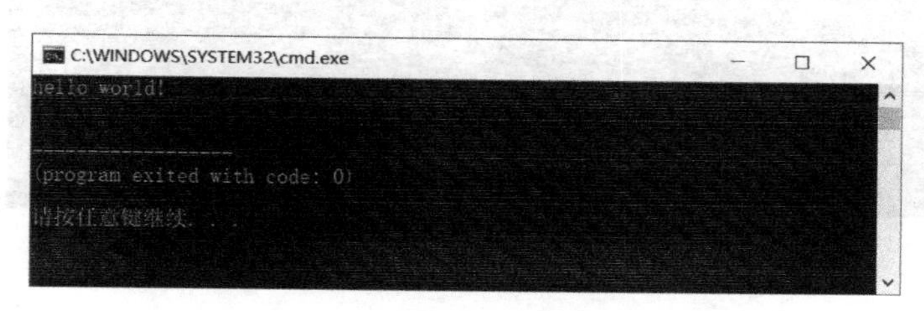

图 1-12　运行效果

1.5.2　使用 pip 安装第三方库

pip 是 Python 安装各种第三方库（package）的工具。

对第三方库不太理解的读者，可以将库理解为供用户调用的代码组合。在安装某个库后，可以直接调用其中的功能，而不用自己编写代码去实现某个功能。这就像当需要为计算机杀毒时通常会选择下载一个杀毒软件一样，而不是自己写一个杀毒软件，直接使用杀毒软件中的杀毒功能来杀毒就可以了。这个比喻中的杀毒软件就像是第三方库，而杀毒功能就是第三方库中可以实现的功能。

下面例子中将介绍如何用 pip 安装第三方库 bs4，它可以使用其中的 BeautifulSoup 解析网页。

（1）首先，打开 cmd.exe，在 Windows 中为 cmd，而在 Mac 中为 terminal。在 Windows 中，cmd 命令是提示符，输入一些命令后，cmd.exe 可以执行对系统的管理。单击“开始”按钮，在“打开(O):”文本框中输入 cmd 后按回车键，系统会打开命令提示符窗口，如图 1-13 所示。在 Mac 中，可以直接在“应用程序”中打开 terminal 程序。

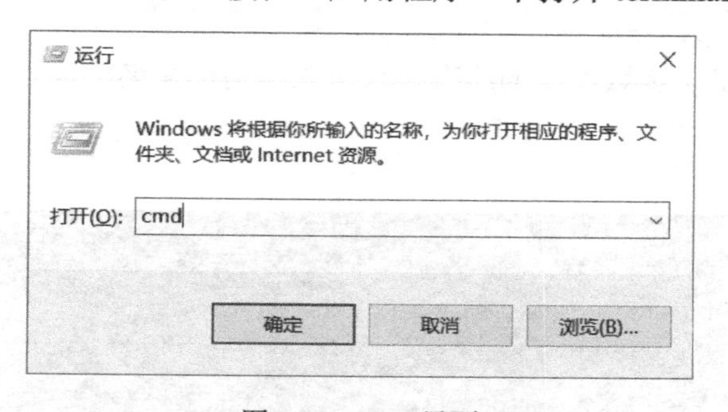

图 1-13　cmd 界面

（2）安装 bs4 的 Python 库。在 cmd 中输入 pip install bs4 后按回车键，如果出现 successfull installed，表示安装成功，如图 1-14 所示。

```
命令提示符
Microsoft Windows [版本 10.0.17134.81]
(c) 2018 Microsoft Corporation。保留所有权利。

C:\Users\ASUS>pip install bs4
Collecting bs4
  Downloading https://files.pythonhosted.org/packages/10/ed/7e8b97591f6f456174139ec089c769f89a94a1a4
025fe967691de971f314/bs4-0.0.1.tar.gz
Collecting beautifulsoup4 (from bs4)
  Downloading https://files.pythonhosted.org/packages/9e/d4/10f46e5cfac773e22707237bfcd51bbffeaf0a57
6b0a847ec7ab15bd7ace/beautifulsoup4-4.6.0-py3-none-any.whl (86kB)
    100% |████████████████████████████████| 92kB 129kB/s
Building wheels for collected packages: bs4
  Running setup.py bdist_wheel for bs4 ... done
  Stored in directory: C:\Users\ASUS\AppData\Local\pip\Cache\wheels\a0\b0\b2\4f80b9456b87abedbc0bf2d
52235414c3467d8889be38dd472
Successfully built bs4
Installing collected packages: beautifulsoup4, bs4
Successfully installed beautifulsoup4-4.6.0 bs4-0.0.1
You are using pip version 9.0.3, however version 10.0.1 is available.
You should consider upgrading via the 'python -m pip install --upgrade pip' command.

C:\Users\ASUS>
```

图 1-14　成功安装 bs4

除了 bs4 库，之后还会用到 requests 库、lxml 库等其他第三方库，帮助我们更好地使用 Python 实现机器学习。

1.6　NumPy 函数库基础

机器学习算法涉及很多线性代数知识，因此本书在使用 Python 语言构造机器学习应用时，经常会用 NumPy 函数库。如果不熟悉线性代数也不用着急，此处用到线性代数只是为了简化数学运算。例如，将数据表示为矩阵形式，只需要执行简单的矩阵运算而不需要复杂的循环操作。在使用本书相关内容前，必须确保可以正确运行 Python 开发环境，同时正确安装 NumPy 函数库。NumPy 函数库是 Python 开发环境的一个独立模块，并且大多数 Python 发行版没有默认安装 NumPy 函数库，因此在安装 Python 之后必须单独安装 NumPy 函数库。在 Windows 命令行提示符下输入 Python 后按回车键，显示如图 1-9 所示的界面，即提示已进入 Python shell 开发环境：

```
>>>
```

在 Python shell 开发环境中输入以下命令：

```
>>> from numpy import *
```

上述命令将 NumPy 函数库中的所有模块引入当前的命名空间，即出现如图 1-15 所示的效果。

```
命令提示符 - python
Microsoft Windows [版本 10.0.17134.165]
(c) 2018 Microsoft Corporation。保留所有权利。

C:\Users\ASUS>python
Python 3.6.5 (v3.6.5:f59c0932b4, Mar 28 2018, 17:00:18) [MSC v.1900 64 bit (AMD64)] on win32
Type "help", "copyright", "credits" or "license" for more information.
>>> from numpy import *
>>> _
```

图 1-15　命令行启动 Python 并在 Python shell 开发环境中导入模块效果

然后在 Python shell 开发环境中输入以下命令：

```
>>> random.rand(4,3)
array([[0.38929586, 0.76052849, 0.13313272],
       [0.2765487 , 0.37281232, 0.60849498],
       [0.59590208, 0.00670956, 0.3198318 ],
       [0.76493681, 0.07968207, 0.48458214]])
```

由于上述命令构造了一个 4×3 的随机数组，因为产生的是随机数组，不同计算机的输出结果可能与上述结果完全不同。

提示：NumPy 矩阵与数组的区别：NumPy 函数库中存在两种不同的数据类型（矩阵 matrix 和数组 array），都可以用于处理行列表示的数字元素。虽然它们看起来很相似，但是在这两个数据类型上执行相同的数学运算可能得到不同结果，其中 NumPy 函数库中的 matrix 与 MATLAB 中的 matrices 等价。

调用 mat()函数可以将数组转化为矩阵，例如：

```
>>> randMat=mat(random.rand(4,4))
>>> randMat #使用随机函数产生矩阵，不同计算机上的输出略有不同
matrix([[0.84016051, 0.39349777, 0.31496104, 0.5867833 ],
        [0.76898735, 0.20935671, 0.6693632 , 0.07141245],
        [0.37399145, 0.4485621 , 0.20676299, 0.8560395 ],
        [0.03034126, 0.11722467, 0.16509223, 0.48911725]])
>>> invrandMat=randMat.I #.I操作符实现了矩阵求逆运算
>>> invrandMat
matrix([[ 3.07872309, -0.87691521, -2.50586563,  0.82025186],
        [-4.80698883,  1.84459312,  7.64554561, -7.88349865],
        [-2.21578759,  2.03924932,  0.69132894,  1.15055128],
        [ 1.70898624, -1.0759983 , -1.91027502,  3.49467525]])
```

接着，执行矩阵乘法，得到矩阵与其逆矩阵相乘的结果：

```
>>> randMat*invrandMat
>>> randMat*invrandMat
matrix([[ 1.00000000e+00, -4.44034023e-17, -8.03669494e-17,
         -6.51237885e-16],
        [-2.04174529e-16,  1.00000000e+00, -7.16029546e-17,
         -4.98854910e-16],
        [-9.62398940e-18,  8.59172650e-17,  1.00000000e+00,
         -4.83052666e-16],
        [ 6.00713404e-17, -6.50999574e-17, -5.53250621e-17,
          1.00000000e+00]])
```

结果应该是单位矩阵，除了对角线元素是 1，4×4 矩阵的其他元素应该全为 0。实际输出结果略有不同，矩阵中还留下了许多非常小的元素，这是计算机处理误差产生的结果。输入以下命令，得到误差值：

```
>>> eye(4)
array([[1., 0., 0., 0.],
       [0., 1., 0., 0.],
       [0., 0., 1., 0.],
       [0., 0., 0., 1.]])
```

```
>>> myEey=randMat*invrandMat
>>> myEey-eye(4)
matrix([[-1.11022302e-16, -4.44034023e-17, -8.03669494e-17,
         -6.51237885e-16],
        [-2.04174529e-16, -1.11022302e-16, -7.16029546e-17,
         -4.98854910e-16],
        [-9.62398940e-18,  8.59172650e-17,  0.00000000e+00,
         -4.83052666e-16],
        [ 6.00713404e-17, -6.50999574e-17, -5.53250621e-17,
          2.22044605e-16]])
```

函数 eye(4)创建 4×4 的单位矩阵。

1.7 Python 的基础知识

交互式编程不需要创建脚本文件，通过 Python 解释器的交互模式进行代码编写。

1.7.1 数和表达式

交互式 Python 解释器可用作功能强大的计算器。例如，尝试执行如下操作：

```
SyntaxError: invalid syntax
>>> 2+3
```

运行程序，输出如下：

```
5
```

以上运算是很常见的运算。（下面假设对如何使用计算器很熟悉，知道 1+3*3 和（1+3）*3 有何不同）所有常见算术运算符的工作原理与预期的一致。除法运算的结果为小数，即浮点数（float 或 floating-point number）。

```
>>> 1/3
0.3333333333333333
>>> 1/1
1.0
```

如果想丢弃小数部分，即执行整除运算，可使用双斜杠。

```
>>> 1/1
1.0
>>> 1//2
0
>>> 1//2
0
>>> 5//2.4
2.0
```

上面已经了解了基本算术运算符（加法、减法、乘法和除法），仍然有一种与整除关系紧密的运算符没有介绍。

```
>>> 1%2
```

```
1
```

这是求余（求模）运算符。x%y 的结果为 x 除以 y 的余数。换言之，结果为执行整除时余下的部分，即 x%y 等价于 x-((x//y)*y)。

```
>>> 10//3
3
>>> 10%3
1
>>> 8//2
4
>>> 8%2
0
>>> 2.75%0.5
0.25
```

此处，10//3 为 3，因为结果向下圆整，而 3×3 为 9，因此余数为 1。将 9 除以 3 时，结果正好为 3，没有向下圆整，因此余数为 0。从最后一个实例可知，求余运算符也可用于浮点数。这种运算符甚至可用于负数，但可能不那么好理解。

```
>>> 10%3
1
>>> 10%-3
-2
>>> -10%3
2
>>> -10%-3
-1
```

读者也许不能通过这些例子一眼看出求余运算的工作原理，但通过研究与之配套的整除运算可帮助理解。

```
>>> 10//3
3
>>> 10//-3
-4
>>> -10//3
-4
>>> -10//-3
3
```

基于除法运算的工作原理，很容易理解最终的余数是多少。对于整除运算，需要明白的一个重点是它向下圆整结果。因此在结果为负数的情况下，圆整后将离 0 更远。这就意味着对-10//3，将向下圆整到-4，而不是向上圆整到-3。

在此介绍最后一个运算符是乘方（求幂）运算符。

```
>>> 3**2
9
>>> (-3)**2
9
>>> -3**2
-9
```

请注意，乘方运算符的优先级比求负（单目减）高，因此-3**2 等价于-(3**2)。如果要计算的是（-3）**2，则必须明确指出。

在 Python 中，十六进制数、八进制数和二进制数分别以下面的方式表示：

```
>>> 0xAF
175
>>> 0o10
8
>>> 0b1011010010
722
```

这些表示法都以 0 开头。

Python 支持四种不同的数字类型：

- int（有符号整型）。
- long[长整型（也可以代表八进制数和十六进制数）]。
- float（浮点型）。
- complex（复数）。

一些数值类型的实例如表 1-2 所示。

表 1-2　数值类型实例

int	long	float	complex
10	51924361L	0.0	3.14j
100	-0x19323L	15.20	45.j
-786	0122L	-21.9	9.322e-36j
080	0xDEFABCECBDAECBFBAEl	32.3e+18	0.0876j
-0490	-052318172735L	-90	-0.6545+0J
-0x260	-052318172735L	-32.54e100	3e+26J
0x69	-4721-4721885298529L	70.2E-12	4.53e-7j

- 长整型也可以使用小写 l，但是还是建议使用大写 L，避免与数字 1 混淆。Python 使用 L 来显示长整型。
- Python 还支持复数，复数由实数部分和虚数部分构成，可以用 a + bj 或 complex(a,b) 表示，复数的实部 a 和虚部 b 都是浮点型。

1.7.2　Python 的标识符

在 Python 里，标识符由字母、数字、下画线组成。所有标识符可以包括英文、数字及下画线(_)，但不能以数字开头。

Python 中的标识符是区分大小写的。

- 以下画线开头的标识符是有特殊意义的。以单下画线开头的_foo 代表不能直接访问的类属性，需通过类提供的接口进行访问，不能用 from xxx import *导入。
- 以双下画线开头的__foo 代表类的私有成员；以双下画线开头和结尾的__foo__代表 Python 里特殊方法专用的标识，如__init__()代表类的构造函数。

Python 可以同一行显示多条语句，方法是用分号“;”分开。例如：

```
>>> print("hello");print("rounoob")
输出如下：
hello
rounoob
```

1.7.3 Python 的保留字符

表 1-3 显示了在 Python 中的保留字符。这些保留字符不能用作常数或变数，或者任何其他标识符名称。所有 Python 的关键字符只包含小写字母。

表 1-3 保留字符

and	exec	not	assert	finally	or
break	for	pass	class	from	print
continue	global	raise	def	if	return
del	import	try	elif	in	while
else	is	with	except	lambda	yield

1.7.4 行和缩进

学习 Python 与学习其他语言最大的区别就是，Python 的代码块不使用大括号{}来控制类、函数及其他逻辑判断。Python 最具特色的就是用缩进来写模块。

缩进的空白数量是可变的，但是所有代码块语句必须包含相同的缩进空白数量，这个必须严格执行。如下所示：

```
x=1
if x==1
  print("Hello World!")
Hello World!
如果需要注释某行代码，可在代码前加上“#”，例如：
>>>#注释内容
>>>print("Hello World!")
```

输出如下：

```
Hello World!
```

Python 中多行注释使用三个单引号（'''）或三个双引号（"""）。

```
'''
这是多行注释，使用单引号。
这是多行注释，使用单引号。
这是多行注释，使用单引号。
'''

"""
```

这是多行注释，使用双引号。

这是多行注释，使用双引号。

这是多行注释，使用双引号。

```
"""
```

1.7.5 多行语句

Python 语句中一般以“新行”作为语句的结束符。但是我们可以使用斜杠（\）将一行的语句分为多行显示，如下所示：

```
total = item_one + \
        item_two + \
        item_three
```

语句中包含[]、{}或()就不需要使用多行连接符。例如：

```
days = ['Monday', 'Tuesday', 'Wednesday',
        'Thursday', 'Friday']
```

1.7.6 Python 引号

Python 可以使用单引号（'）、双引号（"）、三引号（''' 或 """）来表示字符串，引号的开始与结束必须是相同类型的。

其中三引号可以由多行组成，编写多行文本的快捷语法常用于文档字符串，在文件的特定地点被当作注释。

```
>>> word = 'word'
>>> sentence = "这是一个句子。"
>>> paragraph = """这是一个段落。
... 包含了多个语句"""
```

1.7.7 Python 空行

函数之间或类的方法之间用空行分隔，表示一段新代码的开始。类和函数入口之间也用一行空行分隔，以突出函数入口的开始。

空行与代码缩进不同，空行并不是 Python 语法的一部分。书写时不插入空行，Python 解释器运行也不会出错，但是空行的作用在于分隔两段不同功能或含义的代码，便于日后代码的维护或重构。

注意：空行也是程序代码的一部分。

1.7.8 同一行显示多条语句

Python 可以在同一行中使用多条语句，语句之间使用分号（;）分割，以下是一个简单的实例：

```
>>> import sys; x = 'Python'; sys.stdout.write(x + '\n')
```

输出如下：

```
Python
```

1.7.9　Print 输出

Print 默认输出是换行的，如果想实现不换行，则需要在变量末尾加上逗号“,”，例如：

```
>>> x="a"
>>> y="b"
>>> # 换行输出
... print(x)
a
>>> print(y)
b
>>> print('---------')
---------
>>> print(x),
a
(None,)
>>> print(y),
b
(None,)
>>> # 不换行输出
... print (x,y)
a b
>>>
```

第 2 章　线性模型

给定样本 $\tilde{\boldsymbol{x}}$，用列向量表示该样本 $\tilde{\boldsymbol{x}}=(x^{(1)},x^{(2)},\cdots,x^{(n)})^{\mathrm{T}}$。样本有 n 个特征，我们用 $x^{(i)}$ 表示样本 $\tilde{\boldsymbol{x}}$ 的第 i 个特征。线性模型（linear model）的形式为

$$f(\tilde{\boldsymbol{x}})=\tilde{\boldsymbol{W}}\cdot\tilde{\boldsymbol{x}}+b$$

式中，$\tilde{\boldsymbol{W}}=(w^{(1)},w^{(2)},\cdots,w^{(n)})^{\mathrm{T}}$ 为每个特征对应的权重生成的权重向量。权重向量直观地表达了各个特征在预测中的重要特性。

线性模型中的“线性”其实就是一系列一次特征的线性组合，在二维空间中是一条直线，在三维空间中是一个平面，然后推广到 n 维空间，可以理解为广义线性模型。

线性模型非常简单，易于建模，应用广泛，有多种推广形式，常见的广义线性模型包括岭回归、lasso 回归、Elastic Net、逻辑回归、线性判别分析等。

在介绍各种回归分析前，先介绍两个概念：回归是什么，以及其一般方法有什么。

1. 回归的由来

人们所知的回归是由达尔文（Charles Darwin）的表兄弟 Francis Galton 发明的。Galton 于 1877 年完成了第一次回归预测，目的是根据上一代豌豆种子（双亲）的尺寸来预测下一代豌豆种子（孩子）的尺寸。Galton 在大量对象上应用了回归分析，甚至包括人的身高。他注意到，如果双亲的高度比平均高度高，则他们的子女也倾向于比平均高度高，但尚不及双亲。孩子的高度向着平均高度回退（回归）。Galton 在多项研究上都注意到这个现象，因此尽管这个英文单词跟数值预测没有任何关系，但这种方法仍被称作回归。

2. 回归的一般方法

回归的一般方法有：

（1）收集数据：采用任意方法收集数据。

（2）准备数据：回归需要数值型数据，标称型数据将被转成二值型数据。

（3）分析数据：绘出数据的可视化二维图形将有助于对数据做出理解和分析，在采用缩减法求得新回归系数后，可以将新拟合线绘在图上进行对比。

（4）训练算法：找到回归系数。

（5）测试算法：使用 R^2 或预测值和数据的拟合度，来分析模型的效果。

（6）使用算法：使用回归，可以在给定输入的时候预测出一个数值，这是对分类方法的提升，因为这样可以预测连续型数据而不仅仅是离散的类别标签。

2.1　一般线性回归

在统计学中，线性回归（linear regression）是利用称为线性回归方程的最小平方函数对一个或多个自变量和因变量之间关系进行建模的一种回归分析。这种函数是一个或多个称为回归系数的模型参数的线性组合。只有一个自变量的情况称为简单回归，大于一个自变量的情况称为多元回归。

回归分析中，只包括一个自变量和一个因变量，并且二者的关系可用一条直线近似表示，这种回归分析称为一元线性回归分析。如果回归分析中包括两个或两个以上的自变量，并且因变量和自变量之间是线性关系，则称为多元线性回归分析。

2.1.1　线性回归公式表示法

在线性回归中，数据使用线性预测函数来建模，并且未知的模型参数也是通过数据来估计，这些模型被称为线性模型。最常用的线性回归建模是，给定 X 值的 y 的条件均值是 X 的仿射函数。不常见的情况是，线性回归模型可以是一个中位数或一些其他给定 X 值的条件下 y 的分布的分位数作为 X 的线性函数表示。像所有形式的回归分析一样，线性回归也把焦点放在给定 X 值的 y 的条件概率分布，而不是 X 和 y 的联合概率分布(多元分析领域)。回归分析是一个有监督学习的问题。

给定数据集 $\boldsymbol{T}=\{(\tilde{\boldsymbol{x}}_1,y_1),(\tilde{\boldsymbol{x}}_2,y_2),\cdots,(\tilde{\boldsymbol{x}}_N,y_N)\}$，$\tilde{\boldsymbol{x}}_i\in R^n$， $y_i\in R^n$， $i=1,2,\cdots,N$，其中，$\tilde{\boldsymbol{x}}_i=(x_i^{(1)},x_i^{(2)},\cdots,x_i^{(n)})^{\mathrm{T}}$。需要学习的模型为

$$f(\tilde{\boldsymbol{x}})=\tilde{\boldsymbol{W}}\cdot\tilde{\boldsymbol{x}}+b$$

即根据已知的数据集 $\boldsymbol{T}$ 来计算参数 $\tilde{\boldsymbol{W}}$ 和 b，

对于给定的样本 $\tilde{\boldsymbol{x}}_i$，其预测值为 $\hat{\boldsymbol{y}}_i=f(\tilde{\boldsymbol{x}}_i)=\tilde{\boldsymbol{W}}\cdot\tilde{\boldsymbol{x}}_i+b$。采用平方损失函数，则在训练集 $\boldsymbol{T}$ 上，模型的损失函数为

$$L(f)=\sum_{i=1}^{N}(\hat{\boldsymbol{y}}_i-\boldsymbol{y}_i)^2=\sum_{i=1}^{N}(\tilde{\boldsymbol{W}}\cdot\tilde{\boldsymbol{x}}_i+b-\boldsymbol{y}_i)^2$$

目标是将损失函数最小化，即

$$(\tilde{\boldsymbol{W}}^*,b^*)=\arg\min_{\tilde{\boldsymbol{W}},b}\sum_{i=1}^{N}(\tilde{\boldsymbol{W}}\cdot\tilde{\boldsymbol{x}}_i+b-\boldsymbol{y}_i)^2$$

可以用梯度下降法来求解上述最优化问题的数值解。在使用梯度下降法时，要注意特征归一化（feature scaling），这也是许多机器学习模型需要注意的问题。

特征归一化有两个好处：

（1）提升模型的收敛速度，如两个特征 x_1 和 x_2， x_1 的取值为 0~2000，而 x_2 的取值为 1~5，假如只有这两个特征，则对其进行优化时，会得到一个窄长的椭圆形，导致在梯度下降时，梯度的方向为垂直等高线的方向的“之字形”路线，这样会使迭代很慢。相比之下，归一化之后是一个圆形，梯度的方向为直接指向圆心，迭代就会很快。可见，归一化可以

大大减少寻找最优解的时间。

（2）提升模型精度。归一化的另一个好处是提高精度，这在涉及一些距离计算的算法时效果显著，如算法要计算欧氏距离，上面 x_2 的取值范围比较小，涉及距离计算时其对结果的影响远比 x_1 的影响小，这就会造成精度损失，所以归一化很有必要，它可以让各个特征对结果做出的贡献相同。在求解线性回归模型时，还有一个问题要注意，即特征组合问题，比如，把房子的长度和宽度作为两个特征参与模型的构造，还不如把其相乘得到面积作为一个特征来进行求解，这样在特征选择上就做了减少维度的工作。

上述最优化问题实际上是有解析解的，可以用最小二乘法求解解析解，该问题称为多元线性回归（multivariate linear regression）。

令

$$\bar{\tilde{\boldsymbol{w}}}=(w^{(1)},w^{(2)},\cdots,w^{(n)},b)^{\mathrm{T}}=(\tilde{\boldsymbol{w}}^{\mathrm{T}},b)^{\mathrm{T}}$$
$$\bar{\tilde{\boldsymbol{x}}}=(x^{(1)},x^{(2)},\cdots,x^{(n)},1)^{\mathrm{T}}=(\tilde{\boldsymbol{x}}^{\mathrm{T}},1)^{\mathrm{T}}$$
$$\tilde{\boldsymbol{y}}=(y_1,y_2,\cdots,y_N)^{\mathrm{T}}$$

则有

$$\sum_{i=1}^{N}(\tilde{\boldsymbol{w}}\cdot\tilde{\boldsymbol{x}}_i+b-\boldsymbol{y}_i)^2=(\tilde{\boldsymbol{y}}-(\bar{\tilde{\boldsymbol{x}}}_1,\bar{\tilde{\boldsymbol{x}}}_2,\cdots,\bar{\tilde{\boldsymbol{x}}}_N)^{\mathrm{T}}\bar{\tilde{\boldsymbol{w}}})^{\mathrm{T}}(\tilde{\boldsymbol{y}}-(\bar{\tilde{\boldsymbol{x}}}_1,\bar{\tilde{\boldsymbol{x}}}_2,\cdots,\bar{\tilde{\boldsymbol{x}}}_N)^{\mathrm{T}}\bar{\tilde{\boldsymbol{w}}})$$

令

$$\tilde{\boldsymbol{x}}=(\bar{\tilde{\boldsymbol{x}}}_1,\bar{\tilde{\boldsymbol{x}}}_2,\cdots,\bar{\tilde{\boldsymbol{x}}}_N)^{\mathrm{T}}=\begin{bmatrix}\bar{\tilde{\boldsymbol{x}}}_1^{\mathrm{T}}\\ \bar{\tilde{\boldsymbol{x}}}_2^{\mathrm{T}}\\ \vdots\\ \bar{\tilde{\boldsymbol{x}}}_N^{\mathrm{T}}\end{bmatrix}=\begin{bmatrix}x_1^{(1)} & x_1^{(2)} & \cdots & x_1^{(n)} & 1\\ x_2^{(1)} & x_2^{(2)} & \cdots & x_2^{(n)} & 1\\ \vdots & \vdots & \ddots & \vdots & 1\\ x_N^{(1)} & x_N^{(2)} & \cdots & x_N^{(n)} & 1\end{bmatrix}$$

则有

$$\bar{\tilde{\boldsymbol{w}}}^*=\arg\min_{\bar{\tilde{\boldsymbol{w}}}}(\tilde{\boldsymbol{y}}-\tilde{\boldsymbol{x}}\bar{\tilde{\boldsymbol{w}}})^{\mathrm{T}}(\tilde{\boldsymbol{y}}-\tilde{\boldsymbol{x}}\bar{\tilde{\boldsymbol{w}}})$$

令 $\boldsymbol{E}_{\bar{\tilde{\boldsymbol{w}}}}=(\tilde{\boldsymbol{y}}-\tilde{\boldsymbol{x}}\bar{\tilde{\boldsymbol{w}}})^{\mathrm{T}}(\tilde{\boldsymbol{y}}-\tilde{\boldsymbol{x}}\bar{\tilde{\boldsymbol{w}}})$，求它的极小值。对 $\bar{\tilde{\boldsymbol{w}}}$ 求导令导数为零，得到解析解：

$$\frac{\partial \boldsymbol{E}_{\bar{\tilde{\boldsymbol{w}}}}}{\partial \bar{\tilde{\boldsymbol{w}}}}=2\tilde{\boldsymbol{x}}^{\mathrm{T}}(\tilde{\boldsymbol{x}}\bar{\tilde{\boldsymbol{w}}}-\tilde{\boldsymbol{y}})=\tilde{0}\Rightarrow\tilde{\boldsymbol{x}}^{\mathrm{T}}\tilde{\boldsymbol{x}}\bar{\tilde{\boldsymbol{w}}}=\tilde{\boldsymbol{x}}^{\mathrm{T}}\tilde{\boldsymbol{y}}$$

- 当 $\tilde{\boldsymbol{x}}^{\mathrm{T}}\tilde{\boldsymbol{x}}$ 为满秩矩阵或正定矩阵时，可得

$$\bar{\tilde{\boldsymbol{w}}}^*=(\tilde{\boldsymbol{x}}^{\mathrm{T}}\tilde{\boldsymbol{x}})^{-1}\tilde{\boldsymbol{x}}^{\mathrm{T}}\tilde{\boldsymbol{y}}$$

式中，$(\tilde{\boldsymbol{x}}^{\mathrm{T}}\tilde{\boldsymbol{x}})^{-1}$ 为 $\tilde{\boldsymbol{x}}^{\mathrm{T}}\tilde{\boldsymbol{y}}$ 的逆矩阵。于是得到的多元线性回归模型为

$$f(\bar{\tilde{\boldsymbol{x}}}_i)=\bar{\tilde{\boldsymbol{x}}}_i^{\mathrm{T}}\bar{\tilde{\boldsymbol{w}}}^*$$

- 当 $\tilde{\boldsymbol{x}}^{\mathrm{T}}\tilde{\boldsymbol{x}}$ 不是满秩矩阵时，如 $N<n$（样本数量小于特征种类的数量），根据 $\tilde{\boldsymbol{x}}$ 的秩小于等于 (N,n) 中的最小值，即小于等于 N（矩阵的秩一定小于等于矩阵的行数和列数）；而矩阵 $\tilde{\boldsymbol{x}}^{\mathrm{T}}\tilde{\boldsymbol{x}}$ 的大小是 $n\times n$，则它的秩一定小于等于 N，因此不是满秩矩阵。

此时存在多个解析解。常见的做法是引入正则化项，如 L_1 正则化或 L_2 正则化。以 L_2 正则化为例：

$$\vec{\tilde{w}}^* = \arg\min_{\vec{\tilde{w}}}\left((\tilde{y}-\tilde{x}\vec{\tilde{w}})^{\mathrm{T}}(\tilde{y}-\tilde{x}\vec{\tilde{w}})+\lambda\|\vec{\tilde{w}}\|_2^2\right)$$

式中，$\lambda>0$，用于调整正则化项与均方误差的比例；$\|\ \|_2$ 为 L_2 范数。

根据上述原理，得到多元线性回归算法：

- 输入：数据集 $\boldsymbol{T}=\{(\tilde{x}_1,y_1),(\tilde{x}_2,y_2),\cdots,(\tilde{x}_N,y_N)\},\tilde{x}_i\in R^n,\boldsymbol{y}_i\in R^n,i=1,2,\cdots,N$，正则化系数 $\lambda>0$。
- 输出：

$$f(\tilde{x})=\tilde{w}\cdot\tilde{x}+b$$

- 算法步骤：

① 令

$$\vec{\tilde{w}}=(w^{(1)},w^{(2)},\cdots,w^{(n)},b)^{\mathrm{T}}=(\tilde{w}^{\mathrm{T}},b)^{\mathrm{T}}$$
$$\vec{\tilde{x}}=(x^{(1)},x^{(2)},\cdots,x^{(n)},1)^{\mathrm{T}}=(\tilde{x}^{\mathrm{T}},1)^{\mathrm{T}}$$
$$\tilde{y}=(y_1,y_2,\cdots,y_N)^{\mathrm{T}}$$

计算

$$\tilde{x}=(\vec{\tilde{x}}_1,\vec{\tilde{x}}_2,\cdots,\vec{\tilde{x}}_N)^{\mathrm{T}}=\begin{bmatrix}\vec{\tilde{x}}_1^{\mathrm{T}}\\\vec{\tilde{x}}_2^{\mathrm{T}}\\\vdots\\\vec{\tilde{x}}_N^{\mathrm{T}}\end{bmatrix}=\begin{bmatrix}x_1^{(1)} & x_1^{(2)} & \cdots & x_1^{(n)} & 1\\x_2^{(1)} & x_2^{(2)} & \cdots & x_2^{(n)} & 1\\\vdots & \vdots & \ddots & \vdots & 1\\x_N^{(1)} & x_N^{(2)} & \cdots & x_N^{(n)} & 1\end{bmatrix}$$

② 求解

$$\vec{\tilde{w}}^* = \arg\min_{\vec{\tilde{w}}}\left((\tilde{y}-\tilde{x}\vec{\tilde{w}})^{\mathrm{T}}(\tilde{y}-\tilde{x}\vec{\tilde{w}})+\lambda\|\vec{\tilde{w}}\|_2^2\right)$$

③ 最终模型为

$$f(\vec{\tilde{x}}_i)=\vec{\tilde{x}}_i^{\mathrm{T}}\vec{\tilde{w}}^*$$

2.1.2 线性回归的 Python 实现

前面对线性回归用公式及文字进行了描述，下面直接通过实例来演示 Python 实现线性回归。主要有以下 3 个步骤：

（1）训练得到 w 和 b 的向量：

```
def train_wb(X, y):
    """
    :param X:N*D的数据
    :param y:X对应的y值
    :return: 返回（w，b）的向量
    """
```

```
    if np.linalg.det(X.T * X) != 0:
        wb = ((X.T.dot(X).I).dot(X.T)).dot(y)
        return wb
```

（2）获得数据的函数：

```
def getdata():
    x = []; y = []
    file = open("ex0.txt", 'r')
    for line in file.readlines():
        temp = line.strip().split("\t")
        x.append([float(temp[0]),float(temp[1])])
        y.append(float(temp[2]))
    return (np.mat(x), np.mat(y).T)
```

（3）画图函数，用图形分别把训练用的数据的散点图及回归直线表示出来：

```
def draw(x, y, wb):
    #画回归直线y = wx+b
    a = np.linspace(0, np.max(x)) #横坐标的取值范围
    b = wb[0] + a * wb[1]
    plot(x, y, '.')
    plot(a, b)
    show()
```

即整体实现 Python 的代码为：

```
import numpy as np
from pylab import *

def train_wb(X, y):
    """
    :param X:N*D的数据
    :param y:X对应的y值
    :return: 返回（w, b）的向量
    """
    if np.linalg.det(X.T * X) != 0:
        wb = ((X.T.dot(X).I).dot(X.T)).dot(y)
        return wb

def test(x, wb):
    return x.T.dot(wb)

def getdata():
    x = []; y = []
    file = open("ex0.txt", 'r')
    for line in file.readlines():
        temp = line.strip().split("\t")
        x.append([float(temp[0]),float(temp[1])])
        y.append(float(temp[2]))
    return (np.mat(x), np.mat(y).T)
```

```
def draw(x, y, wb):
    #画回归直线y = wx+b
    a = np.linspace(0, np.max(x)) #横坐标的取值范围
    b = wb[0] + a * wb[1]
    plot(x, y, '.')
    plot(a, b)
    show()

X, y = getdata()
wb = train_wb(X, y)
draw(X[:, 1], y, wb.tolist())
```

运行程序，ex0.txt 的线性拟合效果如图 2-1 所示。

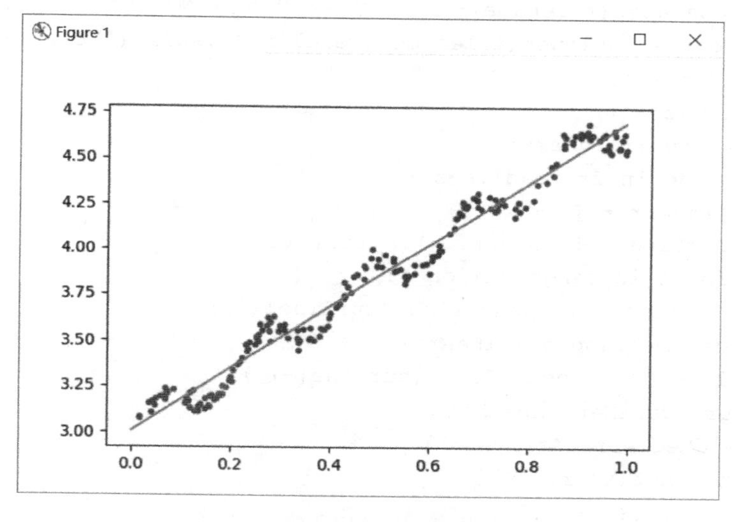

图 2-1　线性拟合效果图

2.2　局部加权线性回归

局部加权线性回归（Local Weighted Linear Regression，LWLR）算法介绍线性回归的一个问题是，可能出现欠拟合，因此它求得最小均方误差的无偏估计，可以通过引入一些偏差来降低均方误差。

1. 算法介绍

LWLR 算法给待预测点附近的每个点赋予一定的权重，在这段区间上用基于最小均方误差来进行线性回归，使分区间局部线性回归得到全局拟合。

$$w_i = \exp\left(-\frac{(x_i - x)^2}{2k^2}\right)$$

加权函数为

$$j(x)=\frac{1}{2}\sum_{k=1}^{m}w_i(h_\theta(x^i)-y^i)^2$$

式中，k 为用户指定的参数，k 值越小，被用于进行局部回归训练的点越少；$k=1$ 时，退化为简单线性回归；k 过小时，最终会导致过拟合。

2. 加权线性回归实现

前面介绍了 LWLR 的算法，下面直接通过一个实例来演示 Python 实现加权线性回归。

【例 2-1】给定不同的 k 值，绘制对应的局部线性拟合图像。

```
#k=1.0出现了欠拟合，k=0.01时效果最佳，k=0.003时出现了过拟合
from numpy import *
def loadDataSet(filename):
    numFeat = len(open(filename).readline().split('\t')) - 1
    dataMat = []
    labelMat = []
    fr = open(filename)
    for line in fr.readlines():
        lineArr = []
        curLine = line.strip().split('\t')
        for i in range(numFeat):
            lineArr.append(float(curLine[i]))
        dataMat.append(lineArr)
        labelMat.append(float(curLine[-1]))
    return dataMat,labelMat
def standRegress(xArr,yArr):
    xMat = mat(xArr)
    yMat = mat(yArr).T
    xTx = xMat.T * xMat
    if linalg.det(xTx) == 0.0:
        print('error')
        return
    ws = xTx.I * (xMat.T * yMat)
    return ws
def lwlr(testPoint,xArr,yArr,k=1.0):
    xMat = mat(xArr)
    yMat = mat(yArr).T
    m = shape(xMat)[0]
    weights = mat(eye((m)))
    for j in range(m):
        diffMat = testPoint - xMat[j,:]
        weights[j,j] = exp(diffMat*diffMat.T/(-2.0*k**2))
    xTx = xMat.T * (weights * xMat)
    if linalg.det(xTx) == 0.0:
        print("error")
        return
```

```
        ws = xTx.I * (xMat.T * (weights * yMat))
        return testPoint * ws
    def lwlrTest(testArr,xArr,yArr,k=1.0):
        m = shape(testArr)[0]
        yHat = zeros(m)
        for i in range(m):
            yHat[i] = lwlr(testArr[i],xArr,yArr,k)
        return yHat
    def rssError(yArr,yHatArr):
        return ((yArr-yHatArr)**2).sum()

    xArr,yArr = loadDataSet('ex0.txt')
    xMat = mat(xArr)
    yMat = mat(yArr)
    k = [1.0,0.01,0.003]
    for i in range(3):
        yHat = lwlrTest(xArr, xArr, yArr, k[i])
        srtInd = xMat[:, 1].argsort(0)
        xSort = xMat[srtInd][:, 0, :]
        import matplotlib.pyplot as plt
        fig = plt.figure(i+1)
        ax = fig.add_subplot(111)
        ax.plot(xSort[:, 1], yHat[srtInd])
        ax.scatter(xMat[:, 1].flatten().A[0], yMat.T[:, 0].flatten().A[0],
s=2, c='red')
        plt.title('k=%g' % k[i])
    plt.show()
```

运行程序，效果如图 2-2~图 2-4 所示。

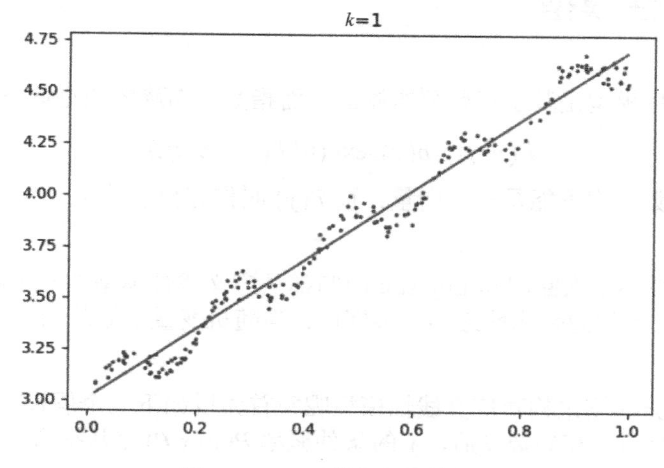

图 2-2　k=1 时的加权线性拟合效果

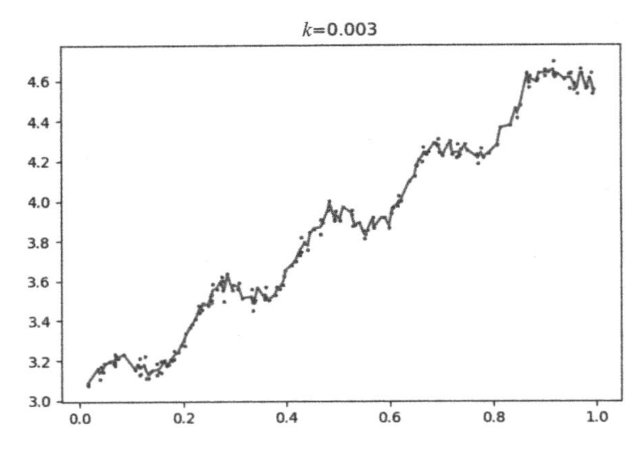

图 2-3　k=0.003 时的加权线性拟合效果

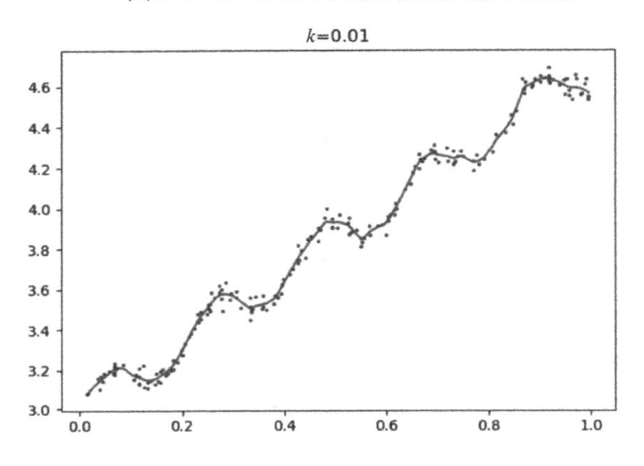

图 2-4　k=0.01 时的加权线性拟合效果

2.3　广义线性模型

首先，广义线性模型是基于指数分布族的，而指数分布族的原型如下：

$$P(y;\eta)=b(y)\cdot\exp(\eta^{\mathrm{T}}T(y)-\alpha(\eta))$$

式中，η 为自然参数，它可能是一个向量；而 $T(y)$ 叫作充分统计量，也可能是一个向量，通常来说 $T(y)=y$ 。

实际上，线性最小二乘回归和 Logistic 回归都是广义线性模型的一个特例。当随机变量 y 服从高斯分布时，得到的是线性最小二乘回归；当随机变量 y 服从伯努利分布时，则得到的是 Logistic 回归。

如何根据指数分布族来构建广义线性模型呢？首先以如下三个假设为基础：

（1）给定特征属性 x 和参数 θ 后，y 的条件概率 $P(y|x;\theta)$ 服从指数分布族，即 $y|x;\theta\sim$ ExpFamily(η) 。

（2）预测 $T(y)$ 的期望，即计算 $E[T(y)|x]$ 。

（3）η 与 x 之间是线性的，即 $\eta=\theta^{\mathrm{T}}x$ 。

在讲解利用广义线性模型推导最小二乘回归和 Logistic 回归前，先来认识一些常见的分布。

1）高斯分布

如果把高斯分布看成指数分布族，那么有

$$
\begin{aligned}
P(y) &= \frac{1}{\sqrt{2\pi}\sigma}\exp\left(-\frac{(y-\mu)^2}{2\sigma^2}\right) \\
&= \frac{1}{\sqrt{2\pi}\sigma}\exp\left(-\frac{y^2-2y\mu+\mu^2}{2\sigma^2}\right) \\
&= \frac{1}{\sqrt{2\pi}\sigma}\exp\left(-\frac{y^2}{2\sigma^2}\right)\cdot\exp\left(\frac{\mu}{\sigma^2}\cdot y-\frac{\mu^2}{2\sigma^2}\right)
\end{aligned}
$$

对比一下指数分布族，可发现

$$
b(y)=\frac{1}{\sqrt{2\pi}\sigma}\exp\left(-\frac{y^2}{2\sigma^2}\right),\quad \eta=\frac{\mu}{\sigma^2},\quad T(y)=y,\quad \alpha(\eta)=\frac{\mu^2}{2\sigma^2}
$$

所以高斯分布实际上也属于指数分布族，线性最小二乘回归就是基于高斯分布的。

2）伯努利分布

伯努利分布又叫作两点分布或 0-1 分布，是一个离散型概率分布。如果伯努利实验成功，则伯努利随机变量取值为 1；如果失败，则伯努利随机变量取值为 0。记成功的概率为 φ，则失败的概率就是 $1-\varphi$，所以得到其概率密度函数为

$$
P(y;\varphi)=\varphi^y(1-\varphi)^{1-y}
$$

如果把伯努利分布写成指数分布族，形如下式：

$$
\begin{aligned}
P(y;\varphi) &= \varphi^y(1-\varphi)^{1-y} \\
&= \exp(\ln\varphi^y(1-\varphi)^{1-y}) \\
&= \exp(y\ln\varphi+(1-y)(1-\varphi)) \\
&= \exp\left(\ln\frac{\varphi}{1-\varphi}\cdot y+\ln(1-\varphi)\right)
\end{aligned}
$$

对比指数分布族，有

$$
b(y)=1,\quad \eta=\ln\frac{\varphi}{1-\varphi},\quad T(y)=y,\quad \alpha(\eta)=-(1-\varphi)
$$

3）泊松分布

泊松分布是一种离散型概率分布，其随机变量 x 只能取非负整数值 0,1,2,⋯且其概率密度函数为

$$
P(x=k)=\frac{\lambda^k}{k!}\mathrm{e}^{-\lambda}
$$

式中，参数 λ 是泊松分布的均值，也是泊松分布的方差，表示单位时间内随机事件的平均发生率。在实际例子中，近似服从泊松分布的事件有收银员某段时间接待的顾客数，或者

某段时间火车站排除的人数，以及客服接到的投诉数等计数问题。

【例 2-2】实现用 Python 进行基本的数据拟合，并对拟合结果的误差进行分析。

本例中使用一个 2 次函数加上随机的扰动来生成 500 个点，然后尝试用 1、2、100 次方的多项式对该数据进行拟合。

拟合的目的是能够根据训练数据拟合出一个多项式函数，该函数能够很好地拟合现有数据，并且能对未知数据进行预测。

本例的 Python 代码为：

```
import matplotlib.pyplot as plt
import numpy as np
import scipy as sp
from scipy.stats import norm
from sklearn.pipeline import Pipeline
from sklearn.linear_model import LinearRegression
from sklearn.preprocessing import PolynomialFeatures
from sklearn import linear_model

''' 数据生成 '''
x = np.arange(0, 1, 0.002)
y = norm.rvs(0, size=500, scale=0.1)
y = y + x**2

''' 均方误差根 '''
def rmse(y_test, y):
 return sp.sqrt(sp.mean((y_test - y) ** 2))

''' 与均值相比的优秀程度，介于[0~1]。0表示不如均值；1表示完美预测。这个版本的实现
参考了scikit-learn官网文档 '''
def R2(y_test, y_true):
 return 1 - ((y_test - y_true)**2).sum() / ((y_true -
y_true.mean())**2).sum()
''' 这是Conway&White《机器学习使用案例解析》里的版本 '''
def R22(y_test, y_true):
 y_mean = np.array(y_true)
 y_mean[:] = y_mean.mean()
 return 1 - rmse(y_test, y_true) / rmse(y_mean, y_true)

plt.scatter(x, y, s=5)
degree = [1,2,100]
y_test = []
y_test = np.array(y_test)

for d in degree:
 clf = Pipeline([('poly', PolynomialFeatures(degree=d)),
     ('linear', LinearRegression(fit_intercept=False))])
 clf.fit(x[:, np.newaxis], y)
```

```
    y_test = clf.predict(x[:, np.newaxis])

    print(clf.named_steps['linear'].coef_)
    print('rmse=%.2f, R2=%.2f, R22=%.2f, clf.score=%.2f' %
     (rmse(y_test, y),
     R2(y_test, y),
     R22(y_test, y),
     clf.score(x[:, np.newaxis], y)))
    plt.plot(x, y_test, linewidth=2)

plt.grid()
plt.legend(['1','2','100'], loc='upper left')
plt.show()
```

运行程序，输出如下代码，得到的分类效果如图 2-5 所示。

```
[-0.16880557  1.00561408]
rmse=0.12, R2=0.85, R22=0.61, clf.score=0.85
[-0.01217026  0.06202783  0.9454772 ]
rmse=0.10, R2=0.90, R22=0.69, clf.score=0.90
[-3.80731096e-02 -6.23113545e-01  6.81824490e+02 -5.47099713e+04
  2.05260717e+06 -4.42211543e+07  6.02506814e+08 -5.50230883e+09
 ……
 -2.08217778e+10  9.08096542e+10  1.75608021e+11  1.95707551e+11
  1.21088712e+11 -2.70595963e+10 -1.98829829e+11 -2.20245600e+11
  1.91860854e+11]
rmse=0.10, R2=0.91, R22=0.70, clf.score=0.91
```

显示出的 coef_就是多项式参数。1 次拟合的结果为

$$y = 0.99268453x - 0.16140183$$

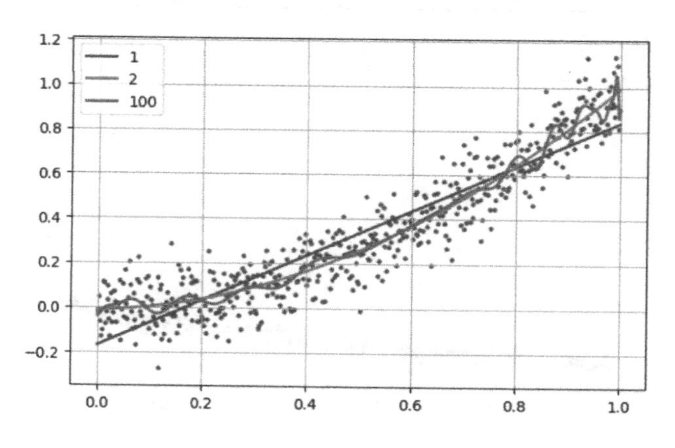

图 2-5　广义线性分类效果

这里要注意以下几点：

（1）误差分析。

做回归分析，常用的误差分析方法主要有均方误差根（RMSE）法和 R-平方（R2）法。RMSE 法是利用预测值与真实值的误差平方根的均值进行的。这种分析方法很流行，

是一种定量的权衡方法。

R2 法是将预测值与只使用均值的情况进行相比，看能好多少。其区间通常在（0,1）之间。0 表示什么都不预测，直接取均值的情况；而 1 表示所有预测值跟真实结果完美匹配的情况。

我们看到多项式方次数为 1 的时候，虽然拟合得不太好，但是 R2 也能达到 0.82，2 次多项式提高到了 0.88；而方次数提高到 100 时，R2 也只提高到 0.89。

（2）过拟合。

使用 100 次方多项式做拟合，效果确实是高了一些，然而该模型的预测匹配能力却极其差，而且注意看多项式系数，出现了大量的大数值，甚至达到 10 的 12 次方。

在此修改代码，将 500 个样本中的最后两个从训练集中移除，但在测试中仍然测试 500 个样本。

```
clf.fit(x[:498, np.newaxis], y[:498])
```

这样修改后的多项式拟合输出如下，效果如图 2-6 所示。

```
[-0.1818868   1.01017579]
rmse=0.12, R2=0.85, R22=0.61, clf.score=0.85
[-0.01649193  0.0098036   1.00641065]
rmse=0.10, R2=0.90, R22=0.69, clf.score=0.90
[ 3.85446211e-02  3.73010683e+01 -6.87000875e+03  4.22660832e+05
 -1.35804888e+07  2.67541926e+08 -3.50379111e+09  3.19547796e+10
……
 -3.69782114e+12 -1.24478501e+12  1.80266203e+12  4.56656656e+12
  4.93857387e+12  2.10370017e+12 -3.44184884e+12 -7.23677070e+12
  4.48886735e+12]
rmse=0.25, R2=0.38, R22=0.21, clf.score=0.38
```

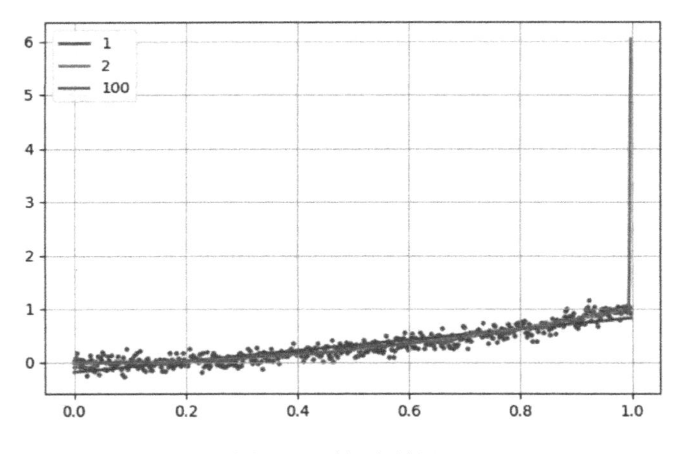

图 2-6　过拟合效果

仅仅只是缺少了最后两个训练样本，青线（100 次方多项式拟合结果）的预测发生了剧烈偏差，R2 也急剧上升。反观 1、2 次多项式的拟合结果，R2 也略微上升了。

这说明高次多项式“过拟合”了训练数据，包括了大量噪声，导致其完全丧失了对数据趋势的预测能力。前面也看到，100 次多项式拟合出的系数值无比巨大。人们自然想到通

过在拟合过程中限制这些系数值的大小来避免生成“畸形拟合函数”。

其基本原理是将拟合多项式的所有系数绝对值之和（L1 正则化）或平方和（L2 正则化）加入惩罚模型中，并指定一个惩罚力度因子 w，来避免产生这种畸形系数。

这样的思想应用在了岭回归（使用 L2 正则化）、Lasso 法（使用 L1 正则化）、弹性网（使用 L1+L2 正则化）等方法中，都能有效避免“过拟合”。

下面以岭回归为例看看 100 次多项式的拟合是否有效。将代码修改如下:

```
clf = Pipeline([('poly', PolynomialFeatures(degree=d)),
    ('linear', linear_model.Ridge())])
clf.fit(x[:400,np.newaxis], y[:400])
```

输出如下，效果如图 2-7 所示。

```
[0.  0.78523716]
rmse=0.15, R2=0.79, R22=0.54, clf.score=0.79
[0.  0.26516454 0.68226964]
rmse=0.10, R2=0.89, R22=0.67, clf.score=0.89
[ 0.00000000e+00  2.56351644e-01  3.26910829e-01  2.65621122e-01
  1.87169862e-01  1.23175240e-01  7.77464212e-02  4.74870901e-02
……
 -8.82401226e-11 -7.01519052e-11 -5.57755139e-11 -4.43484189e-11
 -3.52649155e-11 -2.80438338e-11 -2.23029046e-11 -1.77384082e-11
 -1.41090150e-11]
rmse=0.12, R2=0.85, R22=0.61, clf.score=0.85
```

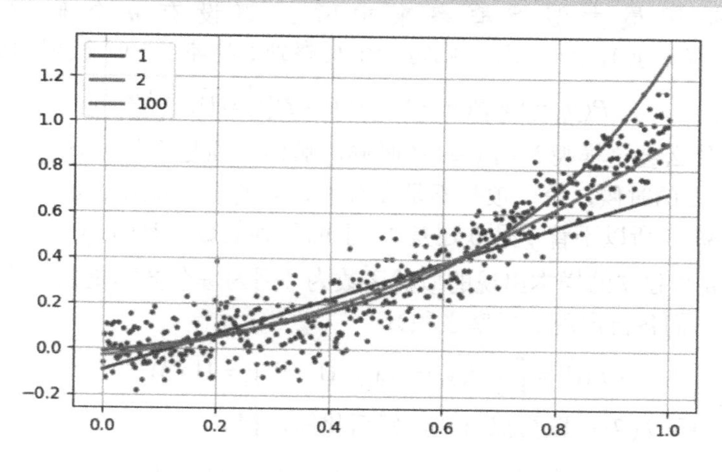

图 2-7　岭回归拟合效果

可以看到，100 次多项式的系数参数变得很小。大部分接近于 0。

另外值得注意的是，使用岭回归之类的惩罚模型后，1 次和 2 次多项式回归的 R2 值可能会稍微低于基本线性回归。

然而这样的模型，即使使用 100 次多项式，在训练 400 个样本、预测 500 个样本的情况下，不仅 R2 误差更小，而且具备优秀的预测能力。

2.4 逻辑回归分析

在现实生活中，我们遇到的数据大多是非线性的，因此我们不能用线性回归的方法来进行数据拟合，但是我们仍然可以从线性模型着手开始第一步，首先对输入的数据进行加权求和。

逻辑回归（Logistic Regression Classifier）的主要思想就是用最大似然概率方法构建出方程，为最大化方程，利用牛顿梯度上升求解方程参数。

- 优点：计算不复杂，易于理解和实现。
- 缺点：容易欠拟合，分类精度可能不高。
- 使用数据类型：数值型和标称型数据。

介绍逻辑回归前，先看一个问题：有个黑箱，里面装有白球和黑球，如何判断它们的比例。

从里面抓 3 个球，2 个黑球，1 个白球。这时，有人就直接得出了黑球占比 67%，白球占比 33%的结论。其实这个人使用了最大似然概率的思想，通俗来讲，当黑球是 67%的占比时，我们抓 3 个球，出现 2 黑 1 白的概率最大。说明如下：

假设黑球占比为 P，白球占比则为 $1-P$。于是要求解 MAX(P • P • $(1-P)$)，显而易见 P=67%（求解方法：对方程求导，使导数为 0 的 P 值即为最优解）。

我们看逻辑回归，解决的是二分类问题，是不是和上面黑球、白球问题很像？是的，逻辑回归也是用最大似然概率来求解。假设有 n 个独立的训练样本 $\{(x_1,y_1),(x_2,y_2),\cdots,(x_n,y_n)\},y=\{0,1\}$，则每一个观察到的样本 $\{x_i,y_i\}$ 出现的概率为

$$P(y_i,x_i)=P(y_i=1|x_i)^{y_i}(1-P(y_i=1|x_i))^{1-y_i}$$

以上公式为什么会这样呢？当 $y=1$ 的时候，后面一项是不是没有了？只剩下 x 属于 1 类的概率；当 $y=0$ 的时候，第一项是不是没有了？只剩下后面那个 x 属于 0 的概率（1 减去 x 属于 1 的概率），所以不管 y 是 0 还是 1，上面得到的数都是(x,y)出现的概率，则整个样本集，也就是 n 个独立的样本出现的似然函数为（因为每个样本是独立的，所以 n 个样本出现的概率就是它们各自出现的概率之积）：

$$L(\theta)=\prod P(y_i=1|x_i)^{y_i}(1-P(y_i=1|x_i))^{1-y_i}$$

这里稍微变换下 $L(\theta)$：取自然对数，然后化简，得

$$\begin{aligned}L(\theta)&=\lg\left(\prod P(y_i=1|x_i)^{y_i}(1-P(y_i=1|x_i))^{1-y_i}\right)\\&=\sum_{i=1}^{n}y_i\lg P(y_i=1|x_i)+(1-y_i)\lg(1-P(y_i=1|x_i))\\&=\sum_{i=1}^{n}y_i\lg\frac{P(y_i=1|x_i)}{1-P(y_i=1|x_i)}+\sum_{i}^{n}\lg(1-P(y_i=1|x_i))\\&=\sum_{i=1}^{n}y_i(\theta_0+\theta_1x_1+\cdots+\theta_mx_m)+\sum_{i}^{n}\lg(1-P(y_i=1|x_i))\end{aligned}$$

$$=\sum_{i=1}^{n} y_i(\theta^{\mathrm{T}} x_i)-\sum_{i}^{n}\lg(1+\mathrm{e}^{\theta^{\mathrm{T}} x_i})$$

其中，第三步到第四到使用了下面的替换：

$$\lg it(x)=\ln\left(\frac{P(y=1|x)}{P(y=0|x)}\right)$$
$$=\ln\left(\frac{P(y=1|x)}{1-P(y=1|x)}\right)=\theta_0+\theta_1 x_1+\cdots+\theta_m x_m$$

这时为求最大值，对 $L(\theta)$ 和 θ 进行求导，得

$$\frac{\partial L(\theta)}{\partial\theta}=\sum_{i=1}^{n} y_i x_i-\sum_{i}^{n} y_i x_i-\sum_{i}^{n}\frac{\mathrm{e}^{\theta^{\mathrm{T}} x_i}}{1+\mathrm{e}^{\theta^{\mathrm{T}} x_i}}x_i=\sum_{i=1}^{n}(y_i-\sigma(\theta^{\mathrm{T}} x_i))x_i$$

然后令该导数为 0，即可求出最优解。但是这个方程无法解析求解。最后问题变成了求解参数使方程 L 最大化。求解参数的方法为梯度上升法。根据转换公式：

$$\lg it(x)=\ln\left(\frac{P(y=1|x)}{P(y=0|x)}\right)=\ln\left(\frac{P(y=1|x)}{1-P(y=1|x)}\right)=\theta_0+\theta_1 x_1+\theta_2 x_2+\cdots+\theta_m x_m$$

代入参数和特征，求 P，也就是发生 1 的概率。

$$P(y=1|x;\theta)=\sigma(\theta^{\mathrm{T}} x)=\frac{1}{1+\exp(-\theta^{\mathrm{T}} x)}$$

上面这个就是常提及的 sigmoid 函数，俗称激活函数，最后用于分类（如果 $P(y=1|x;\Theta)$ 大于 0.5，则判定为 1）。

下面是详细的逻辑回归代码，比较简单，主要是要理解上面的算法思想。可以结合代码看一步一步是怎么算的，然后对比上面的推导公式，可以让人更容易理解，并加深印象。

```
from numpy import *
filename='testdata.txt' #文件目录
def loadDataSet():          #读取数据（这里只有两个特征）
    dataMat = []
    labelMat = []
    fr = open(filename)
    for line in fr.readlines():
        lineArr = line.strip().split()
        dataMat.append([1.0, float(lineArr[0]), float(lineArr[1])])   #
前面的1，表示方程的常量。比如，两个特征X1,X2，共需要三个参数，W1+W2*X1+W3*X2
        labelMat.append(int(lineArr[2]))
    return dataMat,labelMat
def sigmoid(inX):  #sigmoid函数
    return 1.0/(1+exp(-inX))

def gradAscent(dataMat, labelMat):  #梯度上升求最优参数
    dataMatrix=mat(dataMat)         #将读取的数据转换为矩阵
    classLabels=mat(labelMat).transpose() #将读取的数据转换为矩阵
    m,n = shape(dataMatrix)
```

```
    alpha = 0.001  #设置梯度的阈值，该值越大，梯度上升幅度越大
  #设置迭代的次数，一般看实际数据进行设定，有些可能200次就够了
    maxCycles = 500
  #设置初始的参数，并都赋默认值为1。注意这里权重以矩阵形式表示三个参数
    weights = ones((n,1))
    for k in range(maxCycles):
        h = sigmoid(dataMatrix*weights)
        error = (classLabels - h)     #求导后差值
        weights = weights + alpha * dataMatrix.transpose()* error
                                      #迭代更新权重
    return weights

def stocGradAscent0(dataMat, labelMat):  #随机梯度上升，当数据量比较大时，每次迭代都选择全量数据进行计算，计算量会非常大，所以采用每次迭代中一次只选择其中的一行数据进行更新权重
    dataMatrix=mat(dataMat)
    classLabels=labelMat
    m,n=shape(dataMatrix)
    alpha=0.01
    maxCycles = 500
    weights=ones((n,1))
    for k in range(maxCycles):
        for i in range(m): #遍历计算每一行
            h = sigmoid(sum(dataMatrix[i] * weights))
            error = classLabels[i] - h
            weights = weights + alpha * error * dataMatrix[i].transpose()
    return weights

def stocGradAscent1(dataMat, labelMat): #改进版随机梯度上升，在每次迭代中随机选择样本来更新权重，并且随迭代次数的增加，权重变化越小
    dataMatrix=mat(dataMat)
    classLabels=labelMat
    m,n=shape(dataMatrix)
    weights=ones((n,1))
    maxCycles=500
    for j in range(maxCycles):   #迭代
        dataIndex=[i for i in range(m)]
        for i in range(m):          #随机遍历每一行
            alpha=4/(1+j+i)+0.0001  #随迭代次数的增加，权重变化越小
            randIndex=int(random.uniform(0,len(dataIndex)))  #随机抽样
            h=sigmoid(sum(dataMatrix[randIndex]*weights))
            error=classLabels[randIndex]-h
            weights=weights+alpha*error*dataMatrix[randIndex].transpose()
            del(dataIndex[randIndex]) #去除已经抽取的样本
    return weights

def plotBestFit(weights):  #画出最终分类的图
    import matplotlib.pyplot as plt
```

```
    dataMat,labelMat=loadDataSet()
    dataArr = array(dataMat)
    n = shape(dataArr)[0]
    xcord1 = []; ycord1 = []
    xcord2 = []; ycord2 = []
    for i in range(n):
        if int(labelMat[i])== 1:
            xcord1.append(dataArr[i,1])
            ycord1.append(dataArr[i,2])
        else:
            xcord2.append(dataArr[i,1])
            ycord2.append(dataArr[i,2])
    fig = plt.figure()
    ax = fig.add_subplot(111)
    ax.scatter(xcord1, ycord1, s=30, c='red', marker='s')
    ax.scatter(xcord2, ycord2, s=30, c='green')
    x = arange(-3.0, 3.0, 0.1)
    y = (-weights[0]-weights[1]*x)/weights[2]
    ax.plot(x, y)
    plt.xlabel('X1')
    plt.ylabel('X2')
    plt.show()

def main():
    dataMat, labelMat = loadDataSet()
    weights=gradAscent(dataMat, labelMat).getA()
    plotBestFit(weights)

if __name__=='__main__':
    main()
```

运行程序，效果如图 2-8 所示。

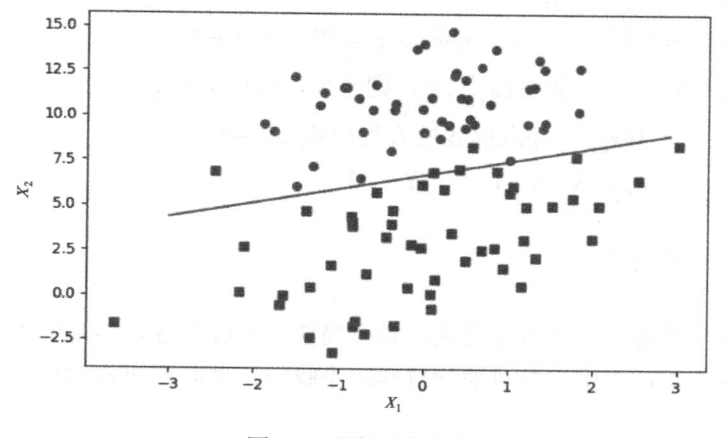

图 2-8　逻辑回归效果

2.5 牛顿法

牛顿法是机器学习中用得比较多的一种优化算法。牛顿法的基本思想是利用迭代点 x_k 处的一阶导数（梯度）和二阶导数（Hessen 矩阵）对目标函数进行二次函数近似，然后把二次函数的极小点作为新的迭代点，并不断重复这一过程，直至求得满足精度的近似极小值。牛顿法下降的速度比梯度下降得快，并且能高度逼近最优值。牛顿法分为基本牛顿法和全局牛顿法。

2.5.1 基本牛顿法的原理

基本牛顿法是一种基于导数的算法，其每一步的迭代方向都沿着当前点函数的值下降的方向。对于一维的情形，对于一个需要求解的优化函数 $f(x)$，求函数极值的问题可以转化为求导函数 $f'(x)=0$。对函数 $f(x)$ 进行泰勒展开到二阶，得到

$$f(x)=f(x_k)+f'(x_k)(x-x_k)+\frac{1}{2}f''(x_k)(x-x_k)^2$$

对上式求导并令其为 0，则为

$$f'(x_k)+f''(x_k)(x-x_k)=0$$

即得到

$$x=x_k-\frac{f'(x_k)}{f''(x_k)}$$

这就是牛顿法的更新公式。

2.5.2 基本牛顿法的流程

实现基本牛顿法的流程为：

（1）给定终止误差值 $0\leqslant\varepsilon<1$，初始点 $x_0\in R^n$，令 $k=0$；

（2）计算 $g_k=\nabla f(x_k)$，如果 $\|g_k\|\leqslant\varepsilon$，则停止，输出 $x^*\approx x_k$；

（3）计算 $G_k=\nabla^2 f(x_k)$，并求解线性方程组 $G_k d=-g_k$，得解 d_k；

（4）令 $x_{k+1}=x_k+d_k$，$k=k+1$，并转（2）。

2.5.3 全局牛顿法

牛顿法最突出的特点是收敛速度快，具有局部二阶收敛性，但基本牛顿法初始点需要足够“靠近”极小点，否则，有可能导致算法不收敛，此时就引入全局牛顿法。全局牛顿法的流程为：

（1）给定终止误差值 $0\leqslant\varepsilon<1$，$\delta\in(0,1)$，$\sigma\in(0,0.5)$，初始点 $x_0\in R^n$，令 $k=0$；

（2）计算 $g_k=\nabla f(x_k)$，如果 $\|g_k\|\leqslant\varepsilon$，则停止，输出 $x^*\approx x_k$；

（3）计算 $G_k=\nabla^2 f(x_k)$，并求解线性方程组 $G_k d=-g_k$，得解 d_k；

（4）设 m_k 是不满足下列不等式的最小非负整数 m：

$$f(x_k+\delta_m d_k)\leqslant f(x_k)+\sigma\delta_m g_k^{\mathrm{T}} d_k$$

（5）令 $\alpha_k=\delta_{m_k}$，$x_{k+1}=x_k+\alpha_k d_k$，$k=k+1$，并转（2）。

【例 2-3】全局牛顿法的 Python 代码如下。

```
    def newton(feature, label, iterMax, sigma, delta):
        '''牛顿法
        input:  feature(mat):特征
                label(mat):标签
                iterMax(int):最大迭代次数
                sigma(float), delta(float):牛顿法中的参数
        output: w(mat):回归系数
        '''
        n = np.shape(feature)[1]
        w = np.mat(np.zeros((n, 1)))
        it = 0
        while it <= iterMax:
            # print it
            g = first_derivativ(feature, label, w)  # 一阶导数
            G = second_derivative(feature)  # 二阶导数
            d = -G.I * g
            m = get_min_m(feature, label, sigma, delta, d, w, g)  # 得到最小的
m
            w = w + pow(sigma, m) * d
            if it % 10 == 0:
                print "\t---- itration: ", it, " , error: ", get_error(feature,
label , w)[0, 0]
            it += 1
        return w
```

在程序中，函数 newton 利用全局牛顿法对线性回归模型中的参数进行学习，函数 newton 的输入为训练特征 feature、训练的目标值 label、全局牛顿法的最大迭代次数 iterMax 及全局牛顿法的两个参数 sigma 和 delta。函数 newton 的输出是线性回归模型的参数 w 。

【例 2-4】求最小 m 值。

```
    def get_min_m(feature, label, sigma, delta, d, w, g):
        '''计算步长中最小值m
        input:  feature(mat):特征
                label(mat):标签
                sigma(float),delta(float):全局牛顿法的参数
                d(mat):负的一阶导数除以二阶导数值
                g(mat):一阶导数值
        output: m(int):最小m值
        '''
        m = 0
```

```
        while True:
            w_new = w + pow(sigma, m) * d
            left = get_error(feature, label , w_new)
            right = get_error(feature, label , w) + delta * pow(sigma, m) * g.T
* d
            if left <= right:
                break
            else:
                m += 1
        return m
```

程序中实现了全局牛顿法中最小 m 值的确定，在函数 get_min_m 中，其输入为训练数据的特征 feature，训练数据的目标值 label，全局牛顿法的参数 sigma、delta、d 及损失函数的一阶导数值 g。其输出是最小的 m 值。在计算过程中，计算损失函数值时使用了 get_error 函数，其具体实现代码如例 2-5 所示。

【例 2-5】损失函数的计算。

```
    def get_error(feature, label, w):
        '''计算误差
        input:  feature(mat):特征
                label(mat):标签
                w(mat):线性回归模型的参数
        output: 损失函数值
        '''
        return (label - feature * w).T * (label - feature * w) / 2
```

函数实现的是对于不同线性回归模型的损失函数值。函数 get_error 的输入为训练数据的特征 feature，训练数据的目标值 label 和线性回归模型的参数，其输出为损失函数值。

2.5.4 Armijo 搜索

全局牛顿法是基于 Armijo 的搜索，满足 Armijo 准则：

给定 $\beta \in (0,1)$，$\sigma \in (0,0.5)$，令步长因子 $\alpha_k = \beta_{m_k}$，其中，m_k 是满足下列不等式的最小非负整数：

$$f(x_k + \delta_m d_k) \leqslant f(x_k) + \sigma \delta_m g_k^{\mathrm{T}} d_k$$

2.5.5 全局牛顿法求解线性回归模型

假设有 m 个训练样本，其中，每个样本有 $n-1$ 个特征，则线性回归模型的损失函数为

$$l = \frac{1}{2}\sum_{i=1}^{m}\left(y^{(i)} - \sum_{j=0}^{n-1} w_j \cdot x_j^{(i)}\right)^2$$

如果利用全局牛顿法求解线性回归模型，则需要计算线性回归模型损失函数的一阶导数和二阶导数，其一阶导数为

$$\frac{\partial l}{\partial w_j}=-\sum_{i=1}^{m}\left\{\left(y^{(i)}-\sum_{j=0}^{n-1}w_j\cdot x_j^{(i)}\right)\cdot x_j^{(i)}\right\}$$

【例 2-6】计算一阶导数。

```
def first_derivative(feature, label, w):
    '''计算一阶导函数的值
    input:  feature(mat):特征
            label(mat):标签
    output: g(mat):一阶导数值
    '''
    m, n = np.shape(feature)
    g = np.mat(np.zeros((n, 1)))
    for i in xrange(m):
        err = label[i, 0] - feature[i, ] * w
        for j in xrange(n):
            g[j, ] -= err * feature[i, j]
    return g
```

在函数 first_derivative 中，其输入为训练数据的特征 feature 和训练数据的目标值 label，其输出为损失函数的一阶导数 g，其中 g 是一个 $n\times1$ 的向量。

损失函数的二阶导数为

$$\frac{\partial l}{\partial w_j\partial w_k}=\sum_{i=1}^{m}\left\{x_j^{(i)}\cdot x_k^{(i)}\right\}$$

【例 2-7】计算二阶导数。

```
def second_derivative(feature):
    '''计算二阶导函数的值
    input:  feature(mat):特征
    output: G(mat):二阶导数值
    '''
    m, n = np.shape(feature)
    G = np.mat(np.zeros((n, n)))
    for i in xrange(m):
        x_left = feature[i, ].T
        x_right = feature[i, ]
        G += x_left * x_right
    return G
```

在函数 second_derivative 中，其输入为训练数据的特征 feature，输出为损失函数的二阶导数 G，其中 G 是一个 $n\times n$ 的矩阵。

2.6 缩减法

如果数据的特征比样本点还多应该怎么办呢？是否还可以使用线性回归和之前的方法

来做预测？答案是否定的，即不能再使用前面介绍的方法。这是因为在计算$(X^{T}X)^{-1}$的时候会出错。

如果特征比样本点还多$(n>m)$，则说明输入数据的矩阵x不是满秩矩阵。非满秩矩阵在求逆时会出现许多难测的情况。

为了解决这个问题，统计学家引入了岭回归的概念，这就是本节将介绍的第一种缩减法。接着是 lasso 回归，该方法效果很好，但计算复杂。本节最后介绍前向逐步线性回归，可以得到与 lasso 差不多的效果，并且更容易实现。

2.6.1 岭回归

简单说来，岭回归就是在矩阵$X^{T}X$上加一个λI，从而使得矩阵非奇异，进而能对$X^{T}X+\lambda I$求逆。其中，矩阵I为一个$m\times m$的单位矩阵（即对角线上元素全为 1，其他元素全为 0），而λ是一个用户定义的数值。在这种情况下，回归系数的计算公式将变成：

$$\hat{w}=(X^{T}X+\lambda I)^{-1}X^{T}y$$

岭回归最先用来处理特征数多于样本数的情况，现在也用于在估计中加入偏差，从而得到更好的估计。此处通过引入λ来限制所有w之和，通过引入该惩罚项，能够减少不重要的参数，这个技术在统计学中也叫作缩减（shrinkage）。

说明：岭回归中的岭是什么呢？岭回归使用了单位矩阵乘以常量λ，观察其中的单位矩阵I，可以看到值 1 贯穿整个对角线，其余元素全是 0。形象地讲，在 0 构成的平面上有一条 1 组成的“岭”，这就是岭回归中“岭”的由来。

缩减法可以去掉不重要的参数，使人们能更好地理解数据。此外，与简单的线性回归相比，缩减法能取得更好的预测效果。

【例 2-8】岭回归分析数据实例。

```
def ridgeRegres(xMat,yMat,lam=0.2):
    xTx = xMat.T*xMat
    denom = xTx + eye(shape(xMat)[1])*lam
    if linalg.det(denom) == 0.0:
        print ("This matrix is singular, cannot do inverse")
        return
    ws = denom.I * (xMat.T*yMat)
    return ws

def ridgeTest(xArr,yArr):
    xMat = mat(xArr); yMat=mat(yArr).T
    yMean = mean(yMat,0)
    yMat = yMat - yMean        #消除X0取Y的平均值
    #regularize X's
    xMeans = mean(xMat,0)      #calc的平均值
    xVar = var(xMat,0)         #calc的方差Xi
    xMat = (xMat - xMeans)/xVar
    numTestPts = 30
```

```
        wMat = zeros((numTestPts,shape(xMat)[1]))
        for i in range(numTestPts):
            ws = ridgeRegres(xMat,yMat,exp(i-10))
            wMat[i,:]=ws.T
        return wMat
```

以上代码中包含了两个函数：函数 ridgeRegres()用于计算回归系数，而函数 ridgeTest()用于在一组 λ 上测试结果。

第一个函数 ridgeRegres()实现了给定 lambda 下的岭回归求解。如果没指定 lambda，则默认为 0.2。由于 lambda 是 Python 保留的关键字，因此程序中使用了 lam 来代替。该函数首先构建矩阵 $\boldsymbol{X}^{\mathrm{T}}\boldsymbol{X}$，然后用 lam 乘以单位矩阵（可调用 NumPy 库中的方法 eye()来生成）。在普通回归方法可能会产生错误时，岭回归仍可以正常工作。是不是就不再需要检查行列式是否为零了，对吗？不完全对，当 lambda 设定为 0 的时候一样可能产生错误，所以这里仍需要做一个检查。最后，如果矩阵非奇异则计算回归系数并返回。

为了使用岭回归和缩减技术，首先需要对特征做标准化处理。以上代码中的 ridgeTest()函数就展示了数据标准化的过程。

处理完成后就可以在 30 个不同 lambda 下调用 ridgeRegres()函数。注意，这里的 lambda 应以指数级变化，这样可以看出 lambda 在分别取非常小的值和非常大的值时对结果造成的影响。最后将所有的回归系数输出到一个矩阵并返回。

【例 2-9】利用岭回归对给定数据进行预测。

```
    # 岭回归（Ridge 回归）
    from sklearn import linear_model
    X = [[0, 0], [1, 1], [2, 2]]
    y = [0, 1, 2]
    clf = linear_model.Ridge(alpha=0.1)  # 设置k值
    clf.fit(X, y)  # 参数拟合
    print(clf.coef_)  # 系数
    print(clf.intercept_)  # 常量
    print(clf.predict([[3, 3]]))  # 求预测值
    print(clf.score(X, y))  # R^2，拟合优度
    print(clf.get_params())  # 获取参数信息
    print(clf.set_params(fit_intercept=False))  # 重新设置参数
```

运行程序，输出如下：

```
    [0.48780488 0.48780488]
    0.024390243902439157
    [2.95121951]
    0.9994051160023796
    {'alpha': 0.1, 'copy_X': True, 'fit_intercept': True, 'max_iter': None,
'normalize': False, 'random_state': None, 'solver': 'auto', 'tol': 0.001}
    Ridge(alpha=0.1, copy_X=True, fit_intercept=False, max_iter=None,
      normalize=False, random_state=None, solver='auto', tol=0.001)
    ------------------
```

2.6.2 lasso 回归

不难证明，在增加如下约束时，普通最小二乘法回归会得到与岭回归一样的公式：

$$\sum_{k=1}^{n} w_k^2 \leqslant \lambda$$

上式限定了所有回归系数的平方和不能大于 λ。使用普通最小二乘法回归时，若两个或更多的特征相关，可能得出一个很大的正系数和一个很大的负系数。正是由于上述限制条件的存在，使用岭回归可以避免这个问题。

与岭回归类似，另一种缩减方法 lasso 也对回归系数做了限定，对应的约束条件为

$$\sum_{k=1}^{n} |w_k| \leqslant \lambda$$

唯一不同点在于，这个约束条件使用绝对值取代了平方和。虽然约束形式只是稍加变化，结果却大相径庭：在 λ 足够小的时候，一些系数会因此被迫缩减到 0，这个特性可以帮助我们更好地理解数据。这两个约束条件在公式上看起来相差无几，但细微的变化却极大地增加了计算复杂度（为了在这个新的约束条件下解出回归系数，需要使用二次规划算法）。

2.6.3 前向逐步线性回归

前向逐步线性回归算法可以得到与 lasso 回归差不多的效果，但更加简单。它属于一种贪心算法，即每一步都尽可能减小误差。一开始，所有的权重都设为 1，然后每一步所做的决策是对某个权重增加或减少一个很小的值。

该算法的伪代码为：

```
数据标准化，使其分布满足0均值和单位方差
在每轮迭代过程中：
  设置当前最小误差lowestError为正无穷
  对每个特征：
    增大或缩小：
      改变一个系数得到一个新的W
      计算新W下的误差
      如果误差Error小于当前最小误差lowestError：设置Wbest等于当前的W
    将W设置为新的Wbest
```

【例 2-10】利用前向逐步线性回归对数据进行分析处理。

```
def stageWise(xArr, yArr, step=0.01, numIt=100) :
    xMat = mat(xArr)
    xMat = regularize(xMat)
    yMat = mat(yArr).T
    yMean = mean(yMat)
    yMat = yMat - yMean
    N, n = shape(xMat)
    returnMat = zeros((numIt, n))
```

```
        ws = zeros((n,1))
        wsTest = ws.copy()
        weMax = ws.copy()
        for ii in range(numIt) :
            print (ws.T)
            lowestErr = inf
            for jj in range(n) :
                for sign in [-1,1] :
                    wsTest = ws.copy()
                    wsTest[jj] += step*sign
                    yTest = xMat*wsTest
                    rssE = rssError(yMat.A, yTest.A)
                    if rssE < lowestErr :
                        lowestErr = rssE
                        wsMax = wsTest
            ws = wsMax.copy()
            returnMat[ii,:] = ws.T
        return returnMat
```

2.7　利用线性回归进行预测

有了相应的理论准备，利用上述实现好的函数，构建线性回归模型。在求解模型的过程中，分别利用最小二乘法和全局牛顿法对其回归系数进行求解，求解的过程分为：①训练线性回归模型；②利用训练好的线性回归模型预测新的数据。

2.7.1　训练线性回归模型

首先，利用训练样本模型，为了使得 Python 能够支持中文注释和利用 numpy，需要在“linear_regression_train.py”文件中加入：

```
import numpy as np
```

同时，在计算最小 m 值的过程中，需要使用 pow 函数，因此在“linear_regression_train.py”文件中加入：

```
from math import pow
```

线性模型的训练主函数代码为：

```
if __name__ == "__main__":
    # 1、导入数据集
    print ("----------- 1.load data ----------")
    feature, label = load_data("data.txt")
    # 2.1、最小二乘法求解
    print ("----------- 2.training ----------")
    # print "\t ---------- least_square ----------"
    # w_ls = least_square(feature, label)
    # 2.2、牛顿法
    print ("\t ---------- newton ----------")
```

```
    w_newton = newton(feature, label, 50, 0.1, 0.5)
    # 3、保存最终的结果
    print ("----------- 3.save result ----------")
    save_model("weights", w_newton)
```

在主函数中，首先导入训练数据，函数 load_data 的具体实现如下：

```
def load_data(file_path):
    '''导入数据
    input:  file_path(string):训练数据
    output: feature(mat):特征
            label(mat):标签
    '''
    f = open(file_path)
    feature = []
    label = []
    for line in f.readlines():
        feature_tmp = []
        lines = line.strip().split("\t")
        feature_tmp.append(1)  # x0
        for i in range(len(lines) - 1):
            feature_tmp.append(float(lines[i]))
        feature.append(feature_tmp)
        label.append(float(lines[-1]))
    f.close()
    return np.mat(feature), np.mat(label).T
```

导入完训练数据后，可以利用最小二乘法对其参数进行训练，代码为：

```
def least_square(feature, label):
    '''最小二乘法
    input:  feature(mat):特征
            label(mat):标签
    output: w(mat):回归系数
    '''
    w = (feature.T * feature).I * feature.T * label
    return w
```

也可以利用全局牛顿法对其参数进行训练，其代码如例 2-3 所示。训练完成后，将最终线性回归的模型参数保存在文件“weights”中，代码为：

```
def save_model(file_name, w):
    '''保存最终的模型
    input:  file_name(string):要保存的文件名称
            w(mat):训练好的线性回归模型
    '''
    f_result = open(file_name, "w")
    m, n = np.shape(w)
    for i in range(m):
        w_tmp = []
        for j in range(n):
            w_tmp.append(str(w[i, j]))
        f_result.write("\t".join(w_tmp) + "\n")
```

```
        f_result.close()
```

在函数 save_model 将训练好的线性回归模型 w 保存到 file_name 指定的文件中。

如果使用最小二乘法进行训练，则训练过程为：

```
----------- 1.load data ----------
----------- 2.training ----------
        ---------- least_square ----------
----------- 3.save result ----------
```

如果使用全局牛顿法进行训练，则训练过程为：

```
----------- 1.load data ----------
----------- 2.training ----------
        ---------- newton ----------
        ---- itration:  0  , error:  12.346444091730934
        ---- itration:  10  , error:  0.07017065415130548
        ---- itration:  20  , error:  0.07017065415130547
        ---- itration:  30  , error:  0.07017065415130547
        ---- itration:  40  , error:  0.07017065415130547
        ---- itration:  50  , error:  0.07017065415130547
----------- 3.save result ----------
```

2.7.2　对新数据的预测

对于回归算法而言，训练好的模型需要能够对新的数据集进行预测。利用上述步骤训练好线性回归模型，并将其保存在“weights”文件中，此时，需要利用训练好的线性回归模型对新数据进行预测。同样，为了能够使用 numpy 中的函数和支持中文注释，在文件“liear_regression_test.py”的开始，加入：

```
    import numpy as np
```

在对新数据的预测中，其主函数代码为：

```
    if __name__ == "__main__":
        # 1、导入测试数据
        testData = load_data("data_test.txt")
        # 2、导入线性回归模型
        w = load_model("weights")
        # 3、得到预测结果
        predict = get_prediction(testData, w)
        # 4、保存最终结果
        save_predict("predict_result", predict)
```

在以上代码中，对新数据的预测主要有如下步骤：

①利用函数 load_data 导入测试数据集，函数 load_data 的具体实现代码为：

```
#函数load_data的输入为测试数据集的位置，输出为测试数据集
def load_data(file_path):
    '''导入测试数据
    input: file_path(string):训练数据
    output: feature(mat):特征
    '''
    f = open(file_path)
```

```
        feature = []
        for line in f.readlines():
            feature_tmp = []
            lines = line.strip().split("\t")
            feature_tmp.append(1)  # x0
            for i in range(len(lines)):
                feature_tmp.append(float(lines[i]))
            feature.append(feature_tmp)
        f.close()
        return np.mat(feature)
```

② 利用函数 load_model 导入训练好的线性回归模型，函数 load_model 的具体实现代码为：

```
    #函数load_model的输入为线性回归参数所在的文件，其输出为权重
    def load_model(model_file):
        '''导入模型
        input:  model_file(string):线性回归模型
        output: w(mat):权重
        '''
        w = []
        f = open(model_file)
        for line in f.readlines():
            w.append(float(line.strip()))
        f.close()
        return np.mat(w).T
```

③ 利用函数 get_prediction 对新数据进行预测，函数 get_prediction 的具体实现代码为：

```
    #函数get_prediction的输入为测试数据data和权重w，其输出为最终预测值
    def get_prediction(data, w):
        '''得到预测值
        input:  data(mat):测试数据
                w(mat):权重
        output: 最终预测值
        '''
        return data * w
```

④ 最终将预测的结果保存到文件“predict_result”中，函数 save_model 的具体实现代码为：

```
    #将预测的结果predict保存到file_name指定的文件中
    def save_predict(file_name, predict):
        '''保存最终的预测值
        input:  file_name(string):需要保存的文件名
                predict(mat):对测试数据的预测值
        '''
        m = np.shape(predict)[0]
        result = []
        for i in range(m):
            result.append(str(predict[i,0]))
        f = open(file_name, "w")
        f.write("\n".join(result))
        f.close()
```

第 3 章 树回归

传统的线性回归算法用于拟合所有的数据，当数据量非常大及特征之间的关联非常复杂的时候，这个方法便不适用了。此时可以采用对数据进行切片的方式，然后再对切片后的局部数据进行线性回归，如果首次切片之后的数据还是不符合线性要求，则继续执行切片。在此过程中树结构和回归算法是非常有用的。

我们经常使用决策树处理分类问题，近来的调整表明，决策树也是最经常使用的数据挖掘算法。它之所以如此流行，一个很重要的原因就是，不需要了解机器学习的知识就能搞明白决策树是如何工作的。

即使以前没有接触过决策树，也完全不用担心，它的概念非常简单。图 3-1 所示的流程图就是一个决策树，长方形代表判断模块（decision block），椭圆形代表终止模块，表示已经得出结论，可以终止运行。从判断模块引出的左、右箭头称作分支（branch），它可以到达另一个判断模块或终止模块。图 3-1 构造了一个假想的邮件分类系统，它首先检测发送邮件域名地址。如果地址分为 myEmployer.com，则将其放在分类“无聊时需要阅读的邮件”中。如果邮件不是来自这个域名，则检查邮件内容是否包含单词“Works”：如果包含则将邮件归类到“需要及时处理的朋友邮件”中；如果不包含则将邮件归类到“无须阅读的垃圾邮件”中。

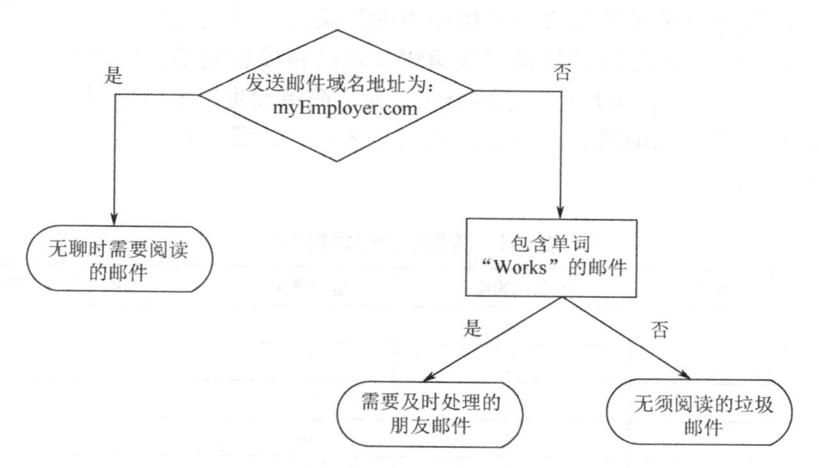

图 3-1　决策树的流程图

决策树的一个重要任务是，为了理解数据所蕴含的知识信息，因此决策树可以使用不熟悉的数据集合，并从中提取出一系列规则，这些机器根据数据集创建规则的过程就是机器学习的过程。专家系统中经常使用决策树，并且决策树给出的结果往往可以匹敌在当前领域具有几十年工作经验的专家。

现在已经大致了解决策树可以完成哪些任务，接着将学习如何从一堆原始数据中构造决策树。首先讨论构造决策树的方法，以及如何编写构造决策树的 Python 代码；接着提出一些度量算法成功率的方法；最后使用递归建立分类器，并且使用 Matplotlib 绘制决策图。构造完成决策树分类器后，将输入一些隐形眼镜的处方数据，并由决策树分类预测需要的镜片类型。

3.1 构建决策树的准备工作

在介绍决策树的构造前，先来了解决策树的适应数据类型及其优缺点。

优点：计算复杂度不高，输出结果易于理解，对中间值的缺失不敏感，可以处理不相关特征数据。

缺点：可能会产生过度匹配问题。

适用数据类型：数值型和标称型。

使用决策树做预测的每一个步骤都很重要。数据收集不到位，将会导致没有足够的特征让我们构建错误率低的决策树；数据特征充足，但是不知道用哪些特征好，将会导致无法构建出分类效果好的决策树。从算法方面看，决策树的构建是核心内容。

决策树要如何构建呢？通常，这一过程可以概括为 3 个步骤：特征选择、决策树的生成和修剪。

3.1.1 特征选择

特征选择在于选取对训练数据具有分类能力的特征，这样可以提高决策树学习的效率，如果利用一个特征进行分类的结果与随机分类的结果没有很大差别，则称这个特征是没有分类能力的。经验上扔掉这样的特征对决策树学习的精度影响不大。通常特征选择的标准是信息增益（information gain）或信息增益比。为了简单起见，本节使用信息增益作为选择特征的标准。什么是信息增益？在讲解信息增益之前，让我们看一组实例，贷款申请样本数据表，见表 3-1。

表 3-1 贷款申请样本数据表

ID	年龄	有工作	有自己的房子	信贷情况	类别（是否该给贷款）
1	青年	否	否	一般	否
2	青年	否	否	好	否
3	青年	是	否	好	是
4	青年	是	是	一般	是
5	青年	否	否	一般	否
6	中年	否	否	一般	否
7	中年	否	否	好	否
8	中年	是	是	好	是

续表

ID	年龄	有工作	有自己的房子	信贷情况	类别（是否该给贷款）
9	中年	否	是	非常好	是
10	中年	否	是	非常好	是
11	老年	否	是	非常好	是
12	老年	否	是	好	是
13	老年	是	否	好	是
14	老年	是	否	非常好	是
15	老年	否	否	一般	否

希望通过所给的训练数据学习一个贷款申请的决策树，用于对未来的贷款申请进行分类，即当新客户提出贷款申请时，根据申请人的特征利用决策树决定是否批准贷款申请。

特征选择就是决定用哪个特征来划分特征空间。比如，我们通过上述数据表得到两个可能的决策树，分别由两个不同特征的根节点构成。

图 3-2(a)所示根节点的特征是年龄，有 3 个取值，对应于不同的取值有不同的子节点。图 3-2(b)所示根节点的特征是工作，有 2 个取值，对应于不同的取值有不同的子节点。两个决策树都可以从此延续下去。问题是：究竟选择哪个特征更好些？这就要求确定选择特征的准则。直观上讲，如果一个特征具有更好的分类能力，或者说，按照这一特征将训练数据集分割成子集，使得各个子集在当前条件下有最好的分类，那么就更应该选择这个特征。信息增益能够很好地表示这一直观的准则。

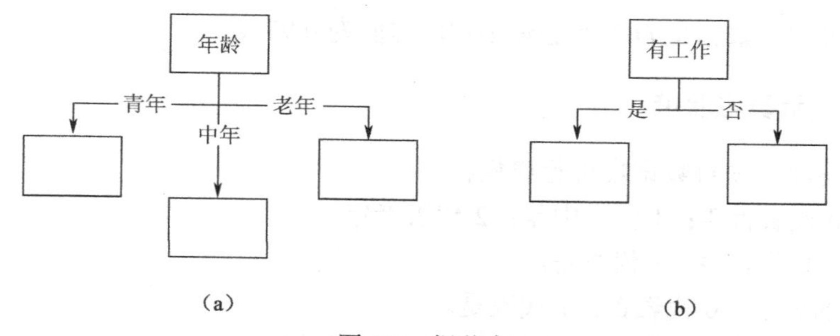

图 3-2　根节点

什么是信息增益呢？在划分数据集之前、之后信息发生的变化称为信息增益，知道如何计算信息增益，就可以计算每个特征值划分数据集获得的信息增益，获得信息增益最高的特征就是最好的选择。

1. 香农熵

在可以评测哪种数据划分方式是最好的之前，必须学习如何计算信息增益。集合信息的度量方式称为香农熵或简称熵（entropy），这个名字来源于信息论之父克劳德·香农。

熵定义为信息的期望值。在信息论与概率统计中，熵是表示随机变量不确定性的度量。如果待分类的事务可能划分在多个分类之中，则符号 x_i 的信息定义为

$$l(x_i) = -\log_2 p(x_i)$$

式中，$p(x_i)$为选择该分类的概率。通过上式，可以得到所有类别的信息。为了计算熵，需要计算所有类别所有可能值包含的信息期望值（数学期望），通过下面的公式可得到：

$$H=-\sum_{i=1}^{n}p(x_i)\log_2 p(x_i)$$

式中，n为分类的数目。熵越大，随机变量的不确定性就越大。

当熵中的概率由数据估计（特别是最大似然估计）得到时，所对应的熵称为经验熵（empirical entropy）。什么叫由数据估计？比如，有 10 个数据，包括两种类别，即 A 类和 B 类。其中有 7 个数据属于 A 类，则该 A 类的概率为 7/10。其中有 3 个数据属于 B 类，则该 B 类的概率为 3/10。浅显的解释就是，此概率是我们根据数据数出来的。定义贷款申请样本数据表中的数据为训练数据集 D，则 D 的经验熵为 $H(D)$，$|D|$ 表示其样本容量及样本个数。设有 K 个类 C_k，$k=1,2,\cdots,K$，$|C_k|$为属于类 C_k 的样本个数，则经验熵公式可以写为

$$H(D)=-\sum_{k=1}^{K}\frac{|C_k|}{|D|}\log_2\frac{|C_k|}{|D|}$$

根据此公式计算经验熵 $H(D)$，分析贷款申请样本数据表中的数据。最终分类结果只有两类，即放贷和不放贷。根据表中的数据统计可知，在 15 个数据中，9 个数据的结果为放贷，6 个数据的结果为不放贷，所以数据集 D 的经验熵 $H(D)$ 为

$$H(D)=-\frac{9}{15}\log_2\frac{9}{15}-\frac{6}{15}\log_2\frac{6}{15}=0.971$$

经过计算可知，数据集 D 的经验熵 $H(D)$ 的值为 0.971。

2. 编写代码计算经验熵

在编写代码前，先对数据集进行属性标注。

- 年龄：0 代表青年；1 代表中年；2 代表老年。
- 有工作：0 代表否；1 代表是。
- 有自己的房子：0 代表否；1 代表是。
- 信贷情况：0 代表一般；1 代表好；2 代表非常好。
- 类别（是否给贷款）：no 代表否；yes 代表是。

确定这些之后，就可以创建数据集，并计算经验熵了。代码编写如下：

```
from math import log
"""
函数说明:创建测试数据集
Parameters:
    无
Returns:
    dataSet - 数据集
    labels - 分类属性
"""
def createDataSet():
    dataSet = [[0, 0, 0, 0, 'no'],          #数据集
```

```
                        [0, 0, 0, 1, 'no'],
                        [0, 1, 0, 1, 'yes'],
                        [0, 1, 1, 0, 'yes'],
                        [0, 0, 0, 0, 'no'],
                        [1, 0, 0, 0, 'no'],
                        [1, 0, 0, 1, 'no'],
                        [1, 1, 1, 1, 'yes'],
                        [1, 0, 1, 2, 'yes'],
                        [1, 0, 1, 2, 'yes'],
                        [2, 0, 1, 2, 'yes'],
                        [2, 0, 1, 1, 'yes'],
                        [2, 1, 0, 1, 'yes'],
                        [2, 1, 0, 2, 'yes'],
                        [2, 0, 0, 0, 'no']]
    labels = ['年龄', '有工作', '有自己的房子', '信贷情况']          #分类属性
    return dataSet, labels                        #返回数据集和分类属性
"""
函数说明:计算给定数据集的经验熵(香农熵)
Parameters:
    dataSet - 数据集
Returns:
    shannonEnt - 经验熵(香农熵)
"""
def calcShannonEnt(dataSet):
    numEntires = len(dataSet)                     #返回数据集的行数
    labelCounts = {}                              #保存每个标签(Label)出现次数的字典
    for featVec in dataSet:                       #对每组特征向量进行统计
        currentLabel = featVec[-1]                #提取标签(Label)信息
        if currentLabel not in labelCounts.keys(): #如果标签(Label)没有放
入统计次数的字典,添加进去
    labelCounts[currentLabel] = 0
    labelCounts[currentLabel] += 1                #Label计数
    shannonEnt = 0.0                              #经验熵(香农熵)
    for key in labelCounts:                       #计算香农熵
        prob = float(labelCounts[key]) / numEntires    #选择该标签(Label)
的概率
        shannonEnt -= prob * log(prob, 2)         #利用公式计算
    return shannonEnt                             #返回经验熵(香农熵)

if __name__ == '__main__':
    dataSet, features = createDataSet()
    print(dataSet)
    print(calcShannonEnt(dataSet))
```

运行程序，输出如下：

```
    1, 1, 1, 1, 'yes'], [1, 0, 1, 2, 'yes'], [1, 0, 1, 2, 'yes'], [2, 0, 1,
2, 'yes'], [2, 0, 1, 1, 'yes'], [2, 1, 0, 1, 'yes'], [2, 1, 0, 2, 'yes'], [2,
```

```
0, 0, 0, 'no']]
       0.9709505944546686    #为经验熵H(D)
       ------------------
```

3. 信息增益

在前面已经说过，选择特征需要看信息增益。也就是说，信息增益是相对于特征而言的，信息增益越大，特征对最终的分类结果影响也就越大，我们应该选择对最终分类结果影响最大的那个特征作为分类特征。

在讲解信息增益定义之前，我们还需要明确一个概念，即条件熵。

条件熵 $H(Y|X)$ 表示在已知随机变量 X 的条件下随机变量 Y 的不确定性，定义 X 给定条件下 Y 的条件概率分布的熵对 X 的数学期望：

$$H(Y|X)=\sum_{i=1}^{n}p_iH(Y|X=x_i)$$

其中

$$p_i=P(X=x_i),i=1,2,\cdots,n$$

同理，当条件熵中的概率由数据估计（特别是极大似然估计）得到时，所对应的条件熵称为经验条件熵。

明确了条件熵和经验条件熵的概念。接下来说说信息增益。前面也提到了，信息增益是相对于特征而言的，所以，特征 A 对训练数据集 D 的信息增益 $g(D,A)$ 定义为集合 D 的经验熵 $H(D)$ 与特征 A 给定条件下 D 的经验条件熵 $H(D|A)$ 之差，即

$$g(D,A)=H(D)-H(D|A)$$

一般地，熵 $H(D)$ 与条件熵 $H(D|A)$ 之差称为互信息(mutual information)。决策树学习中的信息增益等价于训练数据集中类与特征的互信息。

设特征 A 有 n 个不同的取值 $\{a_1,a_2,\cdots,a_n\}$，根据特征 A 的取值将 D 划分为 n 个子集，即 $D_1,D_2,\cdots,D_n$，$|D_i|$ 为 D_i 的样本个数。记子集 D_i 中属于 C_k 的样本集合为 D_{ik}，即 $D_{ik}=D_i\cap C_k$，$|D_{ik}|$ 为 D_{ik} 的样本个数。于是经验条件熵的公式为

$$H(D|A)=\sum_{i=1}^{n}\frac{|D_i|}{|D|}H(D_i)=-\sum_{i=1}^{n}\frac{|D_i|}{|D|}\sum_{k=1}^{K}\frac{|D_{ik}|}{|D_i|}\log_2\frac{|D_{ik}|}{|D_i|}$$

下面以贷款申请样本数据表为例进行说明。看一下年龄一列的数据，也就是特征 A_1，一共有 3 个类别，分别是青年、中年和老年。我们只看年龄是青年的数据，年龄是青年的数据有 5 个，所以年龄是青年的数据在训练数据集出现的概率是 5/15，也就是 1/3。同理，年龄是中年和老年的数据在训练数据集出现的概率也是 1/3。现在我们只看青年数据最终得到贷款的概率为 2/5，因为在 5 个数据中，只有两个数据显示拿到了最终贷款，同理，中年和老年数据最终得到贷款的概率分别为 3/5 和 4/5，所以计算年龄的信息增益的过程如下：

$$g(D,A_1)=H(D)-\left[\frac{5}{15}H(D_1)+\frac{5}{15}H(D_2)+\frac{5}{15}H(D_3)\right]$$
$$=0.97-\left[\frac{5}{15}\left(-\frac{2}{5}\log_2\frac{2}{5}-\frac{3}{5}\log_2\frac{3}{5}\right)+\frac{5}{15}\left(-\frac{3}{5}\log_2\frac{3}{5}-\frac{2}{5}\log_2\frac{2}{5}\right)+\frac{5}{15}\left(-\frac{4}{5}\log_2\frac{4}{5}-\frac{1}{5}\log_2\frac{1}{5}\right)\right]$$
$$=0.971-0.888=0.083$$

同理，计算其余特征的信息增益 $g(D,A_2)$、$g(D,A_3)$ 和 $g(D,A_4)$，分别为

$$g(D,A_2)=H(D)-\left[\frac{5}{15}H(D_1)+\frac{15}{15}H(D_2)\right]$$
$$=0.971-\left[\frac{5}{15}\times 0+\frac{10}{15}\left(-\frac{4}{10}\log_2\frac{4}{10}-\frac{6}{10}\log_2\frac{6}{10}\right)\right]$$
$$=0.971-0.647=0.324$$
$$g(D,A_3)=H(D)-\left[\frac{6}{15}H(D_1)+\frac{9}{15}H(D_2)\right]$$
$$=0.971-\left[\frac{6}{15}\times 0+\frac{9}{15}\left(-\frac{3}{9}\log_2\frac{3}{9}-\frac{6}{9}\log_2\frac{6}{9}\right)\right]$$
$$=0.971-0.551=0.420$$
$$g(D,A_4)=0.971-0.608=0.363$$

最后，比较特征的信息增益，由于特征 A_3（有自己的房子）的信息增益值最大，所以选择 A_3 为最优特征。

4. 编写代码计算信息增益

我们已经学会了通过公式计算信息增益，接下来编写代码，计算信息增益，选择最优特征。

```
from math import log
"""
函数说明:计算给定数据集的经验熵(香农熵)
Parameters:
    dataSet - 数据集
Returns:
    shannonEnt - 经验熵(香农熵)
"""
def calcShannonEnt(dataSet):
    numEntires = len(dataSet)              #返回数据集的行数
    labelCounts = {}                       #保存每个标签(Label)出现次数的字典
    for featVec in dataSet:                #对每组特征向量进行统计
        currentLabel = featVec[-1]         #提取标签(Label)信息
        if currentLabel not in labelCounts.keys():    #如果标签(Label)没有
放入统计次数的字典,添加进去
            labelCounts[currentLabel] = 0
        labelCounts[currentLabel] += 1     #Label计数
    shannonEnt = 0.0                       #经验熵(香农熵)
```

```
        for key in labelCounts:                              #计算香农熵
            prob = float(labelCounts[key]) / numEntires      #选择该标签(Label)
的概率
            shannonEnt -= prob * log(prob, 2)      #利用公式计算
        return shannonEnt                          #返回经验熵(香农熵)
    """
    函数说明:创建测试数据集
    Parameters:
        无
    Returns:
        dataSet - 数据集
        labels - 分类属性
    """
    def createDataSet():
        dataSet = [[0, 0, 0, 0, 'no'],             #数据集
                   [0, 0, 0, 1, 'no'],
                   [0, 1, 0, 1, 'yes'],
                   [0, 1, 1, 0, 'yes'],
                   [0, 0, 0, 0, 'no'],
                   [1, 0, 0, 0, 'no'],
                   [1, 0, 0, 1, 'no'],
                   [1, 1, 1, 1, 'yes'],
                   [1, 0, 1, 2, 'yes'],
                   [1, 0, 1, 2, 'yes'],
                   [2, 0, 1, 2, 'yes'],
                   [2, 0, 1, 1, 'yes'],
                   [2, 1, 0, 1, 'yes'],
                   [2, 1, 0, 2, 'yes'],
                   [2, 0, 0, 0, 'no']]
        labels = ['年龄', '有工作', '有自己的房子', '信贷情况']          #分类属性
        return dataSet, labels                         #返回数据集和分类属性
    """
    函数说明:按照给定特征划分数据集
    Parameters:
        dataSet - 待划分的数据集
        axis - 划分数据集的特征
        value - 需要返回的特征值
    Returns:
        无
    """
    def splitDataSet(dataSet, axis, value):
        retDataSet = []                            #创建返回的数据集列表
        for featVec in dataSet:                    #遍历数据集
            if featVec[axis] == value:
                reducedFeatVec = featVec[:axis]    #去掉axis特征
            reducedFeatVec.extend(featVec[axis+1:]) #将符合条件的添加到返回的数
```

```
据集
            retDataSet.append(reducedFeatVec)
        return retDataSet                                    #返回划分后的数据集
    """
    函数说明:选择最优特征

    Parameters:
        dataSet - 数据集
    Returns:
        bestFeature - 信息增益最大的(最优)特征的索引值
    """
    def chooseBestFeatureToSplit(dataSet):
        numFeatures = len(dataSet[0]) - 1                    #特征数量
        baseEntropy = calcShannonEnt(dataSet)                #计算数据集的香农熵
        bestInfoGain = 0.0                                   #信息增益
        bestFeature = -1                                     #最优特征的索引值
        for i in range(numFeatures):                         #遍历所有特征
            #获取dataSet的第i个所有特征
            featList = [example[i] for example in dataSet]
            uniqueVals = set(featList)         #创建set集合{}，元素不可重复
            newEntropy = 0.0                   #经验条件熵
            for value in uniqueVals:           #计算信息增益
                subDataSet = splitDataSet(dataSet, i, value)
    #subDataSet划分后的子集
                prob = len(subDataSet) / float(len(dataSet))
    #计算子集的概率
                newEntropy += prob * calcShannonEnt(subDataSet)
    #根据公式计算经验条件熵
            infoGain = baseEntropy - newEntropy                   #信息增益
            print("第%d个特征的增益为%.3f" % (i, infoGain))
    #打印每个特征的信息增益
            if (infoGain > bestInfoGain):      #计算信息增益
                bestInfoGain = infoGain        #更新信息增益，找到最大的信息增益值
                bestFeature = i                #记录信息增益最大的特征索引值
        return bestFeature                     #返回信息增益最大的特征索引值

    if __name__ == '__main__':
        dataSet, features = createDataSet()
        print("最优特征索引值:" + str(chooseBestFeatureToSplit(dataSet)))
```

splitDataSet 函数是用来选择各个特征子集的，如选择年龄（第 0 个特征）的青年（用 0 代表），我们可以调用 splitDataSet(dataSet,0,0)，返回的子集就是年龄为青年的 5 个数据集。chooseBestFeatureToSplit 是选择最优特征的函数。

运行程序，输出如下：

```
第0个特征的增益为0.083
第1个特征的增益为0.324
```

```
第2个特征的增益为0.420
第3个特征的增益为0.363
最优特征索引值:2
-------------------
```

对比自己的计算结果，发现结果完全正确！最优特征的索引值为 2，也就是特征 A_3（有自己的房子）。

3.1.2 决策树的生成和修剪

我们已经学习了从数据集构造决策树算法所需要的子功能模块，包括经验熵的计算和最优特征的选择，其工作原理如下：得到原始数据集，然后基于最好的属性值划分数据集，由于特征值可能多于两个，因此可能存在大于两个分支的数据集划分。第一次划分之后，数据集被向下传递到树的分支的下一个节点。在这个节点上，我们可以再次划分数据集。因此，我们可以采用递归的原则处理数据集。

构建决策树的算法很多，如 C4.5、ID3 和 CART，这些算法在运行时并不总是在每次划分数据分组时都会消耗特征。由于特征数目并不是每次划分数据分组时都减少，因此这些算法在实际使用时可能引起一定问题。目前我们并不需要考虑这个问题，只需要在算法开始运行前计算列的数目，查看算法是否使用了所有属性即可。

决策树生成算法递归地产生决策树，直到不能继续下去为止。这样产生的决策树往往对训练数据的分类很准确，但对未知的测试数据的分类没有那么准确，即出现过拟合现象。过拟合的原因在于学习时过多地考虑如何提高对训练数据的正确分类，从而构建出过于复杂的决策树。解决这个问题的办法是考虑决策树的复杂度，对已生成的决策树进行简化。

3.2 Matplotlib 注释绘制树形图

上节已经学习了如何从数据集中创建树，然而字典的表示形式非常不易于理解，并且直接绘制图形也比较困难。本节将使用 Matplotlib 库创建树形图。决策树的主要优点就是直观、易于理解，如果不能将其直观地显示出来，就无法发挥其优势。

可视化需要用到的函数如下：

- getNumLeafs：获取决策树叶子节点的数目。
- getTreeDepth：获取决策树的层数。
- plotNode：绘制节点。
- plotMidText：标注有向边属性值。
- plotTree：绘制决策树。
- createPlot：创建绘制面板。

下面对可视化决策树的程序进行详细注释，直接看代码，调试查看即可。为了显示中文，需要设置 FontProperties，代码编写如下：

```
from matplotlib.font_manager import FontProperties
import matplotlib.pyplot as plt
```

```
from math import log
import operator
"""
函数说明:计算给定数据集的经验熵（香农熵）
Parameters:
    dataSet - 数据集
Returns:
    shannonEnt - 经验熵（香农熵）
"""
def calcShannonEnt(dataSet):
    numEntires = len(dataSet)                        #返回数据集的行数
    labelCounts = {}                                 #保存每个标签（Label）出现次数的字典
    for featVec in dataSet:                          #对每组特征向量进行统计
        currentLabel = featVec[-1]                   #提取标签（Label）信息
        if currentLabel not in labelCounts.keys():  #如果标签（Label）没有
放入统计次数的字典，则添加进去
            labelCounts[currentLabel] = 0
        labelCounts[currentLabel] += 1               #Label计数
    shannonEnt = 0.0                                 #经验熵（香农熵）
    for key in labelCounts:                          #计算香农熵
        prob = float(labelCounts[key]) / numEntires     #选择该标签（Label）
的概率
        shannonEnt -= prob * log(prob, 2)            #利用公式计算
    return shannonEnt                                #返回经验熵（香农熵）
"""
函数说明：创建测试数据集
Parameters:
    无
Returns:
    dataSet - 数据集
    labels - 特征标签
"""
def createDataSet():
    dataSet = [[0, 0, 0, 0, 'no'],                   #数据集
               [0, 0, 0, 1, 'no'],
               [0, 1, 0, 1, 'yes'],
               [0, 1, 1, 0, 'yes'],
               [0, 0, 0, 0, 'no'],
               [1, 0, 0, 0, 'no'],
               [1, 0, 0, 1, 'no'],
               [1, 1, 1, 1, 'yes'],
               [1, 0, 1, 2, 'yes'],
               [1, 0, 1, 2, 'yes'],
               [2, 0, 1, 2, 'yes'],
               [2, 0, 1, 1, 'yes'],
               [2, 1, 0, 1, 'yes'],
```

```
                [2, 1, 0, 2, 'yes'],
                [2, 0, 0, 0, 'no']]
    labels = ['年龄', '有工作', '有自己的房子', '信贷情况']          #特征标签
    return dataSet, labels                                 #返回数据集和分类属性
"""
函数说明:按照给定特征划分数据集
Parameters:
    dataSet - 待划分的数据集
    axis - 划分数据集的特征
    value - 需要返回的特征值
Returns:
    无
"""
def splitDataSet(dataSet, axis, value):
    retDataSet = []                                        #创建返回的数据集列表
    for featVec in dataSet:                                #遍历数据集
        if featVec[axis] == value:
            reducedFeatVec = featVec[:axis]                #去掉axis特征
            reducedFeatVec.extend(featVec[axis+1:]) #将符合条件的添加到返回的
数据集
            retDataSet.append(reducedFeatVec)
    return retDataSet                                      #返回划分后的数据集
"""
函数说明:选择最优特征
Parameters:
    dataSet - 数据集
Returns:
    bestFeature - 信息增益最大的(最优)特征的索引值
"""
def chooseBestFeatureToSplit(dataSet):
    numFeatures = len(dataSet[0]) - 1                      #特征数量
    baseEntropy = calcShannonEnt(dataSet)                  #计算数据集的香农熵
    bestInfoGain = 0.0                                         #信息增益
    bestFeature = -1                                       #最优特征的索引值
    for i in range(numFeatures):                           #遍历所有特征
        #获取dataSet的第i个所有特征
        featList = [example[i] for example in dataSet]
        uniqueVals = set(featList)         #创建set集合{},元素不可重复
        newEntropy = 0.0                   #经验条件熵
        for value in uniqueVals:           #计算信息增益
            subDataSet = splitDataSet(dataSet, i, value)   #subDataSet划
分后的子集
            prob = len(subDataSet) / float(len(dataSet))   #计算子集的概率
       newEntropy += prob * calcShannonEnt(subDataSet) #根据公式计算经验条
件熵
        infoGain = baseEntropy - newEntropy                #信息增益
```

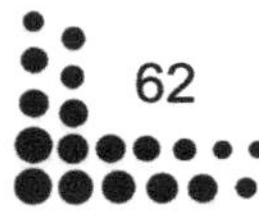

```
            print("第%d个特征的增益为%.3f" % (i, infoGain)) #打印每个特征的信息增
益
            if (infoGain > bestInfoGain):        #计算信息增益
                bestInfoGain = infoGain          #更新信息增益，找到最大的信息增益值
                bestFeature = i                  #记录信息增益最大的特征的索引值
        return bestFeature                       #返回信息增益最大的特征的索引值
    """
    函数说明:统计classList中出现此处最多的元素（类标签）
    Parameters:
        classList - 类标签列表
    Returns:
        sortedClassCount[0][0] - 出现此处最多的元素（类标签）
    """
    def majorityCnt(classList):
        classCount = {}
        for vote in classList:                   #统计classList中每个元素出现的次数
            if vote not in classCount.keys():classCount[vote] = 0
            classCount[vote] += 1
        sortedClassCount = sorted(classCount.items(), key =
operator.itemgetter(1), reverse = True)     #根据字典的值降序排序
        return sortedClassCount[0][0]           #返回classList中出现次数最多的元素
    """
    函数说明:创建决策树
    Parameters:
        dataSet - 训练数据集
        labels - 分类属性标签
        featLabels - 存储选择的最优特征标签
    Returns:
        myTree - 决策树
    """
    def createTree(dataSet, labels, featLabels):
        classList = [example[-1] for example in dataSet]
    #取分类标签（是否放贷:yes或no）
       if classList.count(classList[0]) == len(classList):
    #如果类别完全相同则停止继续划分
            return classList[0]
        if len(dataSet[0]) == 1:         #遍历完所有特征时返回出现次数最多的类标签
            return majorityCnt(classList)
        bestFeat = chooseBestFeatureToSplit(dataSet)       #选择最优特征
        bestFeatLabel = labels[bestFeat]                    #最优特征的标签
        featLabels.append(bestFeatLabel)
        myTree = {bestFeatLabel:{}}                   #根据最优特征的标签生成树
        del(labels[bestFeat])                         #删除已经使用的特征标签
        featValues = [example[bestFeat] for example in dataSet] #得到训练集中
所有最优特征的属性值
        uniqueVals = set(featValues)                  #去掉重复的属性值
```

```
        for value in uniqueVals:                               #遍历特征，创建决策树
            myTree[bestFeatLabel][value] = createTree(splitDataSet(dataSet,
bestFeat, value), labels, featLabels)
        return myTree
    """
    函数说明:获取决策树叶子节点的数目
    Parameters:
        myTree - 决策树
    Returns:
        numLeafs - 决策树叶子节点的数目
    """
    def getNumLeafs(myTree):
        numLeafs = 0                                    #初始化叶子节点
        firstStr = next(iter(myTree))                   #python3中myTree.keys()返回的是
dict_keys，不再是list，所以不能使用myTree.keys()[0]的方法获取节点属性，可以使用
list(myTree.keys())[0]
        secondDict = myTree[firstStr]                   #获取下一组字典
        for key in secondDict.keys():
            if type(secondDict[key]).__name__=='dict':      #测试该节点是否为字
典，如果不是，代表此节点为叶子节点
                numLeafs += getNumLeafs(secondDict[key])
            else:   numLeafs +=1
        return numLeafs
    """
    函数说明:获取决策树的层数
    Parameters:
        myTree - 决策树
    Returns:
        maxDepth - 决策树的层数
    """
    def getTreeDepth(myTree):
        maxDepth = 0                                    #初始化决策树深度
        firstStr = next(iter(myTree))   #python3中myTree.keys()返回的是
dict_keys，不再是list，所以不能使用myTree.keys()[0]的方法获取节点属性，可以使用
list(myTree.keys())[0]
        secondDict = myTree[firstStr]                   #获取下一个字典
        for key in secondDict.keys():
            if type(secondDict[key]).__name__=='dict':     #测试该节点是否为字
典，如果不是字典，代表此节点为叶子节点
                thisDepth = 1 + getTreeDepth(secondDict[key])
            else:   thisDepth = 1
            if thisDepth > maxDepth: maxDepth = thisDepth          #更新层数
        return maxDepth
    """
    函数说明:绘制节点
    Parameters:
```

```
        nodeTxt - 节点名
        centerPt - 文本位置
        parentPt - 标注的箭头位置
        nodeType - 节点格式
    """
    def plotNode(nodeTxt, centerPt, parentPt, nodeType):
        arrow_args=dict(arrowstyle="<-")                          #定义箭头格式
        font = FontProperties(fname=r"c:\windows\fonts\simsun.ttc",
size=14)#设置中文字体
        createPlot.ax1.annotate(nodeTxt, xy=parentPt,  xycoords='axes
fraction', #绘制节点
            xytext=centerPt, textcoords='axes fraction',
            va="center", ha="center", bbox=nodeType, arrowprops=arrow_args,
        FontProperties=font)
    """
    函数说明:标注有向边属性值
    Parameters:
        cntrPt、parentPt - 用于计算标注位置
        txtString - 标注的内容
    """
    def plotMidText(cntrPt, parentPt, txtString):
        xMid = (parentPt[0]-cntrPt[0])/2.0 + cntrPt[0]     #计算标注位置
        yMid = (parentPt[1]-cntrPt[1])/2.0 + cntrPt[1]
        createPlot.ax1.text(xMid, yMid, txtString, va="center", ha="center",
rotation=30)
    """
    函数说明:绘制决策树
    Parameters:
        myTree - 决策树(字典)
        parentPt - 标注的内容
        nodeTxt - 节点名
    Returns:
        无
    """
    def plotTree(myTree, parentPt, nodeTxt):
        decisionNode = dict(boxstyle="sawtooth", fc="0.8")    #设置节点格式
        leafNode = dict(boxstyle="round4", fc="0.8")           #设置叶子节点格式
        numLeafs = getNumLeafs(myTree)    #获取决策树叶子节点数目,决定了树的宽度
        depth = getTreeDepth(myTree)      #获取决策树层数
        firstStr = next(iter(myTree))     #下一个字典
        cntrPt = (plotTree.xOff + (1.0 + float(numLeafs))/2.0/plotTree.totalW,
plotTree.yOff)    #中心位置
        plotMidText(cntrPt, parentPt, nodeTxt)              #标注有向边属性值
        plotNode(firstStr, cntrPt, parentPt, decisionNode)       #绘制节点
        secondDict = myTree[firstStr]     #下一个字典,也就是继续绘制子节点
        plotTree.yOff = plotTree.yOff - 1.0/plotTree.totalD     #y偏移
```

```
        for key in secondDict.keys():
            if type(secondDict[key]).__name__=='dict':  #测试该节点是否为字典，
如果不是字典，表示此节点为叶子节点
                plotTree(secondDict[key],cntrPt,str(key)) #不是叶子节点，递归调
用继续绘制
            else:           #如果是叶子节点，则绘制叶子节点，并标注有向边属性值
                plotTree.xOff = plotTree.xOff + 1.0/plotTree.totalW
                plotNode(secondDict[key], (plotTree.xOff, plotTree.yOff),
cntrPt, leafNode)
                plotMidText((plotTree.xOff, plotTree.yOff), cntrPt, str(key))
        plotTree.yOff = plotTree.yOff + 1.0/plotTree.totalD
    """
    函数说明:创建绘制面板
    Parameters:
        inTree - 决策树(字典)
    Returns:
        无
    """
    def createPlot(inTree):
        fig = plt.figure(1, facecolor='white')        #创建fig
        fig.clf()                                     #清空fig
        axprops = dict(xticks=[], yticks=[])
        createPlot.ax1 = plt.subplot(111, frameon=False, **axprops)    #去掉
x、y轴
        plotTree.totalW = float(getNumLeafs(inTree))    #获取决策树叶子节点数目
        plotTree.totalD = float(getTreeDepth(inTree))   #获取决策树层数
        plotTree.xOff = -0.5/plotTree.totalW; plotTree.yOff = 1.0;
            #x偏移
        plotTree(inTree, (0.5,1.0), '')              #绘制决策树
        plt.show()                                    #显示绘制结果

    if __name__ == '__main__':
        dataSet, labels = createDataSet()
        featLabels = []
        myTree = createTree(dataSet, labels, featLabels)
        print(myTree)
        createPlot(myTree)
```

运行程序，输出如下，效果如图 3-3 所示。

```
    第0个特征的增益为0.083
    第1个特征的增益为0.324
    第2个特征的增益为0.420
    第3个特征的增益为0.363
    第0个特征的增益为0.252
    第1个特征的增益为0.918
    第2个特征的增益为0.474
    {'有自己的房子': {0: {'有工作': {0: 'no', 1: 'yes'}}, 1: 'yes'}}
```

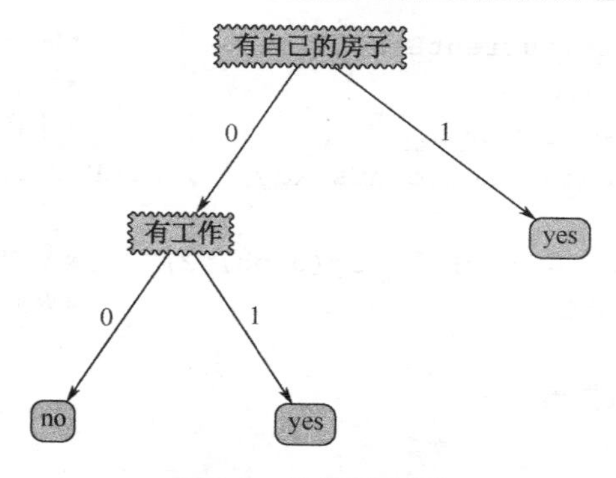

图 3-3 决策树实例

可以看到决策树绘制完成。plotNode 函数的工作就是绘制各个节点，比如，是否有自己的房子、是否有工作，包括内节点和叶子节点。plotMidText 函数的工作就是绘制各个有向边的属性，如各个有向边的 0 和 1。

3.3 使用决策树执行分类

依靠训练数据构造了决策树之后，可以将它用于实际数据的分类。在执行数据分类时，需要决策树及用于构造树的标签向量；然后，程序比较测试数据与决策树上的数值，递归执行该过程，直到进入叶子节点；最后将测试数据定义为叶子节点所属的类型。在构建决策树的代码时，可以看到，有个 featLabels 参数。这个参数用来记录各个分类节点，在用决策树做预测的时候，按顺序输入需要的分类节点的属性值即可。举个例子，比如，用上述已经训练好的决策树做分类，只需要提供这个人是否有房子、是否有工作这两个信息即可，无须提供冗余的信息。

使用决策树做分类的代码很简单，如下所示：

```
from math import log
import operator
"""
函数说明:计算给定数据集的经验熵(香农熵)
Parameters:
    dataSet - 数据集
Returns:
    shannonEnt - 经验熵(香农熵)
"""
def calcShannonEnt(dataSet):
    numEntires = len(dataSet)                   #返回数据集的行数
    labelCounts = {}                            #保存每个标签（Label）出现次数的字典
    for featVec in dataSet:                     #对每组特征向量进行统计
        currentLabel = featVec[-1]              #提取标签（Label）信息
        if currentLabel not in labelCounts.keys():  #如果标签（Label）没有
放入统计次数的字典，则添加进去
            labelCounts[currentLabel] = 0
```

```
        labelCounts[currentLabel] += 1          #标签（Label）计数
    shannonEnt = 0.0                            #经验熵（香农熵）
    for key in labelCounts:                     #计算香农熵
        prob = float(labelCounts[key]) / numEntires    #选择该标签（Label）的概率
        shannonEnt -= prob * log(prob, 2)       #利用公式计算
    return shannonEnt                           #返回经验熵（香农熵）
"""
函数说明:创建测试数据集
Parameters:
    无
Returns:
    dataSet - 数据集
    labels - 特征标签
"""
def createDataSet():
    dataSet = [[0, 0, 0, 0, 'no'],              #数据集
               [0, 0, 0, 1, 'no'],
               [0, 1, 0, 1, 'yes'],
               [0, 1, 1, 0, 'yes'],
               [0, 0, 0, 0, 'no'],
               [1, 0, 0, 0, 'no'],
               [1, 0, 0, 1, 'no'],
               [1, 1, 1, 1, 'yes'],
               [1, 0, 1, 2, 'yes'],
               [1, 0, 1, 2, 'yes'],
               [2, 0, 1, 2, 'yes'],
               [2, 0, 1, 1, 'yes'],
               [2, 1, 0, 1, 'yes'],
               [2, 1, 0, 2, 'yes'],
               [2, 0, 0, 0, 'no']]
    labels = ['年龄', '有工作', '有自己的房子', '信贷情况']      #特征标签
    return dataSet, labels                      #返回数据集和分类属性
"""
函数说明:按照给定特征划分数据集
Parameters:
    dataSet - 待划分的数据集
    axis - 划分数据集的特征
    value - 需要返回的特征值
Returns:
    无
"""
def splitDataSet(dataSet, axis, value):
    retDataSet = []                             #创建返回的数据集列表
    for featVec in dataSet:                     #遍历数据集
        if featVec[axis] == value:
```

```
            reducedFeatVec = featVec[:axis]          #去掉axis特征
          reducedFeatVec.extend(featVec[axis+1:])  #将符合条件的添加到返回的数
据集
            retDataSet.append(reducedFeatVec)
        return retDataSet                                   #返回划分后的数据集
    """
    函数说明:选择最优特征
    Parameters:
        dataSet - 数据集
    Returns:
        bestFeature - 信息增益最大的（最优）特征的索引值
    """
    def chooseBestFeatureToSplit(dataSet):
        numFeatures = len(dataSet[0]) - 1          #特征数量
        baseEntropy = calcShannonEnt(dataSet)     #计算数据集的香农熵
        bestInfoGain = 0.0                              #信息增益
        bestFeature = -1                           #最优特征的索引值
        for i in range(numFeatures):               #遍历所有特征
            #获取dataSet的第i个所有特征
            featList = [example[i] for example in dataSet]
            uniqueVals = set(featList)             #创建set集合{}，元素不可重复
            newEntropy = 0.0                       #经验条件熵
            for value in uniqueVals:               #计算信息增益
                subDataSet = splitDataSet(dataSet, i, value)  #subDataSet划分
后的子集
                prob = len(subDataSet) / float(len(dataSet))  #计算子集的概率
            newEntropy += prob * calcShannonEnt(subDataSet)#根据公式计算经验条
件熵
            infoGain = baseEntropy - newEntropy   #信息增益
          #print("第%d个特征的增益为%.3f" % (i, infoGain))#打印每个特征的信息增益
            if (infoGain > bestInfoGain):          #计算信息增益
                bestInfoGain = infoGain    #更新信息增益，找到最大的信息增益值
                bestFeature = i            #记录信息增益最大的特征的索引值
        return bestFeature                 #返回信息增益最大的特征的索引值
    """
    函数说明:统计classList中出现此处最多的元素（类标签）
    Parameters:
        classList - 类标签列表
    Returns:
        sortedClassCount[0][0] - 出现此处最多的元素（类标签）
    """
    def majorityCnt(classList):
        classCount = {}
        for vote in classList:             #统计classList中每个元素出现的次数
            if vote not in classCount.keys():classCount[vote] = 0
            classCount[vote] += 1
```

```
        sortedClassCount = sorted(classCount.items(), key =
operator.itemgetter(1), reverse = True)    #根据字典的值降序排序
        return sortedClassCount[0][0]    #返回classList中出现次数最多的元素
    """
    函数说明:创建决策树
    Parameters:
        dataSet - 训练数据集
        labels - 分类属性标签
        featLabels - 存储选择的最优特征标签
    Returns:
        myTree - 决策树
    """
    def createTree(dataSet, labels, featLabels):
        classList = [example[-1] for example in dataSet]  #取分类标签（是否放
贷:yes or no)
        if classList.count(classList[0]) == len(classList):#如果类别完全相同，
则停止继续划分
            return classList[0]
        if len(dataSet[0]) == 1:        #遍历完所有特征时返回出现次数最多的类标签
            return majorityCnt(classList)
        bestFeat = chooseBestFeatureToSplit(dataSet)     #选择最优特征
        bestFeatLabel = labels[bestFeat]                 #最优特征标签
        featLabels.append(bestFeatLabel)
        myTree = {bestFeatLabel:{}}             #根据最优特征标签生成树
        del(labels[bestFeat])                   #删除已经使用的特征标签
        featValues = [example[bestFeat] for example in dataSet]#得到训练集中
所有最优特征的属性值
        uniqueVals = set(featValues)            #去掉重复的属性值
        for value in uniqueVals:                #遍历特征，创建决策树
            myTree[bestFeatLabel][value] = createTree(splitDataSet(dataSet,
bestFeat, value), labels, featLabels)
        return myTree
    """
    函数说明:使用决策树分类
    Parameters:
        inputTree - 已经生成的决策树
        featLabels - 存储选择的最优特征标签
        testVec - 测试数据列表，顺序对应最优特征标签
    Returns:
        classLabel - 分类结果
    """
    def classify(inputTree, featLabels, testVec):
        firstStr=next(iter(inputTree))             #获取决策树节点
        secondDict=inputTree[firstStr]             #下一个字典
        featIndex = featLabels.index(firstStr)
        for key in secondDict.keys():
```

```
            if testVec[featIndex] == key:
                if type(secondDict[key]).__name__ == 'dict':
                    classLabel = classify(secondDict[key], featLabels,
testVec)
                else: classLabel = secondDict[key]
        return classLabel
    if __name__ == '__main__':
        dataSet, labels = createDataSet()
        featLabels = []
        myTree = createTree(dataSet, labels, featLabels)
        testVec = [0,1]                                         #测试数据
        result = classify(myTree, featLabels, testVec)
        if result == 'yes':
            print('放贷')
        if result == 'no':
            print('不放贷')
```

这里只增加了 classify 函数，用于决策树分类。输入测试数据[0,1]，其代表没有房子，但是有工作，分类结果如图 3-4 所示。

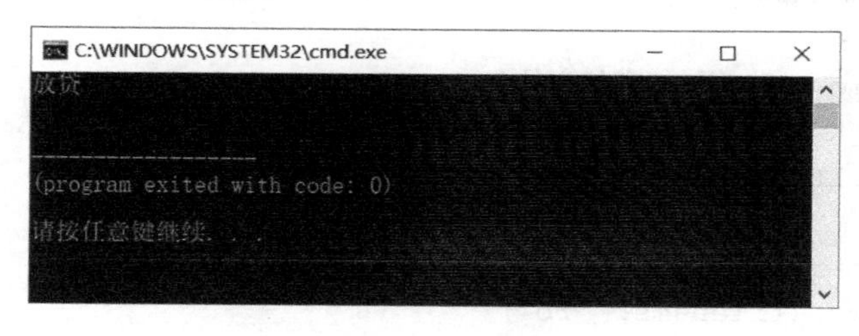

图 3-4　分类结果

看到这里，细心的朋友可能就会问：每次做预测都要训练一次决策树吗？这也太麻烦了吧！有什么好的解决办法吗？

3.4　决策树的存储

构造决策树是很耗时的任务，即使处理很小的数据集，如前面的样本数据，也要花费几秒时间，如果数据集很大，将会耗费很多计算时间，而用构建好的决策树解决分类问题，可以很快完成。因此，为了节省计算时间，最好能够在每次执行分类时调用已经构造好的决策树。为了解决这个问题，需要使用 Python 模块 pickle 序列化对象。序列化对象可以在磁盘上保存对象，并在需要的时候读取出来。

假设已经得到决策树{'有自己的房子': {0: {'有工作': {0: 'no', 1: 'yes'}}, 1: 'yes'}}，使用 pickle.dump 存储决策树。

```
    import pickle
    """
    函数说明:存储决策树
    Parameters:
```

```
    inputTree - 已经生成的决策树
    filename - 决策树的存储文件名
Returns:
    无
"""
def storeTree(inputTree, filename):
    with open(filename, 'wb') as fw:
        pickle.dump(inputTree, fw)
if __name__ == '__main__':
    myTree = {'有自己的房子': {0: {'有工作': {0: 'no', 1: 'yes'}}, 1: 'yes'}}
    storeTree(myTree, 'classifierStorage.txt')
```

在该 Python 文件的相同目录下，会生成一个名为 classifierStorage.txt 的文件，这个文件以二进制形式存储着决策树。可以使用 sublime txt 打开看存储结果。

这个是二进制存储文件，无须看懂里面的内容，会存储、会用即可。将决策树存储成这个二进制文件后，下次怎么使用呢？很简单，使用 pickle.load 载入即可，编写代码如下：

```
import pickle
"""
函数说明:读取决策树
Parameters:
    filename - 决策树的存储文件名
Returns:
    pickle.load(fr) - 决策树字典
"""
def grabTree(filename):
    fr = open(filename, 'rb')
    return pickle.load(fr)
if __name__ == '__main__':
    myTree = grabTree('classifierStorage.txt')
    print(myTree)
```

如果在该 Python 文件的相同目录下，有一个名为 classifierStorage.txt 的文件，我们就可以运行上述代码。运行结果如图 3-5 所示。

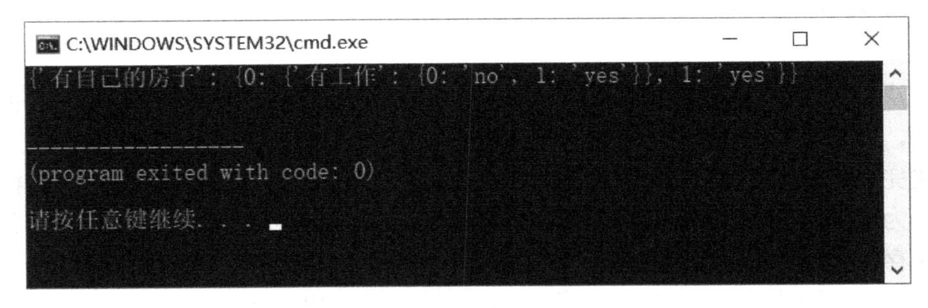

图 3-5　运行结果

从上述结果中可以看到，我们顺利加载了存储决策树的二进制文件。

3.5 Sklearn 使用决策树预测隐形眼镜类型

3.5.1 实战背景

进入正题：眼科医生是如何判断患者需要佩戴隐形眼镜类型的？一旦理解了决策树的工作原理，我们甚至也可以帮助人们判断需要佩戴的镜片类型。

隐形眼镜数据集是非常著名的数据集，它包含很多患者眼部状态的观察条件及医生推荐的隐形眼镜类型。隐形眼镜类型包括硬材质（hard）、软材质（soft）及不适合佩戴隐形眼镜（no lenses）。数据来源与 UCI 数据库，数据集下载地址为 https://github.com/Jack-Cherish/Machine-Learning/blob/master/Decision%20Tree/classifierStorage.txt。有 24 组数据，数据的 Labels 依次是 age、prescript、astigmatic、tearRate、class，即第一列是年龄，第二列是症状，第三列是是否散光，第四列是眼泪数量，第五列是最终的分类标签。隐形眼镜数据集如图 3-6 所示。

lenses - 记事本

文件(F) 编辑(E) 格式(O) 查看(V) 帮助(H)

young	myope	no	reduced	no lenses
young	myope	no	normal	soft
young	myope	yes	reduced	no lenses
young	myope	yes	normal	hard
young	hyper	no	reduced	no lenses
young	hyper	no	normal	soft
young	hyper	yes	reduced	no lenses
young	hyper	yes	normal	hard
pre	myope	no	reduced	no lenses
pre	myope	no	normal	soft
pre	myope	yes	reduced	no lenses
pre	myope	yes	normal	hard
pre	hyper	no	reduced	no lenses
pre	hyper	no	normal	soft
pre	hyper	yes	reduced	no lenses
pre	hyper	yes	normal	no lenses
presbyopic	myope	no	reduced	no lenses
presbyopic	myope	no	normal	no lenses
presbyopic	myope	yes	reduced	no lenses
presbyopic	myope	yes	normal	hard
presbyopic	hyper	no	reduced	no lenses
presbyopic	hyper	no	normal	soft
presbyopic	hyper	yes	reduced	no lenses

图 3-6 隐形眼镜数据集

3.5.2 使用 Sklearn 构建决策树

官方英文文档地址为 http://scikit-learn.org/stable/modules/generated/sklearn.tree.DecisionTreeClassifier.html。sklearn.tree 模块提供了决策树模型，用于解决分类问题和回归问题。方法如图 3-7 所示。

本次实战内容使用的是 DecisionTreeClassifier 和 export_graphviz，前者用于决策树构建，后者用于决策树可视化。

sklearn.tree: Decision Trees

The sklearn.tree module includes decision tree-based models for classification and regression.

User guide: See the Decision Trees section for further details.

tree.DecisionTreeClassifier ([criterion, …])	A decision tree classifier.
tree.DecisionTreeRegressor ([criterion, …])	A decision tree regressor.
tree.ExtraTreeClassifier ([criterion, …])	An extremely randomized tree classifier.
tree.ExtraTreeRegressor ([criterion, …])	An extremely randomized tree regressor.
tree.export_graphviz (decision_tree[, …])	Export a decision tree in DOT format.

图 3-7　sklearn.tree 模块方法

1. DecisionTreeClassifier 构建决策树

让我们先看下 DecisionTreeClassifier 函数，如图 3-8 所示。

sklearn.tree.DecisionTreeClassifier

class sklearn.tree.**DecisionTreeClassifier** (*criterion='gini', splitter='best', max_depth=None, min_samples_split=2, min_samples_leaf=1, min_weight_fraction_leaf=0.0, max_features=None, random_state=None, max_leaf_nodes=None, min_impurity_decrease=0.0, min_impurity_split=None, class_weight=None, presort=False*)　[source]

图 3-8　DecisionTreeClassifier 的参数

其参数说明如下：

- criterion：特征选择标准，可选参数，默认值是 gini，可以设置为 entropy。gini 是基尼不纯度，是将来自集合的某种结果随机应用于某一数据项的预期误差率，是一种基于统计的思想。entropy 是香农熵，是一种基于信息论的思想。sklearn 把 gini 设为默认参数，应该也是做了相应斟酌的，精度也许更高些。ID3 算法使用的是 entropy，CART 算法使用的则是 gini。
- splitter：特征划分点选择标准，可选参数，默认值是 best，可以设置为 random。best 参数是根据算法选择最佳切分特征，如 gini、entropy。random 随机地在部分划分点中找局部最优划分点。默认的 best 适合样本量不大的时候，而如果样本数据量非常大时决策树构建推荐 random。
- max_features：划分时考虑的最大特征数，可选参数，默认值是 None。寻找最佳划分时考虑的最大特征数（n_features 为总共的特征数），有如下 6 种情况：

◆如果 max_features 是整型数，则考虑 max_features 个特征。

◆如果 max_features 是浮点型数，则考虑 int(max_features * n_features)个特征。

◆如果把 max_features 设为 auto，则 max_features = sqrt(n_features)。

◆如果把 max_features 设为 sqrt，则 max_features = sqrt(n_features)，跟 auto 一样。

◆如果把 max_features 设为 $\log_2$，则 max_features = $\log_2$(n_features)。

◆如果把 max_features 设为 None，则 max_features = n_features，也就是所有特征都用。

一般来说，如果样本特征数不多，如小于 50，用默认的 None 就可以了，如果特征数非常多，可以灵活使用刚才描述的其他取值来控制划分时考虑的最大特征数，以控制决策树的生成时间。

- max_depth：决策树最大深度（层数），可选参数，默认值是 None。层数的概念就是，比如在贷款的例子中，决策树的层数是 2。如果这个参数设置为 None，那么决策树在建立子树的时候不会限制子树的深度。一般来说，数据少或特征少的时候可以不管这个值，或者如果设置了 min_samples_slipt 参数，那么直到少于 min_smaples_split 个样本为止。在模型样本多，特征也多的情况下，推荐限制最大深度，具体取值取决于数据的分布。常用的值为 10～100。
- min_samples_split：内部节点再划分所需最小样本数，可选参数，默认值是 2。该值限制了子树继续划分的条件。如果 min_samples_split 为整数，那么在划分内部节点的时候，min_samples_split 作为最小样本数，也就是说，如果样本已经少于 min_samples_split 个样本，则停止继续划分。如果 min_samples_split 为浮点数，那么 min_samples_split 就是一个百分比 ceil(min_samples_split * n_samples)，ceil 是向上取整的。如果样本量不大，不需要管这个值。如果样本量的数量级非常大，则推荐增大这个值。
- min_weight_fraction_leaf：叶子节点最小的样本权重和，可选参数，默认值是 0。这个值限制了叶子节点所有样本权重和的最小值，如果小于这个值，则会和兄弟节点一起被剪枝。一般来说，如果有较多样本有缺失值，或者分类树样本的分布类别偏差很大，就会引入样本权重，这时我们就要注意这个值了。
- max_leaf_nodes：最大叶子节点数，可选参数，默认值是 None。通过限制最大叶子节点数，可以防止过拟合。如果加了限制，算法会建立在最大叶子节点数内最优的决策树。如果特征不多，可以不考虑这个值，但是如果特征分成多，则可以加以限制，具体值可以通过交叉验证得到。
- class_weight：类别权重，可选参数，默认值是 None，也可以是字典、字典列表、balanced。指定样本各类别权重的目的主要是为了防止训练集某些类别的样本过多，而导致训练的决策树过于偏向这些类别。类别的权重可以通过{class_label：weight}格式给出，这里可以自己指定各个样本的权重，或者用 balanced，如果使用 balanced，则算法会自己计算权重，样本量小的类别所对应的样本权重会高。当然，如果样本类别分布没有明显偏倚，则可以不管这个参数，选择默认的 None。
- random_state：可选参数，默认值是 None，为随机数种子。如果是证书，则 random_state 会作为随机数生成器的随机数种子。如果没有设置随机数种子，则随机出来的数与当前系统时间有关，每个时刻都是不同的。如果设置了随机数种子，则相同随机数种子在不同时刻产生的随机数也是相同的。如果是 RandomStateinstance，则 random_state 是随机数生成器。如果为 None，则随机数生成器使用 np.random。
- min_impurity_split：节点划分最小不纯度，可选参数，默认值是 1e-7。这是个阈值，此值限制了决策树的增长，如果某节点的不纯度（基尼系数、信息增益、均方差、绝对差）小于此阈值，则该节点不再生成子节点，即为叶子节点。
- presort：数据是否预排序，可选参数，这个值是布尔值，默认值是 False（不排序）。一般来说，如果样本量小或限制了一个深度很低的决策树，则设置为 True，可以让划分点选择更快，决策树建立也更快。如果样本量太大，反而没有什么好处。

除这些参数要注意以外，其他在调参时的注意点有：

- 当样本量小但是样本特征非常多的时候，决策树很容易过拟合，一般来说，样本数比特征数多一些会比较容易建立健壮模型。
- 如果样本量小但是样本特征非常多，在拟合决策树模型前，推荐先做维度规约，如主成分分析（PCA）、特征选择（Losso）或独立成分分析（ICA），这样特征的维度会大大减小，再来拟合决策树模型效果会更好。
- 推荐多用决策树的可视化，同时先限制决策树的深度，这样可以先观察生成的决策树里数据的初步拟合情况，然后再决定是否要增加深度。
- 在训练模型时，注意观察样本的类别情况（主要指分类树），如果类别分布非常不均匀，就要考虑用 class_weight 来限制模型过于偏向样本多的类别。
- 决策树的数组使用的是 numpy 的 float32 类型，如果训练数据不是这样的格式，算法会先做复制再运行。
- 如果输入的样本矩阵是稀疏的，推荐在拟合前调用 csc_matrix 稀疏化，在预测前调用 csr_matrix 稀疏化。

sklearn.tree.DecisionTreeClassifier()提供了一些方法供我们使用，如图 3-9 所示。

Methods

apply (X[, check_input])	Returns the index of the leaf that each sample is predicted as.
decision_path (X[, check_input])	Return the decision path in the tree
fit (X, y[, sample_weight, check_input, ...])	Build a decision tree classifier from the training set (X, y).
get_params ([deep])	Get parameters for this estimator.
predict (X[, check_input])	Predict class or regression value for X.
predict_log_proba (X)	Predict class log-probabilities of the input samples X.
predict_proba (X[, check_input])	Predict class probabilities of the input samples X.
score (X, y[, sample_weight])	Returns the mean accuracy on the given test data and labels.
set_params (**params)	Set the parameters of this estimator.

图 3-9　Methods 方法

2. 用代码实现 DecisionTreeClassifier 构建决策树

了解到这些，就可以编写代码了，如下所示：

```
from sklearn import tree
if __name__ == '__main__':
    fr = open('lenses.txt')
    lenses = [inst.strip().split('\t') for inst in fr.readlines()]
    print(lenses)
    lensesLabels = ['age', 'prescript', 'astigmatic', 'tearRate']
    clf = tree.DecisionTreeClassifier()
    lenses = clf.fit(lenses, lensesLabels)
```

运行程序，输出效果如图 3-10 所示。

由图 3-10 可以看到程序报错了，这是为什么呢？因为 fit()函数不能接收 string 类型的数据，通过打印的信息可以看到，数据都是 string 类型。在使用 fit()函数之前，我们需要对数据集进行编码，这里可以使用两种方法：

- LabelEncoder：将字符串转换为增量值。

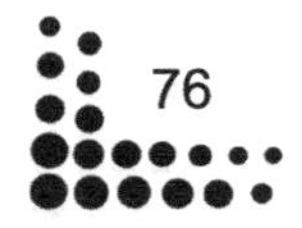

- OneHotEncoder：使用 One-of-K 算法将字符串转换为整数。

```
C:\WINDOWS\SYSTEM32\cmd.exe
[['young', 'myope', 'no', 'reduced', 'no lenses'], ['young', 'myope', 'no', 'normal', 'soft'], ['young', 'myope', 'yes',
 'reduced', 'no lenses'], ['young', 'myope', 'yes', 'normal', 'hard'], ['young', 'hyper', 'no', 'reduced', 'no lenses'],
 ['young', 'hyper', 'no', 'normal', 'soft'], ['young', 'hyper', 'yes', 'reduced', 'no lenses'], ['young', 'hyper', 'yes'
, 'normal', 'hard'], ['pre', 'myope', 'no', 'reduced', 'no lenses'], ['pre', 'myope', 'no', 'normal', 'soft'], ['pre',
myope', 'yes', 'reduced', 'no lenses'], ['pre', 'myope', 'yes', 'normal', 'hard'], ['pre', 'hyper', 'no', 'reduced', 'no
 lenses'], ['pre', 'hyper', 'no', 'normal', 'soft'], ['pre', 'hyper', 'yes', 'reduced', 'no lenses'], ['pre', 'hyper',
yes', 'normal', 'no lenses'], ['presbyopic', 'myope', 'no', 'reduced', 'no lenses'], ['presbyopic', 'myope', 'no', 'norm
al', 'no lenses'], ['presbyopic', 'myope', 'yes', 'reduced', 'no lenses'], ['presbyopic', 'myope', 'yes', 'normal', 'har
d'], ['presbyopic', 'hyper', 'no', 'reduced', 'no lenses'], ['presbyopic', 'hyper', 'no', 'normal', 'soft'], ['presbyopi
c', 'hyper', 'yes', 'reduced', 'no lenses'], ['presbyopic', 'hyper', 'yes', 'normal', 'no lenses']]
Traceback (most recent call last):
  File "DecisionTree.py", line 9, in <module>
    lenses = clf.fit(lenses, lensesLabels)
  File "C:\Users\ASUS\AppData\Local\Programs\Python\Python36\lib\site-packages\sklearn\tree\tree.py", line 790, in fit
    X_idx_sorted=X_idx_sorted)
  File "C:\Users\ASUS\AppData\Local\Programs\Python\Python36\lib\site-packages\sklearn\tree\tree.py", line 116, in fit
    X = check_array(X, dtype=DTYPE, accept_sparse="csc")
  File "C:\Users\ASUS\AppData\Local\Programs\Python\Python36\lib\site-packages\sklearn\utils\validation.py", line 433, i
n check_array
    array = np.array(array, dtype=dtype, order=order, copy=copy)
ValueError: could not convert string to float: 'young'
```

图 3-10　输出效果（报错）

为了将 string 类型的数据序列化，需要先生成 pandas 数据，从而方便序列化工作。这里使用的方法是原始数据→字典→pandas 数据。编写代码如下：

```
import pandas as pd
if __name__ == '__main__':
    with open('lenses.txt', 'r') as fr:                              #加载文件
        lenses = [inst.strip().split('\t') for inst in fr.readlines()]
#处理文件
    lenses_target=[]                    #提取每组数据的类别，保存在列表里
    for each in lenses:
        lenses_target.append(each[-1])
    lensesLabels = ['age', 'prescript', 'astigmatic', 'tearRate']
#特征标签
    lenses_list = []                #保存lenses数据的临时列表
    lenses_dict = {}                #保存lenses数据的字典，用于生成pandas
    for each_label in lensesLabels:      #提取信息，生成字典
        for each in lenses:
            lenses_list.append(each[lensesLabels.index(each_label)])
        lenses_dict[each_label] = lenses_list
        lenses_list = []
    print(lenses_dict)                           #打印字典信息
    lenses_pd = pd.DataFrame(lenses_dict)        #生成pandas.DataFrame
```

运行程序，输出效果如图 3-11 所示。

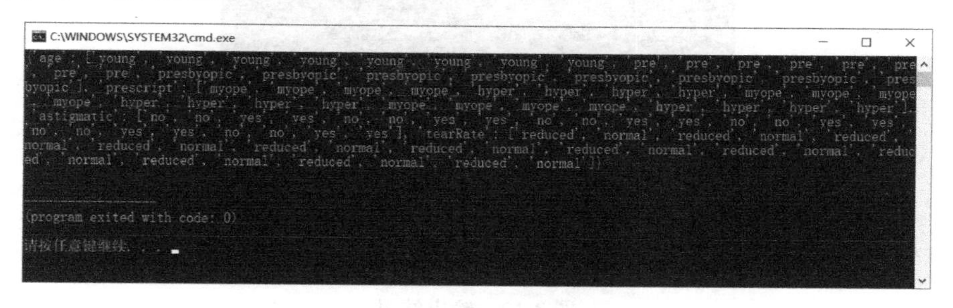

图 3-11　输出效果（正确）

接下来，将数据序列化，编写代码如下：

```
    import pandas as pd
    from sklearn.preprocessing import LabelEncoder
    import pydotplus
    from sklearn.externals.six import StringIO
    if __name__ == '__main__':
        with open('lenses.txt', 'r') as fr:    #加载文件
            lenses = [inst.strip().split('\t') for inst in fr.readlines()]
#处理文件
        lenses_target=[]                  #提取每组数据的类别，保存在列表里
        for each in lenses:
            lenses_target.append(each[-1])
        lensesLabels = ['age', 'prescript', 'astigmatic', 'tearRate']
            #特征标签
        lenses_list = []                  #保存lenses数据的临时列表
        lenses_dict = {}                  #保存lenses数据的字典，用于生成pandas
        for each_label in lensesLabels:      #提取信息，生成字典
            for each in lenses:
                lenses_list.append(each[lensesLabels.index(each_label)])
            lenses_dict[each_label] = lenses_list
            lenses_list = []
       #print(lenses_dict)                            #打印字典信息
        lenses_pd = pd.DataFrame(lenses_dict)    #生成pandas.DataFrame
        print(lenses_pd)                              #打印pandas.DataFrame
        le=LabelEncoder()         #创建LabelEncoder()对象，用于序列化
        for col in lenses_pd.columns:                 #为每一列序列化
            lenses_pd[col] = le.fit_transform(lenses_pd[col])
        print(lenses_pd)
```

输出结果如图 3-12 所示，从该结果可以看出，数据已经顺利被序列化了。

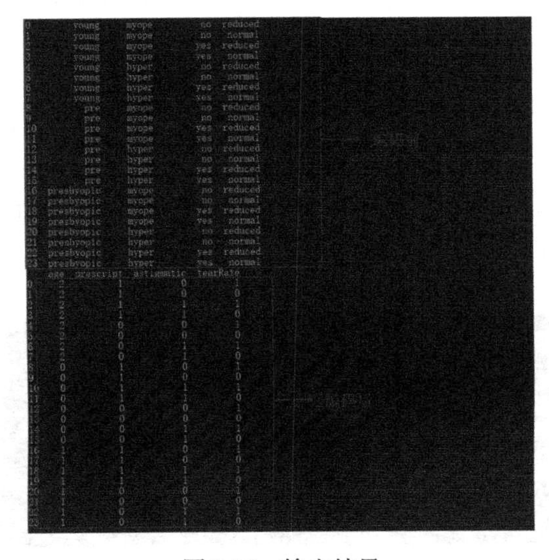

图 3-12　输出结果

3. 使用 Graphviz 可视化决策树

要想使用 Graphviz，首先要对其进行安装，Windows 版本的下载地址为 http://www.graphviz.org/Download_windows.php。

下载完成后，双击 msi 文件，然后一直单击“next”按钮（记住安装路径，后面配置环境变量会用到路径信息），安装完成之后，会在 Windows 开始菜单创建快捷信息，默认快捷方式不放在桌面。将 Graphviz 安装目录下的 bin 文件夹添加到 Path 环境变量中。

至此，可以利用 Graphviz 可视化决策树了，实现代码如下：

```
from sklearn import tree
import pandas as pd
from sklearn.preprocessing import LabelEncoder, OneHotEncoder
from sklearn.externals.six import StringIO
import numpy as np
import pydotplus

if __name__ == '__main__':
    with open('lenses.txt', 'r') as fr:   #加载文件
        lenses = [inst.strip().split('\t') for inst in fr.readlines()]
        #处理文件

    lenses_target = []      #提取每组数据的类别，保存在列表里
    for each in lenses:
        lenses_target.append(each[-1])
    #print(lenses_target)

    lensesLabels = ['age', 'prescript', 'astigmatic', 'tearRate']
#特征标签
    lenses_list = []        #保存lenses数据的临时列表
    lenses_dict = {}        #保存lenses数据的字典，用于生成pandas
    for each_label in lensesLabels:       #提取信息，生成字典
        for each in lenses:
            lenses_list.append(each[lensesLabels.index(each_label)])
        lenses_dict[each_label] = lenses_list
        lenses_list = []
    #print(lenses_dict)                   #打印字典信息
    lenses_pd = pd.DataFrame(lenses_dict)    #生成pandas.DataFrame
    #print(lenses_pd)
    le = LabelEncoder()    #创建LabelEncoder()对象，用于序列化
    for col in lenses_pd.columns:         #为每一列序列化
        lenses_pd[col] = le.fit_transform(lenses_pd[col])
    #print(lenses_pd)      #打印编码信息

    #可视化
    clf = tree.DecisionTreeClassifier(max_depth = 4)    #创建
DecisionTreeClassifier()类
```

```
        clf = clf.fit(lenses_pd.values.tolist(), lenses_target)  #使用数据，
构建决策树
        dot_data = StringIO()
        tree.export_graphviz(clf, out_file = dot_data,    #绘制决策树
                        feature_names = lenses_pd.keys(),
                        class_names = clf.classes_,
                        filled=True, rounded=True,
                        special_characters=True)
        graph = pydotplus.graph_from_dot_data(dot_data.getvalue())
        graph.write_pdf("lensesTree.pdf")   #保存绘制好的决策树，以PDF的形式存储
```

运行代码，在该 Python 文件的相同目录下，会生成一个名为 lensesTree 的 PDF 文件，打开该文件，可以看到决策树的可视化效果图。图 3-13 所示为决策树的可视化效果图。

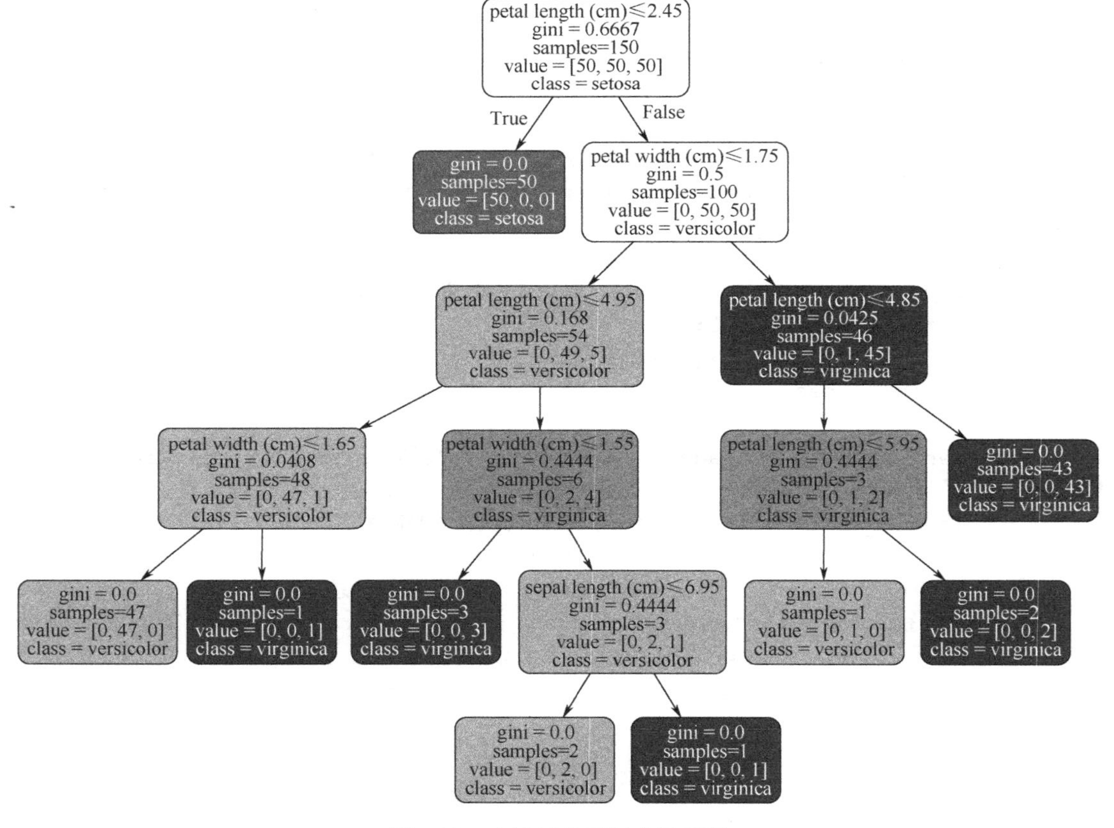

图 3-13　决策树的可视化效果图

3.6　复杂数据的局部性建模

决策树不断将数据切分成小数据集，直到所有目标变量完全相同，或者数据不能再切分为止。决策树是一种贪心算法，它要在给定时间内做出最佳选择，但并不关心能否达到

全局最优。

树回归的优缺点主要表现在以下方面：

（1）优点：可以对复杂和非线性的数据建模。

（2）缺点：结果不易理解。

树回归适用的数据类型有数值型和标签型两种。

树回归的构建算法是 ID3 算法，其做法是每次选取当前最佳的特征来分割数据，并按照该特征的所有可能取值来切分。也就是说，如果一个特征有 4 种取值，那么数据将被切成 4 份。一旦按某特征切分后，该特征在之后的算法执行过程中将不会再起作用，所以有观点认为这种切分方式过于迅速。另外一种方法是二元切分法，即每次把数据集切成两份。如果数据的某特征值等于切分所要求的值，则这些数据就进入树的左子树，反之则进入树的右子树。

除切分过于迅速外，ID3 算法还存在另一个问题，即它不能直接处理连续型特征。只有事先将连续型特征转换成离散型，才能在 ID3 算法中使用，但这种转换过程会破坏连续型变量的内在性质，而使用二元切分法则易于树构建过程进行调整以处理连续型特征。具体的处理方法是：如果特征值大于给定值就走左子树，否则就走右子树。另外，二元切分法也节省了树的构建时间，但这点意义也不是特别大，因为这些树构建一般是离线完成的，时间并非是需要重点关注的因素。

CART 是十分著名且被广泛记载的树构建算法，它使用二元切分法来处理连续型变量。对 CATR 稍加修改就可以处理回归问题。

树回归的一般方法有：

（1）收集数据。采用任意方法收集数据。

（2）准备数据。需要数值型数据，标称型数据应该映射成二值型数据。

（3）分析数据。绘出数据的二维可视化显示结果，以字典方式生成树。

（4）训练算法。大部分时间都花费在叶子节点树模型的构建上。

（5）测试算法。使用测试数据上的 R^2 值来分析模型的效果。

（6）使用算法。使用训练出的树做预测，预测结果还可以用来做很多事情。

3.7 连续型和离散型特征的树构建

这里依然使用字典来存储树的数据结构，该字典将包含以下 4 个元素：

（1）待切分的特征。

（2）待切分的特征值。

（3）右子树，不需切分时，也可是单个值。

（4）左子树，与右子树类似。

本章将构建两种树：第一种是第 2 节的回归树（regression tree），其每个叶子节点包含单个值；第二种是第 3 节的模型树（model tree），其每个叶子节点包含一个线性方程。创建这两种树时，我们将尽量使得代码之间可以重用。下面先给出两种树构建算法中一些共用的代码。

```
from numpy import *
def loadDataSet(fileName):
    '''
    读取一个以tab键为分隔符的文件，然后将每行内容保存成一组浮点数
    '''
    dataMat = []
    fr = open(fileName)
    for line in fr.readlines():
        curLine = line.strip().split('\t')
        fltLine = map(float,curLine)
        dataMat.append(fltLine)
    return dataMat

def binSplitDataSet(dataSet, feature, value):
    '''
    数据集切分函数
    '''
    mat0 = dataSet[nonzero(dataSet[:,feature] > value)[0],:]
    mat1 = dataSet[nonzero(dataSet[:,feature] <= value)[0],:]
    return mat0,mat1

def createTree(dataSet, leafType=regLeaf, errType=regErr, ops=(1,4)):
    '''
    树构建函数
    leafType:建立叶子节点的函数
    errType:误差计算函数
    ops:包含树构建所需其他参数的元组
    '''
    #选择最优的划分特征
    #如果满足停止条件，将返回None和某类模型的值
    #若构建的是回归树，则该模型是一个常数；如果是模型树，则模型是一个线性方程
    feat, val = chooseBestSplit(dataSet, leafType, errType, ops)
    if feat == None: return val #
    retTree = {}
    retTree['spInd'] = feat
    retTree['spVal'] = val
    #将数据集分为两份，之后递归调用继续划分
    lSet, rSet = binSplitDataSet(dataSet, feat, val)
    retTree['left'] = createTree(lSet, leafType, errType, ops)
    retTree['right'] = createTree(rSet, leafType, errType, ops)
    return retTree
```

3.8 分类回归树

CART（Classification and Regression Trees，分类回归树）是十分著名的树构建算法，它使用二元切分法来处理连续型变量，对其稍作修改就可处理回归问题。

3.8.1 构建树

构建树的主要步骤如下：

（1）切分数据集并生成叶子节点。

给定某个误差计算方法，chooseBestSplit()函数会找到数据集上最佳的二元切分方式，此外，该函数还要确定什么时候停止切分，一旦停止切分会生成一个叶子节点。该函数伪代码大致如下：

```
    对每个特征：
      对每个特征值：
          将数据集切分成两份
          计算切分的误差
          如果当前误差小于当前最小误差，那么将当前切分设定为最佳切分并更新最小误差返回最
佳切分的特征和阈值
```

（2）计算误差。

这里采用计算数据的平方误差。其实现的Python代码为：

```
    def regLeaf(dataSet):
        '''负责生成叶子节点'''
        #当chooseBestSplit()函数确定不再对数据进行切分时，将调用本函数来得到叶子节点
的模型
        #在回归树中，该模型其实就是目标变量的均值
        return mean(dataSet[:,-1])

    def regErr(dataSet):
        '''
        误差估计函数，该函数在给定的数据上计算目标变量的平方误差，这里直接调用均方差函数
        '''
        return var(dataSet[:,-1]) * shape(dataSet)[0]#返回总方差

    def chooseBestSplit(dataSet, leafType=regLeaf, errType=regErr,
ops=(1,4)):
        '''
        用最佳方式切分数据集和生成相应的叶子节点
        '''
        #ops为用户指定参数，用于控制函数的停止时机
        tolS = ops[0]; tolN = ops[1]
        #如果所有值相等，则退出
        if len(set(dataSet[:,-1].T.tolist()[0])) == 1:
            return None, leafType(dataSet)
        m,n = shape(dataSet)
        S = errType(dataSet)
        bestS = inf; bestIndex = 0; bestValue = 0
        #在所有可能的特征及其可能取值上遍历，找到最佳切分方式
        #最佳切分方式就是使得切分后能达到最小误差的切分
        for featIndex in range(n-1):
```

```
            for splitVal in set(dataSet[:,featIndex]):
                mat0, mat1 = binSplitDataSet(dataSet, featIndex, splitVal)
                if (shape(mat0)[0] < tolN) or (shape(mat1)[0] < tolN): continue
                newS = errType(mat0) + errType(mat1)
                if newS < bestS:
                    bestIndex = featIndex
                    bestValue = splitVal
                    bestS = newS
        #如果误差减小不大，则退出
        if (S - bestS) < tolS:
            return None, leafType(dataSet)
        mat0, mat1 = binSplitDataSet(dataSet, bestIndex, bestValue)
        #如果切分出的数据集很小，则退出
        if (shape(mat0)[0] < tolN) or (shape(mat1)[0] < tolN):
            return None, leafType(dataSet)
        #提前终止条件都不满足，返回切分特征和特征值
        return bestIndex,bestValue
```

然后利用以下代码进行测试：

```
>>> reload(regTrees)
>>> from numpy import *
>>> myDat = mat(regTrees.loadDataSet('ex00.txt'))
>>> regTrees.createTree(myMat)
{'spInd': 0, 'spVal': 0.48813, 'right': -0.044650285714285719, 'left':
1.0180967672413792}
>>> myDat1 = mat(regTrees.loadDataSet('ex0.txt'))
>>> regTrees.createTree(myDat1)
{'spInd': 1, 'spVal': 0.39435, 'right': {'spInd': 1, 'spVal': 0.197834,
'right': -0.023838155555555553, 'left': 1.0289583666666666}, 'left': {'spInd':
1, 'spVal': 0.582002, 'right': 1.980035071428571, 'left': {'spInd': 1, 'spVal':
0.797583, 'right': 2.9836209534883724, 'left': 3.9871631999999999}}}
```

绘制切分后的 ex00 数据点图：

```
#绘制ex00.txt数据点的代码为：
import matplotlib.pyplot as plt
myDat=regTrees.loadDataSet('ex00.txt')
myMat=mat(myDat)
regTrees.createTree(myMat)
plt.plot(myMat[:,0],myMat[:,1],'ro')
plt.show()
```

运行程序，效果如图 3-14 所示。

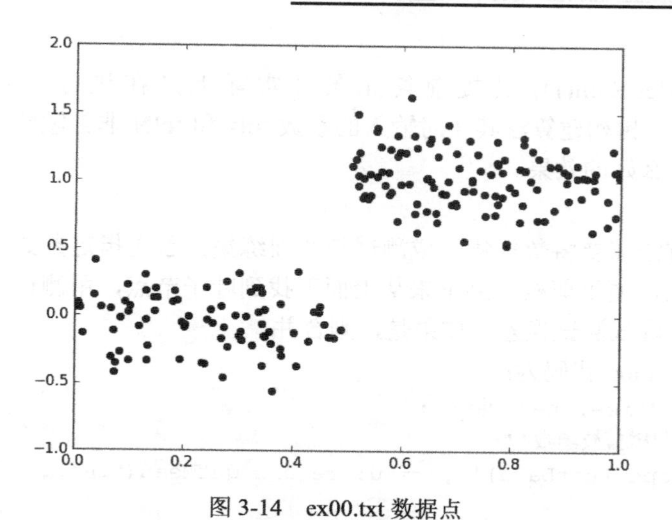

图 3-14 ex00.txt 数据点

```
#绘制ex0.txt数据点的代码为：
import matplotlib.pyplot as plt
myDat1=regTrees.loadDataSet('ex00.txt')
myMat1=mat(myDat1)
regTrees.createTree(myMat1)
plt.plot(myMat1[:,1],myMat1[:,2],'ro')
plt.show()
```

运行程序，效果如图 3-15 所示。

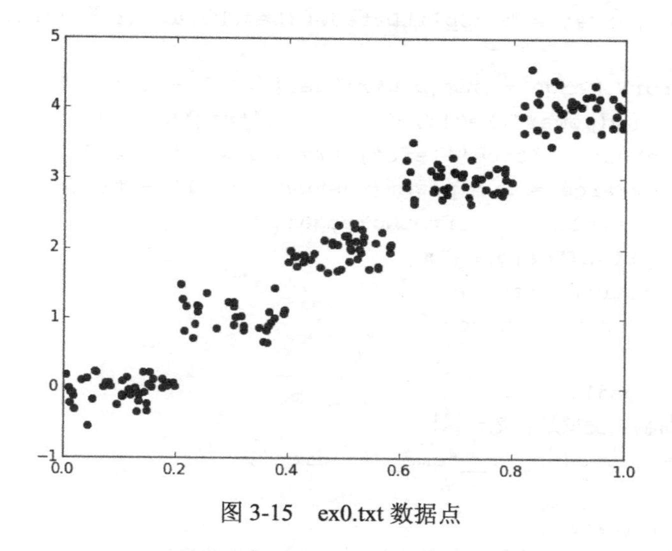

图 3-15 ex0.txt 数据点

3.8.2 剪枝

如果一棵树的节点过多，则表明该模型可能对数据进行了“过拟合”。通过降低决策树的复杂度来避免过拟合的过程称为剪枝（pruning）。

（1）预剪枝。

函数 chooseBestSplit()中的提前终止条件实际上是在进行一种所谓的预剪枝（prepruning）操作。树构建算法其实对输入的参数 tols 和 tolN 非常敏感，如果使用其他值将不太容易达到这么好的效果。

（2）后剪枝。

使用后剪枝方法需要将数据集分成测试集和训练集。首先指定参数，使得构建出的树足够大、足够复杂，便于剪枝。接下来从上而下找到叶子节点，用测试集来判断将这些叶子节点合并是否能降低测试误差。如果是，则合并。

实现剪枝的 Python 代码为：

```
    def prune(tree, testData):
        '''回归树剪枝函数'''
        if shape(testData)[0] == 0: return getMean(tree) #无测试数据，则返回树
的平均值
        if (isTree(tree['right']) or isTree(tree['left'])):#
            lSet, rSet = binSplitDataSet(testData, tree['spInd'],
tree['spVal'])
        if isTree(tree['left']): tree['left'] = prune(tree['left'], lSet)
        if isTree(tree['right']): tree['right'] =  prune(tree['right'], rSet)
        #如果两个分支已经不再是子树，则合并它们
        #具体做法是对合并前、后的误差进行比较。如果合并后的误差比不合并的误差小，就进行
合并操作，反之则不合并直接返回
        if not isTree(tree['left']) and not isTree(tree['right']):
            lSet, rSet = binSplitDataSet(testData, tree['spInd'],
tree['spVal'])
            errorNoMerge = sum(power(lSet[:,-1] - tree['left'],2)) +
                sum(power(rSet[:,-1] - tree['right'],2))
            treeMean = (tree['left']+tree['right'])/2.0
            errorMerge = sum(power(testData[:,-1] - treeMean,2))
            if errorMerge < errorNoMerge:
                print("merging")
                return treeMean
            else: return tree

    def isTree(obj):
        '''判断输入变量是否是一棵树'''
        return (type(obj).__name__=='dict')

    def getMean(tree):
        '''从上往下遍历树直到叶子节点为止，计算它们的平均值'''
        if isTree(tree['right']): tree['right'] = getMean(tree['right'])
        if isTree(tree['left']): tree['left'] = getMean(tree['left'])
        return (tree['left']+tree['right'])/2.0
```

3.8.3 模型树

实现模型树主要有以下两个步骤。

（1）叶子节点。

用树来对数据建模，除把叶子节点简单地设定为常数值之外，还有一种方法是把叶子节点设定为分段线性函数。这里所谓的分段线性（piecewise linear）是指模型由多个线性片段组成，下面通过样本来分析。考虑图 3-16 中的数据，如果使用两条直线拟合是否比使用一组常数来建模好呢？答案显而易见。可以设计两条从 0.0~0.3、从 0.3~1.0 的直线，于是得到两个线性模型。因为数据集里的一部分数据（0.0~0.3）以某个线性模型建模，另一部分数据（0.3~1.0）则以另一个线性模型建模，因此我们说采用了所谓的分段线性模型。

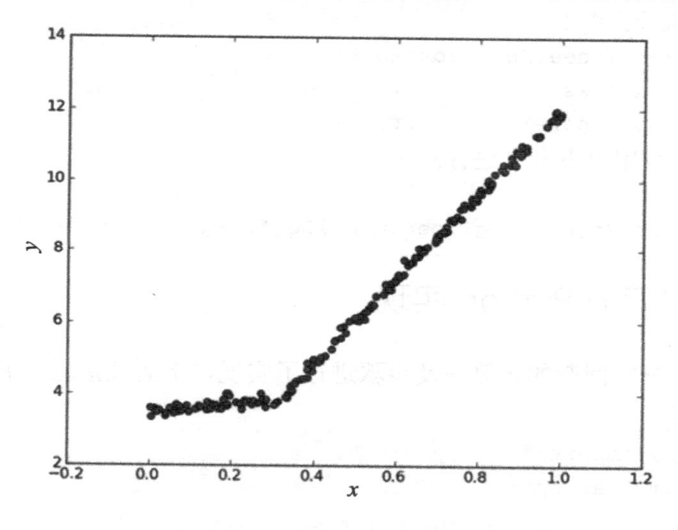

图 3-16 用来测试模型树构建函数的分段

决策树相比于其他机器学习算法的优势之一在于结果更易理解。很显然，两条直线比很多节点组成一棵大树更容易解释。模型树的可解释性是它优于回归树的特点之一。另外，模型树也具有更高的预测准确度。

（2）误差计算。

前面用于回归树的误差计算方法这里不能再用。稍加变化，对于给定的数据集，先用线性模型来对它进行拟合，然后计算真实的目标值与模型预测值间的差值。最后将这些差值的平方求和就得到所需的误差。

与回归树不同，模型树 Python 代码有以下变化：

```
def linearSolve(dataSet):
    '''将数据集格式化成目标变量Y和自变量X，X、Y用于执行简单的线性回归'''
    m,n = shape(dataSet)
    X = mat(ones((m,n))); Y = mat(ones((m,1)))
    X[:,1:n] = dataSet[:,0:n-1]; Y = dataSet[:,-1]#默认最后一列为Y
    xTx = X.T*X
```

```
        #若矩阵的逆不存在，抛异常
        if linalg.det(xTx) == 0.0:
            raise NameError('This matrix is singular, cannot do inverse,\n\
            try increasing the second value of ops')
        ws = xTx.I * (X.T * Y)#回归系数
        return ws,X,Y

    def modelLeaf(dataSet):
        '''负责生成叶子节点模型'''
        ws,X,Y = linearSolve(dataSet)
        return ws

    def modelErr(dataSet):
        '''误差计算函数'''
        ws,X,Y = linearSolve(dataSet)
        yHat = X * ws
        return sum(power(Y - yHat,2))
```

保存代码后，可用以下命令进行测试：

```
    >>>
regTrees.createTree(myMat,regTrees.modelLeaf,regTrees.modelErr.(1,10))
```

3.8.4 分类回归的 Python 实现

在前面已经对分类回归的各算法及步骤进行了实现，下面直接通过 Python 代码来演示完整的 CART 算法。

```
    from numpy import *
    import numpy as np
    #三大步骤：
    '''
    1、特征的选择：标准
    2、回归树的生成：停止划分的标准
    3、剪枝：
    '''
    #导入数据集
    def loadData(filaName):
        dataSet = []
        fr = open(filaName)
        for line in fr.readlines():
            curLine = line.strip().split('\t')
            theLine = list(map(float, curLine))
            dataSet.append(theLine)
        return dataSet

    #特征选择：输入：输出：最佳特征、最佳划分值
    '''
```

选择标准：

遍历所有的特征 Fi：遍历每个特征的所有特征值 Zi；找到 Zi，划分后总方差最小

停止划分的条件：

（1）当前数据集中的标签相同，返回当前标签。

（2）划分前、后的总方差差距很小，数据不划分，返回的属性为空，返回的最佳划分值为当前所有标签的均值。

（3）划分后左、右两个数据集的样本量较小，返回的属性为空，返回的最佳划分值为当前所有标签的均值。

当划分后的数据集满足上述条件之一时，返回的最佳划分值作为叶子节点；

```
    当划分后的数据集不满足上述条件时，找到最佳划分的属性及最佳划分的特征值
    '''
    #计算总的方差
    def GetAllVar(dataSet):
        return var(dataSet[:,-1])*shape(dataSet)[0]

    #根据给定的特征、特征值划分数据集
    def dataSplit(dataSet,feature,featNumber):
        dataL =  dataSet[nonzero(dataSet[:,feature] > featNumber)[0],:]
        dataR = dataSet[nonzero(dataSet[:,feature] <= featNumber)[0],:]
        return dataL,dataR

    #特征划分
    def choseBestFeature(dataSet,op = [1,4]): #三个停止条件可否当作三个预剪枝操作
        if len(set(dataSet[:,-1].T.tolist()[0]))==1:     #停止条件 1
            regLeaf = mean(dataSet[:,-1])
            return None,regLeaf                         #返回标签的均值作为叶子节点
        Serror = GetAllVar(dataSet)
        BestFeature = -1; BestNumber = 0; lowError = inf
        m,n = shape(dataSet)       #m 个样本， n-1 个特征
        for i in range(n-1):       #遍历每一个特征值
            for j in set(dataSet[:,i].T.tolist()[0]):
                dataL,dataR = dataSplit(dataSet,i,j)
                if shape(dataR)[0]<op[1] or shape(dataL)[0]<op[1]: continue
    #如果所给的划分后的数据集中样本数目甚少，则直接跳出
                tempError = GetAllVar(dataL) + GetAllVar(dataR)
                if tempError < lowError:
                    lowError = tempError; BestFeature = i; BestNumber = j
        if Serror - lowError < op[0]: #停止条件2，如果所给的数据划分前、后的差别不
大，则停止划分
            return None,mean(dataSet[:,-1])
        dataL, dataR = dataSplit(dataSet, BestFeature, BestNumber)
        if shape(dataR)[0] < op[1] or shape(dataL)[0] < op[1]:  #停止条件3
            return None, mean(dataSet[:, -1])
        return BestFeature,BestNumber
```

```
    #决策树生成
    def createTree(dataSet,op=[1,4]):
        bestFeat,bestNumber = choseBestFeature(dataSet,op)
        if bestFeat==None: return bestNumber
        regTree = {}
        regTree['spInd'] = bestFeat
        regTree['spVal'] = bestNumber
        dataL,dataR = dataSplit(dataSet,bestFeat,bestNumber)
        regTree['left'] = createTree(dataL,op)
        regTree['right'] = createTree(dataR,op)
        return  regTree

    #后剪枝操作
    #用于判断所给的节点是否为叶子节点
    def isTree(Tree):
        return (type(Tree).__name__=='dict' )

    #计算两个叶子节点的均值
    def getMean(Tree):
        if isTree(Tree['left']): Tree['left'] = getMean(Tree['left'])
        if isTree(Tree['right']):Tree['right'] = getMean(Tree['right'])
        return (Tree['left']+ Tree['right'])/2.0

    #后剪枝
    def pruneTree(Tree,testData):
        if shape(testData)[0]==0: return getMean(Tree)
        if isTree(Tree['left'])or isTree(Tree['right']):
            dataL,dataR = dataSplit(testData,Tree['spInd'],Tree['spVal'])
        if isTree(Tree['left']):
            Tree['left'] = pruneTree(Tree['left'],dataL)
        if isTree(Tree['right']):
            Tree['right'] = pruneTree(Tree['right'],dataR)
        if not isTree(Tree['left']) and not isTree(Tree['right']):
            dataL,dataR = dataSplit(testData,Tree['spInd'],Tree['spVal'])
            errorNoMerge = sum(power(dataL[:,-1] - Tree['left'],2)) +
sum(power(dataR[:,-1] - Tree['right'],2))
            leafMean = getMean(Tree)
            errorMerge = sum(power(testData[:,-1]-  leafMean,2))
            if errorNoMerge > errorMerge:
                print("the leaf merge")
                return leafMean
            else:
                return Tree
        else:
            return Tree

    #预测
    def forecastSample(Tree,testData):
```

```
        if not isTree(Tree): return float(tree)
        #print"选择的特征是: " ,Tree['spInd']
        #print"测试数据的特征值是: " ,testData[Tree['spInd']]
        if testData[0,Tree['spInd']]>Tree['spVal']:
            if isTree(Tree['left']):
                return forecastSample(Tree['left'],testData)
            else:
                return float(Tree['left'])
        else:
            if isTree(Tree['right']):
                return forecastSample(Tree['right'],testData)
            else:
                return float(Tree['right'])

    def TreeForecast(Tree,testData):
        m = shape(testData)[0]
        y_hat = mat(zeros((m,1)))
        for i in range(m):
            y_hat[i,0] = forecastSample(Tree,testData[i])
        return y_hat

    if __name__=="__main__":
        print ("hello world")
        dataMat = loadData("ex2.txt")
        dataMat = mat(dataMat)
        op = [1,6]    #参数1：剪枝前总方差与剪枝后总方差差值的最小值。参数2：将数据集
划分为两个子数据集后，子数据集中样本的最少数；
        theCreateTree =  createTree(dataMat,op)
       #测试数据
        dataMat2 = loadData("ex2test.txt")
        dataMat2 = mat(dataMat2)
        #thePruneTree =  pruneTree(theCreateTree, dataMat2)
        #print"剪枝后的后树：\n",thePruneTree
        y = dataMat2[:, -1]
        y_hat = TreeForecast(theCreateTree,dataMat2)
        print (corrcoef(y_hat,y,rowvar=0)[0,1])      #用预测值与真实值计算相关系数
```

运行程序，输出结果如图 3-17 所示。

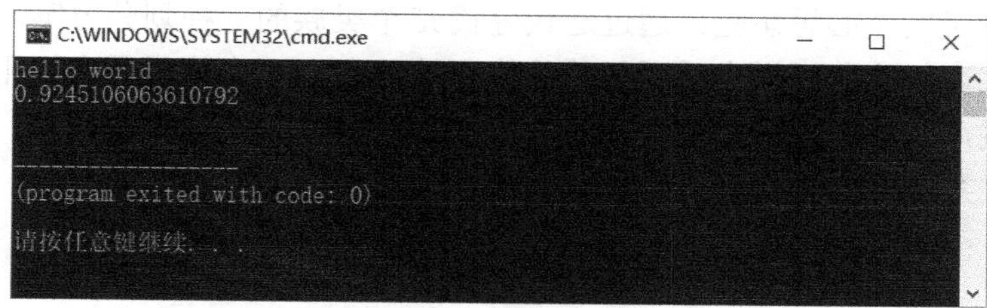

图 3-17　输出结果

第 4 章　K-means 聚类算法

要理解 K-means 聚类算法，必须要先理解聚类和分类的区别，很多业务人员在日常分析时不是很严谨，混为一谈，其实二者有本质区别。

分类是从特定的数据中挖掘模式，做出判断的过程。比如，Gmail 邮箱里有垃圾邮件分类器，一开始的时候可能什么都不过滤，在日常使用过程中，人工对于每一封邮件点选“垃圾”或“不是垃圾”，过一段时间，Gmail 就体现出一定的智能，它能够自动过滤一些垃圾邮件。这是因为在点选的过程中，实际上给每一条邮件打了一个“标签”，这个标签只有两个值，要么是“垃圾”，要么“不是垃圾”，Gmail 会不断研究哪些特点的邮件是垃圾，哪些特点的邮件不是垃圾，形成一些判别的模式。当一封邮件到来时，就可以自动把邮件分到“垃圾”和“不是垃圾”这两个我们人工设定的分类中。

聚类的目的也是把数据分类，但是事先是不知道如何去分的，完全由算法自己来判断各条数据之间的相似性，相似的就放在一起。在聚类的结论出来之前，完全不知道每一类有什么特点，一定要根据聚类的结果通过人的经验来分析，看看聚成的这一类大概有什么特点。

4.1　K-means 聚类算法概述

K-means 是一种非常常见的聚类算法，在处理聚类任务中经常使用。K-means 是集简单和经典于一身的基于距离的聚类算法，采用距离作为相似性的评价指标，即认为两个对象的距离越近，其相似度就越高。该算法认为类族是由距离靠近的对象组成的，因此把得到紧凑且独立的族作为最终目标。

K-means 聚类的核心思想是：通过迭代寻找 K 个类族的一种划分方案，使得用这 K 个类族的均值来代表相应各类样本时所得的总体误差最小。K 个聚类具有以下特点：各聚类本身尽可能紧凑，而各聚类之间尽可能分开。

K-means 聚类算法的基础是最小误差平方和准则，其代价函数是：

$$J(c,\mu)=\sum_{i=1}^{k}\left\|x^{(i)}-\mu_{c^{(i)}}\right\|^2$$

式中，$\mu_{c^{(i)}}$ 为第 i 个聚类的均值。

各类族内的样本越相似，其与该类均值间的误差平方就越小，对所有类所得到的误差平方求和，即可验证分为K类时，各聚类是否是最优的。

K-means 是基于相似性的无监督学习算法，通过比较样本之间的相似性，将较为相似的样本划分到同一个类别中。由于 K-means 聚类算法具有简单、易于实现等特点，其得到了广泛的应用，如在图像分割方面的应用。

4.2 相似性的度量

在 K-means 聚类算法中，通过某种相似性度量的方法，将较为相似的个体划分到同一个类别中。对于不同的应用场景，有着不同的相似性度量方法，为了度量样本X和样本Y之间的相似性，一般定义一个距离函数$d(X,Y)$，利用$d(X,Y)$来表示样本X和样本Y之间的相似性。通常在机器学习算法中使用到的距离函数有：

- 闵可夫斯基距离（Minkowski Distance）。
- 曼哈顿距离（Manhattan Distance）。
- 欧氏距离（Euclidean Distance）。

4.2.1 闵可夫斯基距离

假设有点P和点Q，其对应的坐标分别为

$$P=(x_1,x_2,\cdots,x_n)\in R^n$$

$$Q=(y_1,y_2,\cdots,y_n)\in R^n$$

则点P和点Q之间的闵可夫斯基距离可以定义为

$$d(P,Q)=\left(\sum_{i=1}^{n}(x_i-y_i)^p\right)^{\frac{1}{p}}$$

4.2.2 曼哈顿距离

上述点P和点Q之间的曼哈顿距离可以定义为

$$d(P,Q)=\sum_{i=1}^{n}|x_i-y_i|$$

4.2.3 欧氏距离

上述点P和点Q之间的欧氏距离可定义为

$$d(P,Q)=\sqrt{\sum_{i=1}^{n}(x_i-y_i)^2}$$

由曼哈顿距离和欧氏距离的定义可知，曼哈顿距离和欧氏距离是闵可夫斯基距离的具

体形式，即在闵可夫斯基距离中，当 $p=1$ 时，闵可夫斯基距离即为曼哈顿距离；当 $p=2$ 时，闵可夫斯基距离即为欧氏距离。

如果样本中特征之间的单位不一致，利用基本的欧氏距离作为相似性度量方法会存在问题，如样本的形式为（身高，体重），身高的度量单位为 cm，范围通常为（150,190），而体重的度量单位为 kg，范围通常为（50,80）。假设此时有 3 个样本，分别为（160,50），（170,60），（180,80）。此时可以利用标准化的欧氏距离。对于上述点 P 和点 Q 之间标准化的欧氏距离可以定义为

$$d(P,Q)=\sqrt{\sum_{i=1}^{n}\left(\frac{x_i-y_i}{s_i}\right)^2}$$

式中，s_i 表示的是第 i 维的标准差。在本节的 K-means 聚类算法中使用欧氏距离作为相似性的度量，在实现过程中使用的是欧氏距离的平方 $d(P,Q)^2$。

现在利用 Python 实现欧氏距离的平方，在欧氏距离的计算过程中，需要用到矩阵的相关计算，因此，需要导入 numpy 模块：

```
import numpy as np
```

欧氏距离的平方的具体实现如例 4-1 所示。

【例 4-1】 欧氏距离的平方的具体实现。

```
def distance(vecA,vecB)
'''计算vecA与vecB之间的欧氏距离的平方
输入：vecA(mat)A点坐标;vecB(mat)B点坐标
输出：dist[0,0](float)A点与B点距离的平方
'''
dist=(vecA-vecB)*(vecA-vecB).T
return dist[0,0]
```

在程序中，函数 distance 用于计算向量 vecA 和向量 vecB 之间的欧氏距离的平方。

4.3 K-means 聚类算法的原理

K-means 是基于数据划分的无监督聚类算法，首先定义常数 k，常数 k 表示的是最终的聚类类别数，在确定了 k 后，随即初始化 k 个类的聚类中心，通过计算每个样本与聚类中心之间的相似度，将样本点划分到最相似的类别中。

对于 K-means 聚类算法，假设有 m 个样本 $\{\boldsymbol{X}^{(1)},\boldsymbol{X}^{(2)},\cdots,\boldsymbol{X}^{(m)}\}$，其中，$\boldsymbol{X}^{(i)}$ 表示第 i 个样本，每个样本中包含 n 个特征 $\boldsymbol{X}^{(i)}=\{x_1^{(i)},x_2^{(i)},\cdots,x_n^{(i)}\}$。首先随机初始化 k 个聚类中心，通过每个样本与 k 个聚类中心之间的相似度，确定每个样本所属的类别，再通过每个类别中的样本重新计算每个类别的聚类中心，重复这样的过程，直到聚类中心不再改变为止，最终确定每个样本所属的类别及每个类别的聚类中心。

4.3.1 K-means 聚类算法的步骤

K-means 聚类算法主要分为三个步骤：

（1）初始化 k 个聚类中心。

（2）计算出每个对象与这 k 个中心的距离（相似度计算，这个下面会提到），假如 x 对象与 y 中心的距离最小（相似度最大），则 x 属于 y 中心。通过这一步就可以得到初步的 k 个聚类。

（3）再用第二步得到的每个聚类分别计算出新的聚类中心，和旧的聚类中心进行对比，假如不相同，则继续第二步，直到新、旧两个聚类中心相同，说明聚类不可变，已经成功。

4.3.2 K-means 聚类算法与矩阵分解

前述对 K-means 聚类算法进行了简单介绍，在 K-means 聚类算法中，假设训练数据集 $\boldsymbol{X}$ 中有 $\boldsymbol{m}$ 个样本 $\{\boldsymbol{X}^{(1)},\boldsymbol{X}^{(2)},\cdots,\boldsymbol{X}^{(m)}\}$，其中，每个样本 $\boldsymbol{X}^{(i)}$ 为 $\boldsymbol{n}$ 维向量。此时样本可以表示为一个 $\boldsymbol{m}\times\boldsymbol{n}$ 的矩阵：

$$\boldsymbol{X}_{m\times n}=(\boldsymbol{X}^{(1)},\boldsymbol{X}^{(2)},\cdots,\boldsymbol{X}^{(m)})^{\mathrm{T}}=\begin{pmatrix} x_1^{(1)} & x_2^{(1)} & \cdots & x_n^{(1)} \\ x_1^{(2)} & x_2^{(2)} & \cdots & x_n^{(2)} \\ \vdots & \vdots & \ddots & \vdots \\ x_1^{(m)} & x_2^{(m)} & \cdots & x_n^{(m)} \end{pmatrix}$$

假设有 k 个类，分别为 $\{C_1,C_2,\cdots,C_k\}$。在 K-means 聚类算法中，利用欧氏距离计算每个样本 $\boldsymbol{X}^{(i)}$ 与 k 个聚类中心之间的相似度，并将样本 $\boldsymbol{X}^{(i)}$ 划分到最相似的类别中，再利用划分到每个类别中的样本重新计算 k 个聚类中心。重复以上过程，直到质心不再改变为止。

K-means 聚类算法的目标是使得每个样本 $\boldsymbol{X}^{(i)}$ 被划分到最相似的类别中，利用每个类别中的样本重新计算聚类中心 C_k：

$$\boldsymbol{C}_k'=\frac{\sum\limits_{\boldsymbol{X}^{(i)}\in\boldsymbol{C}_k}\boldsymbol{X}^{(i)}}{\#(\boldsymbol{X}^{(i)}\in\boldsymbol{C}_k)}$$

其中，$\sum\limits_{\boldsymbol{X}^{(i)}\in\boldsymbol{C}_k}\boldsymbol{X}^{(i)}$ 是所有 $\boldsymbol{C}_k$ 类中所有样本的特征向量的和，$\#(\boldsymbol{X}^{(i)}\in\boldsymbol{C}_k)$ 表示的是类别 $\boldsymbol{C}_k$ 中的样本个数。

K-means 聚类算法的停止条件是最终的聚类中心不再改变，此时，所有样本被划分到最近聚类中心所属的类别中，即

$$\min\sum_{i=1}^{m}\sum_{j=1}^{k}z_{ij}\left\|\boldsymbol{X}^{(i)}-\boldsymbol{C}_j\right\|^2$$

其中，样本 $\boldsymbol{X}^{(i)}$ 是数据集 $\boldsymbol{X}_{m\times n}$ 的第 i 行。$\boldsymbol{C}_j$ 表示的是第 j 个类别的聚类中心。假设 $\boldsymbol{M}_{k\times n}$ 为 k 个聚类中心构成的矩阵，矩阵 $\boldsymbol{Z}_{m\times k}$ 是由 z_{ij} 构成的 0-1 矩阵，则 z_{ij} 为

$$z_{ij}=\begin{cases}1, & 假如\boldsymbol{X}^{(i)}\in\boldsymbol{C}_k \\ 0, & 其他\end{cases}$$

上述优化目标函数与如下的矩阵形式等价：

$$\min\|\boldsymbol{X}-\boldsymbol{ZM}\|^2$$

其中，非矩阵形式的目标函数可表示为

$$\begin{aligned}\sum_{i=1}^{m}\sum_{j=1}^{k}z_{ij}\left\|\boldsymbol{X}^{(i)}-\boldsymbol{C}_j\right\|^2&=\sum_{i,j}z_{ij}\left((\boldsymbol{X}^{(i)})(\boldsymbol{X}^{(i)\mathrm{T}})-2\boldsymbol{X}^{(i)}\boldsymbol{C}_j^{\mathrm{T}}+\boldsymbol{C}_j\boldsymbol{C}_j^{\mathrm{T}}\right)\\&=\sum_{i,j}z_{ij}(\boldsymbol{X}^{(i)})(\boldsymbol{X}^{(i)\mathrm{T}})-2\sum_{i,j}z_{ij}\boldsymbol{X}^{(i)}\boldsymbol{C}_j^{\mathrm{T}}+\sum_{i,j}z_{ij}\boldsymbol{C}_j\boldsymbol{C}_j^{\mathrm{T}}\\&=\sum_{i,j}z_{ij}\left\|\boldsymbol{X}^{(i)}\right\|^2-\sum_{i,j}z_{ij}\sum_{k=1}^{n}\boldsymbol{X}_k^{(i)}\boldsymbol{C}_{jk}+\sum_{i,j}z_{ij}\left\|\boldsymbol{C}_j\right\|^2\end{aligned}$$

由于 $\sum_j z_{ij}=1$，即每个样本 $\boldsymbol{X}^{(i)}$ 只能属于一个类别，则有

$$\begin{aligned}&\sum_{i=1}^{m}\sum_{j=1}^{k}z_{ij}\left\|\boldsymbol{X}^{(i)}-\boldsymbol{C}_j\right\|^2=\sum_i\left\|\boldsymbol{X}^{(i)}\right\|^2-2\sum_i\sum_{t=1}^{n}\boldsymbol{X}_t^{(i)}\sum_j z_{ij}\boldsymbol{C}_{jt}+\sum_j\left\|\boldsymbol{C}_j\right\|^2 m_j\\&=\mathrm{tr}(\boldsymbol{XX}^{\mathrm{T}})-2\sum_i\sum_t\boldsymbol{X}_{it}(\boldsymbol{ZM})_{it}+\sum_j\left\|\boldsymbol{C}_j\right\|^2 m_j\\&=\mathrm{tr}(\boldsymbol{XX}^{\mathrm{T}})-2\sum_i(\boldsymbol{X}\cdot(\boldsymbol{ZM})^{\mathrm{T}})_{it}+\sum_j\left\|\boldsymbol{C}_j\right\|^2 m_j\\&=\mathrm{tr}(\boldsymbol{XX}^{\mathrm{T}})-2\mathrm{tr}\left(\boldsymbol{X}\cdot(\boldsymbol{ZM})^{\mathrm{T}}\right)+\sum_j\left\|\boldsymbol{C}_j\right\|^2 m_j\end{aligned}$$

其中，m_j 表示的是属于第 j 个类别的样本个数。矩阵形式的目标函数可表示为

$$\begin{aligned}&\|\boldsymbol{X}-\boldsymbol{ZM}\|^2=\mathrm{tr}\left[(\boldsymbol{X}-\boldsymbol{ZM})\cdot(\boldsymbol{X}-\boldsymbol{ZM})^{\mathrm{T}}\right]\\&=\mathrm{tr}[\boldsymbol{XX}^{\mathrm{T}}]-2\mathrm{tr}[\boldsymbol{X}\cdot(\boldsymbol{ZM})^{\mathrm{T}}]+\mathrm{tr}[\boldsymbol{ZM}(\boldsymbol{ZM})^{\mathrm{T}}]\\&\mathrm{tr}[\boldsymbol{ZM}(\boldsymbol{ZM})^{\mathrm{T}}]=\mathrm{tr}[\boldsymbol{ZMM}^{\mathrm{T}}\boldsymbol{Z}^{\mathrm{T}}]\\&=\sum_j(\boldsymbol{MM}^{\mathrm{T}}\boldsymbol{Z}^{\mathrm{T}}\boldsymbol{Z})_{jj}=\sum_j(\boldsymbol{MM}^{\mathrm{T}})_{jj}(\boldsymbol{Z}^{\mathrm{T}}\boldsymbol{Z})_{jj}\\&=\sum_j\left\|\boldsymbol{C}_j\right\|^2 m_j\end{aligned}$$

因此，上述两种形式的目标函数是等价的。

4.3.3　K-means 聚类算法的实现

前面介绍了 K-means 聚类算法的原理、步骤及相关概念，下面直接通过实例来演示 K-means 聚类算法的实现。

【例 4-2】在给定的 Iris.txt 样本文件中，用 K-means 聚类算法将 150 个 4 维样本数据分成 3 类。

其实现的算法流程为：

第一步：将文件中的数据读入 dataset 列表中，通过 len(dataset[0])获取数据维数，在测

试样例中是4维。

第二步：产生聚类的初始位置。首先扫描数据，获取每一维数据分量中的最大值和最小值，然后在这个区间上随机产生一个值，循环 k 次（k 为所分的类别），这样就产生了聚类初始中心（k 个）。

第三步：按照最短距离（欧式距离）原则将所有样本分配到 k 个聚类中心中的某一个，该步操作的结果是产生列表 assigments，可以通过 Python 中的 zip 函数整合成字典。注意，原始聚类中心可能不在样本中，因此可能出现分配结果出现某一个聚类中心点集合为空的情况，此时需要结束，并提示“随机数产生错误，需要重新运行”，以产生合适的初始中心。

第四步：计算各个聚类中心的新向量，更新距离，即每一类中每一维的均值向量。然后进行分配，比较前、后两个聚类中心向量是否相等，若不相等，则进行循环，否则终止循环进入下一步。

最后，将结果输出到文件和屏幕中。

实现的 Python 代码为：

```
from collections import defaultdict
from random import uniform
from math import sqrt

def read_points():
    dataset=[]
    with open('Iris.txt','r') as file:
        for line in file:
            if line =='\n':
                continue
            dataset.append(list(map(float,line.split(' '))))
        file.close()
        return  dataset

def write_results(listResult,dataset,k):
    with open('result.txt','a') as file:
        for kind in range(k):
             file.write( "CLASSINFO:%d\n"%(kind+1) )
             for j in listResult[kind]:
                file.write('%d\n'%j)
             file.write('\n')
        file.write('\n\n')
        file.close()

def point_avg(points):
    dimensions=len(points[0])
    new_center=[]
    for dimension in range(dimensions):
        sum=0
        for p in points:
            sum+=p[dimension]
```

```
            new_center.append(float("%.8f"%(sum/float(len(points)))))
        return new_center

    def update_centers(data_set ,assignments,k):
        new_means = defaultdict(list)
        centers = []
        for assignment ,point in zip(assignments , data_set):
            new_means[assignment].append(point)
        for i in range(k):
            points=new_means[i]
            centers.append(point_avg(points))
        return centers

    def assign_points(data_points,centers):
        assignments=[]
        for point in data_points:
            shortest=float('inf')
            shortest_index = 0
            for i in range(len(centers)):
                value=distance(point,centers[i])
                if value<shortest:
                    shortest=value
                    shortest_index=i
            assignments.append(shortest_index)
        if len(set(assignments))<len(centers) :
               print("\n--!!!产生随机数错误，请重新运行程序！ !!!--\n")
               exit()
        return assignments

    def distance(a,b):
        dimention=len(a)
        sum=0
        for i in range(dimention):
            sq=(a[i]-b[i])**2
            sum+=sq
        return sqrt(sum)

    def generate_k(data_set,k):
        centers=[]
        dimentions=len(data_set[0])
        min_max=defaultdict(int)
        for point in data_set:
            for i in range(dimentions):
                value=point[i]
                min_key='min_%d'%i
                max_key='max_%d'%i
```

```
            if min_key not in min_max or value<min_max[min_key]:
                min_max[min_key]=value
            if max_key not in min_max or value>min_max[max_key]:
                min_max[max_key]=value
    for j in range(k):
        rand_point=[]
        for i in range(dimentions):
            min_val=min_max['min_%d'%i]
            max_val=min_max['max_%d'%i]
            tmp=float("%.8f"%(uniform(min_val,max_val)))
            rand_point.append(tmp)
        centers.append(rand_point)
    return centers

def k_means(dataset,k):
    k_points=generate_k(dataset,k)
    assignments=assign_points(dataset,k_points)
    old_assignments=None
    while assignments !=old_assignments:
        new_centers=update_centers(dataset,assignments,k)
        old_assignments=assignments
        assignments=assign_points(dataset,new_centers)
    result=list(zip(assignments,dataset))
    print('\n\n---------------分类结果--------------------------\n\n')
    for out in result :
        print(out,end='\n')
    print('\n\n---------------标号简记--------------------------\n\n')
    listResult=[[] for i in range(k)]
    count=0
    for i in assignments:
        listResult[i].append(count)
        count=count+1
    write_results(listResult,dataset,k)
    for kind in range(k):
        print("第%d类数据有:"%(kind+1))
        count=0
        for j in listResult[kind]:
            print(j,end=' ')
            count=count+1
            if count%25==0:
                print('\n')
        print('\n')
    print('\n\n-----------------------------------------------------\n\n')

def main():
    dataset=read_points()
```

```
    k_means(dataset,3)

if __name__ == "__main__":
    main()
```

运行程序，输出如下：

第 1 类数据有：

```
    50 51 52 53 54 55 56 58 59 60 61 62 63 64 65 66 67 68 69 70 71 72 73 74
75 76 77 78 79 80 81 82 83 84 85 86 87 88 89 90 91 92 94 95 96 97 99 100 101 102
103 104 105 106 107 108 109 110 111 112 113 114 115 116 117 118 119 120 121 122
123 124 125 126 127 128 129 130 131 132 133 134 135 136 137 138 139 140 141 142
143 144 145 146 147 148 149
```

第 2 类数据有：

```
    0 4 5 7 10 14 15 16 17 18 19 20 21 23 24 26 27 28 31 32 33 36 37 39 40
43 44 46 48 57 93 98
```

第 3 类数据有：

```
    1 2 3 6 8 9 11 12 13 22 25 29 30 34 35 38 41 42 45 47 49
```

通过多次运行程序发现，所得结果与初始值的选定有着密切关系，并且由于在程序中采用随机数的方式产生初值，因此经过观察发现有多种结果，以上只是其中一种。

【例 4-3】用 Python 实现一下简单的聚类分析，顺便熟悉 numpy 数组操作和绘图的一些技巧。

```
    from pylab import *
    from sklearn.cluster import KMeans
    ##利用numpy.append()函数实现matlab多维数组合并的效果，axis 参数值为 0 时是 y 轴
方向合并，参数值为 1 时是 x 轴方向合并，分别对应matlab [A ; B] 和 [A , B]的效果

    #创建5个随机的数据集
    x1=append(randn(500,1)+5,randn(500,1)+5,axis=1)
    x2=append(randn(500,1)+5,randn(500,1)-5,axis=1)
    x3=append(randn(500,1)-5,randn(500,1)+5,axis=1)
    x4=append(randn(500,1)-5,randn(500,1)-5,axis=1)
    x5=append(randn(500,1),randn(500,1),axis=1)

    #下面用较笨的方法把5个数据集合并成（2500，2）大小的数组data
    data=append(x1,x2,axis=0)
    data=append(data,x3,axis=0)
    data=append(data,x4,axis=0)
    data=append(data,x5,axis=0)

    plot(x1[:,0],x1[:,1],'oc',markersize=0.8)
    plot(x2[:,0],x2[:,1],'og',markersize=0.8)
    plot(x3[:,0],x3[:,1],'ob',markersize=0.8)
    plot(x4[:,0],x4[:,1],'om',markersize=0.8)
    plot(x5[:,0],x5[:,1],'oy',markersize=0.8)
```

```
k=KMeans(n_clusters=5,random_state=0).fit(data)
t=k.cluster_centers_    #获取数据中心点

plot(t[:,0],t[:,1],'r*',markersize=16)  #显示这5个中心点，五角星标记~
title('KMeans Clustering')
box(False)
xticks([])       #去掉坐标轴的标记
yticks([])
show()
```

运行程序，效果如图 4-1 所示。

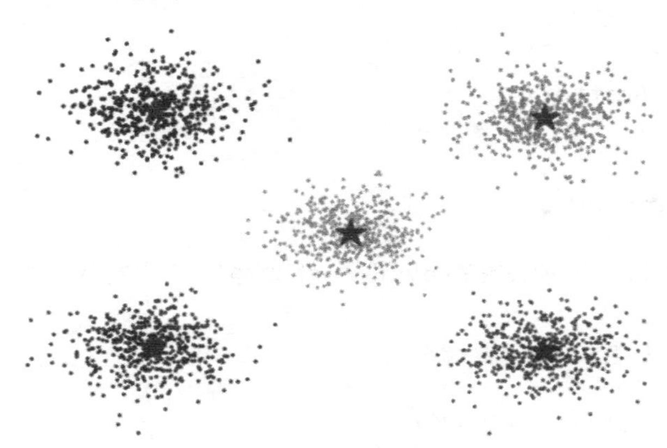

图 4-1 数据的聚类分析效果图

Python 中还有一个 plotly 的 package，可以通过 pip install plotly 或 pip3 install plotly(Python3.X)，使用这个 package 可以绘制精美图像，官网中有很多例子的介绍，同时 plotly 还支持 matlab，R 等，如果只是想要数据可视化更好看，参考官网例程并做相应修改也无妨。下面是来自官网的一段示例代码：

```
import plotly.plotly as py
import plotly.graph_objs as go
import plotly
import numpy as np

#生成三组高斯分布(Gaussian Distribution)点集
x0 = np.random.normal(2, 0.45, 300)
y0 = np.random.normal(2, 0.45, 300)
x1 = np.random.normal(6, 0.8, 200)
y1 = np.random.normal(6, 0.8, 200)
x2 = np.random.normal(4, 0.3, 200)
y2 = np.random.normal(4, 0.3, 200)

#创建图形对象 graph object
trace0 = go.Scatter(
   x=x0,
   y=y0,
```

```
        mode='markers',
    )
    trace1 = go.Scatter(
        x=x1,
        y=y1,
        mode='markers'
    )
    trace2 = go.Scatter(
        x=x2,
        y=y2,
        mode='markers'
    )
    trace3 = go.Scatter(
        x=x1,
        y=y0,
        mode='markers'
    )
    #布局是一个字典，字典的关键字keys包括'shapes', 'showlegend'
    layout = {
        'shapes': [
            {
                'type': 'circle',
                'xref': 'x',
                'yref': 'y',
                'x0': min(x0),
                'y0': min(y0),
                'x1': max(x0),
                'y1': max(y0),
                'opacity': 0.2,
                'fillcolor': 'blue',
                'line': {
                    'color': 'blue',
                },
            },
            {
                'type': 'circle',
                'xref': 'x',
                'yref': 'y',
                'x0': min(x1),
                'y0': min(y1),
                'x1': max(x1),
                'y1': max(y1),
                'opacity': 0.2,
                'fillcolor': 'orange',
                'line': {
                    'color': 'orange',
```

```
                },
            },
            {
                'type': 'circle',
                'xref': 'x',
                'yref': 'y',
                'x0': min(x2),
                'y0': min(y2),
                'x1': max(x2),
                'y1': max(y2),
                'opacity': 0.2,
                'fillcolor': 'green',
                'line': {
                    'color': 'green',
                },
            },
            {
                'type': 'circle',
                'xref': 'x',
                'yref': 'y',
                'x0': min(x1),
                'y0': min(y0),
                'x1': max(x1),
                'y1': max(y0),
                'opacity': 0.2,
                'fillcolor': 'red',
                'line': {
                    'color': 'red',
                },
            },
        ],
        'showlegend': False,
    }
    data = [trace0, trace1, trace2, trace3]
    #图像包括数据部分和布局部分
    fig = {
        'data': data,
        'layout': layout,
    }
    #使用离线方式绘制图像，因为没有注册官方的网站，并且该网站不容易进去，所以用离线绘制：
    plotly.offline.plot(fig, filename='clusters')
```

运行程序，效果如图 4-2 所示。

plotly 库虽然语法比较烦琐，但是在对数据显示要求较高的情况下可以对其充分利用，一般绘图使用 matplotlib 比较方便，特别是 ipython 模式下先执行 from pylab import * 可以获得和 MATLAB 类似的工作环境。

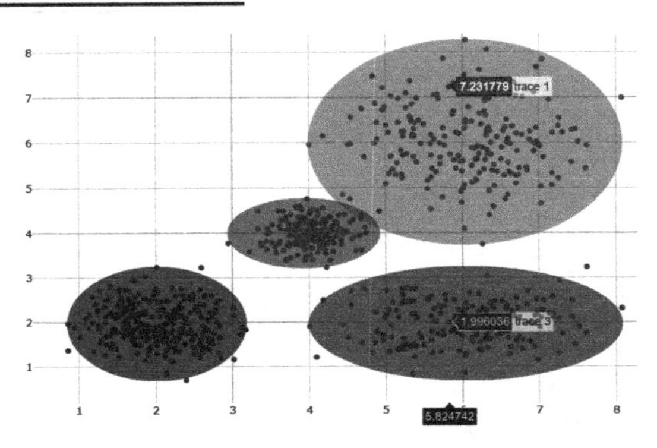

图 4-2　数据的聚类分析

4.4　K-近邻算法

K-近邻（K-Nearest Neighbor，KNN）分类算法，是一个理论上比较不成熟的方法，也是简单的机器学习算法之一。该方法的思路是：如果一个样本在特征空间中的 K 个最相似（即特征空间中最邻近）样本中的大多数属于某一个类别，则该样本也属于这个类别。

那么什么是 K-近邻算法呢？简单说，K-近邻算法采用不同特征值之间的距离方法进行分类，所以它是一个分类算法。K-近邻算法的优点是无数据输入假定，对异常不敏感。缺点为复杂度高。

以下代码为 K-近邻算法：

```
    def classify0(inx, dataset, lables, k):
    ''' classify0函数的参数意义如下:
    inx ：输入没有标签的新数据，表示为一个向量
    dataset：样本集，
    表示为向量数组。
    Labels：相应样本集的标签
    k：所选的前K。
    '''
        dataSetSize = dataset.shape[0]
        diffMat = tile(inx, (dataSetSize, 1)) - dataset
        sqDiffMat = diffMat**2
        sqDistance = sqDiffMat.sum(axis=1)
        distances = sqDistance**0.5
        sortedDistances = distances.argsort()
        classCount={}
        for i in range(k):
            label = lables[sortedDistances[i]]
            classCount[label] = classCount.get(label, 0) + 1
        sortedClassCount =
sorted(classCount.iteritems(),key=operator.itemgetter(1), reverse=True)
        return sortedClassCount[0][0]
```

该函数的原理是：存在一个样本数据集合，也称为训练集，在训练集中每一个数据都

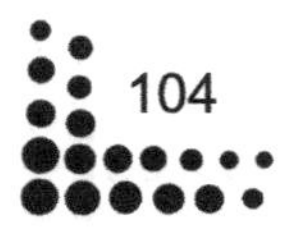

存在标签，当我们输入没有标签的新数据后，新数据的每一个特征与训练集中相应的特征进行比较，然后提取最相似（近邻）的分类标签。

一般我们仅仅选样本数据集中前 K 个最相似的数据。最后，出现次数最多的分类就是新数据的分类。

用于产生数据样本的简单函数为：

```
def create_dataset():
    group = array([[1.0, 1.1], [1.0, 1.1], [0, 0], [0, 0.1]])
    labels = ['A', 'A', 'B', 'B']
    return group, labels
```

【例 4-3】 用 K-近邻算法来对约会对象的主观喜好程度进行预测分类。

算法步骤：

（1）获取解析样本数据（本例使用 datingTestSet.txt，可以到 Github 下载）。

（2）数据预处理（不同特征的数据值的大小对于距离的影响较大，所以要对不同特征的数据值进行处理，换算成区间（0,1）的数据值）。

（3）分类器测试（本程序的测试误差为 5%）。

（4）对于一个新的测试数据，将其输入分类器进行分类，获取结果。

实现的 Python 代码为：

```
from numpy import *
import operator
'''
```

假设网站已对路人甲约会对象的数据进行了收集，放在 datingTestSet.txt 文件下，从左到右分别为：

（1）约会对象每年获得飞行常客里数。

（2）约会对象玩视频游戏所耗的时间百分比。

（3）约会对象每周消费的冰激凌公升数。

（4）路人甲对该约会对象的喜好程度（含不喜欢的人、有点喜欢、非常喜欢三个评价）。

```
本例程序用来预测路人甲对新约会对象的喜好程度，误差为5%
分类器 inX（测试数据） dataSet（样本数据集） labels（样本的类别） k（选择距离最小的k个点）
'''
def classify0(inX, dataSet, labels, k):
    #获取样本数据大小
    dataSetSize = dataSet.shape[0]
    #计算测试数据与各个样本数据之间的距离distances
    diffMat = tile(inX, (dataSetSize, 1)) - dataSet
    sqDiffMat = diffMat**2
    sqDistances = sqDiffMat.sum(axis=1)
    distances = sqDistances**0.5
    #distances进行排序，将索引值返回给sortedDistIndicies
    sortedDistIndicies = distances.argsort()
    classCount={}
    #获取k个离测试数据最近的样本数据的labels，labels可能重复
```

```
        for i in range(k):
            voteIlabel = labels[sortedDistIndicies[i]]
            classCount[voteIlabel] = classCount.get(voteIlabel, 0) + 1
        #将k个labels按个数进行排序，选择重复次数最多的labels返回
    sortedClassCount = sorted(classCount.iteritems(), key =
operator.itemgetter(1), reverse=True)
        return sortedClassCount[0][0]

    #将文本数据转换成matrix
    def FileToMatrix(fileName):
        f = open(fileName)
        arrayLines = f.readlines()
        numberOfLines = len(arrayLines)
        resultMat = zeros((numberOfLines, 3))
        classLabelVector = []
        index = 0
        for line in arrayLines:
            line = line.strip()
            listFromLine = line.split('\t')
            resultMat[index, :] = listFromLine[0:3]
            #给不同的labels索引值
            if listFromLine[-1] == 'largeDoses':
                classLabelVector.append(3)
            elif listFromLine[-1] == 'smallDoses':
                classLabelVector.append(2)
            else:
                classLabelVector.append(1)
            index += 1
        return resultMat, classLabelVector

    #由于不同的特征数值大小不一， 对结果会造成干扰，所以要对特征数值进行归一化 newValue
= (oldValue - min)/(max-min)
    def autoNorm(dataSet):
        minVals = dataSet.min(0)
        maxVals = dataSet.max(0)
        ranges = maxVals-minVals
        normDataSet = zeros(shape(dataSet))
        m = dataSet.shape[0]
        normDataSet = dataSet - tile(minVals, (m, 1))
        normDataSet = normDataSet / tile(ranges, (m, 1))
        return normDataSet, ranges, minVals

    #测试分类器，选取10%的样本进行测试
    def datingClassTest():
        hoRatio = 0.1
        #获取全部样本
```

```
        datingDateMat, datingLabels = FileToMatrix('datingTestSet.txt')
        normMat, ranges, minVals = autoNorm(datingDateMat)
        m = normMat.shape[0]
        #选择前10%的样本数据
        numTestVecs = int(m*hoRatio)
        #错误分类样本数
        errorCount = 0
        for i in range(numTestVecs):
            #将用分类器获得的labels与原样本中的labels进行对比，如果错误，计数加1
            classifierResult = classify0(normMat[i, :],
normMat[numTestVecs:m, :],datingLabels[numTestVecs:m],3)
            if classifierResult!=datingLabels[i]:
                errorCount+=1.0
        print ("the total error rate is : %f" % (errorCount/float(numTestVecs)))

    def classifyPerson():
        resultList = ['not at all' ,'in small doses' ,'in large doses']
        #随便输入一组测试数据
        percentTats = float(8.326976)
        ffMiles = float(40920)
        iceCream = float(0.953952)
        datingDataMat ,datingLabels = FileToMatrix('datingTestSet.txt')
        normMat ,ranges ,minVals = autoNorm(datingDataMat)
        inArr = array([ffMiles ,percentTats ,iceCream])
        classifierResult =
classify0((inArr-minVals)/ranges ,normMat ,datingLabels ,3)
        print ("You will probably like this
person:",resultList[classifierResult-1])
```

4.5　各种聚类算法

很难对聚类算法提出一个简洁的分类，因为这些类别可能重叠，从而使得一种算法具有几类特征，尽管如此，对于各种不同的聚类算法提供一个相对有组织的描述依然是有用的。聚类分析计算方法主要有如下几种：划分聚类法、层次聚类法、密度聚类法、谱聚类法等。

以下对划分聚类法和层次聚类法等 4 种算法做详细的介绍。

4.5.1　划分聚类法

划分聚类法：给定一个有 N 个元组或记录的数据，划分方法将构造 K 个分组，每一个分组代表一个聚类，$K<N$，并且这 K 个分组满足下列条件：

（1）每一个分组至少包含一个数据记录。

（2）每一个数据记录属于且仅属于一个分组（注意：这个要求在某些模糊聚类算法中

可以放宽）。

对于给定的 K，算法首先给出一个初始的分组方法，以后通过反复迭代改变分组，使得每一次改进之后的分组方案都较前一次好，而所谓好的标准就是：同一个分组中的记录越近越好，而不同分组中的记录越远越好。

大部分划分方法是基于距离的。给定要构建的分区数 K，首先创建一个初始化划分。然后，采用一种迭代的重定位技术，通过把对象从一个组移动到另一个组来进行划分。一个好划分的一般准备是：同一个簇中的对象尽可能相互接近或相关，而不同簇中的对象尽可能远离或不同。另外还有许多评判划分质量的其他准则。传统的划分方法可以扩展到子空间聚类，而不是搜索整个数据空间。当存在很多属性且数据稀疏时，这是有用的。为了达到全局最优，基于划分的聚类可能需要穷举所有可能的划分，计算量极大。实际上，大多数应用采用了流行的启发式方法，如 K-均值和 K-中心算法，渐近地提高聚类质量，逼近局部最优解。这些启发式聚类方法很适合发现中小规模数据库中的球状簇。为了发现具有复杂形状的簇和对超大型数据集进行聚类，需要进一步扩展基于划分的方法。

基于这个基本思想的算法有：

（1）K-Means：一种典型的划分聚类算法，它用一个聚类的中心来代表一个簇，即在迭代过程中选择的聚点不一定是聚类中的一个点，该算法只能处理数值数据。

（2）K-Modes：K-Means 算法的扩展，采用简单匹配方法来度量分类数据的相似度。

（3）K-prototypes：结合了 K-Means 和 K-Modes 两种算法，能够处理混合型数据。

（4）K-Medoids：在迭代过程中选择簇中的某点作为聚点，PAM 是典型的 K-Medoids 算法。

（5）CLARA：在 PAM 的基础上采用了抽样技术，能够处理大规模数据。

（6）CLARANS：融合了 PAM 和 CLARA 的优点，是第一个用于空间数据库的聚类算法。

（7）Focused CLARAN：采用了空间索引技术提高了 CLARANS 算法的效率。

（8）PCM：将模糊集合理论引入聚类分析中，并提出了 PCM 模糊聚类算法。

4.5.2 层次聚类法

层次聚类是一种聚类算法，通过计算不同类别数据点间的相似度来创建一棵有层次的嵌套聚类树。在聚类树中，不同类别的原始数据点是树的最低层，树的顶层是一个聚类的根节点。聚类树的创建方法：自下而上的合并，自上而下的分裂。

层次聚类的合并算法通过计算两类数据点间的相似性，对所有数据点中最相似的两个数据点进行组合，并反复迭代这一过程。简单地说，层次聚类的合并算法通过计算每一个类别的数据点与所有数据点之间的距离来确定它们之间的相似度，距离越近，相似度越高，并将距离最近的两个数据点或类别进行组合，生成聚类树。合并过程如下：

（1）我们可以获得一个 $N \times N$ 的矩阵 $\boldsymbol{X}$，其中 $X[i][j]$ 表示 i 和 j 的距离，称为数据点与数据点之间的距离。记每一个数据点为 $d_i, i(0,1,\cdots,N)$ 将距离最小的数据点进行合并，得到一个组合数据点，记为 G。

（2）数据点与组合数据点之间的距离：当计算 G 和 d_i 的距离时，需要计算 d_i 和 G 中每一个点的距离。

（3）组合数据点与组合数据点之间的距离：主要有 Single Linkage、Complete Linkage 和 Average Linkage 三种。

● Single Linkage

Single Linkage 的计算方法是将两个组合数据点中距离最近的两个数据点间的距离作为这两个组合数据点的距离。这种方法容易受到极端值的影响。两个很相似的组合数据点可能由于其中某个极端的数据点距离较近而组合在一起。

● Complete Linkage

Complete Linkage 的计算方法与 Single Linkage 相反，将两个组合数据点中距离最远的两个数据点间的距离作为这两个组合数据点的距离。Complete Linkage 的问题也与 Single Linkage 相反，两个不相似的组合数据点可能由于其中的极端值距离较远而无法组合在一起。

● Average Linkage

Average Linkage 的计算方法是计算两个组合数据点中每个数据点与其他所有数据点的距离。将所有距离的均值作为两个组合数据点间的距离。这种方法计算量比较大，但结果比前两种方法更合理。

【例 4-4】利用 Python 实现层次聚类算法。

```
import math
import pylab as pl
#数据集：每三个是一组，分别是西瓜的编号、密度和含糖量
data = """
1,0.697,0.46,2,0.774,0.376,3,0.634,0.264,4,0.608,0.318,5,0.556,0.215,
6,0.403,0.237,7,0.481,0.149,8,0.437,0.211,9,0.666,0.091,10,0.243,0.267,
11,0.245,0.057,12,0.343,0.099,13,0.639,0.161,14,0.657,0.198,15,0.36,0.37,
16,0.593,0.042,17,0.719,0.103,18,0.359,0.188,19,0.339,0.241,20,0.282,0.257,
21,0.748,0.232,22,0.714,0.346,23,0.483,0.312,24,0.478,0.437,25,0.525,0.369,
26,0.751,0.489,27,0.532,0.472,28,0.473,0.376,29,0.725,0.445,30,0.446,0.459"""

#数据处理 dataset是30个样本（密度、含糖量）的列表
a = data.split(',')
dataset = [(float(a[i]), float(a[i+1])) for i in range(1, len(a)-1, 3)]

#计算欧几里得距离，a,b分别为两个元组
def dist(a, b):
    return math.sqrt(math.pow(a[0]-b[0], 2)+math.pow(a[1]-b[1], 2))

#dist_min
def dist_min(Ci, Cj):
    return min(dist(i, j) for i in Ci for j in Cj)
```

```
#dist_max
def dist_max(Ci, Cj):
    return max(dist(i, j) for i in Ci for j in Cj)
#dist_avg
def dist_avg(Ci, Cj):
    return sum(dist(i, j) for i in Ci for j in Cj)/(len(Ci)*len(Cj))

#找到距离最近的下标
def find_Min(M):
    min = 1000
    x = 0; y = 0
    for i in range(len(M)):
        for j in range(len(M[i])):
            if i != j and M[i][j] < min:
                min = M[i][j];x = i; y = j
    return (x, y, min)

#算法模型:
def AGNES(dataset, dist, k):
    #初始化C和M
    C = [];M = []
    for i in dataset:
        Ci = []
        Ci.append(i)
        C.append(Ci)
    for i in C:
        Mi = []
        for j in C:
            Mi.append(dist(i, j))
        M.append(Mi)
    q = len(dataset)
    #合并更新
    while q > k:
        x, y, min = find_Min(M)
        C[x].extend(C[y])
        C.remove(C[y])
        M = []
        for i in C:
            Mi = []
            for j in C:
                Mi.append(dist(i, j))
            M.append(Mi)
        q -= 1
    return C
#画图
def draw(C):
```

```
        colValue = ['r', 'y', 'g', 'b', 'c', 'k', 'm']
        for i in range(len(C)):
            coo_X = []    #x坐标列表
            coo_Y = []    #y坐标列表
            for j in range(len(C[i])):
                coo_X.append(C[i][j][0])
                coo_Y.append(C[i][j][1])
            pl.scatter(coo_X, coo_Y, marker='x',
color=colValue[i%len(colValue)], label=i)

        pl.legend(loc='upper right')
        pl.show()

    C = AGNES(dataset, dist_avg, 3)
    draw(C)
```

运行程序，效果如图 4-3 所示。

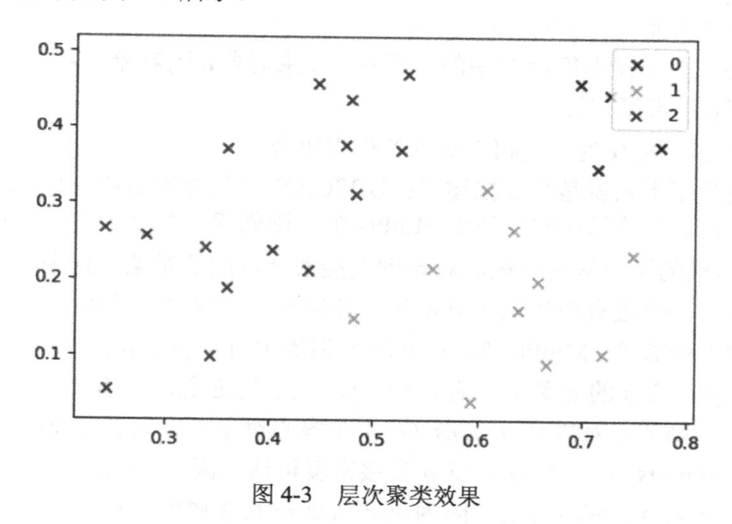

图 4-3　层次聚类效果

4.5.3　密度聚类法

K-Means 解决不了不规则形状的聚类，于是就有了 Density-basedmethods（密度聚类）来系统解决这个问题。该方法同时也对噪声数据的处理比较好。基于密度聚类的思想：基本思路就是定一个距离半径最少有多少个点，然后把可以到达的点连起来，并判定为同类。其原理简单说就是画圈，其中要定义两个参数，一个是圈的最大半径，另一个是一个圈里最少应容纳几个点。最后在一个圈里的就是一个类。DBSCAN（Density-Based Spatial Clustering of Applications with Noise）就是其中的典型，但参数设置也是个问题，其对这两个参数的设置非常敏感。DBSCAN 的扩展叫 OPTICS（Ordering Points to Identify Clustering Structure），通过优先对高密度进行搜索，然后根据高密度的特点设置参数，改善了 DBSCAN 的不足。

1. DBSCAN 的概念

DBSCAN 基于密度，对于集中区域效果较好，为了发现任意形状的簇，这类方法将簇看作数据空间中被低密度区域分割开的稠密对象区域，其是一种基于高密度连通区域的密度聚类算法，该算法将具有足够高密度的区域划分为簇，并在具有噪声的空间数据中发现任意形状的簇。

DBSCAN 中的几个定义：

- E 邻域：给定对象半径为 E 内的区域称为该对象的 E 邻域。
- 核心对象：如果给定对象 E 邻域内的样本点数大于等于 MinPts，则称该对象为核心对象。
- 直接密度可达：对于样本集合 D，如果样本点 q 在 p 的 E 邻域内，并且 p 为核心对象，那么对象 q 从对象 p 直接密度可达。
- 密度可达：对于样本集合 D，给定一串样本点 $p_1, p_2, \cdots, p_n$， $p = p_1, q = p_n$，假如对象 p_i 从 $p_i - 1$ 直接密度可达，那么对象 q 从对象 p 密度可达。注意：密度可达是单向的，密度可达即可容纳同一类。
- 密度相连：存在样本集合 D 中的一点 o，如果对象 o 到对象 p 和 q 都是密度可达的，那么 p 和 q 是密度相连。

DBSCAN 的目的是找到密度相连对象的最大集合。

有了以上概念接下来就是算法描述了：DBSCAN 通过检查数据库中每点的 r 邻域来搜索簇。如果点 p 的 r 邻域包含的点多于 MinPts 个，则创建一个以 p 为核心对象的新簇。然后，DBSCAN 迭代的聚类从这些核心对象到直接密度可达的对象，这个过程可能涉及一些密度可达簇的合并。当没有新的点可以添加到任何簇时，该过程结束。

例如：假设半径 E=3，MinPts=3，点 p 的 E 邻域中有点$\{m,p,p_1,p_2,o\}$，点 m 的 E 邻域中有点$\{m,q,p,m_1,m_2\}$，点 q 的 E 邻域中有点$\{q,m\}$，点 o 的 E 邻域中有点$\{o,p,s\}$，点 s 的 E 邻域中有点$\{o,s,s_1\}$，则核心对象有 p,m,o,s（q 不是核心对象，因为它对应的 E 邻域中点的数量等于 2，小于 MinPts=3）；点 m 从点 p 直接密度可达，因为 m 在 p 的 E 邻域内，并且 p 为核心对象；点 q 从点 p 密度可达，因为点 q 从点 m 直接密度可达，并且点 m 从点 p 直接密度可达；点 q 到点 s 密度相连，因为点 q 从点 p 密度可达，并且 s 从点 p 密度可达。

2. 簇的生成原理及过程

（1）DBSCAN 聚类算法原理的基本要点：确定半径 Eps 的值。

① DBSCAN 算法需要选择一种距离度量，待聚类的数据集中，任意两个点之间的距离反映了点之间的密度，说明了点与点是否能够聚到同一类中。由于 DBSCAN 算法对高维数据定义密度很困难，所以二维空间中的点可以使用欧几里得距离来进行度量。

② DBSCAN 算法需要用户输入两个参数：一个是半径（Eps），表示以给定点 P 为中心的圆形邻域的范围；另一个是以点 P 为中心的邻域内最少点的数量（MinPts）。如果满足以点 P 为中心、半径为 Eps 的邻域内点的个数不少于 MinPts，则称点 P 为核心点。

③ DBSCAN 聚类使用一个 k-距离的概念，k-距离是指：给定数据集 $P = \{p_i\}, i = 0,1,\cdots,n$，对于任意点 p_i，计算点 p_i 到集合 D 的子集 $S = \{p_1, p_2, \cdots, p_{i-1}, p_i, \cdots, p_n\}$ 中所有点之间的距离，

该距离按照从小到大的顺序排序，假设排序后的距离集合为 $D=\{d_1,d_2,\cdots,d_{k-1},d_k,\cdots,d_n\}$，则 d_k 被称为 k-距离。也就是说，k-距离是点 p_i 到所有点（除了点 p_i）之间距离第 k 近的距离。对待聚类集合中每个点 p_i 都计算 k-距离，最后得到所有点的 k-距离集合 $E=\{e_1,e_2,\cdots,e_n\}$。

④ 根据经验计算半径 Eps：根据得到的所有点的 k-距离集合 E，对集合 E 进行升序排序后得到 k-距离集合 E'，需要拟合一条排序后的 E' 集合中 k-距离的变化曲线图，然后绘出曲线，通过观察，将急剧发生变化的位置所对应的 k-距离的值确定为半径 Eps 的值。

⑤ 根据经验计算最少点的数量 MinPts：确定 MinPts 的大小，实际上也是确定 k-距离中 k 的值，DBSCAN 算法取 k=4，则 MinPts=4。

⑥ 如果对经验值聚类的结果不满意，可以适当调整 Eps 和 MinPts 的值，经过多次迭代计算对比，选择最合适的参数值。可以看出，如果 MinPts 不变，Eps 值取得过大，会导致大多数点聚到同一个簇中，而 Eps 过小，会导致一个簇的分裂；如果 Eps 不变，MinPts 值取得过大，会导致同一个簇中的点被标记为噪声点，MinPts 过小，则会导致发现大量核心点。

我们需要知道的是，DBSCAN 算法需要输入两个参数，这两个参数的计算都来自经验。半径 Eps 的计算依赖于计算 k-距离，DBSCAN 取 k=4，也就是设置 MinPts=4，然后需要根据 k-距离曲线及经验观察并找到合适的半径 Eps 的值。

（2）连通核心点生成簇：核心点能够连通（有些书籍中称为“密度可达”），由它们构成的以 Eps 长度为半径的圆形邻域相互连接或重叠，这些连通的核心点及其所处的邻域内的全部点构成一个簇。

计算连通的核心点的思路是，基于广度遍历与深度遍历集合的方式：从核心点集合 S 中取出一个点 p，计算点 p 与 S 集合中每个点（除 p 点之外）是否连通，可能会得到一个连通核心点的集合 C_1，然后从集合 S 中删除点 p 和 C_1 集合中的点，得到核心点集合 S_1；再从 S_1 中取出一个点 p_1，计算 p_1 与核心点集合 S_1 中每个点（除 p_1 点之外）是否连通，可能得到一个连通核心点集合 C_2，再从集合 S_1 中删除点 p_1 和 C_2 集合中的点，得到核心点集合 S_2,……最后得到 $p,p_1,p_2,\cdots$，以及 $C_1,C_2,\cdots$ 从而构成一个簇的核心点。最终将核心点集合 S 中的点都遍历完成，得到所有的簇。

参数 Eps 的设置：如果 Eps 设置得过大，则所有的点都会归为一个簇；如果设置得过小，则簇的数目会过多。如果 MinPts 设置得过大，则很多点将被视为噪声点。

3. 密度分类

根据数据点的密度分为三类点：

（1）核心点：该点在邻域内的密度超过给定的阈值 MinPts。

（2）边界点：该点不是核心点，但是其邻域内包含至少一个核心点。

（3）噪声点：不是核心点，也不是边界点。

有了以上对数据点的划分，聚合可以这样进行：各个核心点与其邻域内的所有核心点放在同一个簇中，把边界点跟其邻域内的某个核心点放在同一个簇中。

因为 DBSCAN 使用簇的密度定义，因此它是相对抗噪音的，并且能处理任意形状和大小的簇，但是如果簇的密度变化很大，如 ABCD 四个簇，AB 的密度大于 CD，而且 AB 附近噪声的密度与簇 CD 的密度相当，当 MinPts 较大时，无法识别簇 CD，簇 CD 和 AB 附近的噪声都被认为是噪声；当 MinPts 较小时，能识别簇 CD，但 AB 跟其周围的噪声被识别为一个簇。

4. DBSCAN 的优缺点

DBSCAN 的优点主要表现在：

（1）与 K-means 方法相比，DBSCAN 不需要事先知道要形成的簇类的数量。

（2）与 K-means 方法相比，DBSCAN 可以发现任意形状的簇类。

（3）同时，DBSCAN 能够识别出噪声点。

（4）DBSCAN 对于数据库中样本的顺序不敏感，即 Pattern 的输入顺序对结果的影响不大。但是，对于处于簇类之间的边界样本，可能会根据哪个簇类优先被探测到而其归属有所摆动。

DBSCAN 的缺点主要表现在：

（1）DBSCAN 不能很好地反映高尺寸数据。

（2）DBSCAN 不能很好地反映数据集变化的密度。

（3）对于高维数据，点之间极为稀疏，密度很难定义。

【例 4-5】 对 Python 内置的数据实现密度聚类。

```
import numpy as np
from sklearn.cluster import DBSCAN
from sklearn import metrics
from sklearn.datasets.samples_generator import make_blobs
from sklearn.preprocessing import StandardScaler
import matplotlib.pyplot as plt

class DBScan (object):
    """
    该类继承自object，封装了DBSCAN算法
    """
    def __init__(self, p, l_stauts):
        self.point = p
        self.labels_stats = l_stauts
        self.db = DBSCAN(eps=0.2, min_samples=10).fit(self.point)

    def draw(self):
        coreSamplesMask = np.zeros_like(self.db.labels_, dtype=bool)
        coreSamplesMask[self.db.core_sample_indices_] = True
        labels = self.db.labels_
        nclusters = jiangzao(labels)
        #输出模型评估参数，包括估计的集群数量、均匀度、完整性、V度量
        #调整后的兰德指数、调整后的互信息量、轮廓系数
        print('Estimated number of clusters: %d' % nclusters)
      print("Homogeneity: %0.3f" %
```

```
metrics.homogeneity_score(self.labels_stats, labels))
         print("Completeness: %0.3f" %
metrics.completeness_score(self.labels_stats, labels))
           print("V-measure: %0.3f" %
metrics.v_measure_score(self.labels_stats, labels))
           print("Adjusted Rand Index: %0.3f"
                % metrics.adjusted_rand_score(self.labels_stats, labels))
           print("Adjusted Mutual Information: %0.3f"
                % metrics.adjusted_mutual_info_score(self.labels_stats,
labels))
           print("Silhouette Coefficient: %0.3f"
                % metrics.silhouette_score(self.point, labels))

           #绘制结果
           #黑色被移除，并被标记为噪声
           unique_labels = set(labels)
           colors = plt.cm.Spectral(np.linspace(0, 1, len(unique_labels)))
           for k, col in zip(unique_labels, colors):
              if k == -1:
               #黑色用于噪声
                 col = 'k'

              classMemberMask = (labels == k)
              #画出分类点集
              xy = self.point[classMemberMask & coreSamplesMask]
              plt.plot(xy[:, 0], xy[:, 1], 'o', markerfacecolor=col,
                    markeredgecolor='k', markersize=6)
              #画出噪声点集
              xy = self.point[classMemberMask & ~coreSamplesMask]
              plt.plot(xy[:, 0], xy[:, 1], 'o', markerfacecolor=col,
                    markeredgecolor='k', markersize=3)
          #加标题，显示分类数
          plt.title('Estimated number of clusters: %d' % nclusters)
          plt.show()

    def jiangzao (labels):
       #标签中的簇数，忽略噪声（如果存在）
       clusters = len(set(labels)) - (1 if -1 in labels else 0)
       return clusters

    def standar_scaler(points):
       p = StandardScaler().fit_transform(points)
       return p

    if __name__ == "__main__":
       """
```

```
        测试类DBScan
        """
        centers = [[1, 1], [-1, -1], [-1, 1], [1, -1]]
        point, labelsTrue = make_blobs(n_samples=2000, centers=centers,
cluster_std=0.4,
                                      random_state=0)
        point = standar_scaler(point)
        db = DBScan(point, labelsTrue)
        db.draw()
```

运行程序，输出如下，其效果如图 4-4 所示。

```
    Estimated number of clusters: 4
    Homogeneity: 0.928
    Completeness: 0.862
    V-measure: 0.894
    Adjusted Rand Index: 0.928
    Adjusted Mutual Information: 0.862
    Silhouette Coefficient: 0.584
```

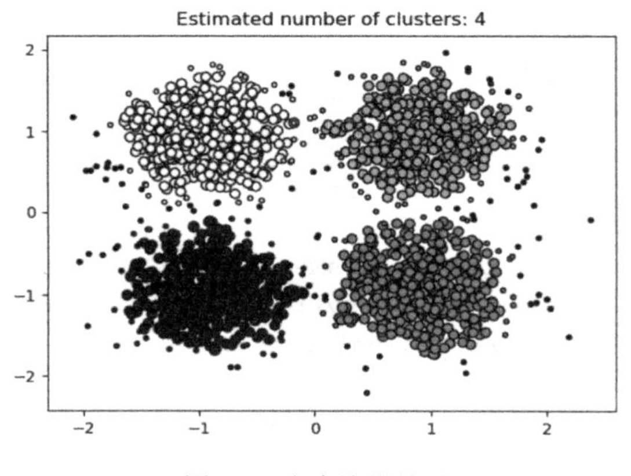

图 4-4　密度聚类效果

图 4-4 算法自动将数据集分成 4 簇，用 4 种颜色代表。每一簇内较大的点代表核心对象，较小的点代表边界点（与簇内其他点密度相连，但是自身不是核心对象）。黑色的点代表离群点或称为噪声点。

4.5.4　谱聚类法

谱聚类（Spectral Cluster）可以视为一种改进的 K-means 的聚类算法，常用来进行图像分割。缺点是需要指定簇的个数，难以构建合适的相似度矩阵；优点是简单易实现。相比 K-means 而言，处理高维数据更合适。

1. 核心思想

谱聚类的核心思想为：构建样本点的相似度矩阵，将图切割成 K 个子图，使得各个子图内相似度最大，子图间相似度最弱。

2. 算法简单

构建相似度矩阵的拉普拉斯矩阵。对拉普拉斯矩阵进行特征值分解，选取前 K（也是簇的个数）个特征向量（按特征值从小到大的顺序）构成 K 维特征空间，在特征空间内进行 K-means 聚类。概括讲，就是将原始数据映射到特征空间进行 K-means 聚类。因此，谱聚类适合于簇的个数比较少的情况。

拉普拉斯矩阵可以分为规范化的 L_{norm} 和未规范化的拉普拉斯矩阵 ($\boldsymbol{L}$)。

$$L = \boldsymbol{D} - \boldsymbol{W}$$

$$L_{\text{norm}} = \boldsymbol{D}^{-\frac{1}{2}} \boldsymbol{L} \boldsymbol{D}^{-\frac{1}{2}}$$

式中，$\boldsymbol{D}$ 为度矩阵（是一个对角矩阵，为节点与边权重之和）；$\boldsymbol{W}$ 为相似度矩阵。

3. 算法流程

谱聚类算法的流程为：

- Input：训练数据集 data，簇的个数，阈值 epslion，最大迭代次数 maxstep，相似度矩阵计算方法及参数。
- Output：标签数组。
- Step1：构建相似度矩阵，再构建拉普拉斯矩阵，对拉普拉斯矩阵进行特征分解，将样本数据点映射到特征空间。
- Step2：在特征空间内进行 K-means 聚类。

【例 4-6】利用 Python 实现谱聚类。

```
# encoding=utf-8
import matplotlib.pyplot as plt
import numpy as np
from numpy import linalg as LA
from sklearn.cluster import KMeans
from sklearn.datasets import make_blobs
from sklearn.metrics.pairwise import rbf_kernel
from sklearn.preprocessing import normalize

def similarity_function(points):
    """
    相似度函数，利用径向基核函数计算相似度矩阵，对角线元素置为0
    """
    res = rbf_kernel(points)
    for i in range(len(res)):
        res[i, i] = 0
    return res

def spectral_clustering(points, k):
    """
    谱聚类
```

```
    :param points: 样本点
    :param k: 聚类个数
    :return: 聚类结果
    """
    W = similarity_function(points)
    #度矩阵D可以从相似度矩阵W得到，这里计算的是D^(-1/2)
    #D = np.diag(np.sum(W, axis=1))
    #Dn = np.sqrt(LA.inv(D))
    #本来应该像上面那样写，作者做了点数学变换，写成了下面一行
    Dn = np.diag(np.power(np.sum(W, axis=1), -0.5))
    #拉普拉斯矩阵：L=Dn*(D-W)*Dn=I-Dn*W*Dn
    #也做了数学变换，简写为下面一行
    L = np.eye(len(points)) - np.dot(np.dot(Dn, W), Dn)
    eigvals, eigvecs = LA.eig(L)
    #前k小的特征值对应的索引，argsort函数
    indices = np.argsort(eigvals)[:k]
    #取出前k小的特征值对应的特征向量，并进行正则化
    k_smallest_eigenvectors = normalize(eigvecs[:, indices])
    #利用K-Means进行聚类
    return KMeans(n_clusters=k).fit_predict(k_smallest_eigenvectors)

X, y = make_blobs()
labels = spectral_clustering(X, 3)
#画图
plt.style.use('ggplot')
#原数据
fig, (ax0, ax1) = plt.subplots(ncols=2)
ax0.scatter(X[:, 0], X[:, 1], c=y)
ax0.set_title('raw data')
#谱聚类结果
ax1.scatter(X[:, 0], X[:, 1], c=labels)
ax1.set_title('Spectral Clustering')
plt.show()
```

运行程序，效果如图 4-5 所示。

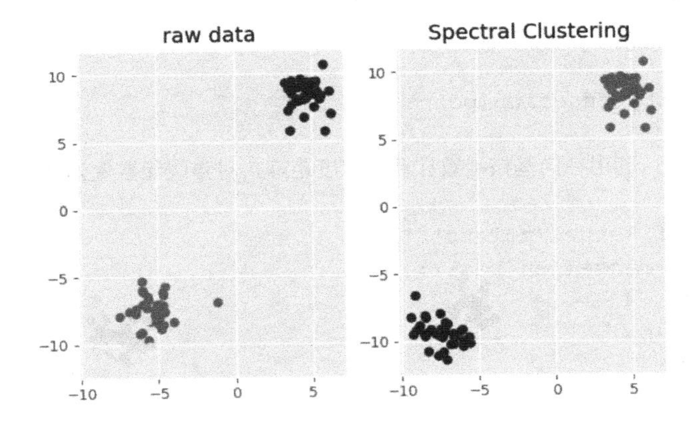

图 4-5　谱聚类效果

4.5.5 Birch 聚类法

Birch（利用层次方式的平衡迭代规约和聚类）就是通过聚类特征（CF）形成一个聚类特征树，root 层的 CF 个数就是聚类个数。

每一个 CF 是一个三元组，可以用(N，LS，SS)表示，其中 N 代表这个 CF 中拥有的样本点数量；LS 代表这个 CF 中拥有的样本点各特征维度的和向量；SS 代表这个 CF 中拥有的样本点各特征维度的平方和。

如图 4-6 所示，N=5，即有

LS=(3+2+4+4+3,4+6+5+7+8)=(16,30)

SS=(32+22+42+42+32,42+62+52+72+82)=(54,190)。

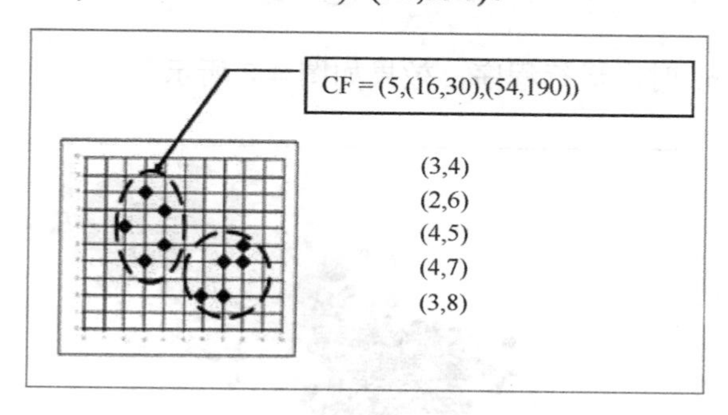

图 4-6　聚类特征图

对于图 4-7 中的 CF Tree，限定了 B=7，L=5，也就是说内部节点最多有 7 个 CF（CF90 下的圆），而叶子节点最多有 5 个 CF(CF90～CF94)。叶子节点是通过双向链表连通的。

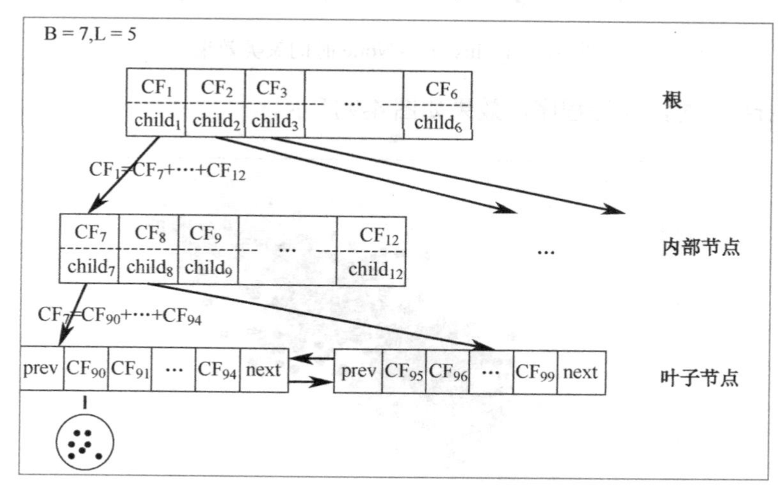

图 4-7　图解过程

【例 4-7】利用 Python 实现 Birch 聚类。

```
import numpy as np
import matplotlib.pyplot as plt
from sklearn.datasets.samples_generator import make_blobs
```

```
    from sklearn.cluster import Birch

    #X为样本特征,Y为样本簇类别,共1000个样本,每个样本2个特征,共4个簇,簇中心在[-1,-1],
[0,0],[1,1], [2,2]
    X, y = make_blobs(n_samples=1000, n_features=2, centers=[[-1,-1], [0,0],
[1,1], [2,2]], cluster_std=[0.4, 0.3, 0.4, 0.3], random_state =9)
    #设置birch函数
    birch = Birch(n_clusters = None)  #n_clusters为聚类的目标个数
    #训练数据
    y_pred = birch.fit_predict(X)
    #绘图
    plt.scatter(X[:, 0], X[:, 1], c=y_pred)
    plt.show()
```

当 n_clusters = None 时，运行程序，效果如图 4-8 所示。

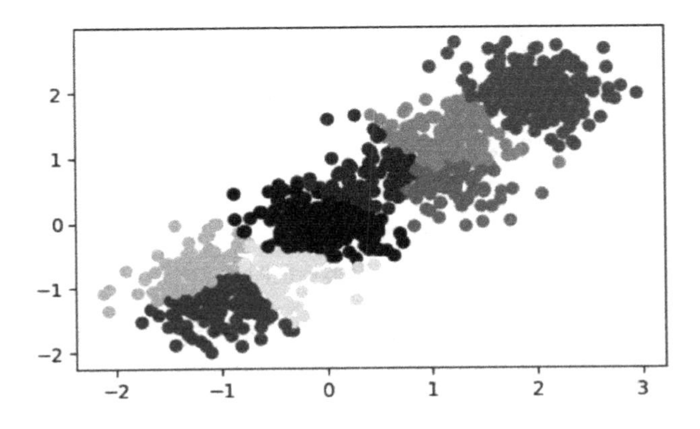

图 4-8　n_clusters = None 时的聚类效果

当 n_clusters =4 时，运行程序，效果如图 4-9 所示。

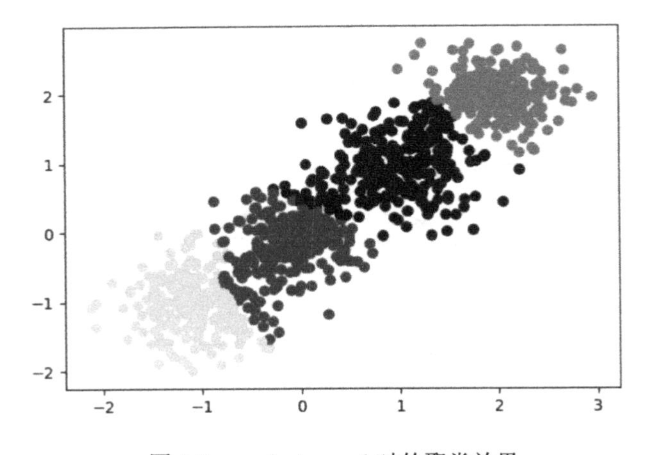

图 4-9　n_clusters = 4 时的聚类效果

4.5.6 混合高斯模型

正态分布也叫高斯分布，正态分布的概率密度曲线也叫高斯分布概率曲线 Gaussian Mixture Model（GMM，混合高斯模型）。

聚类算法大多通过相似度来判断，而相似度又大多采用欧式距离长短作为衡量依据。而 GMM 采用了新的判断依据——概率，即通过属于某一类的概率大小来判断最终的归属类别。

GMM 的基本思想：任意形状的概率分布都可以用多个高斯分布函数去近似，也就是说，GMM 就是由多个单高斯密度分布（Gaussian）组成的，每个 Gaussian 叫一个"Component"，这些"Component"线性加在一起就组成了 GMM 的概率密度函数，也就是下面的函数：

$$p(x)=\sum_{k=1}^{K}\pi_k p(x|k)$$

式中，k 为模型的个数，即 Component 的个数（聚类的个数）；π_k 为第 k 个高斯的权重；$p(x|k)$ 则为第 k 个高斯概率密度，其均值为 μ_k，方差为 σ_k。

【例 4-8】 用 Python 实现 GMM 聚类法。

```
import matplotlib.pyplot as plt
from sklearn.datasets.samples_generator import make_blobs
from sklearn.mixture import GaussianMixture

#X为样本特征，Y为样本簇类别，共1000个样本，每个样本2个特征，共4个簇，簇中心在[-1,-1],
[0,0],[1,1], [2,2]
X, y = make_blobs(n_samples=1000, n_features=2, centers=[[-1,-1], [0,0],
[1,1], [2,2]], cluster_std=[0.4, 0.3, 0.4, 0.3], random_state = 0)
#设置gmm函数
gmm = GaussianMixture(n_components=4, covariance_type='full').fit(X)
##训练数据
y_pred = gmm.predict(X)
##绘图
plt.scatter(X[:, 0], X[:, 1], c=y_pred)
plt.show()
```

运行程序，效果如图 4-10 所示。

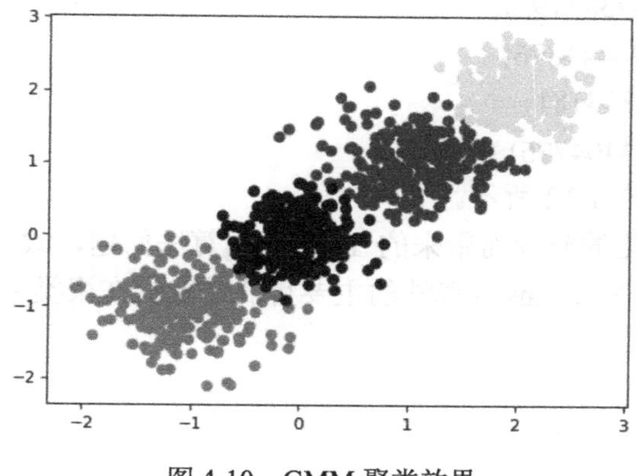

图 4-10　GMM 聚类效果

与图 4-9 对比可以看出，虽然使用同样的数据，但是不同算法的聚类效果是不一样的。

4.6 K-means++算法

4.6.1 K–means 算法存在的问题

由于 K-means 算法简单且易于实现，因此其得到了很多应用，但是从 K-means 算法的过程可以发现，K-means 算法中聚类中心的个数 k 需要事先指定，这就给一些未知数据带来了很大局限性。另外，在利用 K-means 算法进行聚类之前，需要初始化 k 个聚类中心，在上述 K-means 算法过程中，使用的是在数据集中随机选择最大值和最小值之间的数作为其初始聚类中心，而聚类中心选择的好坏对于 K-means 算法有很大影响。如图 4-11 所示的数据集：

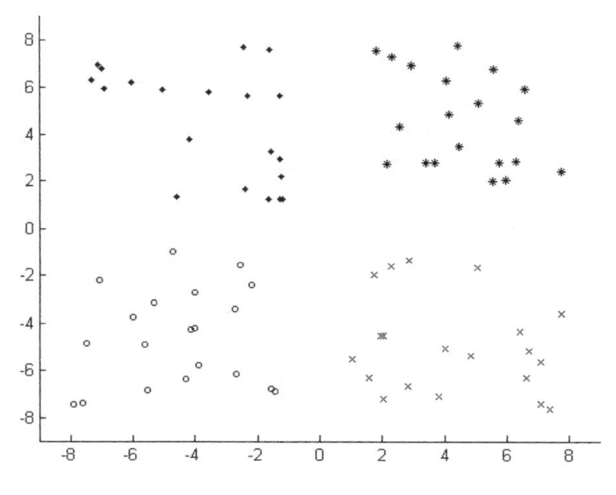

图 4-11 数据集

如果选取的各聚类中心为：

A :(-6.06117996,-6.87383192)

B :(-1.64249433,-6.96441896)

C :(2.77310285,6.91873181)

D :(7.38773852,-5.14404775)

最终的聚类结果如图 4-12 所示。

为了解决因为初始化的问题而带来的 K-means 算法问题，改进的 K-means 算法，即 K-means++算法被提出，K-means++算法的主要目的是能够在聚类中心的选择过程中选择较优的聚类中心。

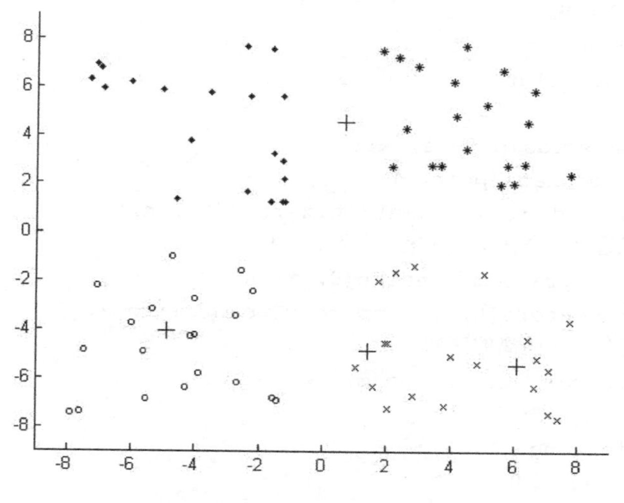

图4-12 最终的聚类结果

4.6.2 K-means++算法的思路

K-means++算法在聚类中心初始化过程中的基本原则是使得初始的聚类中心之间的相互距离尽可能远，从而可以避免出现上述问题。K-means++算法的初始化过程如下所示：

（1）在数据集中随机选择一个样本点作为第一个初始化的聚类中心。

（2）选择出其余的聚类中心。

- 计算样本中的每一个样本点与已经初始化的聚类中心之间的距离，并选择其中最短的距离，记为d_i。
- 以概率选择距离最远的样本作为新的聚类中心，重复上述过程，直到 k 个聚类中心都被确定为止。

（3）对 k 个初始化的聚类中心，利用K-means算法计算最终的聚类中心。

在上述K-means++算法中可知，K-means++算法与K-means算法最本质的区别是 k 个聚类中心的初始化过程。

【例4-9】 利用Python实现K-means++算法。

```
import numpy as np
from random import random
from Kmeans import load_data, kmeans, distance, save_result

FLOAT_MAX = 1e100 #设置一个较大的值作为初始化的最短距离

def nearest(point, cluster_centers):
    min_dist = FLOAT_MAX
    m = np.shape(cluster_centers)[0]  #当前已经初始化的聚类中心的个数
    for i in range(m):
        #计算point与每个聚类中心之间的距离
        d = distance(point, cluster_centers[i, ])
        #选择最短距离
```

```
            if min_dist > d:
                min_dist = d
        return min_dist

    def get_centroids(points, k):
        m, n = np.shape(points)
        cluster_centers = np.mat(np.zeros((k , n)))
        #1、随机选择一个样本点为第一个聚类中心
        index = np.random.randint(0, m)
        cluster_centers[0, ] = np.copy(points[index, ])
        #2、初始化一个距离的序列
        d = [0.0 for _ in range(m)]

        for i in range(1, k):
            sum_all = 0
            for j in range(m):
                #3、对每一个样本找到最近的聚类中心
                d[j] = nearest(points[j, ], cluster_centers[0:i, ])
                #4、将所有的最短距离相加
                sum_all += d[j]
            #5、取得sum_all之间的随机值
            sum_all *= random()
            #6、获得距离最远的样本点作为聚类中心
            for j, di in enumerate(d):
                sum_all -= di
                if sum_all > 0:
                    continue
                cluster_centers[i] = np.copy(points[j, ])
                break
        return cluster_centers

    if __name__ == "__main__":
        k = 4#聚类中心的个数
        file_path = "data.txt"
        #1、导入数据
        print ("---------- 1.load data ------------")
        data = load_data(file_path)
        #2、KMeans++的聚类中心初始化方法
        print ("---------- 2.K-Means++ generate centers ------------")
        centroids = get_centroids(data, k)
        #3、聚类计算
        print ("---------- 3.kmeans ------------")
        subCenter = kmeans(data, k, centroids)
        #4、保存所属的类别文件
        print ("---------- 4.save subCenter ------------")
        save_result("sub_pp", subCenter)
```

```
    #5、保存聚类中心
    print ("---------- 5.save centroids ------------")
    save_result("center_pp", centroids)
```

其中，Kmeans.py的文件代码为：

```
import numpy as np

def load_data(file_path):
    f = open(file_path)
    data = []
    for line in f.readlines():
        row = []  #记录每一行
        lines = line.strip().split("\t")
        for x in lines:
            row.append(float(x)) #将文本中的特征转换成浮点数
        data.append(row)
    f.close()
    return np.mat(data)

def distance(vecA, vecB):
    dist = (vecA - vecB) * (vecA - vecB).T
    return dist[0, 0]

def randCent(data, k):
    n = np.shape(data)[1]  #属性的个数
    centroids = np.mat(np.zeros((k, n)))  #初始化k个聚类中心
    for j in xrange(n):    #初始化聚类中心每一维的坐标
        minJ = np.min(data[:, j])
        rangeJ = np.max(data[:, j]) - minJ
        #在最大值和最小值之间随机初始化
        centroids[:, j] = minJ * np.mat(np.ones((k , 1))) + np.random.rand(k,
1) * rangeJ
    return centroids

def kmeans(data, k, centroids):
    m, n = np.shape(data) #m：样本的个数，n：特征的维度
    subCenter = np.mat(np.zeros((m, 2)))  #初始化每一个样本所属的类别
    change = True  #判断是否需要重新计算聚类中心
    while change == True:
        change = False  #重置
        for i in range(m):
        minDist = np.inf  #设置样本与聚类中心之间的最小的距离，初始值为争取穷
            minIndex = 0   #所属的类别
            for j in range(k):
                #计算i和每个聚类中心之间的距离
                dist = distance(data[i, ], centroids[j, ])
                if dist < minDist:
```

```
                minDist = dist
                minIndex = j
            #判断是否需要改变
            if subCenter[i, 0] != minIndex:  #需要改变
                change = True
                subCenter[i, ] = np.mat([minIndex, minDist])
            #重新计算聚类中心
        for j in range(k):
            sum_all = np.mat(np.zeros((1, n)))
            r = 0  #每个类别中样本的个数
            for i in range(m):
                if subCenter[i, 0] == j:  #计算第j个类别
                    sum_all += data[i, ]
                    r += 1
            for z in range(n):
                try:
                    centroids[j, z] = sum_all[0, z] / r
                except:
                    print (" r is zero")
    return subCenter

def save_result(file_name, source):
    m, n = np.shape(source)
    f = open(file_name, "w")
    for i in range(m):
        tmp = []
        for j in range(n):
            tmp.append(str(source[i, j]))
        f.write("\t".join(tmp) + "\n")
    f.close()
```

运行程序，输出如下：

```
---------- 1.load data ------------
---------- 2.K-Means++ generate centers ------------
---------- 3.kmeans ------------
---------- 4.save subCenter ------------
---------- 5.save centroids ------------
```

第 5 章　朴素贝叶斯

朴素贝叶斯算法是有监督的学习算法，解决的是分类问题，如客户是否流失、是否值得投资、信用等级评定等多分类问题。该算法的优点在于简单易懂、学习效率高，在某些领域的分类问题中能够与决策树、神经网络相媲美，但由于该算法以自变量之间的独立（条件特征独立）性和连续变量的正态性假设为前提，可能导致算法精度在某种程度上受影响。

5.1　朴素贝叶斯理论

朴素贝叶斯是贝叶斯决策理论的一部分，所以在讲述朴素贝叶斯之前有必要快速了解一下贝叶斯决策理论。

5.1.1　贝叶斯决策理论

假设现在有一个数据集，它由两类数据组成，数据分布如图 5-1 所示。

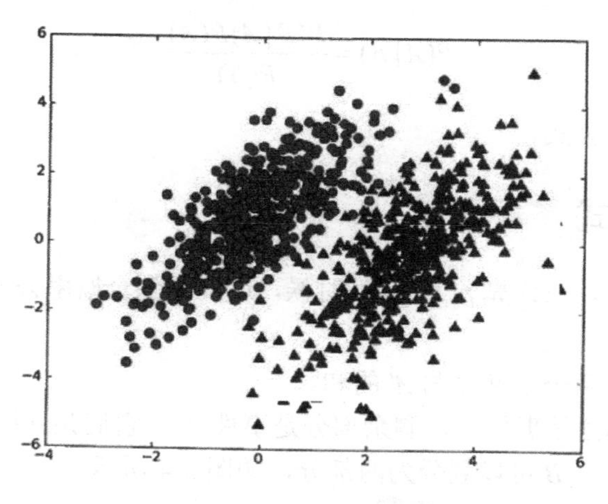

图 5-1　两个参数已知的数据分布

现在用 $p_1(x,y)$ 表示数据点 (x,y) 属于类别 1（图中圆点表示的类别）的概率，用 $p_2(x,y)$ 表示数据点 (x,y) 属于类别 2（图中三角形表示的类别）的概率，那么对于一个新数据点 (x,y)，可以用下面的规则来判断它的类别：

如果 $p_1(x,y) > p_2(x,y)$，则类别为 1；如果 $p_1(x,y) < p_2(x,y)$，则类别为 2。

也就是说，我们会选择高概率对应的类别，这就是贝叶斯决策理论的核心思想，即选择具有最高概率的决策。了解了贝叶斯决策理论的核心思想后，接下来学习如何计算 p_1 和 p_2 的概率。

5.1.2 条件概率

在学习计算 p_1 和 p_2 的概率之前，需要了解什么是条件概率（Conditional Probability），也就是指在事件 B 发生的情况下，事件 A 发生的概率，用 $P(A|B)$ 表示，文氏图如图 5-2 所示。

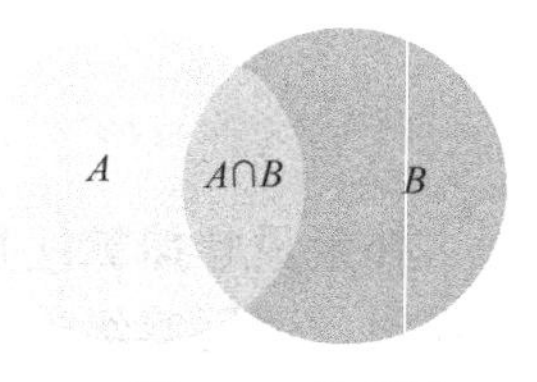

图 5-2 文氏图

根据文氏图，可以很清楚地看到在事件 B 发生的情况下，事件 A 发生的概率就是 $P(A \cap B)$ 除以 $P(B)$，即

$$P(A|B) = \frac{P(A \cap B)}{P(B)}$$

因此有

$$P(A \cap B) = P(A|B)P(B)$$

同理可得

$$P(A \cap B) = P(B|A)P(A)$$

所以有

$$P(A|B)P(B) = P(B|A)P(A)$$

即

$$P(A|B) = \frac{P(B|A)P(A)}{P(B)}$$

这就是条件概率的计算公式。

5.1.3 全概率公式

除了条件概率以外，在计算 p_1 和 p_2 的时候，还要用到全概率公式，因此这里继续推导概率公式。

假设样本空间 S 是两个事件 A 与 A' 的和。

图 5-3 中，中间部分是事件 A，剩余部分是事件 A'，它们共同构成了样本空间 S。

在这种情况下，事件 B 可以划分为两部分，如图 5-4 所示。

即

$$P(B) = P(B \cap A) + P(B \cap A')$$

在 5.1.2 节的推导中，已知：

$$P(B \cap A) = P(B|A)P(A)$$

所以有

$$P(B)=P(B\mid A)P(A)+P(B\mid A')P(A')$$

这就是全概率公式。其含义是：如果 A 和 A' 构成样本空间的一个划分，那么事件 B 的概率就等于 A 和 A' 的概率分别乘以 B 对这两个事件的条件概率之和。

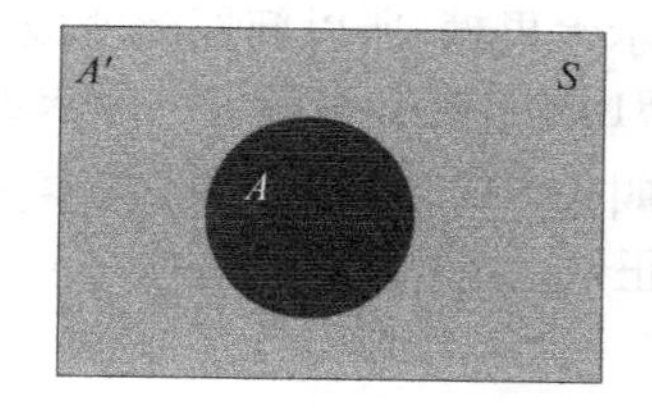

图 5-3 样本空间与概率

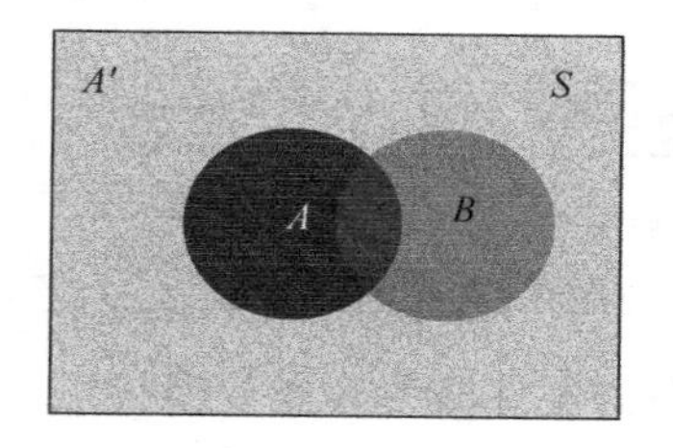

图 5-4 事件 B 划分为两部分

将这个公式代入 5.1.2 节的条件概率公式，就得到了条件概率的另一种写法：

$$P(A\mid B)=\frac{P(B\mid A)P(A)}{P(B\mid A)P(A)+P(B\mid A')P(A')}$$

5.1.4 贝叶斯推断

对条件概率公式进行变形，可以得到如下形式：

$$P(A\mid B)=P(A)\frac{P(B\mid A)}{P(B)}$$

我们把 $P(A)$ 称为“先验概率”（Prior Probability），即在事件 B 发生之前，我们对事件 A 概率的一个判断。$P(A\mid B)$ 称为“后验概率”（Posterior Probability），即在事件 B 发生之后，我们对事件 B 概率的重新评估。$\frac{P(B\mid A)}{P(B)}$ 称为“可能性函数”，这是一个调整因子，使得预估概率更接近真实概率。

因此，条件概率可以理解成下面的公式：

1|后验概率=先验概率×调整因子

这就是贝叶斯推断的含义。我们先预估一个“先验概率”，然后加入实验结果，看这个实验到底是增强还是削弱了“先验概率”，由此得到更接近事实的“后验概率”。

在这里，如果“可能性函数”$P(B|A)/P(B)>1$，则意味着“先验概率”被增强，事件 A 发生的可能性变大；如果“可能性函数”$P(B|A)/P(B)=1$，则意味着事件 B 无助于判断事件 A 的可能性；如果“可能性函数”$P(B|A)/P(B)<1$，则意味着“先验概率”被削弱，事件 A 的可能性变小。

为了加深对贝叶斯推断的理解，我们举一个例子。如图 5-5 所示，有两个一模一样的碗，#1 碗有 30 颗水果糖和 10 颗巧克力糖，#2 碗有水果糖和巧克力糖各 20 颗。现在随机选择一个碗，从中摸出一颗糖，发现是水果糖。请问这颗水果糖来自#1 碗的概率有多大？

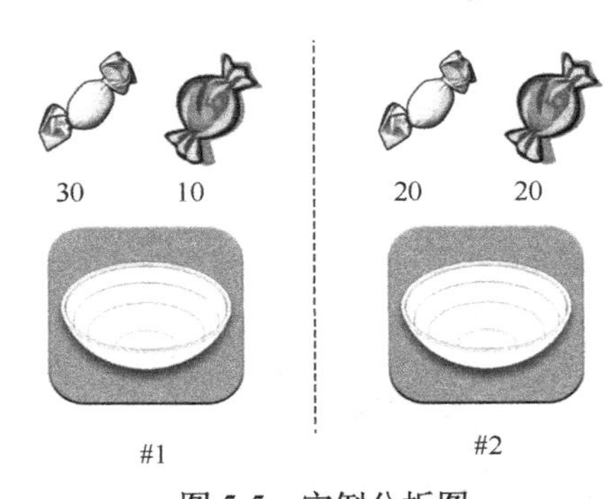

图 5-5　实例分析图

假定 H_1 表示#1 碗，H_2 表示#2 碗。由于这两个碗是一样的，所以 $P(H_1)=P(H_2)$，也就是说，在取出水果糖之前，这两个碗被选中的概率相同。因此，$P(H_1)=0.5$，我们把这个概率叫作“先验概率”，即没有做实验之前，来自#1 碗的概率是 0.5。

再假定 E 表示水果糖，所以问题就变成了在已知 E 的情况下，来自#1 碗的概率有多大，即求 $P(H_1|E)$。我们把这个概率叫作“后验概率”，即在事件 E 发生之后对 $P(H_1)$ 的修正。

根据条件概率公式，得

$$P(H_1|E)=P(H_1)\frac{P(E|H_1)}{P(E)}$$

已知：$P(H_1)$ 等于 0.5，$P(E|H_1)$ 为#1 碗中取出水果糖的概率，等于 30÷(30+10)=0.75，则求出 $P(E)$ 就可以得到答案。根据全概率公式：

$$P(E)=P(E|H_1)P(H_1)+P(E|H_2)P(H_2)$$

有

$$P(E)=0.75\times0.5+0.5\times0.5=0.625$$

将数字代入原方程，得

$$P(H_1|E)=0.5\times\frac{0.75}{0.625}=0.6$$

这表明，来自#1 碗的概率是 0.6。也就是说，取出水果糖之后，H_1 事件的可能性得到了增强。

同时再思考一个问题：在使用该算法的时候，如果不需要知道具体的类别概率，即 $P(H_1|E)=0.6$，只需要知道所属类别，即来自#1 碗，我们有必要计算 $P(E)$ 这个全概率吗？要知道我们只需要比较 $P(H_1|E)$ 和 $P(H_2|E)$ 的大小，找到最大的概率就可以。既然如此，两者的分母都是相同的，那我们只需要比较分子即可，即比较 $P(E|H_1)P(H_1)$ 和 $P(E|H_2)P(H_2)$ 的大小，所以为了减小计算量，全概率公式在实际编程中可以不使用。

5.1.5　朴素贝叶斯推断

理解了贝叶斯推断，我们继续学习朴素贝叶斯。贝叶斯和朴素贝叶斯的概念是不同的，区别在于“朴素”二字，朴素贝叶斯对条件概率分布做了条件独立性假设，如下面的公式，假设有 n 个特征：

$$P(a|X)=P(X|a)p(a)=p(x_1,x_2,\cdots,x_n|a)p(a)$$

由于每个特征都是独立的，我们可以进一步拆分公式如下：

$$\begin{aligned}P(a|X)&=p(X|a)p(a)\\&=\{p(x_1|a)p(x_2|a)p(x_3|a)\cdots p(x_n|a)\}p(a)\end{aligned}$$

这样我们就可以进行计算了。下面通过一个例子开始讲解贝叶斯分类器。

已知，某医院早上来了 6 个门诊病人，他们的情况如表 5-1 所示。

表 5-1 6 个门诊病人情况

症 状	职 业	疾 病
打喷嚏	护士	感冒
打喷嚏	农夫	过敏
头痛	建筑工人	脑震荡
头痛	建筑工人	感冒
打喷嚏	教师	感冒
头痛	教师	脑震荡

现在又来了第 7 个病人，也是一个打喷嚏的建筑工人。请问他患上感冒的概率有多大？

根据贝叶斯定理，有

$$P(A|B)=\frac{P(B|A)P(A)}{P(B)}$$

可得

$$P(\text{感冒}|\text{打喷嚏建筑工人})=\frac{P(\text{打喷嚏建筑工人}|\text{感冒})\times P(\text{感冒})}{P(\text{打喷嚏建筑工人})}$$

根据朴素贝叶斯条件独立性的假设可知，“打喷嚏”和“建筑工人”这两个特征是独立的，因此，上面的等式就变成了：

$$P(\text{感冒}|\text{打喷嚏建筑工人})=\frac{P(\text{打喷嚏}|\text{感冒})\times P(\text{建筑工人}|\text{感冒})}{P(\text{打喷嚏})\times P(\text{建筑工人})}$$

这里可计算：

$$P(\text{感冒}|\text{打喷嚏建筑工人})=\frac{0.66\times 0.33\times 0.5}{0.5\times 0.33}=0.66$$

因此，这个打喷嚏的建筑工人有 66%的概率得了感冒。同理，可以计算这个病人患上过敏或脑震荡的概率。比较这几个概率，就可以知道他最可能得什么病。

这就是贝叶斯分类器的基本方法，即在统计资料的基础上，依据某些特征，计算各个类别的概率，从而实现分类。

同样，在编程的时候，如果不需要求出所属类别的具体概率，$P(\text{打喷嚏}) = 0.5$ 和 $P(\text{建筑工人}) = 0.33$ 的概率是可以不用求的。

5.2 朴素贝叶斯算法

前面对朴素贝叶斯算法做了介绍，下面直接通过例子来说明如何利用 Python 实现朴素贝叶斯算法。

以在线社区留言为例。为了不影响社区的发展，我们要屏蔽侮辱性的言论，所以要构建一个快速过滤器，如果某条留言使用了负面或侮辱性语言，那么就将该留言标志为内容不当。过滤这类内容是一个很常见的需求。对此问题建立两个类型，即侮辱类和非侮辱类，分别使用 1 和 0 表示。

我们把文本看成单词向量或词条向量，也就是说将句子转换为向量。考虑出现所有文档中的单词，再决定将哪些单词纳入词汇表或者说所要的词汇集合，然后必须将每一篇文档转换为词汇表上的向量。为了简单起见，先假设已经将文本切分完毕，存放到列表中，并对词汇向量进行分类标注。编写代码如下：

```
    def loadDataSet():
        postingList=[['my', 'dog', 'has', 'flea', 'problems', 'help',
'please'],     #切分的词条
                     ['maybe', 'not', 'take', 'him', 'to', 'dog', 'park',
'stupid'],
                     ['my', 'dalmation', 'is', 'so', 'cute', 'I', 'love',
'him'],
                     ['stop', 'posting', 'stupid', 'worthless', 'garbage'],
                     ['mr', 'licks', 'ate', 'my', 'steak', 'how', 'to', 'stop',
'him'],
                     ['quit', 'buying', 'worthless', 'dog', 'food', 'stupid']]
        classVec = [0,1,0,1,0,1]      #类别标签向量，1代表侮辱性词汇，0代表不是
        return postingList,classVec

    if __name__ == '__main__':
        postingList, classVec = loadDataSet()
        for each in postingList:
           print(each)
        print(classVec)
```

运行程序，输出如下：

```
    ['my', 'dog', 'has', 'flea', 'problems', 'help', 'please']
    ['maybe', 'not', 'take', 'him', 'to', 'dog', 'park', 'stupid']
    ['my', 'dalmation', 'is', 'so', 'cute', 'I', 'love', 'him']
    ['stop', 'posting', 'stupid', 'worthless', 'garbage']
    ['mr', 'licks', 'ate', 'my', 'steak', 'how', 'to', 'stop', 'him']
    ['quit', 'buying', 'worthless', 'dog', 'food', 'stupid']
    [0, 1, 0, 1, 0, 1]
    ------------------
```

从运行结果可以看出，我们已经将 postingList 存入词条列表中，classVec 用于存放每个词条的所属类别，1 代表侮辱类，0 代表非侮辱类。

继续编写代码，前面已经说过要先创建一个词汇表，并将切分好的词条转换为词条向量，代码为：

```
    def loadDataSet():
        postingList=[['my', 'dog', 'has', 'flea', 'problems', 'help',
'please'],   #切分的词条
                     ['maybe', 'not', 'take', 'him', 'to', 'dog', 'park',
'stupid'],
```

```
                ['my', 'dalmation', 'is', 'so', 'cute', 'I', 'love',
'him'],
                ['stop', 'posting', 'stupid', 'worthless', 'garbage'],
                ['mr', 'licks', 'ate', 'my', 'steak', 'how', 'to', 'stop',
'him'],
                ['quit', 'buying', 'worthless', 'dog', 'food', 'stupid']]
    classVec = [0,1,0,1,0,1]      #类别标签向量，1代表侮辱性词汇，0代表不是
    return postingList,classVec

"""
函数说明:根据vocabList词汇表，将inputSet向量化，向量的每个元素为1或0
Parameters:
    vocabList - createVocabList返回的列表
    inputSet - 切分的词条列表
Returns:
    returnVec - 文档向量，词集模型
"""
def setOfWords2Vec(vocabList, inputSet):
    returnVec = [0] * len(vocabList)      #创建一个其中所含元素都为0的向量
    for word in inputSet:                  #遍历每个词条
        if word in vocabList:              #如果词条存在于词汇表中，则置1
            returnVec[vocabList.index(word)] = 1
        else: print("the word: %s is not in my Vocabulary!" % word)
    return returnVec                       #返回文档向量

"""
函数说明:将切分的实验样本词条整理成不重复的词条列表，也就是词汇表
Parameters:
    dataSet - 整理的样本数据集
Returns:
    vocabSet - 返回不重复的词条列表，也就是词汇表
"""
def createVocabList(dataSet):
    vocabSet = set([])                     #创建一个空的不重复列表
    for document in dataSet:
        vocabSet = vocabSet | set(document) #取并集
    return list(vocabSet)

if __name__ == '__main__':
    postingList, classVec = loadDataSet()
    print('postingList:\n',postingList)
    myVocabList = createVocabList(postingList)
    print('myVocabList:\n',myVocabList)
    trainMat = []
    for postinDoc in postingList:
        trainMat.append(setOfWords2Vec(myVocabList, postinDoc))
```

```
    print('trainMat:\n', trainMat)
```

运行程序，输出如下：

```
    postingList:
     [['my', 'dog', 'has', 'flea', 'problems', 'help', 'please'], ['maybe',
'not', 'take', 'him', 'to', 'dog', 'park', 'stupid'], ['my', 'dalmation', 'is',
'so', 'cute', 'I', 'love', 'him'], ['stop', 'posting', 'stupid', 'worthless',
'garbage'], ['mr', 'licks', 'ate', 'my', 'steak', 'how', 'to', 'stop', 'him'],
['quit', 'buying', 'worthless', 'dog', 'food', 'stupid']]
    myVocabList:
     ['how', 'help', 'to', 'not', 'garbage', 'steak', 'dog', 'problems',
'park', 'posting', 'love', 'take', 'mr', 'food', 'ate', 'buying', 'I',
'worthless', 'him', 'my', 'is', 'stop', 'please', 'quit', 'licks', 'flea',
'stupid', 'has', 'maybe', 'dalmation', 'so', 'cute']
    trainMat:
     [[0, 1, 0, 0, 0, 0, 1, 1, 0, 0, 0, 0, 0, 0, 0, 0, 0, 0, 0, 1, 0, 0, 1,
0, 0, 1, 0, 1, 0, 0, 0, 0], [0, 0, 1, 1, 0, 0, 1, 0, 1, 0, 0, 1, 0, 0, 0, 0,
0, 1, 0, 0, 0, 0, 0, 0, 0, 1, 0, 1, 0, 0, 0], [0, 0, 0, 0, 0, 0, 0, 0, 0, 0, 1,
0, 0, 0, 0, 0, 1, 0, 1, 1, 1, 0, 0, 0, 0, 0, 0, 0, 0, 1, 1, 1], [0, 0, 0, 0, 1,
0, 0, 0, 0, 1, 0, 0, 0, 0, 0, 0, 0, 1, 0, 0, 0, 1, 0, 0, 0, 0, 1, 0, 0, 0, 0,
0], [1, 0, 1, 0, 0, 1, 0, 0, 0, 0, 0, 0, 1, 0, 1, 0, 0, 0, 1, 1, 0, 1, 0, 0, 1,
0, 0, 0, 0, 0, 0, 0], [0, 0, 0, 0, 0, 0, 1, 0, 0, 0, 0, 0, 0, 1, 0, 1, 0, 1, 0,
0, 0, 0, 0, 1, 0, 0, 1, 0, 0, 0, 0, 0]]
    --------------------
```

我们已经得到了词条向量。接下来，就可以通过词条向量训练朴素贝叶斯分类器。代码为：

```
    import numpy as np
    """
    函数说明:创建实验样本
    Parameters:
        无
    Returns:
        postingList - 实验样本切分的词条
        classVec - 类别标签向量
    """
    def loadDataSet():
        postingList=[['my', 'dog', 'has', 'flea', 'problems', 'help',
'please'],      #切分的词条
                     ['maybe', 'not', 'take', 'him', 'to', 'dog', 'park',
'stupid'],
                     ['my', 'dalmation', 'is', 'so', 'cute', 'I', 'love',
'him'],
                     ['stop', 'posting', 'stupid', 'worthless', 'garbage'],
                     ['mr', 'licks', 'ate', 'my', 'steak', 'how', 'to', 'stop',
'him'],
                     ['quit', 'buying', 'worthless', 'dog', 'food', 'stupid']]
        classVec = [0,1,0,1,0,1]                  #类别标签向量，1代表侮辱性词汇，
```

```
0代表不是
        return postingList,classVec

    """
    函数说明:根据vocabList词汇表，将inputSet向量化，向量的每个元素为1或0
    Parameters:
        vocabList - createVocabList返回的列表
        inputSet - 切分的词条列表
    """
    def setOfWords2Vec(vocabList, inputSet):
        returnVec = [0] * len(vocabList)               #创建一个所含元素都为0的向量
        for word in inputSet:                          #遍历每个词条
            if word in vocabList:                      #如果词条存在于词汇表中，则置1
                returnVec[vocabList.index(word)] = 1
            else: print("the word: %s is not in my Vocabulary!" % word)
        return returnVec                               #返回文档向量

    """
    函数说明:将切分的实验样本词条整理成不重复的词条列表，也就是词汇表

    Parameters:
        dataSet - 整理的样本数据集
    Returns:
        vocabSet - 返回不重复的词条列表，也就是词汇表
    """
    def createVocabList(dataSet):
        vocabSet = set([])                             #创建一个空的不重复列表
        for document in dataSet:
            vocabSet = vocabSet | set(document)        #取并集
        return list(vocabSet)

    """
    函数说明:朴素贝叶斯分类器训练函数
    Parameters:
        trainMatrix - 训练文档矩阵，即setOfWords2Vec返回的returnVec构成的矩阵
        trainCategory - 训练类别标签向量，即loadDataSet返回的classVec
    Returns:
        p0Vect - 侮辱类的条件概率数组
        p1Vect - 非侮辱类的条件概率数组
        pAbusive - 文档属于侮辱类的概率
    """
    def trainNB0(trainMatrix,trainCategory):
        numTrainDocs = len(trainMatrix)                #计算训练的文档数目
        numWords = len(trainMatrix[0])                 #计算每篇文档的词条数
        pAbusive = sum(trainCategory)/float(numTrainDocs)      #文档属于侮辱类的
概率
```

```
        p0Num = np.zeros(numWords); p1Num = np.zeros(numWords)
        #创建numpy.zeros数组，词条出现次数初始化为0
        p0Denom = 0.0; p1Denom = 0.0      #分母初始化为0
        for i in range(numTrainDocs):
            if trainCategory[i] == 1:      #统计属于侮辱类的条件概率所需的数据，即
P(w0|1),P(w1|1),P(w2|1)···
                p1Num += trainMatrix[i]
                p1Denom += sum(trainMatrix[i])
            else:                  #统计属于非侮辱类的条件概率所需的数据，即
P(w0|0),P(w1|0),P(w2|0)···
                p0Num += trainMatrix[i]
                p0Denom += sum(trainMatrix[i])
        p1Vect = p1Num/p1Denom
        p0Vect = p0Num/p0Denom
        return p0Vect,p1Vect,pAbusive  #返回属于侮辱类的条件概率数组及属于非侮辱类
的条件概率数组，文档属于侮辱类的概率

    if __name__ == '__main__':
        postingList, classVec = loadDataSet()
        myVocabList = createVocabList(postingList)
        print('myVocabList:\n', myVocabList)
        trainMat = []
        for postinDoc in postingList:
            trainMat.append(setOfWords2Vec(myVocabList, postinDoc))
        p0V, p1V, pAb = trainNB0(trainMat, classVec)
        print('p0V:\n', p0V)
        print('p1V:\n', p1V)
        print('classVec:\n', classVec)
        print('pAb:\n', pAb)
```

运行结果如下，p0V 存放的是每个单词属于类别 0，也就是非侮辱类词汇的概率。比如 p0V 的倒数第 6 个概率就是单词 stupid 属于非侮辱类的概率为 0。同理，p1V 的倒数第 6 个概率就是单词 stupid 属于侮辱类的概率为 0.15789474，也就是约等于 15.79%的概率。我们知道，stupid 的中文意思是愚钝。显而易见，这个单词属于侮辱类。pAb 是所有侮辱类样本占所有样本的概率，从 classVec 中可以看出，一共有 3 个侮辱类及 3 个非侮辱类，所以侮辱类的概率是 0.5。因此 p0V 存放的就是 $P(\text{him}|\text{非侮辱类}) = 0.0833$、$P(\text{is}|\text{非侮辱类}) = 0.0417$，一直到 $P(\text{dog}|\text{非侮辱类}) = 0.0417$。同理，p1V 存放的就是各个单词属于侮辱类的条件概率。pAb 即为先验概率。

```
    myVocabList:
     ['dog', 'not', 'maybe', 'posting', 'mr', 'licks', 'how', 'steak',
'dalmation', 'take', 'stupid', 'stop', 'problems', 'cute', 'flea', 'I', 'my',
'help', 'has', 'park', 'is', 'ate', 'buying', 'so', 'to', 'garbage', 'please',
'quit', 'love', 'him', 'worthless', 'food']
    p0V:
     [0.04166667 0.         0.         0.         0.04166667 0.04166667
     0.04166667 0.04166667 0.04166667 0.         0.         0.04166667
```

```
 0.04166667 0.04166667 0.04166667 0.04166667 0.125      0.04166667
 0.04166667 0.         0.04166667 0.04166667 0.         0.04166667
 0.04166667 0.         0.04166667 0.         0.04166667 0.08333333
 0.         0.        ]
p1V:
 [0.10526316 0.05263158 0.05263158 0.05263158 0.         0.
 0.         0.         0.         0.05263158 0.15789474 0.05263158
 0.         0.         0.         0.         0.         0.
 0.         0.05263158 0.         0.         0.05263158 0.
 0.05263158 0.05263158 0.         0.05263158 0.         0.05263158
 0.10526316 0.05263158]
classVec:
 [0, 1, 0, 1, 0, 1]
pAb:
 0.5
```

已经训练好分类器，接下来使用分类器进行分类。

```
#-*- coding: UTF-8 -*-
import numpy as np
from functools import reduce
"""
函数说明:创建实验样本
Parameters:
    无
Returns:
    postingList - 实验样本切分的词条
    classVec - 类别标签向量
"""
def loadDataSet():
    postingList=[['my', 'dog', 'has', 'flea', 'problems', 'help', 
'please'],   #切分的词条
                 ['maybe', 'not', 'take', 'him', 'to', 'dog', 'park', 
'stupid'],
                 ['my', 'dalmation', 'is', 'so', 'cute', 'I', 'love', 'him'],
                 ['stop', 'posting', 'stupid', 'worthless', 'garbage'],
                 ['mr', 'licks', 'ate', 'my', 'steak', 'how', 'to', 'stop', 
'him'],
                 ['quit', 'buying', 'worthless', 'dog', 'food', 'stupid']]
    classVec = [0,1,0,1,0,1]            #类别标签向量，1代表侮辱性词汇，0代表不
是
    return postingList,classVec        #返回实验样本切分的词条和类别标签向量

"""
函数说明:将切分的实验样本词条整理成不重复的词条列表，也就是词汇表
Parameters:
    dataSet - 整理的样本数据集
Returns:
```

```
    vocabSet - 返回不重复的词条列表，也就是词汇表
"""
def createVocabList(dataSet):
    vocabSet = set([])                      #创建一个空的不重复列表
    for document in dataSet:
        vocabSet = vocabSet | set(document) #取并集
    return list(vocabSet)

"""
函数说明:根据vocabList词汇表，将inputSet向量化，向量的每个元素为1或0
Parameters:
    vocabList - createVocabList返回的列表
    inputSet - 切分的词条列表
Returns:
    returnVec - 文档向量,词集模型
"""
def setOfWords2Vec(vocabList, inputSet):
    returnVec = [0] * len(vocabList)          #创建一个其中所含元素都为0的向量
    for word in inputSet:                     #遍历每个词条
        if word in vocabList:                 #如果词条存在于词汇表中，则置1
            returnVec[vocabList.index(word)] = 1
        else: print("the word: %s is not in my Vocabulary!" % word)
    return returnVec                          #返回文档向量

"""
函数说明:朴素贝叶斯分类器训练函数
Parameters:
    trainMatrix - 训练文档矩阵，即setOfWords2Vec返回的returnVec构成的矩阵
    trainCategory - 训练类别标签向量，即loadDataSet返回的classVec
Returns:
    p0Vect - 侮辱类的条件概率数组
    p1Vect - 非侮辱类的条件概率数组
    pAbusive - 文档属于侮辱类的概率
"""
def trainNB0(trainMatrix,trainCategory):
    numTrainDocs = len(trainMatrix)          #计算训练的文档数目
    numWords = len(trainMatrix[0])           #计算每篇文档的词条数
    pAbusive = sum(trainCategory)/float(numTrainDocs)
    #文档属于侮辱类的概率
  p0Num = np.zeros(numWords); p1Num = np.zeros(numWords)
    #创建numpy.zeros数组
    p0Denom = 0.0; p1Denom = 0.0             #分母初始化为0.0
    for i in range(numTrainDocs):
        if trainCategory[i] == 1:      #统计属于侮辱类的条件概率所需的数据，即
P(w0|1),P(w1|1),P(w2|1)···
            p1Num += trainMatrix[i]
```

```
            p1Denom += sum(trainMatrix[i])
        else:
        #统计属于非侮辱类的条件概率所需的数据，即P(w0|0),P(w1|0),P(w2|0)···
            p0Num += trainMatrix[i]
            p0Denom += sum(trainMatrix[i])
    p1Vect = p1Num/p1Denom                          #相除
    p0Vect = p0Num/p0Denom
    return p0Vect,p1Vect,pAbusive
#返回属于侮辱类的条件概率数组、属于非侮辱类的条件概率数组、文档属于侮辱类的概率

"""
函数说明:朴素贝叶斯分类器分类函数
Parameters:
    vec2Classify - 待分类的词条数组
    p0Vec - 侮辱类的条件概率数组
    p1Vec -非侮辱类的条件概率数组
    pClass1 - 文档属于侮辱类的概率
Returns:
    0 - 属于非侮辱类
    1 - 属于侮辱类
"""
def classifyNB(vec2Classify, p0Vec, p1Vec, pClass1):
    p1 = reduce(lambda x,y:x*y, vec2Classify * p1Vec) * pClass1   #对应
元素相乘
    p0 = reduce(lambda x,y:x*y, vec2Classify * p0Vec) * (1.0 - pClass1)
    print('p0:',p0)
    print('p1:',p1)
    if p1 > p0:
        return 1
    else:
        return 0

"""
函数说明:测试朴素贝叶斯分类器
Parameters:
    无
Returns:
    无
"""
def testingNB():
    listOPosts,listClasses = loadDataSet()          #创建实验样本
    myVocabList = createVocabList(listOPosts)     #创建词汇表
    trainMat=[]
    for postinDoc in listOPosts:
  trainMat.append(setOfWords2Vec(myVocabList, postinDoc)) #将实验样本向量
化
```

```
    p0V,p1V,pAb = trainNB0(np.array(trainMat),np.array(listClasses))#训练朴素贝叶斯分类器
    testEntry = ['love', 'my', 'dalmation']    #测试样本1
    thisDoc = np.array(setOfWords2Vec(myVocabList, testEntry))  #测试样本向量化
    if classifyNB(thisDoc,p0V,p1V,pAb):
        print(testEntry,'属于侮辱类')       #执行分类并打印分类结果
    else:
        print(testEntry,'属于非侮辱类')     #执行分类并打印分类结果
    testEntry = ['stupid', 'garbage']       #测试样本2

    thisDoc = np.array(setOfWords2Vec(myVocabList, testEntry))
    #测试样本向量化
    if classifyNB(thisDoc,p0V,p1V,pAb):
        print(testEntry,'属于侮辱类')       #执行分类并打印分类结果
    else:
        print(testEntry,'属于非侮辱类')     #执行分类并打印分类结果

if __name__ == '__main__':
    testingNB()
```

运行程序，输出如下：

```
p0: 0.0
p1: 0.0
['love', 'my', 'dalmation'] 属于非侮辱类
p0: 0.0
p1: 0.0
['stupid', 'garbage'] 属于非侮辱类
```

5.3 朴素贝叶斯算法的优缺点

与其他算法一样，朴素贝叶斯算法也有其自身的优缺点。

1. 朴素贝叶斯算法的优点

朴素贝叶斯算法的优点主要有：

- 生成式模型，通过计算概率来进行分类，可以用来处理多分类问题。
- 对小规模的数据表现很好，适合多分类任务及增量式训练，算法也比较简单。

2. 朴素贝叶斯算法的缺点

朴素贝叶斯算法的缺点主要有：

- 对输入数据的表达形式很敏感。
- 朴素贝叶斯算法的“朴素”特点会带来一些准确率上的损失。
- 需要计算先验概率，分类决策存在错误率。

第 6 章　数据降维

数据降维是机器学习领域中非常重要的内容。所谓降维就是指采用某种映射方法，将原高维空间中的数据点映射到低维空间中。降维的本质是学习一个映射函数 $f: x \to y$，其中 x 是原始数据点的表达，目前多使用向量表达形式。y 是数据点映射后的低维向量表达，通常 y 的维度小于 x 的维度。映射函数 f 可能是显式的或隐式的、线性的或非线性的。

目前大部分降维算法处理向量表达的数据，也有一些降维算法处理高阶张量表达的数据。之所以使用降维后的数据表示是因为在原始的高维空间中，包含冗余信息及噪声信息，在实际应用如图像识别中造成了误差，降低了准确率；而通过降维，我们希望减小冗余信息所造成的误差，提高识别（或其他应用）的精度，以及希望通过降维算法来寻找数据内部的本质结构特征。

6.1　维度灾难与降维

对于 k 近邻法而言，最好要求样本点比较密集。理论上给定测试样本 $\vec{x}$，我们希望在离 $\vec{x}$ 很近的距离 δ（$\delta > 0$）内总能找到一个训练样本 $\vec{z}$。假设 $\delta = 0.001$，并且所有特征的取值范围都是[0,1]：

- 如果样本只有一个特征，则需要 1000 个均匀分布的训练样本。此时任何测试样本在其附近 δ 距离范围内总能找到一个训练样本。
- 如果样本只有 10 个特征，则需要 10^{30} 个均匀分布的训练样本。此时任何测试样本在其附近 δ 距离范围内总能找到一个训练样本。

如果特征维度成千上万，则需要的训练样本的数量基本上不可能满足，并且高维空间的距离计算也比较麻烦。在高维情形下出现的数据样本稀疏、距离计算困难等问题是所有机器学习方法共同面临的严重障碍，称为“维度灾难”（curse of dimensionality）。可以通过降维（dimension reduction）来缓解这个问题。

6.2　高维数据降维的方法

在科学研究中，经常要对数据进行处理，而这些数据通常位于维度很高的空间，例如，当我们处理 256×256 的图片序列时，通常将图片拉成一个向量，即得到了 4096 维的数据序列，如果直接对这些数据进行处理会出现很多问题：首先，会出现所谓的“维度灾难”问题，巨大的计算量将使我们无法忍受；其次，这些数据通常没有反映出数据的本质特征，如果直接对它们进行处理，则不会得到理想的结果。因此，通常需要首先对数据进行降维，然后对降维后的数据进行处理。

进行数据降维主要基于以下目的：

（1）压缩数据以减小存储量；

（2）去除噪声的影响；

（3）从数据中提取特征以便进行分类；

（4）将数据投影到低维可视空间，以便于看清楚数据的分布。

数据降维的方法可以分为线性降维和非线性降维，而非线性降维又分为基于核函数的方法和基于特征值的方法。线性降维方法有主成分分析（PCA）、独立成分分析（ICA）、局部特征分析（LFA）等。基于核函数的非线性降维方法有基于核函数的主成分分析（KPCA）、基于核函数的独立成分分析（KICA）、基于核函数的决策分析（KDA）等。基于特征值的非线性降维方法有等距映射算法（ISOMAP）和局部线性嵌入算法（LLE）。

6.2.1 线性降维

线性降维的方法主要有以下几种，下面详细介绍。

1. 主成分分析

主成分分析（Principal Component Analysis，PCA）是指将多个变量通过线性变换以选出较少重要变量的一种多元统计分析方法，又称主分量分析。主成分分析是数学上对数据降维的一种方法，其基本思想是设法将原来众多的具有一定相关性的指标 $X_1,X_2,\cdots,X_p$（如 p 个指标），重新组合成一组较少个数的互不相关的综合指标 F_m 来代替原来的指标。那么综合指标应该怎样去提取，使其既能最大限度地反映原变量 X_p 所代表的信息，又能保证新指标之间保持相互无关（信息不重叠）。

设 F_1 表示原变量的第一个线性组合所形成的主成分指标，即 $F_1=a_{11}X_1+a_{21}X_2+a_{p1}X_p$，由数学知识可知，每一个主成分所提取的信息量可用其方差来度量，其方差 $\mathrm{Var}(F_1)$ 越大，表示 F_1 包含的信息越多。常常希望第一主成分 F_1 所包含的信息量最大，因此在所有的线性组合中选取的 F_1 应该是 $X_1,X_2,\cdots,X_p$ 的所有线性组合中方差最大的，故称 F_1 为第一主成分。如果第一主成分不足以代表原来 p 个指标的信息，再考虑选取第二个主成分指标 F_2，为有效地反映原信息，F_1 已有的信息就不需要再出现在 F_2 中了，即 F_2 与 F_1 要保持独立、不相关，用数学语言表达就是其协方差 $\mathrm{Cov}(F_1,F_2)=0$，所以 F_2 是 F_1 不相关的 $X_1,X_2,\cdots,X_p$ 的所有线性组合中方差最大的，因此称 F_2 为第二主成分。依次类推，构造出的 $F_1,F_2,\cdots,F_m$ 为原变量指标 $X_1,X_2,\cdots,X_p$ 第一、第二、…、第 m 个主成分，即

$$\begin{cases} F_1 = a_{11}X_1 + a_{12}X_2 + \cdots + a_{1p}X_p \\ F_2 = a_{21}X_1 + a_{22}X_2 + \cdots + a_{2p}X_p \\ \cdots \\ F_m = a_{m1}X_1 + a_{m2}X_2 + \cdots + a_{mp}X_p \end{cases}$$

根据以上分析可知：

（1）F_i 与 F_j 互不相关，即 $\mathrm{Cov}(F_i, F_j) = 0$，并有 $\mathrm{Var}(F_i) = a_i^{\mathrm{T}} \boldsymbol{\Sigma} a_i$，其中 $\boldsymbol{\Sigma}$ 为 X 的协方差矩阵。

（2）F_1 是 $X_1, X_2, \cdots, X_p$ 的一切线性组合（系数满足上述要求）中方差最大的……即 F_m 是与 $F_1, F_2, \cdots, F_{m-1}$ 都不相关的 $X_1, X_2, \cdots, X_p$ 的所有线性组合中方差最大的。

$F_1, F_2, \cdots, F_m (m \leqslant p)$ 为构造的新变量指标，即原变量指标的第一、第二，一直到第 m 个主成分。

由此可知，主成分分析的主要任务有两点：

（1）确定各主成分 $F_i (i = 1, 2, \cdots, m)$ 关于原变量 $X_j (j = 1, 2, \cdots, p)$ 的表达式，即系数 $a_{ij} (i = 1, 2, \cdots, m; j = 1, 2, \cdots, p)$。从数学上可以证明，原变量协方差矩阵的特征根是主成分的方差，所以前 m 个较大特征根就代表前 m 个较大的主成分方差值；原变量协方差矩阵前 m 个较大的特征值 λ_i（这样选取才能保证主成分的方差依次最大）所对应的特征向量就是相应主成分 F_i 表达式的系数 a_i，为了加以限制，系数 a_i 启用的是 λ_i 对应的单位化的特征向量，即有 $\boldsymbol{a}_i^{\mathrm{T}} \boldsymbol{a}_i = 1$。

（2）计算主成分载荷，主成分载荷是反映主成分 F_i 与原变量 X_j 之间相互关联程度的：$P(Z_k, x_i) = \sqrt{\lambda_k a_{ki}} (i = 1, 2, \cdots, m; k = 1, 2, \cdots, p)$。

2. 主成分分析算法

主成分分析算法如下：

（1）输入：样本集 $D = \{\vec{x}_1, \vec{x}_2, \cdots, \vec{x}_N\}$；低维空间维数 d。

（2）输出：投影矩阵 $\boldsymbol{W} = \{\vec{\boldsymbol{w}}_1, \vec{\boldsymbol{w}}_2, \cdots, \vec{\boldsymbol{w}}_d\}$。

（3）算法步骤如下。

① 对所有样本进行中心化操作：

$$\vec{x}_i \leftarrow \vec{x}_i - \frac{1}{N} \sum_{j=1}^{N} \vec{x}_j$$

② 计算样本的协方差矩阵 $\boldsymbol{X}\boldsymbol{X}^{\mathrm{T}}$。

③ 对协方差矩阵 $\boldsymbol{X}\boldsymbol{X}^{\mathrm{T}}$ 做特征值分解。

④ 取最大的 d 个特征值对应的特征向量 $\vec{\boldsymbol{w}}_1, \vec{\boldsymbol{w}}_2, \cdots, \vec{\boldsymbol{w}}_d$，构造投影矩阵 $\boldsymbol{W} = \{\vec{\boldsymbol{w}}_1, \vec{\boldsymbol{w}}_2, \cdots, \vec{\boldsymbol{w}}_d\}$。

通常低维空间维数 d 的选取方法有两种：

（1）通过交叉验证法选取较好的 d。

（2）从算法原理的角度设置一个阈值，如 $t = 95\%$，然后选取使得下式成立的最小 d 的取值：

$$\frac{\sum_{i=1}^{d}\lambda_i}{\sum_{i=1}^{n}\lambda_i} \geqslant t$$

式中，λ_i 从大到小排列。

3. PCA 降维的两个准则

（1）最近重构性：前面介绍的样本集中的所有点重构后距离原来的点的误差之和最小。

（2）最大可分性：样本点在低维空间的投影尽可能分开。

可以证明，最近重构性等价于最大可分性。证明如下：对于样本点 $\vec{\boldsymbol{x}}_i$，其在降维后空间中的投影是 $\vec{z}_i$。根据

$$\hat{\vec{\boldsymbol{x}}} = (\vec{\boldsymbol{w}}_1, \vec{\boldsymbol{w}}_2, \cdots, \vec{\boldsymbol{w}}_d)\begin{bmatrix} z_i^{(1)} \\ z_i^{(2)} \\ \vdots \\ z_i^{(d)} \end{bmatrix} = \boldsymbol{W}\vec{z}_i$$

由投影矩阵的性质及 $\hat{\vec{\boldsymbol{x}}}$ 与 $\vec{\boldsymbol{x}}_i$ 的关系，有 $\vec{z}_i = \boldsymbol{W}^{\mathrm{T}}\vec{\boldsymbol{x}}_i$。

由于样本数据进行了中心化，即 $\sum_i \vec{\boldsymbol{x}}_i = (0,0,\cdots,0)^{\mathrm{T}}$，故投影后样本点的方差为

$$\sum_{i=1}^{N}\boldsymbol{W}^{\mathrm{T}}\vec{\boldsymbol{x}}_i\vec{\boldsymbol{x}}_i^{\mathrm{T}}\boldsymbol{W}$$

令 $\boldsymbol{X} = \{\vec{\boldsymbol{x}}_1, \vec{\boldsymbol{x}}_2, \cdots, \vec{\boldsymbol{x}}_N\}$ 为 $n \times N$ 维矩阵，于是根据样本点的方差最大，优化目标可写为

$$\max_{W}\ \mathrm{tr}(\boldsymbol{W}^{\mathrm{T}}\boldsymbol{X}\boldsymbol{X}^{\mathrm{T}}\boldsymbol{W})$$

$$\text{s.t.}\quad \boldsymbol{W}^{\mathrm{T}}\boldsymbol{W} = \boldsymbol{I}$$

4. PCA 的 Python 实现

前面介绍了与 PCA 相关的概念，下面直接通过 Python 代码来实现 PCA 算法，文件命名为 PCA_C.py，代码为：

```
import numpy as np
import matplotlib.pyplot as plt
from sklearn import datasets,decomposition,manifold

def load_data():
    iris=datasets.load_iris()
    return iris.data,iris.target

def test_PCA(*data):
```

```
        X,Y=data
        pca=decomposition.PCA(n_components=None)
        pca.fit(X)
        print("explained variance ratio:%s"%str(pca.explained_variance_
ratio_))

    def plot_PCA(*data):
        X,Y=data
        pca=decomposition.PCA(n_components=2)
        pca.fit(X)
        X_r=pca.transform(X)
    #   print(X_r)

        fig=plt.figure()
        ax=fig.add_subplot(1,1,1)

colors=((1,0,0),(0,1,0),(0,0,1),(0.5,0.5,0),(0,0.5,0.5),(0.5,0,0.5),(0.4,0.6
,0),(0.6,0.4,0),(0,0.6,0.4),(0.5,0.3,0.2),)
        for label,color in zip(np.unique(Y),colors):
            position=Y==label
    #       print(position)

ax.scatter(X_r[position,0],X_r[position,1],label="target=%d"%label,color=col
or)
        ax.set_xlabel("X[0]")
        ax.set_ylabel("Y[0]")
        ax.legend(loc="best")
        ax.set_title("PCA")
        plt.show()

    X,Y=load_data()
    test_PCA(X,Y)
    plot_PCA(X,Y)
```

运行程序，效果如图 6-1 所示。

得到四个特征值的比例分别为[0.92461621 0.05301557 0.01718514 0.00518309]，因此可将原始特征 4 维降低到 2 维。

5. 局部特征分析

在产品设计反求工程中，一个形态复杂的产品如汽车，通过反求方法所得的产品图像数据空间的维数通常很大，设计中采集的原始样本常常有限，导致类内散度矩阵退化为奇异矩阵。在现代产品造型设计中，要求产品的局部形态设计十分精细和美观，产品局部形态和结构对产品的整体形态影响极大，而局部特征分析（LFA）为信号提供了一种有效的低维表示。在产品局部特征分析的新算法中，LFA 在保留产品大部分全局信息的同时提取产品局部特征，并且对产品不同的区域赋予不同的重要性。此外，LFA 将数据从原始的超高维空间降至低维子空间，便于 LDA 在产品造型设计中的应用。

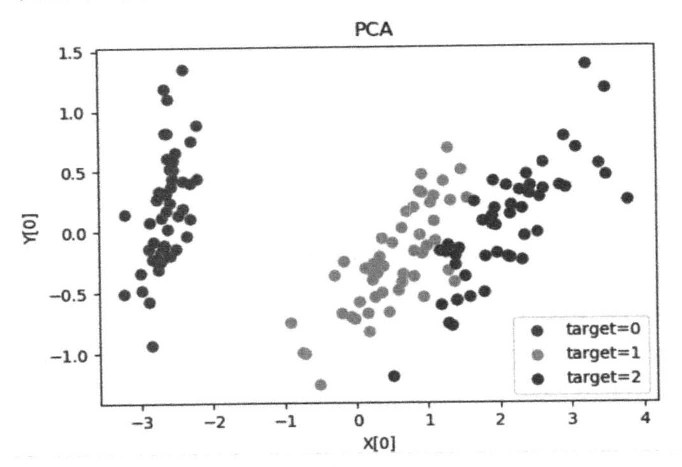

图 6-1　主成分实现数据降维效果图

6.2.2　非线性降维

下面介绍两种常用的非线性降维法。

1. 核函数非线性降维

特征提取方法在实际遇到问题中往往比较复杂，呈现出非线性特性，对于这种非线性问题，可以利用核函数加以解决。基于核函数的特征提取方法的基本思想是：通过一个映射将输入样本映射到高维特征空间中，使之变为线性问题，然后在高维空间中利用前面提到的线性特征提取方法间接地解决非线性特征提取问题。

设非线性映射为 $\phi: R^d \to H, x \to \phi(x)$，其中，$H$ 为某个 Hilbert 空间。如果在高维空间 H 中只涉及 $\phi(x_i)$ 的内积运算，即 $\langle \phi(x_i), \phi(x_j) \rangle$，而没有单独的 $\phi(x_i)$ 出现，则可以用原始空间的函数实现这种内积运算，而没有必要知道非线性映射 ϕ 的具体形式。

统计学习理论指导，根据 Hilbert-schmidt 原理，只要一种运算满足 Mercer 条件，就可以作为这里的内积使用。

（Mercer 条件）对任意给定的对称函数 $K(x,y)$，其是某个特征空间中内积运算的充分必要条件是：对于任意的不恒为 0 的函数 $g(x)$ 且 $\int g(x)^2 \mathrm{d}x < \infty$，有

$$\int K(x,y) g(x) g(y) \mathrm{d}x\mathrm{d}y \geqslant 0$$

这一条件并不难满足。假设输入空间数据：

$$x_i \in R^{d_L} \quad (i = 1, 2, \cdots, N)$$

对任意对称、连续且满足 Mercer 条件的函数 $K(x_i, x_j)$，存在一个 Hilbert 空间 H，对映射 $R^{d_L} \to H$ 有

$$K(x_i,x_j)=\sum_{n=1}^{d_F}\Phi_n(x_i)\Phi_n(x_j)$$

其中，d_F 是 H 空间的维数。

核函数方法逐步成为一种重要的方法，是将非线性问题线性化的普适方法，例如：

① 将核函数方法用于主成分分析（PCA）得到基于核函数的主成分分析（KPCA）方法，从而将原本用于线性相关分析的 PCA 方法扩展到了非线性相关分析领域。

② 将核函数方法用于独立成分分析（ICA）得到基于核函数的独立成分分析（KICA）方法，使得原本用于分解独立信号线性叠加的 ICA 方法也可以用于独立信号的非线性混叠。

③ 将核函数方法用于线性判别方法（LDA）得到核线性判别分析（KLDA）。

④ 支持向量机通过引入核函数，有效地解决了模式分类中的线性不可分问题。

可见，以前解决线性问题时的许多技术手段，都可以尝试通过核函数方法扩展到非线性领域。任何形式可以转化为向量积的算法都可以采用核函数来代替点积，从而将这种算法核函数化。核函数可以让算法具有非线性分析能力，选用不同的核函数就可以反复得到不同的非线性特性，而这一切不会增加算法的复杂度，只需要对核函数进行计算，不需要将数据映射到高维空间进行处理。

【例 6-1】 利用 Python 实现核化线性降维处理。

```
import numpy as np
import matplotlib.pyplot as plt
from sklearn import datasets,decomposition,manifold

def load_data():
    iris=datasets.load_iris()
    return iris.data,iris.target

def test_KPCA(*data):
    X,Y=data
    kernels=['linear','poly','rbf','sigmoid']
    for kernel in kernels:
        kpca=decomposition.KernelPCA(n_components=None,kernel=kernel)
        kpca.fit(X)
        print("kernel=%s-->lambdas:%s"%(kernel,kpca.lambdas_))

def plot_KPCA(*data):
    X,Y=data
    kernels = ['linear', 'poly', 'rbf', 'sigmoid']
    fig=plt.figure()
    colors=((1,0,0),(0,1,0),(0,0,1),(0.5,0.5,0),(0,0.5,0.5),
    (0.5,0,0.5),(0.4,0.6,0),(0.6,0.4,0),(0,0.6,0.4),(0.5,0.3,0.2),)
    for i,kernel in enumerate(kernels):
        kpca=decomposition.KernelPCA(n_components=2,kernel=kernel)
        kpca.fit(X)
        X_r=kpca.transform(X)
        ax=fig.add_subplot(2,2,i+1)
```

```
        for label,color in zip(np.unique(Y),colors):
            position=Y==label
            ax.scatter(X_r[position,0],X_r[position,1],
            label="target=%d"%label,color=color)
            ax.set_xlabel("X[0]")
            ax.set_ylabel("X[1]")
            ax.legend(loc="best")
            ax.set_title("kernel=%s"%kernel)
    plt.suptitle("KPCA")
    plt.show()

X,Y=load_data()
test_KPCA(X,Y)
plot_KPCA(X,Y)
```

运行程序，KPCA 降维效果如图 6-2 所示。

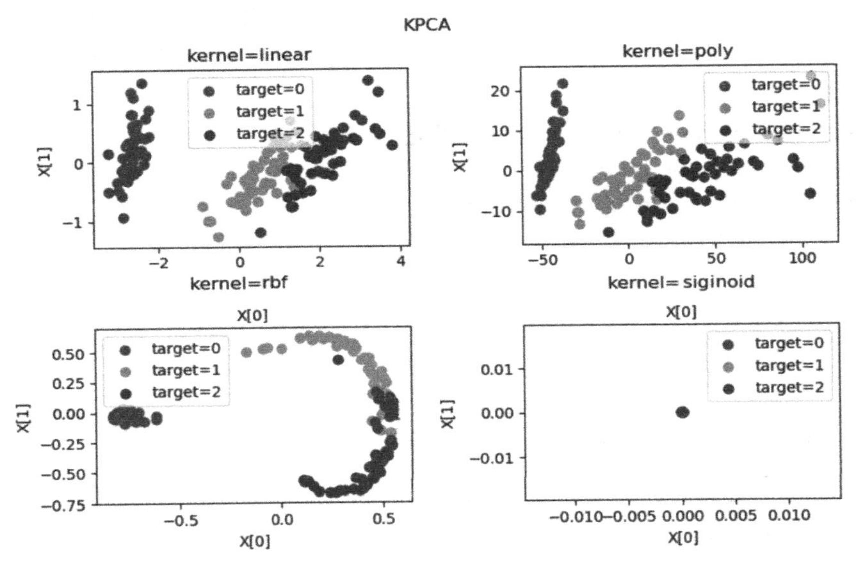

图 6-2　KPCA 降维效果

```
    kernel=linear-->lambdas:[6.29501274e+02 3.60942922e+01 1.17000623e+01
3.52877104e+00
     1.16455414e-12 5.66197564e-13 2.98764607e-13 1.86570406e-13
     9.01776273e-14 7.42724201e-14 3.84986538e-14 3.57186986e-14
    ......
    kernel=poly-->lambdas:[2.51974731e+05 7.33955085e+03 3.57831449e+03
1.07106819e+03
     1.00406249e+03 1.25469991e+02 5.34250660e+01 1.83918604e+01
     5.86381938e+00 4.72346477e+00 2.39547070e+00 1.83338027e+00
    ......
    kernel=rbf-->lambdas:[4.80818187e+01 1.90919592e+01 6.62368557e+00
4.31294935e+00
```

```
    3.73595079e+00 2.24335460e+00 1.76913819e+00 9.42904887e-01
    7.29241012e-01 6.96665949e-01 6.62062977e-01 5.82133130e-01
   ……
   kernel=sigmoid-->lambdas:[7.05646253e-08 2.50727200e-08 4.24781940e-09
7.45944771e-10
    2.79406234e-10 2.15760763e-10 3.17852056e-11 1.00304401e-11
    6.87233133e-12 3.20444129e-12 2.10934255e-12 1.86081361e-12
   ……
```

不同的核函数，其降维后的数据分布是不同的，并且采用同样的多项式核函数，如果参数不同，其降维后的数据分布也是不同的。因此在具体应用中，可以通过选用不同的核函数及设置多种不同的参数来对比哪种情况下可以获得最好的效果。

2. 基于特征值的非线性降维

1）等距映射算法（ISOMAP）

ISOMAP 是 Tenenbaum 与 Silva 于 2000 年在 *Science* 上提出的。其基本思想是当数据集的分布具有低维嵌入流形结构时，可以通过等距映射获得样本数据集在低维空间的表示。该算法建立在多维尺度变换（MDS）的基础上，先计算邻域图中的最短路径，得到近似的测地线距离，代替不能表示内在流形结构的欧氏距离，然后输入 MDS 中处理，进而得到嵌入在高维空间的低维坐标。这种算法是一种全局的降维方法，力求保持数据点的内在几何性质（即测地距离）。它同 MDS 的最大区别在于，MDS 构造的距离矩阵反映的是样本点之间的欧氏距离，而 ISOMAP 构造的距离矩阵反映的是样本点之间的测地距离。

其算法步骤如下：

（1）对每个样本点 x，计算它的 k 近邻；同时将 x 与它的 k 近邻的距离设为欧氏距离，与其他点的距离设为无穷大。

（2）调用最短路径算法计算任意两个样本点之间的距离，获得距离矩阵 $\boldsymbol{D}$。

（3）调用多维缩放 MDS 算法，获得样本集在低维空间中的矩阵 $\boldsymbol{Z}$。

注意： 新样本难以将其映射到低维空间中，因此需要训练一个回归学习器来对新样本的低维空间进行预测，建立近邻图时，要控制好距离的阈值，防止短路和断路。

【例 6-2】 利用 Python 实现 ISOMAP 降维。

```
import numpy as np
import matplotlib.pyplot as plt
from sklearn import datasets,decomposition,manifold

def load_data():
    iris=datasets.load_iris()
    return iris.data,iris.target

def test_Isomap(*data):
    X,Y=data
    for n in [4,3,2,1]:
        isomap=manifold.Isomap(n_components=n)
        isomap.fit(X)
```

```
print("reconstruction_error(n_components=%d):%s"%(n,isomap.reconstruction_er
ror()))

    def plot_Isomap_k(*data):
        X,Y=data
        Ks=[1,5,25,Y.size-1]
        fig=plt.figure()
       # colors=((1,0,0),(0,1,0),(0,0,1),(0.5,0.5,0),(0,0.5,0.5),
      (0.5,0,0.5),(0.4,0.6,0),(0.6,0.4,0),
      (0,0.6,0.4),(0.5,0.3,0.2),)
        for i,k in enumerate(Ks):
            isomap=manifold.Isomap(n_components=2,n_neighbors=k)
            X_r=isomap.fit_transform(X)
            ax=fig.add_subplot(2,2,i+1)
            colors = ((1, 0, 0), (0, 1, 0), (0, 0, 1), (0.5, 0.5, 0), (0, 0.5,
0.5), (0.5, 0, 0.5), (0.4, 0.6, 0), (0.6, 0.4, 0),
            (0, 0.6, 0.4), (0.5, 0.3, 0.2),)
            for label,color in zip(np.unique(Y),colors):
                position=Y==label
                ax.scatter(X_r[position,0],X_r[position,1],
                label="target=%d"%label,color=color)
        ax.set_xlabel("X[0]")
        ax.set_ylabel("Y[0]")
        ax.legend(loc="best")
        ax.set_title("k=%d"%k)
        plt.suptitle("Isomap")
        plt.show()

    X,Y=load_data()
    test_Isomap(X,Y)
    plot_Isomap_k(X,Y)
```

运行程序，输出如下，ISOMAP 降维效果如图 6-3 所示。

```
reconstruction_error(n_components=4):1.0097180068081741
reconstruction_error(n_components=3):1.0182845146289834
reconstruction_error(n_components=2):1.0276983764330463
reconstruction_error(n_components=1):1.0716642763207656
```

由图 6-3 可以看出，$k=1$ 时，近邻范围过小，此时发生断路现象。

2）局部线性嵌入算法

局部线性嵌入（Locally Linear Embedding，LLE）是一种通过局部线性关系的联合来提示全局非线性结构的非线性降维方法，它在保持数据的邻域关系的基础上，计算高维输入数据在低维空间中的嵌入流形。在算法中，LLE 通过用重构权 w_{ji} 表示样本点 x_i 对它的邻域点 x_j 的重构的贡献，反映出每个样本点 x_j 同它的邻域点之间的局部几何性质：在样本点和它的邻域点做平移、旋转和缩放时，重构权保持不变，由此将高维输入数据映射到统一的全局低维坐标系，同时保留了邻接点之间的关系，保留了固有的几何结构。

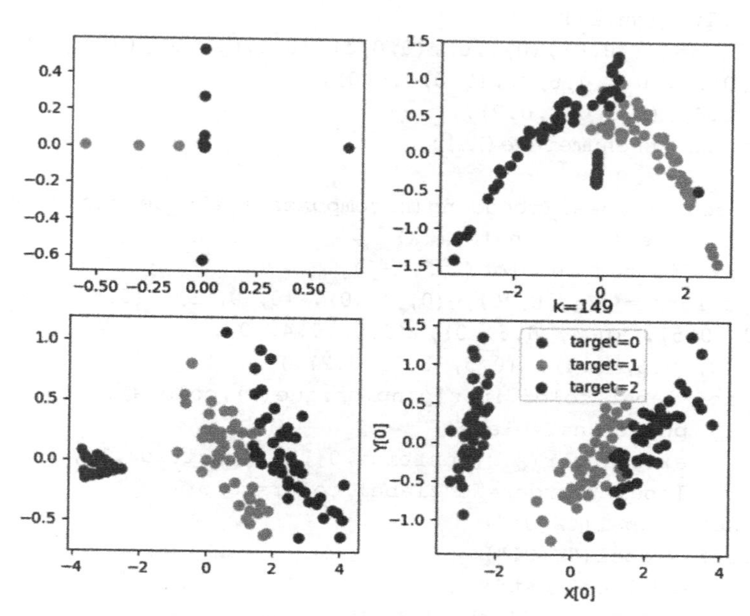

图 6-3 ISOMAP 降维效果

其算法步骤如下：

（1）对于样本集中的每个点 x，确定其 k 近邻，获得其近邻下标集合 Q，然后依据公式计算 $W_{i,j}$。

（2）根据 $W_{i,j}$ 构建矩阵 $\boldsymbol{W}$。

（3）依据公式计算 M。

（4）对 M 进行特征值分解，取其最小的 n' 个特征值对应的特征向量，即得到样本集在低维空间中的矩阵 $\boldsymbol{Z}$。

【例 6-3】利用 Python 实现局部线性嵌入降维。

```
import numpy as np
import matplotlib.pyplot as plt
from sklearn import datasets,decomposition,manifold

def load_data():
    iris=datasets.load_iris()
    return iris.data,iris.target

def test_LocallyLinearEmbedding(*data):
    X,Y=data
    for n in [4,3,2,1]:
        lle=manifold.LocallyLinearEmbedding(n_components=n)
        lle.fit(X)
print("reconstruction_error_(n_components=%d):%s"%(n,lle.reconstruction_erro
r_))
def plot_LocallyLinearEmbedding_k(*data):
    X,Y=data
```

```
        Ks=[1,5,25,Y.size-1]
        fig=plt.figure()
      #  colors=((1,0,0),(0,1,0),(0,0,1),(0.5,0.5,0),(0,0.5,0.5),
    (0.5,0,0.5),(0.4,0.6,0),(0.6,0.4,0),
    (0,0.6,0.4),(0.5,0.3,0.2),)
        for i,k in enumerate(Ks):

lle=manifold.LocallyLinearEmbedding(n_components=2,n_neighbors=k)
            X_r=lle.fit_transform(X)
            ax=fig.add_subplot(2,2,i+1)
            colors = ((1, 0, 0), (0, 1, 0), (0, 0, 1), (0.5, 0.5, 0), (0, 0.5,
0.5), (0.5, 0, 0.5), (0.4, 0.6, 0), (0.6, 0.4, 0),
            (0, 0.6, 0.4), (0.5, 0.3, 0.2),)
            for label,color in zip(np.unique(Y),colors):
                position=Y==label
                ax.scatter(X_r[position,0],X_r[position,1],
                label="target=%d"%label,color=color)
        ax.set_xlabel("X[0]")
        ax.set_ylabel("Y[0]")
        ax.legend(loc="best")
        ax.set_title("k=%d"%k)
        plt.suptitle("LocallyLinearEmbedding")
        plt.show()

    X,Y=load_data()
    test_LocallyLinearEmbedding(X,Y)
    plot_LocallyLinearEmbedding_k(X,Y)
```

运行程序，输出如下，线性嵌入降维效果如图 6-4 所示。

```
    reconstruction_error_(n_components=4):7.199368860901911e-07
    reconstruction_error_(n_components=3):3.870605052928055e-07
    reconstruction_error_(n_components=2):6.641420116916785e-08
    reconstruction_error_(n_components=1):1.6515558016659176e-16
```

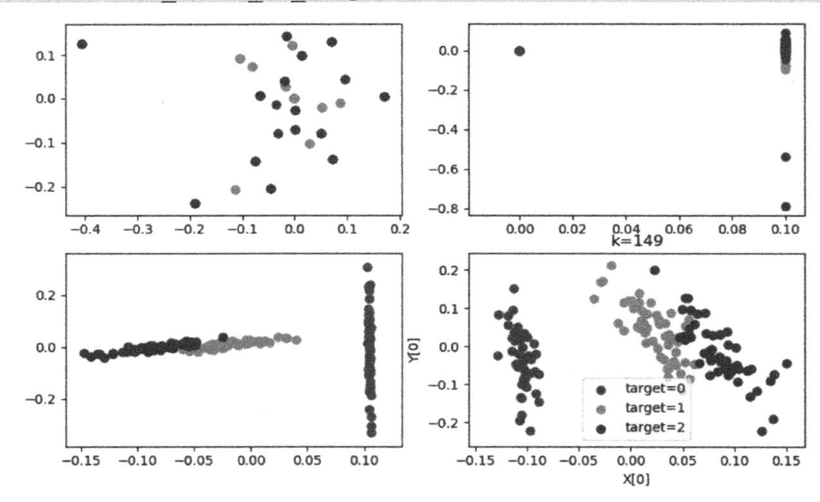

图 6-4　线性嵌入降维效果

6.2.3　SVD 降维

奇异值分解（SVD）：设 $\boldsymbol{X}$ 为 $n\times N$ 阶矩阵，且 $\text{rank}(\boldsymbol{X})=r$，则存在 n 阶正交矩阵 $\boldsymbol{V}$ 和 N 阶正交矩阵 $\boldsymbol{V}$，使得：

$$\boldsymbol{V}^{\mathrm{T}}\boldsymbol{X}\boldsymbol{U}=\begin{bmatrix}\boldsymbol{\Sigma} & 0\\ 0 & 0\end{bmatrix}_{n\times N}$$

其中，

$$\boldsymbol{\Sigma}=\begin{bmatrix}\sigma_1 & 0 & 0 & \cdots & 0\\ 0 & \sigma_2 & 0 & \cdots & 0\\ \vdots & \vdots & \vdots & \ddots & \vdots\\ 0 & 0 & 0 & \cdots & \sigma_r\end{bmatrix}$$

其中，$\sigma_1 \geqslant \sigma_2 \geqslant \cdots \geqslant \sigma_r > 0$。

根据正交矩阵的性质，$\boldsymbol{V}\boldsymbol{V}^{\mathrm{T}}=\boldsymbol{I}$，$\boldsymbol{U}\boldsymbol{U}^{\mathrm{T}}=\boldsymbol{I}$，有

$$\boldsymbol{X}=\boldsymbol{V}\begin{bmatrix}\boldsymbol{\Sigma} & 0\\ 0 & 0\end{bmatrix}_{n\times N}\boldsymbol{U}^{\mathrm{T}} \Rightarrow \boldsymbol{X}^{\mathrm{T}}=\boldsymbol{U}\begin{bmatrix}\boldsymbol{\Sigma} & 0\\ 0 & 0\end{bmatrix}_{n\times N}\boldsymbol{V}^{\mathrm{T}}$$

则有 $\boldsymbol{X}\boldsymbol{X}^{\mathrm{T}}=\boldsymbol{V}\boldsymbol{M}\boldsymbol{V}^{\mathrm{T}}$，其中，$\boldsymbol{M}$ 是个 n 阶对角矩阵：

$$\boldsymbol{M}=\begin{bmatrix}\boldsymbol{\Sigma} & 0\\ 0 & 0\end{bmatrix}_{n\times N}\begin{bmatrix}\boldsymbol{\Sigma} & 0\\ 0 & 0\end{bmatrix}_{N\times n}=\begin{bmatrix}\lambda_1 & 0 & 0 & \cdots & 0\\ 0 & \lambda_2 & 0 & \cdots & 0\\ \vdots & \vdots & \vdots & \ddots & \vdots\\ 0 & 0 & 0 & \cdots & \lambda_n\end{bmatrix}_{n\times n}$$

$$\lambda_i=\sigma_i^2,\quad i=1,2,\cdots,r$$
$$\lambda_i=0,\quad i=r+1,r+2,\cdots,n$$

于是有 $\boldsymbol{X}\boldsymbol{X}^{\mathrm{T}}\boldsymbol{V}=\boldsymbol{V}\boldsymbol{M}$。根据 $\boldsymbol{M}$ 是对角矩阵的性质，有 $\boldsymbol{V}\boldsymbol{M}=\boldsymbol{M}\boldsymbol{V}$，则得

$$\boldsymbol{X}\boldsymbol{X}^{\mathrm{T}}\boldsymbol{V}=\boldsymbol{M}\boldsymbol{V}$$

故 λ_i（$i=1,2,\cdots,r$）就是 $\boldsymbol{X}\boldsymbol{X}^{\mathrm{T}}$ 的特征值，其对应的特征向量组成正交矩阵 $\boldsymbol{V}$。因此 SVD 奇异值分解等价于 PCA 主成分分析，核心都是求解 $\boldsymbol{X}\boldsymbol{X}^{\mathrm{T}}$ 的特征值及对应的特征向量。

【例 6-4】 此代码是降维应用实例的精简代码，理解为 SVD 分解降维示例的数学求解过程。

```
import numpy as np
class CSVD(object):
    '''
    实现SVD分解降维应用实例的Python代码
    '''
    def __init__(self, data):
        self.data = data        #用户数据
        self.S = []  #用户数据矩阵的奇异值序列 singular values
        self.U = []  #SVD后的单位正交向量
```

```
        self.VT = []  #SVD后的单位正交向量
        self.k = 0    #满足self.p的最小k值（k表示奇异值的个数）
        self.SD =[]   #对角矩阵，对角线上元素是奇异值 singular values diagonal
matrix

    def _svd(self):
        '''
        用户数据矩阵的SVD奇异值分解
        '''
        self.U, self.S, self.VT = np.linalg.svd(self.data)
        return self.U, self.S, self.VT

    def _calc_k(self, percentge):
    '''确定k值：前k个奇异值的平方和占比 >=percentage，求满足此条件的最小k值
        :param percentage，奇异值平方和的占比的阈值
        :return 满足阈值percentage的最小k值
        '''
        self.k = 0
        #用户数据矩阵奇异值序列的平方和
        total = sum(np.square(self.S))
        svss = 0 #奇异值平方和
        for i in range(np.shape(self.S)[0]):
            svss += np.square(self.S[i])
            if (svss/total) >= percentge:
                self.k = i+1
                break
        return self.k

    def _buildSD(self, k):
        '''构建由奇异值组成的对角矩阵
        :param k,根据奇异值开方和的占比阈值计算出来的k值
        :return 由k个前奇异值组成的对角矩阵
        '''
        #方法1：用数组乘方法
        self.SD = np.eye(self.k) * self.S[:self.k]
        #方法2：用自定义方法
        e = np.eye(self.k)
        for i in range(self.k):
            e[i,i] = self.S[i]
        return self.SD

    def DimReduce(self, percentage):
        '''
        SVD降维
        :param percentage，奇异值开方和的占比阈值
        :return 降维后的用户数据矩阵
```

```
        '''
        #Step1:奇异值分解
        self._svd()
        #Step2:计算k值
        self._calc_k(percentage)
        print('\n按照奇异值开方和占比阈值percentage=%d, 求得降维的
k=%d'%(percentage, self.k))
        #Step3:构建由奇异值组成的对角矩阵singular values diagonal
        self._buildSD(self.k)
        k,U,SD,VT = self.k,self.U, self.SD, self.VT
      #Step4:按照SVD分解公式对用户数据矩阵进行降维，得到降维压缩后的数据矩阵
        a = U[:len(U), :k]
        b = np.dot(SD, VT[:k, :len(VT)])
        newData = np.dot(a,b)
        return newData

def CSVD_manual():
    ##训练数据集，用户对商品的评分矩阵，行为多个用户对单个商品的评分，列为用户对每个
商品的评分
    data = np.array([[5, 5, 0, 5],
                     [5, 0, 3, 4],
                     [3, 4, 0, 3],
                     [0, 0, 5, 3],
                     [5, 4, 4, 5],
                     [5, 4, 5, 5]])
    percentage = 0.9
    svdor = CSVD(data)
    ret = svdor.DimReduce(percentage)
    print('==========================================================')
    print('原始用户数据矩阵:\n', data)
    print('降维后的数据矩阵:\n', ret)
    print('==========================================================')

if __name__=='__main__':
    CSVD_manual()
```

运行程序，输出如下：

```
按照奇异值开方和占比阈值percentage=0, 求得降维的k=2
========================================================
原始用户数据矩阵:
 [[5 5 0 5]
 [5 0 3 4]
 [3 4 0 3]
 [0 0 5 3]
 [5 4 4 5]
 [5 4 5 5]]
降维后的数据矩阵:
```

```
[[ 5.28849359  5.16272812  0.21491237  4.45908018]
 [ 3.27680994  1.90208543  3.74001972  3.80580978]
 [ 3.53241827  3.54790444 -0.13316888  2.89840405]
 [ 1.14752376 -0.64171368  4.94723586  2.3845504 ]
 [ 5.07268706  3.66399535  3.78868965  5.31300375]
 [ 5.10856595  3.40187905  4.6166049   5.58222363]]
=================================================
```

【例 6-5】此为展示示例的数学求解过程的代码（debug 版本），不是精简代码。

```
import numpy as np
from numpy import linalg as LA

class CSVD(object):
    '''
    实现SVD分解降维应用实例的数学求解过程的Python代码
    '''
    def __init__(self, data):
        self.data = data  #用户数据
        self.S = []       #用户数据矩阵的奇异值序列
        self.U = []       #SVD后的单位正交向量
        self.VT = []      #SVD后的单位正交向量
        self.k = 0        #满足self.p的最小k值（k表示奇异值的个数）
        self.SD =[]       #对角矩阵，对角线上元素是奇异值
        #SVD奇异值分解
        self._SVD()

    def _SVD(self):
        '''
        用户数据矩阵的SVD奇异值分解
        '''
        u,s,v = np.linalg.svd(self.data)
        (self.U, self.S, self.VT) = (u, s, v)
        return self.U, self.S, self.VT

    def _calc_k(self, percentge):
    '''确定k值：前k个奇异值的平方和占比 >=percentage，求满足此条件的最小k值
        :param percentage，奇异值平方和占比的阈值
        :return 满足阈值percentage的最小k值
        '''
        self.k = 0
        #用户数据矩阵的奇异值序列的平方和
        total = sum(np.square(self.S))
        svss = 0 #奇异值平方和
        for i in range(np.shape(self.S)[0]):
            svss += np.square(self.S[i])
            if (svss/total) >= percentge:
                self.k = i+1
```

```
                break
            return self.k

        def _buildSD(self, k):
            '''构建由奇异值组成的对角矩阵
            :param k,根据奇异值开方和的占比阈值计算出来的k值
            :return 由k个前奇异值组成的对角矩阵
            '''
            #方法1：用数组乘方法
            self.SD = np.eye(self.k) * self.S[:self.k]
            #方法2：用自定义方法
            e = np.eye(self.k)
            for i in range(self.k):
                e[i,i] = self.S[i]
            return self.SD

        def DimReduce(self, percentage):
            '''
            SVD降维
            :param percentage，奇异值开方和的占比阈值
            :return 降维后的用户数据矩阵
            '''
            #计算k值
            self._calc_k(percentage)
            print('\n按照奇异值开方和占比的阈值percentage=%d, 求得降维的
k=%d'%(percentage, self.k))
            #构建由奇异值组成的对角矩阵
            self._buildSD(self.k)
            k,U,SD,VT = self.k,self.U, self.SD, self.VT
            #按照SVD分解公式对用户数据矩阵进行降维，得到降维压缩后的数据矩阵
            print('\n降维前的U,S,VT依次为:')
            print(np.shape(U),      'U:\n', U)
            print(np.shape(self.S), 'S:\n', self.S)
            print(np.shape(VT),     'VT:\n', VT)
            print('\n降维后的U,SD,VT依次为:')
            print(np.shape(U[:len(U),k]), 'U=U[:%d,:%d]:\n'%(len(U),k),
U[:len(U), :k])
            print(np.shape(SD), 'SD=SD[:%d, :%d]:\n'%(k,k), SD[:k, :k])
            print(np.shape(VT[:k, :len(VT)]), 'VT=VT[:%d, :%d]:\n'%(k,
len(VT)), VT[:k, :len(VT)])
            a = U[:len(U), :k]
            b = np.dot(SD, VT[:k, :len(VT)])
            newData = np.dot(a,b)
            return newData

    def CSVD_manual():
```

```
    #训练数据集，用户对商品的评分矩阵，行为多个用户对单个商品的评分，列为用户对每个
商品的评分
    data = np.array([[5, 5, 0, 5],
                     [5, 0, 3, 4],
                     [3, 4, 0, 3],
                     [0, 0, 5, 3],
                     [5, 4, 4, 5],
                     [5, 4, 5, 5]])
    percentage = 0.9
    svdor = CSVD(data)
    ret = svdor.DimReduce(percentage)
    print('==================================================')
    print('原始用户数据矩阵:\n', data)
    print('降维后的数据矩阵:\n', ret)
    print('==================================================')

if __name__=='__main__':
    CSVD_manual()
```

运行程序，输出如下：

```
按照奇异值开方和占比的阈值percentage=0, 求得降维的k=2
降维前的U,S,VT依次为:
(6, 6) U:
 [[-0.44721867 -0.53728743 -0.00643789 -0.50369332 -0.38572484
-0.32982665]
 [-0.35861531  0.24605053  0.86223083 -0.14584826  0.07797295
0.20015165]
 [-0.29246336 -0.40329582 -0.22754042 -0.10376096  0.4360104
0.70652079]
 [-0.20779151  0.67004393 -0.3950621  -0.58878098  0.02599098
0.06671722]
 [-0.50993331  0.05969518 -0.10968053  0.28687443  0.59460203
-0.53714632]
 [-0.53164501  0.18870999 -0.19141061  0.53413013 -0.54845638
0.24290885]]
(4,) S:
 [17.71392084  6.39167145  3.09796097  1.32897797]
(4, 4) VT:
 [[-0.57098887 -0.4274751  -0.38459931 -0.58593526]
 [-0.22279713 -0.51723555  0.82462029  0.05319973]
 [ 0.67492385 -0.69294472 -0.2531966   0.01403201]
 [ 0.41086611  0.26374238  0.32859738 -0.80848795]]
降维后的U,SD,VT依次为:
(6,) U=U[:6,:2]:
 [[-0.44721867 -0.53728743]
 [-0.35861531  0.24605053]
 [-0.29246336 -0.40329582]
```

```
 [-0.20779151  0.67004393]
 [-0.50993331  0.05969518]
 [-0.53164501  0.18870999]]
(2, 2) SD=SD[:2, :2]:
 [[17.71392084  0.        ]
 [ 0.          6.39167145]]
(2, 4) VT=VT[:2, :4]:
 [[-0.57098887 -0.4274751  -0.38459931 -0.58593526]
 [-0.22279713 -0.51723555  0.82462029  0.05319973]]
================================================================
原始用户数据矩阵:
 [[5 5 0 5]
 [5 0 3 4]
 [3 4 0 3]
 [0 0 5 3]
 [5 4 4 5]
 [5 4 5 5]]
降维后的数据矩阵:
 [[ 5.28849359  5.16272812  0.21491237  4.45908018]
 [ 3.27680994  1.90208543  3.74001972  3.80580978]
 [ 3.53241827  3.54790444 -0.13316888  2.89840405]
 [ 1.14752376 -0.64171368  4.94723586  2.3845504 ]
 [ 5.07268706  3.66399535  3.78868965  5.31300375]
 [ 5.10856595  3.40187905  4.6166049   5.58222363]]
================================================================
```

6.2.4　流形学习降维

流形学习方法（Manifold Learning）简称流形学习，自 2000 年在著名的科学杂志《Science》中被首次提出以来，已成为信息科学领域的研究热点。在理论和应用上，流形学习方法具有重要的研究意义。

假设数据是均匀采样于一个高维欧氏空间中的低维流形，流形学习就是从高维采样数据中恢复低维流形结构，即找到高维空间中的低维流形，并求出相应的嵌入映射，以实现维数约简或数据可视化，其从观测到的现象中去寻找事物的本质，找到产生数据的内在规律。

简单地理解，流形学习方法可以用来对高维数据降维，如果将维数降到 2 维或 3 维，我们就能将原始数据可视化，从而对数据的分布有直观的了解，发现一些可能存在的规律。

1. 流形学习的分类

可以将流形学习方法分为线性的和非线性的两种，线性的流形学习方法如我们熟知的主成分分析（PCA），非线性的流形学习方法如等距映射（ISOMAP）、拉普拉斯特征映射（Laplacian Eigenmaps，LE）、局部线性嵌入（LLE）。

2. 高维数据降维与可视化

关于数据降维，有一张图片总结得很好，如图 6-5 所示。

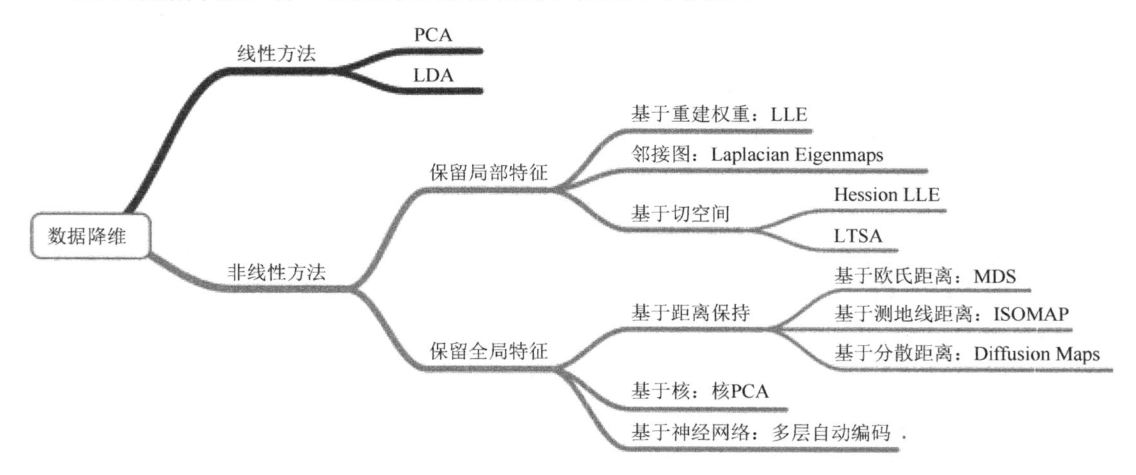

图 6-5　高维数据降维图

图 6-5 基本上包括了大多数流形学习方法，不过这里没有 t-SNE，相比于其他算法，t-SNE 算是比较新的一种方法，也是效果比较好的一种方法。t-SNE 是深度学习专家 Hinton 和 Ivdmaaten 在 2008 年提出的，Ivdmaaten 对 t-SNE 有个主页介绍，其中包括论文及各种编程语言的实现。

接下来是一个小实验，对 MNIST 数据集进行降维和可视化处理，采用了十多种算法且算法在 sklearn 里已集成，画图工具采用 matplotlib。

3. 加载数据

MNIST 数据集从由 sklearn 集成的 datasets 模块获取，代码如下。为了后面观察起来更明显，在这里只选取 n_class=5，也就是 0～4 这 5 种 digits。每张图片的大小是 8×8 像素，展开后就是 64 维。

```
    digits = datasets.load_digits(n_class=5)
    X = digits.data
    y = digits.target
    print X.shape
    n_img_per_row = 20
    img = np.zeros((10 * n_img_per_row, 10 * n_img_per_row))
    for i in range(n_img_per_row):
        ix = 10 * i + 1
        for j in range(n_img_per_row):
            iy = 10 * j + 1
            img[ix:ix + 8, iy:iy + 8] = X[i * n_img_per_row + j].reshape((8,
8))
    plt.imshow(img, cmap=plt.cm.binary)
    plt.title('A selection from the 64-dimensional digits dataset')
```

运行代码，获得 X 的大小是（901,64），也就是 901 个样本。图 6-6 显示了部分样本数据。

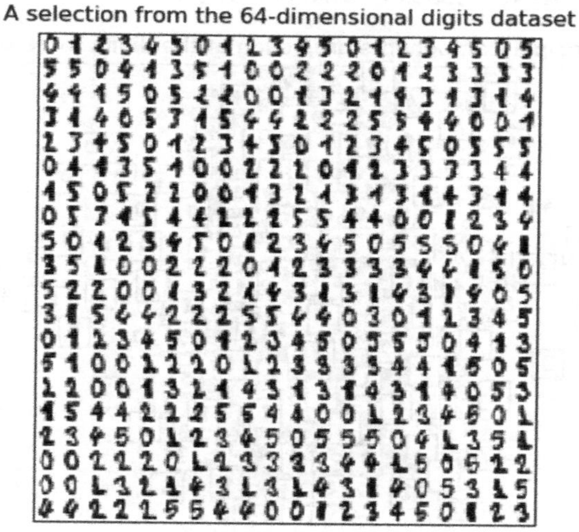

A selection from the 64-dimensional digits dataset

图 6-6 部分样本数据图

4．降维

以 t-SNE 为例，代码如下。将 n_components 设置为 3，也就是将 64 维降到 3 维，用 init 设置 embedding 的初始化方式，可选 random 或 pca，这里用 pca，比 random init 会更合适一些。

```
print("Computing t-SNE embedding")
tsne = manifold.TSNE(n_components=3, init='pca', random_state=0)
t0 = time()
X_tsne = tsne.fit_transform(X)
plot_embedding_2d(X_tsne[:,0:2],"t-SNE 2D")
plot_embedding_3d(X_tsne,"t-SNE 3D (time %.2fs)" %(time() - t0))
```

降维后得到 X_ tsne，大小是（901,3），plot_ embedding_ 2d()将前 2 维数据可视化，plot_ embedding_ 3d()将 3 维数据可视化。

函数 plot_ embedding_ 3d 的定义如下：

```
def plot_embedding_3d(X, title=None):
    #坐标缩放到区间[0,1]
    x_min, x_max = np.min(X,axis=0), np.max(X,axis=0)
    X = (X - x_min) / (x_max - x_min)
    #降维后的坐标为（X[i, 0], X[i, 1],X[i,2]），在该位置画出对应的digits
    fig = plt.figure()
    ax = fig.add_subplot(1, 1, 1, projection='3d')
    for i in range(X.shape[0]):
        ax.text(X[i, 0], X[i, 1], X[i,2],str(digits.target[i]),
                 color=plt.cm.Set1(y[i] / 10.),
                 fontdict={'weight': 'bold', 'size': 9})
    if title is not None:
```

```
        plt.title(title)
```

采用多种算法，其结果各有优缺点，总体上来说 t-SNE 表现最优，但它的计算复杂度也是最高的。下面给出 t-SNE 的结果，如图 6-7 所示。

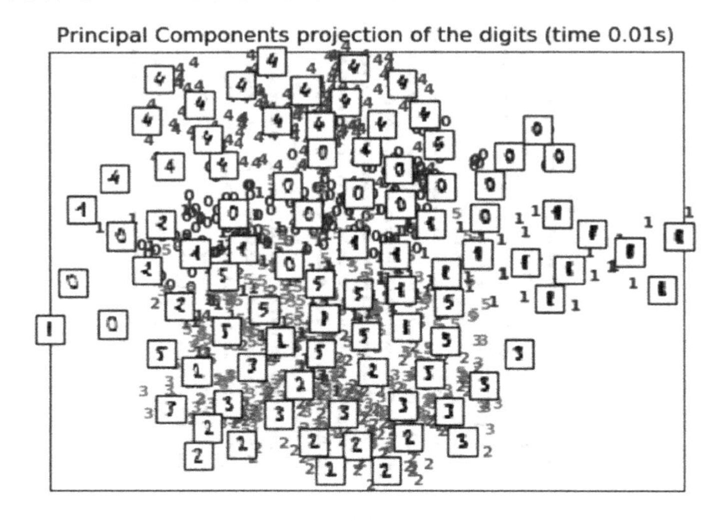

图 6-7 t-SNE 的结果

实现多种算法的总体代码为：

```
print(__doc__)
from time import time
import numpy as np
import matplotlib.pyplot as plt
from matplotlib import offsetbox
from sklearn import (manifold, datasets, decomposition, ensemble,
                     discriminant_analysis, random_projection)

digits = datasets.load_digits(n_class=6)
X = digits.data
y = digits.target
n_samples, n_features = X.shape
n_neighbors = 30

#缩放和可视化嵌入向量
def plot_embedding(X, title=None):
    x_min, x_max = np.min(X, 0), np.max(X, 0)
    X = (X - x_min) / (x_max - x_min)

    plt.figure()
    ax = plt.subplot(111)
    for i in range(X.shape[0]):
        plt.text(X[i, 0], X[i, 1], str(digits.target[i]),
                 color=plt.cm.Set1(y[i] / 10.),
                 fontdict={'weight': 'bold', 'size': 9})
```

```
        if hasattr(offsetbox, 'AnnotationBbox'):
            #仅使用matplotlib> 1.0打印缩略图
            shown_images = np.array([[1., 1.]])  # just something big
            for i in range(digits.data.shape[0]):
                dist = np.sum((X[i] - shown_images) ** 2, 1)
                if np.min(dist) < 4e-3:
                    #不要显示太近的点
                    continue
                shown_images = np.r_[shown_images, [X[i]]]
                imagebox = offsetbox.AnnotationBbox(
                    offsetbox.OffsetImage(digits.images[i],
                    cmap=plt.cm.gray_r),
                    X[i])
                ax.add_artist(imagebox)
        plt.xticks([]), plt.yticks([])
        if title is not None:
            plt.title(title)

    #绘制数字图像
    n_img_per_row = 20
    img = np.zeros((10 * n_img_per_row, 10 * n_img_per_row))
    for i in range(n_img_per_row):
        ix = 10 * i + 1
        for j in range(n_img_per_row):
            iy = 10 * j + 1
            img[ix:ix + 8, iy:iy + 8] = X[i * n_img_per_row + j].reshape((8,
8))

    plt.imshow(img, cmap=plt.cm.binary)
    plt.xticks([])
    plt.yticks([])
    plt.title('A selection from the 64-dimensional digits dataset')

    #使用随机酉矩阵
    print("Computing random projection")
    rp = random_projection.SparseRandomProjection(n_components=2,
random_state=42)
    X_projected = rp.fit_transform(X)
    plot_embedding(X_projected, "Random Projection of the digits")

    #预测前两个主要组成部分
    print("Computing PCA projection")
    t0 = time()
    X_pca = decomposition.TruncatedSVD(n_components=2).fit_transform(X)
    plot_embedding(X_pca,
```

```
                    "Principal Components projection of the digits (time %.2fs)" %
                    (time() - t0))

    #投影到前两个线性判别分量
    print("Computing Linear Discriminant Analysis projection")
    X2 = X.copy()
    X2.flat[::X.shape[1] + 1] += 0.01  #使X可逆
    t0 = time()
    X_lda =
discriminant_analysis.LinearDiscriminantAnalysis(n_components=2).fit_transfo
rm(X2, y)
    plot_embedding(X_lda,
                    "Linear Discriminant projection of the digits (time %.2fs)" %
                    (time() - t0))
    #数字数据集的Isomap投影
    print("Computing Isomap embedding")
    t0 = time()
    X_iso = manifold.Isomap(n_neighbors, n_components=2).fit_transform(X)
    print("Done.")
    plot_embedding(X_iso,
                    "Isomap projection of the digits (time %.2fs)" %
                    (time() - t0))
    #数字数据集的局部线性嵌入
    print("Computing LLE embedding")
    clf = manifold.LocallyLinearEmbedding(n_neighbors, n_components=2,
                                          method='standard')
    t0 = time()
    X_lle = clf.fit_transform(X)
    print("Done. Reconstruction error: %g" % clf.reconstruction_error_)
    plot_embedding(X_lle,
                    "Locally Linear Embedding of the digits (time %.2fs)" %
                    (time() - t0))
    #修改了数字数据集的局部线性嵌入
    print("Computing modified LLE embedding")
    clf = manifold.LocallyLinearEmbedding(n_neighbors, n_components=2,
                                          method='modified')
    t0 = time()
    X_mlle = clf.fit_transform(X)
    print("Done. Reconstruction error: %g" % clf.reconstruction_error_)
    plot_embedding(X_mlle,
                    "Modified Locally Linear Embedding of the digits
(time %.2fs)" %
                    (time() - t0))

    #HLLE嵌入数字数据集
    print("Computing Hessian LLE embedding")
```

```
        clf = manifold.LocallyLinearEmbedding(n_neighbors, n_components=2,
                                              method='hessian')
        t0 = time()
        X_hlle = clf.fit_transform(X)
        print("Done. Reconstruction error: %g" % clf.reconstruction_error_)
        plot_embedding(X_hlle,
                       "Hessian Locally Linear Embedding of the digits
(time %.2fs)" %
                       (time() - t0))

        #LTSA嵌入数字数据集
        print("Computing LTSA embedding")
        clf = manifold.LocallyLinearEmbedding(n_neighbors, n_components=2,
                                              method='ltsa')
        t0 = time()
        X_ltsa = clf.fit_transform(X)
        print("Done. Reconstruction error: %g" % clf.reconstruction_error_)
        plot_embedding(X_ltsa,
                       "Local Tangent Space Alignment of the digits (time %.2fs)" %
                       (time() - t0))

        #MDS嵌入数字数据集
        print("Computing MDS embedding")
        clf = manifold.MDS(n_components=2, n_init=1, max_iter=100)
        t0 = time()
        X_mds = clf.fit_transform(X)
        print("Done. Stress: %f" % clf.stress_)
        plot_embedding(X_mds,
                       "MDS embedding of the digits (time %.2fs)" %
                       (time() - t0))

        #随机树嵌入数字数据集
        print("Computing Totally Random Trees embedding")
        hasher = ensemble.RandomTreesEmbedding(n_estimators=200,
random_state=0,
                                               max_depth=5)
        t0 = time()
        X_transformed = hasher.fit_transform(X)
        pca = decomposition.TruncatedSVD(n_components=2)
        X_reduced = pca.fit_transform(X_transformed)
        plot_embedding(X_reduced,
                       "Random forest embedding of the digits (time %.2fs)" %
                       (time() - t0))

        #数字数据集的频谱嵌入
        print("Computing Spectral embedding")
```

```
    embedder = manifold.SpectralEmbedding(n_components=2, random_state=0,
                                          eigen_solver="arpack")
    t0 = time()
    X_se = embedder.fit_transform(X)

    plot_embedding(X_se,
                   "Spectral embedding of the digits (time %.2fs)" %
                   (time() - t0))

    #t-SNE嵌入数字数据集
    print("Computing t-SNE embedding")
    tsne = manifold.TSNE(n_components=2, init='pca', random_state=0)
    t0 = time()
    X_tsne = tsne.fit_transform(X)
    plot_embedding(X_tsne,
                   "t-SNE embedding of the digits (time %.2fs)" %
                   (time() - t0))
    plt.show()
```

6.2.5 多维缩放降维

多维缩放（Multiple Dimensional Scaling，MDS）要求原始空间中样本之间的距离在低维空间中得到保持。

假设 N 个样本在原始空间中的距离矩阵为 $\boldsymbol{D}=(d_{i,j})_{N\times N}$：

$$\boldsymbol{D}=\begin{bmatrix} d_{1,1} & d_{1,2} & \cdots & d_{1,N} \\ d_{2,1} & d_{2,2} & \cdots & d_{2,N} \\ \vdots & \vdots & \ddots & \vdots \\ d_{N,1} & d_{N,2} & \cdots & d_{N,N} \end{bmatrix}$$

其中，$d_{i,j}=\left\|\vec{\boldsymbol{x}}_i-\vec{\boldsymbol{x}}_j\right\|$ 为样本 $\vec{\boldsymbol{x}}_i$ 到样本 $\vec{\boldsymbol{x}}_j$ 的距离。

假设原始样本在 n 维空间，我们的目标是在 n'（$n'<n$）维空间里获取样本，欧氏距离保持不变。

假设样本集在原空间的表示 $\boldsymbol{X}=(\vec{\boldsymbol{x}}_1,\vec{\boldsymbol{x}}_2,\cdots,\vec{\boldsymbol{x}}_N)$ 为 $n\times N$ 维矩阵，样本集在降维后空间的坐标 $\boldsymbol{Z}=(\vec{z}_1,\vec{z}_2,\cdots,\vec{z}_N)$ 为 $n'\times N$ 维矩阵。我们所求的正是 $\boldsymbol{Z}$ 矩阵。

令 $\boldsymbol{B}=\boldsymbol{Z}^{\mathrm{T}}\boldsymbol{Z}$ 为 $N\times N$ 维矩阵，即

$$\boldsymbol{B}=\begin{bmatrix} b_{1,1} & b_{1,2} & \cdots & b_{1,N} \\ b_{2,1} & b_{2,2} & \cdots & b_{2,N} \\ \vdots & \vdots & \ddots & \vdots \\ b_{N,1} & b_{N,2} & \cdots & b_{N,N} \end{bmatrix}$$

其中，$b_{i,j}=\vec{z}_i\cdot\vec{z}_j$ 为降维后样本的内积。

根据降维前、后样本的欧氏距离保持不变，可得

$$d_{i,j}^2=\|\vec{z}_i-\vec{z}_j\|^2=\|\vec{z}_i\|^2+\|\vec{z}_j\|^2-2\vec{z}_i^{\mathrm{T}}\vec{z}_j=b_{i,i}+b_{j,j}-2b_{i,j}$$

假设降维后的样本集 $\boldsymbol{Z}$ 被中心化，即 $\sum_{i=1}^{N}\vec{z}_i=\vec{0}$，则矩阵 $\boldsymbol{B}$ 的每行之和均为零，每列之和也均为零，即

$$\sum_{i=1}^{N}b_{i,j}=0\quad(j=1,2,\cdots,N)$$

$$\sum_{j=1}^{N}b_{i,j}=0\quad(i=1,2,\cdots,N)$$

于是有

$$\sum_{i=1}^{N}d_{i,j}^2=\sum_{i=1}^{N}b_{i,i}+Nb_{j,j}=\mathrm{tr}(B)+Nb_{j,j}$$

$$\sum_{i=1}^{N}d_{i,j}^2=\sum_{i=1}^{N}b_{j,j}+Nb_{i,i}=\mathrm{tr}(B)+Nb_{i,i}$$

$$\sum_{i=1}^{N}\sum_{j=1}^{N}d_{i,j}^2=\sum_{i=1}^{N}(\mathrm{tr}(B)+Nb_{i,i})=2N\cdot\mathrm{tr}(B)$$

其中，$\mathrm{tr}(B)$ 表示矩阵 $\boldsymbol{B}$ 的轨迹。令

$$d_{i,\cdot}^2=\frac{1}{N}\sum_{j=1}^{N}d_{i,j}^2=\frac{\mathrm{tr}(B)}{N}+b_{i,i}$$

$$d_{j,\cdot}^2=\frac{1}{N}\sum_{i=1}^{N}d_{i,j}^2=\frac{\mathrm{tr}(B)}{N}+b_{j,j}$$

$$d_{\cdot,\cdot}^2=\frac{1}{N^2}\sum_{i=1}^{N}\sum_{j=1}^{N}d_{i,j}^2=\frac{2\mathrm{tr}(B)}{N}$$

代入 $d_{i,j}^2=b_{i,i}+b_{j,j}-2b_{i,j}$，有

$$b_{i,j}=\frac{b_{i,i}+b_{j,j}-d_{i,j}^2}{2}=\frac{d_{i,\cdot}^2+d_{j,\cdot}^2-d_{\cdot,\cdot}^2-d_{i,j}^2}{2}$$

上式根据 $d_{i,j}$ 给出了 $b_{i,j}$，因此可以根据原始空间中的距离矩阵 $\boldsymbol{D}$ 求出在降维后空间的内积矩阵 $\boldsymbol{B}$。现在的问题是，已知内积矩阵 $\boldsymbol{B}=\boldsymbol{Z}^{\mathrm{T}}\boldsymbol{Z}$，如何求得矩阵 $\boldsymbol{Z}$。

对矩阵 $\boldsymbol{B}$ 做特征值分解，设 $\boldsymbol{B}=\boldsymbol{V}\wedge\boldsymbol{V}^{\mathrm{T}}$，式中，$\wedge=\mathrm{diag}(\lambda_1,\lambda_2,\cdots,\lambda_N)$ 为特征值构成的对角矩阵，其中，$\lambda_1\geqslant\lambda_2\geqslant\cdots\geqslant\lambda_N$；$\boldsymbol{V}$ 为特征向量矩阵。

假定特征值中有 n^* 个非零特征值，它们构成对角矩阵 $\wedge_*=\mathrm{diag}(\lambda_1,\lambda_2,\cdots,\lambda_{n^*})$。令 $\boldsymbol{V}_*$ 为对应的特征向量矩阵，则

$$\boldsymbol{Z}=\wedge_*^{\frac{1}{2}}\boldsymbol{V}_*^{\mathrm{T}}$$

式中，$\boldsymbol{Z}$ 为 $n^{*}\times N$ 阶矩阵。此时有 $n'=n^{*}$。

在现实应用中，为了有效降维，往往仅需降维后的距离与原始空间中的距离尽可能相等，而不必严格相等。此时可以取 $n'<n^{*}<n$ 个最大特征值构成的对角矩阵为

$$\tilde{\lambda}=\mathrm{diag}(\lambda_1,\lambda_2,\cdots,\lambda_{n'})$$

令 $\tilde{\boldsymbol{V}}$ 表示对应的特征向量矩阵，则

$$\boldsymbol{Z}=\tilde{\lambda}^{\frac{1}{2}}\tilde{\boldsymbol{V}}^{\mathrm{T}}\in R^{n'\times N}$$

MDS 算法为：

输入：距离矩阵 $\boldsymbol{D}$、低维空间维数 n'。

输出：样本集在低维空间中的矩阵 $\boldsymbol{Z}$。

算法步骤：

（1）依据公式计算 $d_{i,\cdot}^2,d_{j,\cdot}^2,d_{\cdot,\cdot}^2$；

（2）依据公式计算降维后空间的内积矩阵 $\boldsymbol{B}$；

（3）对矩阵 $\boldsymbol{B}$ 进行特征值分解；

（4）依据求得的对角矩阵和特征向量矩阵及公式计算 $\boldsymbol{Z}$。

【例 6-6】利用 Python 实现多维缩放（MDS）降维。

```
import numpy as np
import matplotlib.pyplot as plt
from sklearn import datasets,decomposition,manifold

def load_data():
    iris=datasets.load_iris()
    return iris.data,iris.target

def test_MDS(*data):
    X,Y=data
    for n in [4,3,2,1]:
        mds=manifold.MDS(n_components=n)
        mds.fit(X)
        print("stress(n_components=%d):%s"%(n,str(mds.stress_)))

def plot_MDS(*data):
    X,Y=data
    mds=manifold.MDS(n_components=2)
    X_r=mds.fit_transform(X)
#   print(X_r)

    fig=plt.figure()
    ax=fig.add_subplot(1,1,1)

colors=((1,0,0),(0,1,0),(0,0,1),(0.5,0.5,0),(0,0.5,0.5),(0.5,0,0.5),(0.4,0.6
,0),(0.6,0.4,0),(0,0.6,0.4),(0.5,0.3,0.2),)
```

```
        for label,color in zip(np.unique(Y),colors):
            position=Y==label

ax.scatter(X_r[position,0],X_r[position,1],label="target=%d"%label,color=col
or)
        ax.set_xlabel("X[0]")
        ax.set_ylabel("Y[0]")
        ax.legend(loc="best")
        ax.set_title("MDS")
        plt.show()

    X,Y=load_data()
    test_MDS(X,Y)
    plot_MDS(X,Y)
```

运行程序，输出如下，MDS 降维效果如图 6-8 所示。

```
    ##stress表示原始数据降维后的距离误差之和
    stress(n_components=4):13.024663617689118
    stress(n_components=3):14.093551639989105
    stress(n_components=2):270.99832012039883
    stress(n_components=1):990.2057449533288
```

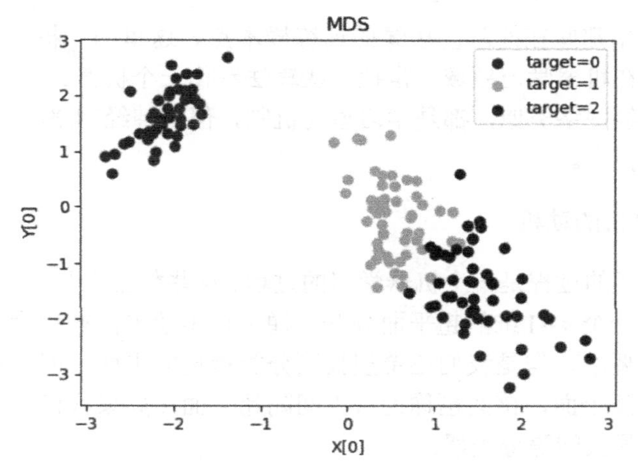

图 6-8 MDS 降维效果

第 7 章　支持向量机

支持向量机（Support Vector Machine，SVM）是一种监督式学习方法，可广泛地应用于统计分类及回归分析。它是 Corinna Cortes 和 Vapnik 等于 1995 年首先提出的，其在解决小样本、非线性及高维模式识别中表现出许多特有的优势，并能够推广应用到函数拟合等其他机器学习问题中。这族分类器的特点是它们能够同时最小化经验误差与最大化几何边缘区，因此支持向量机也被称为最大边缘区分类器。

7.1　支持向量机概述

所谓支持向量是指那些在间隔区边缘的训练样本点。这里的“机（machine，机器）”实际上是一个算法。在机器学习领域，常把一些算法看作一个机器。

支持向量机与神经网络类似，都是学习型的机制，但与神经网络不同的是，SVM 使用的是数学方法和优化技术。

1. 研究支持向量机的动机

我们通常希望分类的过程是一个机器学习的过程。这些数据点是 n 维实空间中的点。希望能够把这些点通过一个 $n-1$ 维的超平面分开。通常这个超平面被称为线性分类器。有很多分类器都符合这个要求，但是我们还希望找到分类最佳的平面，即使得属于两个不同类的数据点间隔最大的那个面，该面也称为最大间隔超平面。如果我们能够找到这个面，那么这个分类器就称为最大间隔分类器。

2. 支持向量机被支持的原因

支持向量机将向量映射到一个更高维的空间里，在这个空间里建有一个最大间隔超平面。在分开数据的超平面的两边建有两个互相平行的超平面。建立方向合适的分隔超平面使两个与之平行的超平面间的距离最大化。其假定为平行超平面间的距离或差距越大，分类器的总误差就越小。

3. 支持向量机的相关技术

支持向量机是由 Vapnik 领导的 AT&TBell 实验室研究小组在 1963 年提出的一种新的非常有潜力的分类技术，SVM 是一种基于统计学习理论的模式识别方法，主要应用于模式识别领域。由于当时这些研究尚不十分完善，在解决模式识别问题中往往趋于保守，并且数学上比较艰涩，所以这些研究一直没有得到充分重视。直到20世纪90年代，由于统计学习理论（Statistical Learning Theory，SLT）的实现和神经网络等较新兴的机器学习方法的研究遇到一些重要困难，如如何确定网络结构的问题、过学习与欠学习问题、局部极小点问题等，使得SVM迅速发展和完善，在解决小样本、非线性及高维模式识别问题中表现出许多特有的优势，并能够推广应用到函数拟合等其他机器学习问题中，至此迅速发展起来，现在已经在许多领域取得了成功的应用。

在地球物理反演当中解决非线性反演也有显著成效，例如，应用支持向量机预测地下水涌水量问题等。现在已知该算法被应用的领域主要有：石油测井中利用测井资料预测地层孔隙度及粘粒含量、天气预报工作等。

支持向量机中的一大亮点是在传统最优化问题中提出了对偶理论，主要有最大、最小对偶及拉格朗日对偶。

SVM的关键在于核函数。低维空间向量机通常难以划分，解决的方法是将它们映射到高维空间，但这个办法带来的困难就是计算复杂度的增加，而核函数正好巧妙地解决了这个问题。也就是说，只要选用适当的核函数，就可以得到高维空间的分类函数。在SVM理论中，采用不同的核函数将导致不同的SVM算法。

在确定了核函数之后，由于确定核函数的已知数据也存在一定误差，考虑到推广性问题，因此引入了松弛系数及惩罚系数两个参变量来加以校正。

7.2 分类间隔

首先来回顾一下逻辑回归（Logistic Regression）。在逻辑回归中，我们的假设函数为

$$h_\theta(x) = g(\boldsymbol{\theta}^{\mathrm{T}} x)$$

对于一个输入$x^{(i)}$，如果$h_\theta(x^{(i)}) \geqslant 0.5$，我们将预测结果为“1”，等价于$\boldsymbol{\theta}^{\mathrm{T}} x \geqslant 0$。对于一个正例（即$y=1$）来说，$\boldsymbol{\theta}^{\mathrm{T}} x$的值越大，$h_\theta(x)$的值就会越接近于1。也就是说，我们有更大的确信度来说明对于输入x，它的标签（类别）属于1。对于反例也有同样的道理。

因此，我们其实希望得到一组$\boldsymbol{\theta}$，对于每个输入x来说，当$y=1$时，$\boldsymbol{\theta}^{\mathrm{T}} x$的值都能够尽可能大于0（$\boldsymbol{\theta}^{\mathrm{T}} x > 0$），或者当$y=0$时，$\boldsymbol{\theta}^{\mathrm{T}} x$的值尽可能小于0（$\boldsymbol{\theta}^{\mathrm{T}} x < 0$），从而我们就会有更大的确信度了。

下面考虑一个线性分类的问题。

如图7-1所示，打叉的表示正样本，圆圈表示负样本。直线就是决策边界（其方程表示为$\boldsymbol{\theta}^{\mathrm{T}} x = 0$），或者叫作分离超平面。

对于图中的A点来说，它距离决策边界很远。如果要我们预测一下A点对应的y值，我们应该会很确定地说y=1。反过来，对于C点来说，它距离决策边界很近。虽然它也是在决策边界的上方，但是只要决策边界稍微改变，它就可能变成在决策边界的下方。因此，相比较而言，我们对于预测A点的自信比预测C点的要高。

对于一组训练集，我们希望所有的样本都距离决策边界很远，这样我们的确信度就高，而要使样本距离决策边界都很远，我们只需要保证距离决策边界最近的点的距离很大即可。

分类超平面可以有多个，图 7-2 中的灰色线已经将两个类别分开了，但是为什么说它不太好 not as good 呢？因为距离灰色线最近的点（最下面的三角形）的边距很小。相反，对于黑色线，距离它最近的点（最上面的三角形）的边距很大，这个大是指比灰色线的那个距离要大。我们要找的就是看看哪个超平面的最近点的边距最大。

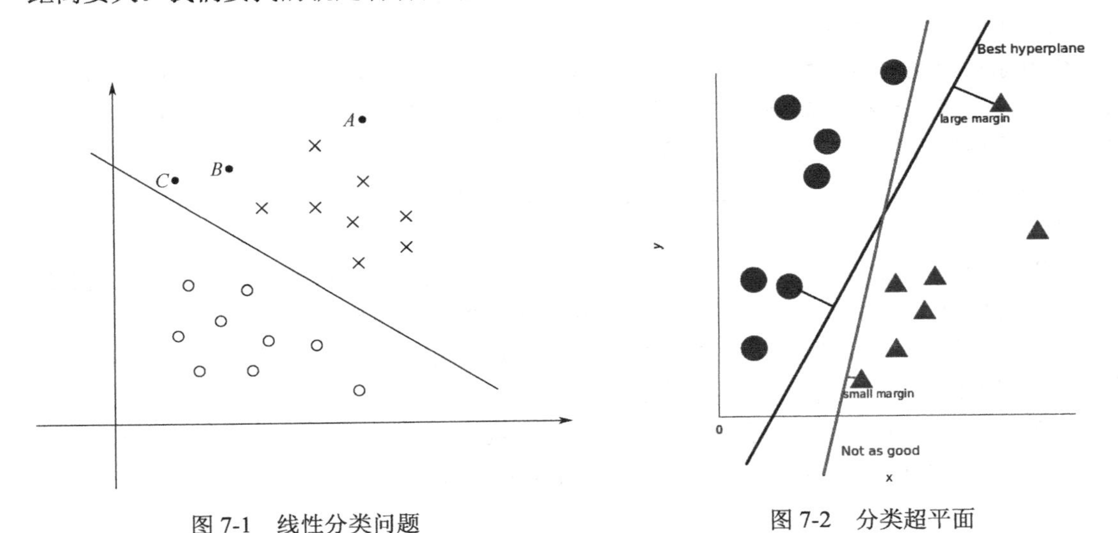

图 7-1　线性分类问题

图 7-2　分类超平面

那么我们怎么来刻画这个距离（margin）呢？首先为了方便，我们分类的标签记为 $y \in \{-1,1\}$ 而不是逻辑回归中的 $\{0,1\}$，这只是一种区分方式，只是为了方便。另外，以前我们用的是参数向量 $\boldsymbol{\theta}$，现在将 $\boldsymbol{\theta}$ 分成 w 和 b，其实就是 $b=\boldsymbol{\theta}_0$，$x_0=1$，所以分类器写为

$$h_{w,b}(x)=g(\boldsymbol{w}^{\mathrm{T}}x+b)$$

式中，$\begin{cases} g(z)=1 & (z \geqslant 0) \\ g(z)=-1 & (\text{其他}) \end{cases}$，注意这里不像逻辑回归那样先算出概率，再判断 y 是否等于 1。这里直接预测 y 是否为 1。

7.2.1　函数间距

如图 7-3 所示，点 x 到直线的距离 $L=\beta\|x\|$。

现在我们来定义一下函数间距。对于一个训练样本 $(x^{(i)},y^{(i)})$，我们定义相应的函数间距为

$$\hat{\gamma}^{(i)}=y^{(i)}(\boldsymbol{w}^{\mathrm{T}}x^{(i)}+b)=y^{(i)}g(x^{(i)})$$

注意，前面乘类别 y 之后可以保证这个距离是非负性的（因为 $g(x)<0$ 对应 $y=-1$ 的那些点）。

因此，如果 $y^{(i)}=1$，为了让函数间距比较大（预测的确信度就大），我们需要 $\boldsymbol{w}^{\mathrm{T}}x^{(i)}+b$ 是一个大的正数。反过来，如果 $y^{(i)}=-1$，为了让函数间距比较大（预测的确信度就大），我们需要 $\boldsymbol{w}^{\mathrm{T}}x^{(i)}+b$ 是一个大的负数。

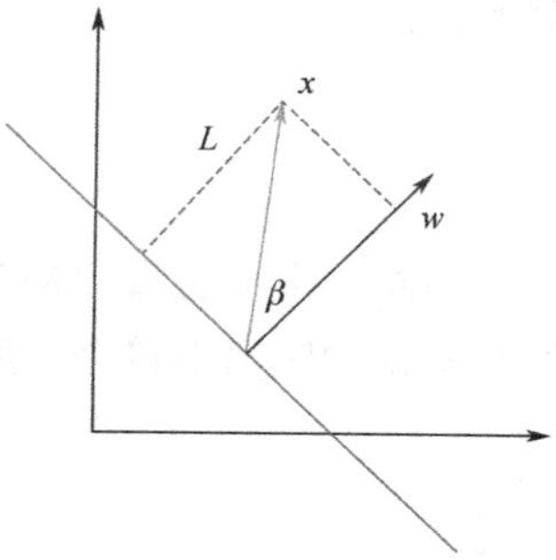

接着要找所有点中间距离最小的点。对于给定的数据集 $S=(x^{(i)},y^{(i)})$（$i=1,2,\cdots,m$），定义 $\hat{\gamma}$ 是数据集中函数间距最小的，即

$$\hat{\gamma}=\min_{i=1,2,\cdots,m}\hat{\gamma}^{(i)}$$

图 7-3　距离图

但这里有一个问题，即对于函数间距来说，当 $\boldsymbol{w}$ 和 b 被替换成 $2\boldsymbol{w}$ 和 $2b$ 时，$g(\boldsymbol{w}^{\mathrm{T}}x^{(i)}+b)=g(2\boldsymbol{w}^{\mathrm{T}}x^{(i)}+2b)$，这不会改变 $h_{w,b}(x)$ 的值。为此引入了几何间距。

7.2.2　几何间距

如图 7-4 所示，直线为决策边界（由 $\boldsymbol{w}$，b 决定）。向量 $\boldsymbol{w}$ 垂直于直线（为什么？$\boldsymbol{\theta}^{\mathrm{T}}x=0$，非零向量的内积为 0，说明它们互相垂直）。假设 A 点代表样本 $x^{(i)}$，它的类别为 $y=1$。假设 A 点到决策边界的距离为 $\gamma^{(i)}$，也就是线段 AB。

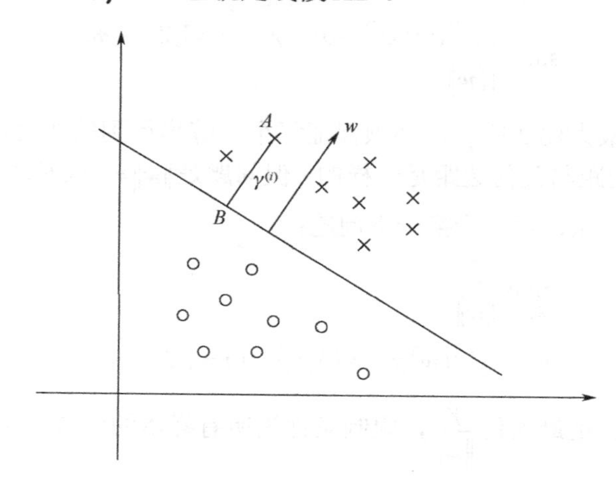

图 7-4　几何间距

那么，应该如何计算 $\gamma^{(i)}$？首先，我们知道 $\dfrac{\boldsymbol{w}}{\|\boldsymbol{w}\|}$ 表示的是在 $\boldsymbol{w}$ 方向上的单位向量。因为 A 点代表的是样本 $x^{(i)}$，所以 B 点为 $x^{(i)}-\gamma^{(i)}\cdot\dfrac{\boldsymbol{w}}{\|\boldsymbol{w}\|}$。又因为 B 点在决策边界上，所以 B 点满足 $\boldsymbol{w}^{\mathrm{T}}x+b=0$，即

$$\boldsymbol{w}^{\mathrm{T}}\left(x^{(i)}-\gamma^{(i)}\cdot\frac{\boldsymbol{w}}{\|\boldsymbol{w}\|}\right)+b=0$$

解方程得

$$\gamma^{(i)}=\frac{\boldsymbol{w}^{\mathrm{T}}x^{(i)}+b}{\|\boldsymbol{w}\|}=\left(\frac{\boldsymbol{w}}{\|\boldsymbol{w}\|}\right)^{\mathrm{T}}x^{(i)}+\frac{b}{\|\boldsymbol{w}\|}$$

当然，上面方程对应的是正例的情况，反例的时候此方程的解就是一个负数，这与我们平常说的距离不符合，所以乘上 $y^{(i)}$，即

$$\gamma^{(i)}=y^{(i)}\left(\left(\frac{\boldsymbol{w}}{\|\boldsymbol{w}\|}\right)^{\mathrm{T}}x^{(i)}+\frac{b}{\|\boldsymbol{w}\|}\right)$$

可以看到，当 $\|\boldsymbol{w}\|=1$ 时，函数间距与几何间距就是一样的了。

同样，有了几何间距的定义，接着就要找所有点中间距最小的点了。对于给定的数据集 $S=(x^{(i)},y^{(i)})$（$i=1,2,\cdots,m$），我们定义 γ 是数据集中间距最小的点，即

$$\gamma=\min_{i=1,2,\cdots,m}\gamma^{(i)}$$

讨论到这里，对于一组训练集而言，我们要找的就是看看哪个超平面的最近点的边距最大。因为这样我们的确信度就是最大的，所以现在的问题就是

$$\max_{\lambda,w,b}\gamma$$

$$\text{s.t.}\quad\begin{cases}y^{(i)}(\boldsymbol{w}^{\mathrm{T}}x^{(i)}+b)\geqslant\gamma\quad(i=1,2,\cdots,m)\\\|\boldsymbol{w}\|=1\end{cases}$$

也就是说，想要最大化边距 γ，必须保证每个训练集得到的边距都要大于或等于这个 γ。$\|\boldsymbol{w}\|=1$ 保证函数边距与几何边距是一样的，但问题是 $\|\boldsymbol{w}\|=1$ 很难理解，所以根据函数边距与几何边距之间的关系，可以变换一下问题：

$$\max_{\lambda,w,b}\frac{\hat{\gamma}}{\|\boldsymbol{w}\|}$$

$$\text{s.t.}\quad y^{(i)}(\boldsymbol{w}^{\mathrm{T}}x^{(i)}+b)\geqslant\hat{\gamma}\quad(i=1,2,\cdots,m)$$

此处，我们的目标是最大化 $\frac{\hat{\gamma}}{\|\boldsymbol{w}\|}$，限制条件为所有样本的函数边距要大于或等于 $\hat{\gamma}$。

前面说过，对于函数间距来说，等比例缩放 $\boldsymbol{w}$ 和 b 不会改变 $g(\boldsymbol{w}^{\mathrm{T}}x+b)$ 的值。因此，可以令 $\hat{\gamma}=1$，因为无论 $\hat{\gamma}$ 的值是多少，都可以通过缩放 $\boldsymbol{w}$ 和 b 来使得 $\hat{\gamma}$ 的值变为 1。

所以最大化 $\frac{\hat{\gamma}}{\|\boldsymbol{w}\|}=\frac{1}{\|\boldsymbol{w}\|}$（注意等号左、右两边的 $\boldsymbol{w}$ 是不一样的）。

其实对于上面的问题来说，如果以上式子都除以 $\hat{\gamma}$，即变成

$$\max_{\gamma,w,b}\frac{\hat{\gamma}/\hat{\gamma}}{\|\boldsymbol{w}\|/\hat{\gamma}}$$

$$\text{s.t.}\quad y^{(i)}(\boldsymbol{w}^{\mathrm{T}}x^{(i)}+b)/\hat{\gamma}\geqslant\hat{\gamma}/\hat{\gamma}\quad(i=1,2,\cdots,m)$$

即

$$\max_{\gamma,w,b} \frac{1}{\|\boldsymbol{w}\|/\hat{\gamma}}$$
$$\text{s.t.} \quad y^{(i)}(\boldsymbol{w}^{\mathrm{T}}x^{(i)}+b)/\hat{\gamma} \geqslant 1 \quad (i=1,2,\cdots,m)$$

然后令 $\boldsymbol{w}=\frac{\boldsymbol{w}}{\hat{\gamma}}$，$b=\frac{b}{\hat{\gamma}}$，问题就变成下式所示，所以其实只是做了一个变量替换。

$$\max_{\gamma,w,b} \frac{1}{\|\boldsymbol{w}\|}$$
$$\text{s.t.} \quad y^{(i)}(\boldsymbol{w}^{\mathrm{T}}x^{(i)}+b) \geqslant 1 \quad (i=1,2,\cdots,m)$$

而最大化 $\frac{1}{\|\boldsymbol{w}\|}$ 相当于最小化 $\|\boldsymbol{w}\|^2$，所以问题变成

$$\min_{\gamma,w,b} \frac{1}{2}\|\boldsymbol{w}\|^2$$
$$\text{s.t.} \quad y^{(i)}(\boldsymbol{w}^{\mathrm{T}}x^{(i)}+b) \geqslant 1 \quad (i=1,2,\cdots,m) \tag{7-1}$$

现在，我们已经把问题转换成一个可以有效求解的问题。上面的优化问题就是一个典型的二次凸优化问题，这种优化问题可以使用 QP（Quadratic Programming）来求解，但是上面的问题有着特殊结构，通过拉格朗日变换到对偶变量（Dual Variable）的优化问题之后，可以找到一种更加有效的方法来进行求解，并且通常情况下这种方法比直接使用通用的 QP 优化包进行优化要高效得多。也就是说，除了用解决 QP 问题的常规方法之外，还可以应用拉格朗日对偶性，通过求解对偶问题得到最优解，这就是线性可分条件下支持向量机的对偶算法。这样做的优点在于：一是对偶问题往往更容易求解；二是可以自然地引入核函数，进而推广到非线性分类问题中。

7.3 拉格朗日乘子

下面就来看看如何高效解决式（7-1）这个问题。

7.3.1 拉格朗日对偶性

首先暂时放下 SVM 和最大间隔分类器，来谈谈如何解决含有限制的优化问题。这种问题的一般形式是

$$\min_{w} f(\boldsymbol{w})$$
$$\text{s.t.} \quad h_i(\boldsymbol{w})=0 \quad (i=1,2,\cdots,l)$$

对于这种问题，一般使用拉格朗日乘子来解决，即定义

$$L(\boldsymbol{w},\beta)=f(\boldsymbol{w})+\sum_{i=1}^{l}\beta_i h_i(\boldsymbol{w})$$

式中，β_i 叫作拉格朗日乘子。

接着，对 $L(\boldsymbol{w},\beta)$ 求偏导，并且令偏导数为 0：

$$\frac{\partial L}{\partial w_i}=0\text{；}\quad \frac{\partial L}{\partial \beta_i}=0$$

这样就可以解出 $\boldsymbol{w}$ 和 β 了。

上面列举的限制条件是等式的情况，有时候限制条件是不等式。考虑下面的原始优化问题：

$$\min_{w} f(\boldsymbol{w})$$
$$\text{s.t.}\quad \begin{cases} g_i(\boldsymbol{w})\leqslant 0 & (i=1,2,\cdots,k) \\ h_i(\boldsymbol{w})=0 & (i=1,2,\cdots,l) \end{cases}$$

为了求解这个问题，可以定义下面的泛化拉格朗日函数：

$$L(\boldsymbol{w},\alpha,\beta)=f(\boldsymbol{w})+\sum_{i=1}^{k}\alpha_i g_i(\boldsymbol{w})+\sum_{i=1}^{l}\beta_i h_i(\boldsymbol{w})$$

式中，α 和 β 叫作拉格朗日乘子。

7.3.2 优化间隔分类器

现在回到一开始的问题，要优化的目标为

$$\min_{\gamma,w,b}\frac{1}{2}\|\boldsymbol{w}\|^2$$
$$\text{s.t.}\quad y^{(i)}(\boldsymbol{w}^{\mathrm{T}}x^{(i)}+b)\geqslant 1\quad (i=1,2,\cdots,m)$$

可以将限制条件改写为以下形式：

$$g_i(\boldsymbol{w})=-y^{(i)}(\boldsymbol{w}^{\mathrm{T}}x^{(i)}+b)+1\leqslant 0$$

在拉格朗日乘子中，当 $\alpha_i>0$ 时，$g_i(\boldsymbol{w})=0$，即 $y^{(i)}(\boldsymbol{w}^{\mathrm{T}}x^{(i)}+b)=1$，而符合 $g_i(\boldsymbol{w})=0$ 的那些点就是在虚线上的点，如图 7-5 所示。

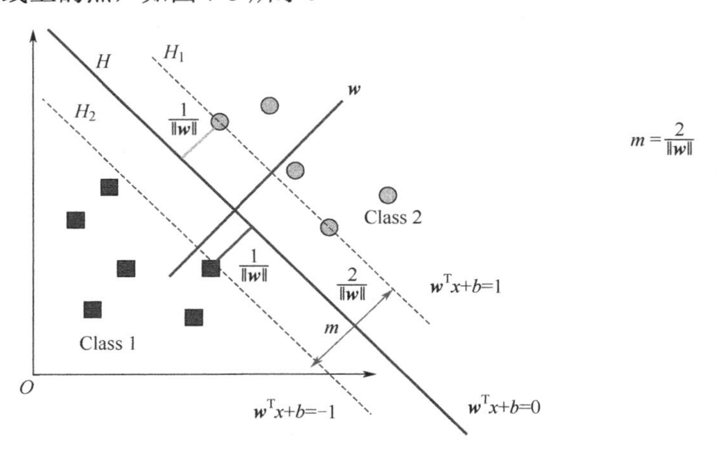

图 7-5 拉格朗日乘子

图 7-5 中三个在虚线上的点就叫作支持向量，也就只有在这三个点的时候，$g_i(\boldsymbol{w})=0$，α_i 才不是 0。其他时候，α_i 都是 0。这是一个很好的性质，后面将介绍。

现在来构造一个拉格朗日函数：

$$L(\boldsymbol{w},\alpha,\beta)=\frac{1}{2}\|\boldsymbol{w}\|^2\sum_{i=1}^{m}\alpha_i\left[y^{(i)}(\boldsymbol{w}^{\mathrm{T}}x^{(i)}+b)-1\right]$$

这里没有等式限制，所以没有 β。

现在来找它的对偶问题，即

$$\max_{\alpha}\min_{w}\frac{1}{2}\|\boldsymbol{w}\|^2-\sum_{i=1}^{m}\alpha_i\left[y^{(i)}(\boldsymbol{w}^{\mathrm{T}}x^{(i)}+b)-1\right]$$

$$\text{s.t.}\begin{cases}\dfrac{\partial}{\partial \boldsymbol{w}_i}L(\boldsymbol{w},b,\alpha)=0\quad(i=1,2,\cdots,n)\\ \dfrac{\partial}{\partial b}L(\boldsymbol{w},b,\alpha)=0\\ \alpha_i g_i(\boldsymbol{w})=0\quad(i=1,2,\cdots,k)\\ \alpha_i g_i(\boldsymbol{w})\leqslant 0\quad(i=1,2,\cdots,k)\\ \alpha_i\geqslant 0\quad(i=1,2,\cdots,k)\end{cases}$$

现在直接对 $\boldsymbol{w}$ 和 b 求偏导并让其等于 0，即有

$$\frac{\partial}{\partial b}L(\boldsymbol{w},b,\alpha)=\sum_{i=1}^{m}\alpha_i y^{(i)}=0 \tag{7-2}$$

将上式代入拉格朗日函数中，可以得到

$$L(w,b,\alpha)=\sum_{i=1}^{m}\alpha_i-\frac{1}{2}\sum_{i,j=1}^{m}y^{(i)}y^{(j)}\alpha_i\alpha_j(x^{(i)})^{\mathrm{T}}x^{(j)}-b\sum_{i=1}^{m}\alpha_i y^{(i)} \tag{7-3}$$

由式（7-2）可知式（7-3）的最后一项为 0，即

$$L(\boldsymbol{w},b,\alpha)=\sum_{i=1}^{m}\alpha_i-\frac{1}{2}\sum_{i,j=1}^{m}y^{(i)}y^{(j)}\alpha_i\alpha_j(x^{(i)})^{\mathrm{T}}x^{(j)} \tag{7-4}$$

现在 $\boldsymbol{w}$ 已经没有了，所以对偶问题就变成

$$\max_{\alpha}W(\alpha)=\sum_{i=1}^{m}\alpha_i-\frac{1}{2}\sum_{i,j=1}^{m}y^{(i)}y^{(j)}\alpha_i\alpha_j(x^{(i)})^{\mathrm{T}}x^{(j)}$$

$$\text{s.t.}\begin{cases}\alpha_i\geqslant 0\quad(i=1,2,\cdots,m)\\ \sum_{i=1}^{m}\alpha_i y^{(i)}=0\end{cases} \tag{7-5}$$

式（7-5）的对偶问题是先最小化再最大化，但是 $\boldsymbol{w}$ 已经不在了，所以对 $\boldsymbol{w}$ 进行最小

化也就无意义了，所以现在的问题就是找到一组 α 来最大化 $W(\alpha)$。假设解出了 $\boldsymbol{\alpha}^*$，$\boldsymbol{w}^*$，即有

$$b^* = \frac{\max_{i:y^{(i)}=-1} \boldsymbol{w}^{*\mathrm{T}} x^{(i)} + \min_{i:y^{(i)}=1} \boldsymbol{w}^{*\mathrm{T}} x^{(i)}}{2}$$

即上式找到图 7-5 中在虚线上的点，因为虚线上的点满足 $\boldsymbol{w}^{\mathrm{T}} x + b = \pm 1$，所以就可以计算出 b 了。

7.4 核函数

前面介绍的内容都是基于数据是线性可分的，那么对于非线性的数据呢？如图 7-6 所示，数据显然不是线性可分的（事实上需要用圆来做边界）。我们知道二次曲线方程（圆是特殊的二次曲线）一般可以写成

$$\boldsymbol{w}_1 x_1^2 + \boldsymbol{w}_2 x_2^2 + \boldsymbol{w}_3 x_1 x_2 + \boldsymbol{w}_4 x_1 + \boldsymbol{w}_5 x_2 + \boldsymbol{w}_6 = 0$$

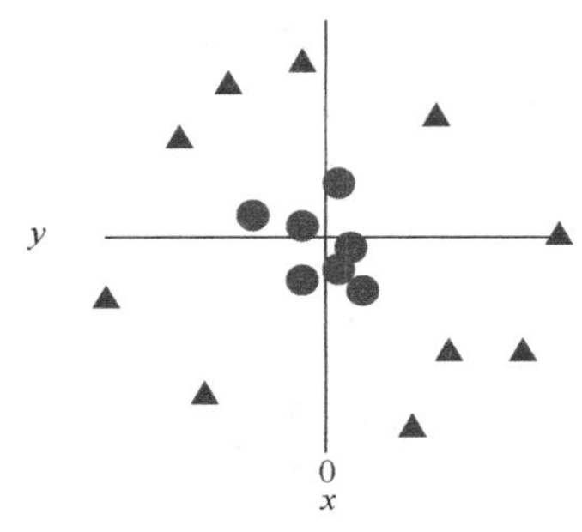

图 7-6　核函数

这里我们的特征变量可以写成

$$\boldsymbol{\phi}(x) = \begin{bmatrix} x_1^2 \\ x_2^2 \\ x_1 x_2 \\ x_1 \\ x_2 \end{bmatrix}$$

以前的输入是向量 $\boldsymbol{x}$，现在由于是非线性的，所以输入映射成 $\boldsymbol{\phi}(x)$，在此要把向量 $\boldsymbol{x}$ 替换成 $\boldsymbol{\phi}(x)$。

但是注意到一个问题，$\boldsymbol{x}$ 都是以内积的形式存在的，即 $\left\langle \boldsymbol{x}^{\mathrm{T}}, z \right\rangle$ 的形式。现在替换成了 $\boldsymbol{\phi}(x)$，就会变成 $\left\langle \boldsymbol{\phi}(x)^{\mathrm{T}}, \boldsymbol{\phi}(z) \right\rangle$。定义这个内积为

$$K(x,z) = \left\langle \boldsymbol{\phi}(x)^{\mathrm{T}}, \boldsymbol{\phi}(z) \right\rangle$$

即有

$$\max_{\alpha} W(\alpha)=\sum_{i=1}^{m}\alpha_i-\frac{1}{2}\sum_{i,j=1}^{m}y^{(i)}y^{(j)}\alpha_i\alpha_j\left\langle \boldsymbol{x}^{\mathrm{T}},x\right\rangle$$

$$\text{s.t.}\quad\begin{cases}\alpha_i\geqslant 0\quad(i=1,2,\cdots,m)\\ \sum_{i=1}^{m}\alpha_i y^{(i)}=0\end{cases}$$

该优化问题可以替换成

$$\max_{\alpha} W(\alpha)=\sum_{i=1}^{m}\alpha_i-\frac{1}{2}\sum_{i,j=1}^{m}y^{(i)}y^{(j)}\alpha_i\alpha_j K(\boldsymbol{x},z)$$

$$\text{s.t.}\quad\begin{cases}\alpha_i\geqslant 0\quad(i=1,2,\cdots,m)\\ \sum_{i=1}^{m}\alpha_i y^{(i)}=0\end{cases}$$

虽然这个方法可以解决此问题，但是维度呈指数级增长，上面二维空间就得映射成五维，三维空间就得映射成十九维，因此计算量会非常大，所以这样是行不通的，必须寻找其他方法。

来看一个例子：假设 $\boldsymbol{x}=(x_1,x_2)$， $\boldsymbol{z}=(z_1,z_2)$ 。考虑：

$$K(\boldsymbol{x},\boldsymbol{z})=(\boldsymbol{x}^{\mathrm{T}}\boldsymbol{z})^2$$

将其展开得到

$$K(\boldsymbol{x},\boldsymbol{z})=x_1^2z_1^2+x_2^2z_2^2+2x_1x_2z_1z_2=\sum_{i,j=1}^{2}(x_ix_j)(z_iz_j)$$

如果有

$$\boldsymbol{\phi}(\boldsymbol{x})=\begin{bmatrix}x_1x_1\\x_1x_2\\x_2x_2\end{bmatrix}$$

则有

$$K(\boldsymbol{x},\boldsymbol{z})=\left\langle\boldsymbol{\phi}(\boldsymbol{x})^{\mathrm{T}},\boldsymbol{\phi}(\boldsymbol{z})\right\rangle=x_1^2z_1^2+x_2^2z_2^2+2x_1x_2z_1z_2$$

另外，如果注意到

$$K(\boldsymbol{x},\boldsymbol{z})=(\boldsymbol{x}^{\mathrm{T}}\boldsymbol{z}+1)^2=x_1^2z_1^2+x_2^2z_2^2+2x_1x_2z_1z_2+2x_1z_1+2x_2z_2+1$$

同样映射成

$$\boldsymbol{\phi}(\boldsymbol{x})=\begin{bmatrix}x_1x_1\\\sqrt{2}x_1\\\sqrt{2}x_2\\x_1x_2\\x_2x_2\\1\end{bmatrix}$$

会发现这与内积$\left\langle \boldsymbol{\phi}(\boldsymbol{x})^{\mathrm{T}}, \boldsymbol{\phi}(\boldsymbol{z}) \right\rangle$的结果是一样的。也就是说，如果我们写成$K(\boldsymbol{x},\boldsymbol{z}) = (\boldsymbol{x}^{\mathrm{T}}\boldsymbol{z}+1)^2$的形式，我们就不用映射成$\boldsymbol{\phi}(\boldsymbol{x})$了。这样也就没有维度爆炸带来的问题了。

7.4.1 核函数的选择

现在来看两个直观的效果。核函数写成内积的形式：$K(\boldsymbol{x},\boldsymbol{z}) = \left\langle \boldsymbol{\phi}(\boldsymbol{x})^{\mathrm{T}}, \boldsymbol{\phi}(\boldsymbol{z}) \right\rangle$。如果内积之后的值很大，那么说明$\boldsymbol{\phi}(\boldsymbol{x})$与$\boldsymbol{\phi}(\boldsymbol{z})$的距离比较远，反过来，如果它们的内积很小，说明这两个向量接近于垂直。因此，$K(x,z)$可以衡量$\boldsymbol{\phi}(\boldsymbol{x})$与$\boldsymbol{\phi}(\boldsymbol{z})$有多接近，或者说$\boldsymbol{x}$与$\boldsymbol{z}$有多接近。我们要如何选择核函数呢？如果从这个角度分析，或许高斯函数是一个不错的选择：

$$K(\boldsymbol{x},\boldsymbol{z}) = \exp\left(-\frac{\|\boldsymbol{x}-\boldsymbol{z}\|^2}{2\sigma^2}\right)$$

从高斯函数的表达式中可以看出，如果$\boldsymbol{x}$与$\boldsymbol{z}$很接近，那么$K(\boldsymbol{x},\boldsymbol{z})$的值就比较大（接近 1），反之就比较小（接近 0）。这个就被称为高斯核。从$K(\boldsymbol{x},\boldsymbol{z}) = (\boldsymbol{x}^{\mathrm{T}}\boldsymbol{z}+1)^2$的形式也可以看出，$K(\boldsymbol{x},\boldsymbol{z})$的值是大于 0 的。另外，核函数也要关于$y$轴对称。

7.4.2 松弛变量与软间隔最大化

另外一个问题是松弛变量的问题。我们之前谈论的分类是基于数据比较优雅且易于区分的，但是如果是下面的情况呢？

图 7-7（a）是理想的数据集，在图（b）中会发现有一个点比较偏离正常值，这个点也许是一个噪点，也许是人工标记的时候标错了，但在使用 SVM 分类时，却会因为这个点的存在而导致分类超平面是实线那个，但是一般来说我们都知道，虚线那个分类超平面是比较合理的。那么应该怎么做呢？

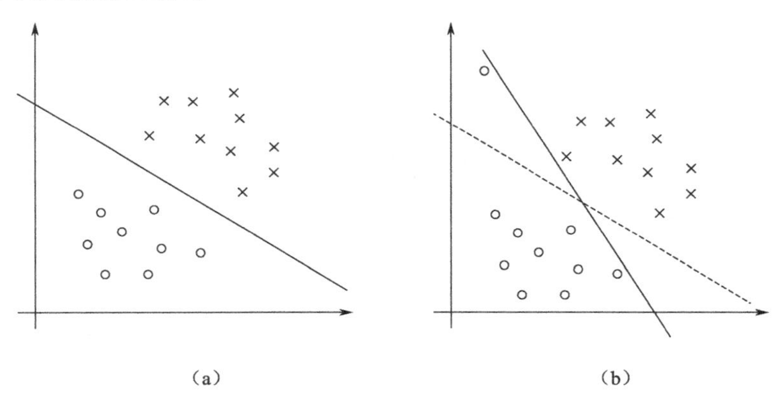

图 7-7　数据集

为了处理这种情况，允许数据点在一定程度上偏离超平面，如图 7-8 所示。

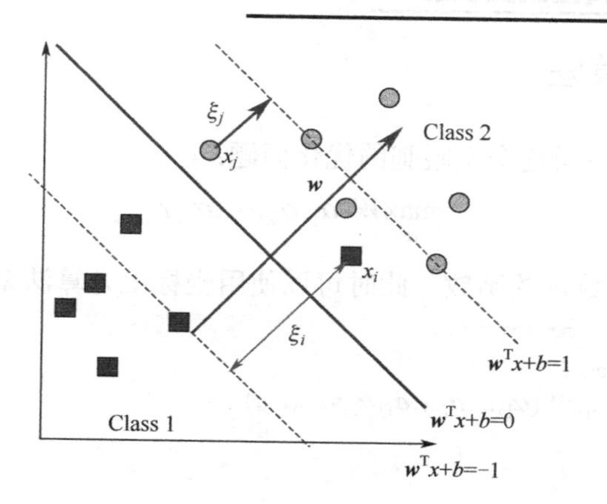

图 7-8　超平面

接下来重新罗列优化问题：

$$\min_{\gamma,w,b}\frac{1}{2}\|\boldsymbol{w}\|^2+C\sum_{i=1}^{m}\xi_i$$

$$\text{s.t.}\quad\begin{cases}y^{(i)}(\boldsymbol{w}^{\mathrm{T}}x^{(i)}+b)\geqslant 1\ (i=1,2,\cdots,m)\\ \xi_i\geqslant 0\ (i=1,2,\cdots,m)\end{cases}$$

这样就允许有些点的间距小于 1 了，并且如果有些点的间距为$1-\xi_i$，则会给目标函数一些惩罚，即增加了$C\xi_i$，于是我们重新写下新的拉格朗日函数：

$$L(w,b,\xi,\alpha,\gamma)=\frac{1}{2}\boldsymbol{w}^{\mathrm{T}}\boldsymbol{w}+C\sum_{i=1}^{m}\xi_i-\sum_{i=1}^{m}\alpha_i[y^{(i)}(\boldsymbol{x}^{\mathrm{T}}\boldsymbol{w}+b)-1+\xi_i]-\sum_{i=1}^{m}\gamma_i\xi_i$$

式中，α_i与γ_i是拉格朗日乘子（都大于 0）。经过相同的推导，得

$$\max_{\alpha}W(\alpha)=\sum_{i=1}^{m}\alpha_i-\frac{1}{2}\sum_{i,j=1}^{m}y^{(i)}y^{(j)}\alpha_i\alpha_j\left\langle x^{(i)},x^{(j)}\right\rangle$$

$$\text{s.t.}\quad\begin{cases}0\leqslant\alpha_i\leqslant C\ (i=1,2,\cdots,m)\\ \sum_{i=1}^{m}\alpha_i y^{(i)}=0\end{cases}\tag{7-6}$$

现在加上松弛变量，问题即变成式（7-6）所示。

7.5　SOM 算法

这里我们使用的是 SMO（Swquential Minimal Optimization）算法，即一种高效的解决 SVM 中对偶问题的方法。

在介绍 SMO 算法之前，先来了解一下另外一种算法，它是 SMO 算法的基础。这个算法就是坐标上升（下降）算法。

7.5.1　坐标上升算法

假如现在要来解决下面这个无限制的优化问题：

$$\max_{\alpha} W(\alpha_1, \alpha_2, \cdots, \alpha_m)$$

式中，W 是一个关于参数 α 的函数。此时可以使用坐标上升算法来解决，即

```
Loop until convergence:{
  For i=1,...,m,{
        αi := argmax_{α̂i} W(α1,...,αi-1,α̂i,αi+1,...,αm)
     }
}
```

在内层循环中，每一次只优化一个 α_i，而其他参数均保持不变。上面的示例中，优化是按照 $\alpha_1,\cdots,\alpha_{i-1}$ 的顺序进行的，事实上，也可以选择能使 W 增加最快的 α。图 7-9 是对这个算法的直观理解。

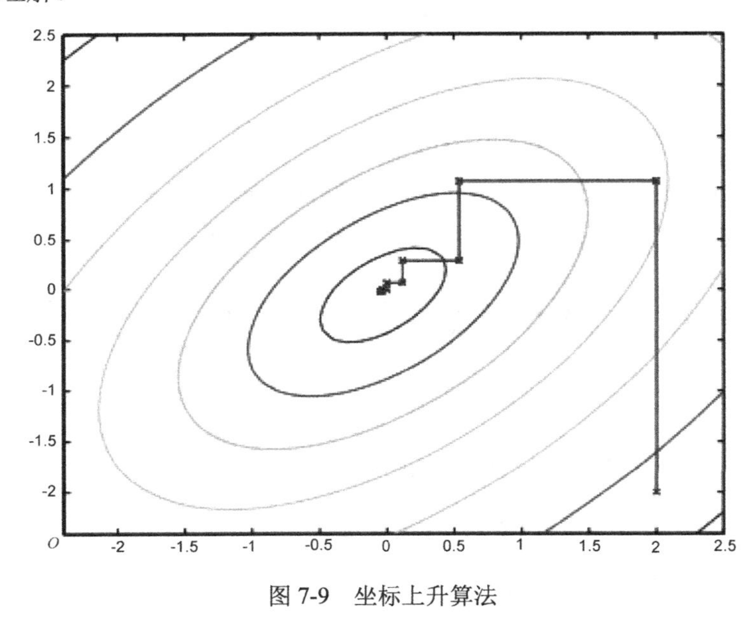

图 7-9　坐标上升算法

图 7-9 显示的是一个二维情况，每一次会选择一个方向进行优化，而不是像梯度下降那样去找下降最快的方向。其实它相当于把梯度下降分成两步来做。

7.5.2　SOM

现在回到 SOM 算法上来，在 7.4 节最后得到了下面的优化问题：

$$\max_{\alpha} W(\alpha) = \sum_{i=1}^{m} \alpha_i - \frac{1}{2}\sum_{i,j=1}^{m} y^{(i)} y^{(j)} \alpha_i \alpha_j \left\langle x^{(i)}, x^{(j)} \right\rangle \tag{7-7}$$

$$\text{s.t.} \quad 0 \leqslant \alpha_i \leqslant C, i = 1,2,\cdots,m \tag{7-8}$$

$$\sum_{i=1}^{m} \alpha_i y^{(i)} = 0 \tag{7-9}$$

如果想使用坐标上升算法，我们应该每次优化两个参数变量。这就是 SOM 算法：

重复直到收敛为止{

1. 选择一对 α_i 和 α_j 进行下一步更新（使用启发式方法，这将使我们进行朝着全局取最大值）。

2. 相对于 α_i 和 α_j 重新优化 $W(\alpha)$，同时保持所有 α_k 不变（$k \neq i, j$）

}

一般来说，为了判断是否收敛了，可以选用一个收敛参数，这个参数的值通常在 0.001～0.01 之间。

接下来看看这个算法最主要的过程。首先选择两个参数 α_1 和 α_2（其他参数固定不变），根据方程（7-9）可以得到：

$$\alpha_1 y^{(1)} + \alpha_2 y^{(2)} = \xi \tag{7-10}$$

方程（7-10）其实就是二维平面上的一条直线，可以画出图像，如图 7-10 所示。

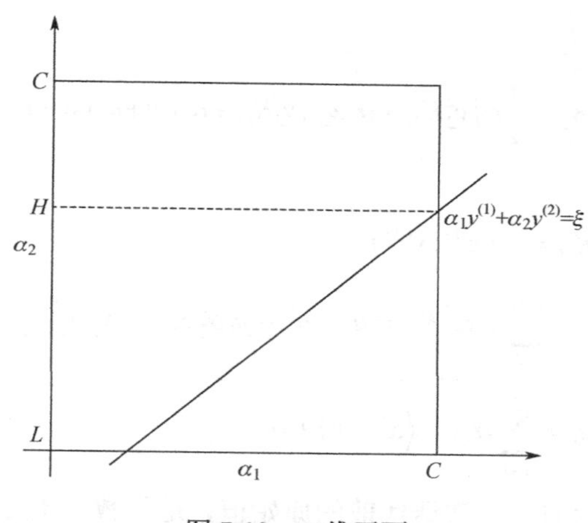

图 7-10　二维平面

从式（7-8）可以知道，α_1 和 α_2 都是大于 0、小于 C 的，所以它们的取值范围在这个矩形范围内。同时，它们又满足方程（7-10）的条件，可知是在这条直线上。在这种限制下，α_2 的取值范围就为 $L \leqslant \alpha_2 \leqslant H$。在图 7-10 这个例子中，$L = 0$。通过方程（7-10），也可以用 α_2 来表示 α_1：

$$\alpha_1 = (\xi - \alpha_2 y^{(2)}) y^{(1)}$$

根据方程（7-7）的形式，并且现在变量只有 α_2，可以发现现在 $W(\alpha)$ 是关于 α_2 的二次函数（即可写成 $W = a\alpha_2^2 + b\alpha_2 + c$ 的形式）。如果不去考虑上面说的限制（即 $L \leqslant \alpha_2 \leqslant H$），则可以轻易地算出最大值，只需要对其求导并让导数为 0 解出 α_2 即可。假设我们现在解出了 α_2 的结果为 $\alpha_2^{\text{new,unclipped}}$，将限制条件考虑进来，就可以得到：

$$\alpha_2^{\text{new}}\begin{cases}H & (\alpha_2^{\text{new,unclipped}}>H)\\ \alpha_2^{\text{new,unclipped}} & (L\leqslant\alpha_2^{\text{new,unclipped}}\leqslant H)\\ L & (\alpha_2^{\text{new,unclipped}}<L)\end{cases}$$

这样获得了 α_2^{new}，就可以解出 α_1^{new}。当然这里 α_1 和 α_2 是随机选的，数据量小的时候没什么问题，数据量大了就可能会很慢。

选择了 α_1 和 α_2 后，接着要计算 L 和 H，具体算法如下：

- 如果 $y^{(i)}\neq y^{(j)}$，$L=\max(0,\alpha_j-\alpha_i)$，$H=\min(C,C+\alpha_j-\alpha_i)$
- 如果 $y^{(i)}=y^{(j)}$，$L=\max(0,\alpha_j+\alpha_i-C)$，$H=\min(C,\alpha_j+\alpha_i)$

接着去求解 α_2。再次列出我们的优化问题：

$$\max_{\alpha}W(\alpha)=\sum_{i=1}^{m}\alpha_i-\frac{1}{2}\sum_{i,j=1}^{m}y^{(i)}y^{(j)}\alpha_i\alpha_j\left\langle x^{(i)},x^{(j)}\right\rangle \tag{7-11}$$

$$\text{s.t.}\quad 0\leqslant\alpha_i\leqslant C\ (i=1,2,\cdots,m) \tag{7-12}$$

$$\sum_{i=1}^{m}\alpha_i y^{(i)}=0 \tag{7-13}$$

将方程（7-11）简化为：

$$W(\alpha_1,\alpha_2)=\frac{1}{2}\alpha_1^2y_1^2K_{11}+\frac{1}{2}\alpha_2^2y_2^2K_{22}+\alpha_1\alpha_2y_1y_2K_{12}+\alpha_1y_1v+a_2y_2v-\alpha_1-\alpha_2+W_{\text{constant}} \tag{7-14}$$

式中，

$$K_{ij}=K(x^{(i)},x^{(j)})$$

$$v=\sum_{j=3}^{m}y_j\alpha_j^*K_{ij}=u_i+b^*-y_1\alpha_1^*K_{1j}-y_2\alpha_2^*K_{2j}$$

$$u_i=\sum_{i=1}^{m}\alpha_iy^{(i)}\left\langle x^{(i)},x\right\rangle+b$$

这里，带“*”号表示的是某次迭代前的原始值，是常数。W_{constant} 也是常数。利用 α_1 和 α_2 之间的关系，可以将式（7-14）化为只含有 α_2 的式子，对其求导并让导数为 0。化简最终可以得到：

$$\alpha_2(K_{11}+K_{22}-2K_{12})=\alpha_2^*(K_{11}+K_{22}-2K_{12})+y_2((u_1-y_1)-(u_2-y_2))$$

即

$$\alpha_2=\alpha_2^*\frac{y_2(E_1-E_2)}{\eta}$$

式中，

$$E_k=u_k-y^{(k)}$$

$$\eta=K_{11}+K_{22}-2K_{12}$$

计算出了新的 α_2 值，要进行约束。

$$\alpha_2^{\text{new}} = \begin{cases} H & (\alpha_2 > H) \\ \alpha_2 & (L \leqslant \alpha_2 \leqslant H) \\ L & (\alpha_2 < L) \end{cases}$$

根据 α_1 和 α_2 的关系可以计算出新的 α_1。

接着就是 b 的根据，其有如下几种情况：

$$b := \begin{cases} b_1 & (0 < \alpha_i < C) \\ b_2 & (0 < \alpha_j < C) \\ \dfrac{b_1 + b_2}{2} & （其他） \end{cases}$$

7.6　SVM 的优缺点

支持向量机本质上是非线性方法，在样本量比较小的时候，容易抓住数据和特征之间的非线性关系（相比线性分类方法，如 logistic regression），因此可以解决非线性问题，可以避免神经网络结构选择和局部极小点问题，从而提高泛化性能及解决高维问题。

SVM 对缺失数据敏感，对非线性问题没有通用的解决方案，必须谨慎选择核函数来处理，计算复杂度高。主流的算法是 $O(n^2)$，这样对大规模数据就显得很无力了。不仅如此，由于其存在两个对结果影响相当大的超参数（如果用 RBF 核，是核函数的参数 gamma 及惩罚项 C ），这两个超参数无法通过概率方法进行计算，只能通过穷举试验来求出，计算时间要远高于不少类似的非线性分类器。

7.7　SVM 的 Python 实现

前面已经对 SVM 的相关理论做了介绍，下面直接通过几个例子来演示 SVM 的 Python 实现。

【例 7-1】 SVM 实现检测异常值的作用。

```
from sklearn import svm
import numpy as np
import matplotlib.pyplot as plt

#准备训练样本
x=[[1,8],[3,20],[1,15],[3,35],[5,35],[4,40],[7,80],[6,49]]
y=[1,1,-1,-1,1,-1,-1,1]

##开始训练
clf=svm.SVC() ##默认参数：kernel='rbf'
```

```
clf.fit(x,y)
##根据训练出的模型绘制样本点
for i in x:
  res=clf.predict(np.array(i).reshape(1, -1))
  if res > 0:
    plt.scatter(i[0],i[1],c='r',marker='*')
  else :
    plt.scatter(i[0],i[1],c='g',marker='*')

##生成随机实验数据（15行2列）
rdm_arr=np.random.randint(1, 15, size=(15,2))
##回执实验数据点
for i in rdm_arr:
  res=clf.predict(np.array(i).reshape(1, -1))
  if res > 0:
    plt.scatter(i[0],i[1],c='r',marker='.')
  else :
    plt.scatter(i[0],i[1],c='g',marker='.')
##显示绘图结果
plt.show()
```

运行程序，异常点的检测效果如图 7-11 所示。

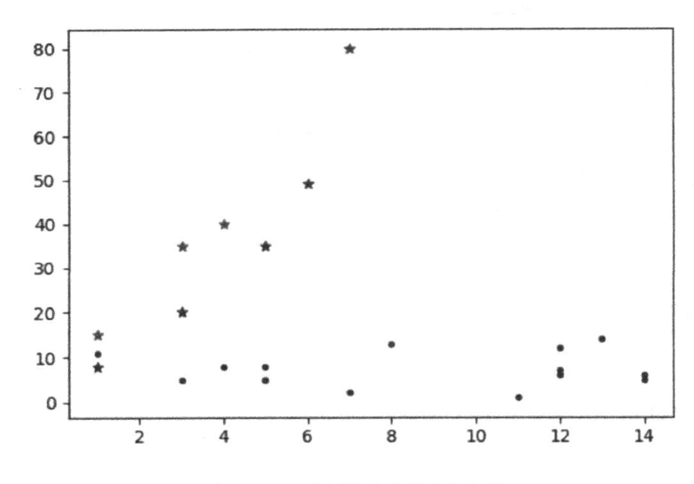

图 7-11　异常值的检测效果

从图 7-11 可以看出异常值，所以 SVM 起到了检测异常值的作用。

上面的代码中提到了 kernel='rbf'，这个参数是 SVM 的核心：核函数，利用核函数实现异常值的检测，代码为：

```
from sklearn import svm
import numpy as np
import matplotlib.pyplot as plt

##设置子图数量
```

```
fig, axes = plt.subplots(nrows=2, ncols=2,figsize=(7,7))
ax0, ax1, ax2, ax3 = axes.flatten()

#准备训练样本
x=[[1,8],[3,20],[1,15],[3,35],[5,35],[4,40],[7,80],[6,49]]
y=[1,1,-1,-1,1,-1,-1,1]
'''
  说明1：
    核函数（这里简单介绍了sklearn中svm的四个核函数，还有预计算的及自定义的）

  LinearSVC：主要用于线性可分的情形。参数少，速度快，对于一般数据，分类效果已经很理想
  RBF:主要用于线性不可分的情形。参数多，分类结果非常依赖于参数
  polynomial:多项式函数,degree 表示多项式的程度——支持非线性分类
  Sigmoid：在生物学中常见的S型函数，也称为S型生长曲线

  说明2：根据设置的参数不同，得出的分类结果及显示结果也会不同

'''
##设置子图的标题
titles = ['LinearSVC (linear kernel)',
     'SVC with polynomial (degree 3) kernel',
     'SVC with RBF kernel',    ##这个是默认的
     'SVC with Sigmoid kernel']
##生成随机试验数据（15行2列）
rdm_arr=np.random.randint(1, 15, size=(15,2))

def drawPoint(ax,clf,tn):
  ##绘制样本点
  for i in x:
    ax.set_title(titles[tn])
    res=clf.predict(np.array(i).reshape(1, -1))
    if res > 0:
      ax.scatter(i[0],i[1],c='r',marker='*')
    else :
      ax.scatter(i[0],i[1],c='g',marker='*')
  ##绘制试验点
  for i in rdm_arr:
    res=clf.predict(np.array(i).reshape(1, -1))
    if res > 0:
      ax.scatter(i[0],i[1],c='r',marker='.')
    else :
      ax.scatter(i[0],i[1],c='g',marker='.')

if __name__=="__main__":
  ##选择核函数
  for n in range(0,4):
```

```
        if n==0:
          clf = svm.SVC(kernel='linear').fit(x, y)
          drawPoint(ax0,clf,0)
        elif n==1:
          clf = svm.SVC(kernel='poly', degree=3).fit(x, y)
          drawPoint(ax1,clf,1)
        elif n==2:
          clf= svm.SVC(kernel='rbf').fit(x, y)
          drawPoint(ax2,clf,2)
        else :
          clf= svm.SVC(kernel='sigmoid').fit(x, y)
          drawPoint(ax3,clf,3)
      plt.show()
```

运行程序，核函数实现异常检测效果如图 7-12 所示。

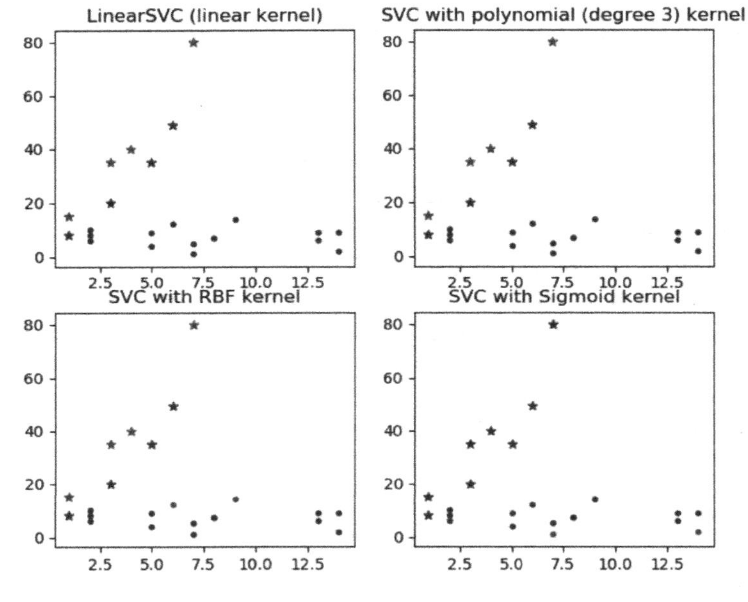

图 7-12　核函数实现异常检测效果

由于样本数据的关系，四个核函数得出的结果一致。在实际操作中，应该选择效果最好的核函数分析。

【例 7-2】 本案例使用高斯核函数 SVM 来分割真实的数据集。在案例中将加载 iris 数据集，创建一个山鸢尾花（I.setosa）分类器，观察各种 gamma 值对分类器的影响。

```
#
#高斯核函数
# K(x1, x2) = exp(-gamma * abs(x1 - x2)^2)
###载入编程库
import matplotlib.pyplot as plt
import numpy as np
import tensorflow as tf
from sklearn import datasets
```

```
    from tensorflow.python.framework import ops
    ops.reset_default_graph()

    ###创建计算图会话
    sess = tf.Session()
    #载入数据
    # iris.data = [(Sepal Length, Sepal Width, Petal Length, Petal Width)]
    #加载iris数据集，抽取花萼长度和花瓣宽度，分割每类的x_vals值和y_vals值
    iris = datasets.load_iris()
    x_vals = np.array([[x[0], x[3]] for x in iris.data])
    y_vals = np.array([1 if y == 0 else -1 for y in iris.target])
    class1_x = [x[0] for i, x in enumerate(x_vals) if y_vals[i] == 1]
    class1_y = [x[1] for i, x in enumerate(x_vals) if y_vals[i] == 1]
    class2_x = [x[0] for i, x in enumerate(x_vals) if y_vals[i] == -1]
    class2_y = [x[1] for i, x in enumerate(x_vals) if y_vals[i] == -1]

    ###声明批量大小
    batch_size = 150
    #初始化占位符
    x_data = tf.placeholder(shape=[None, 2], dtype=tf.float32)
    y_target = tf.placeholder(shape=[None, 1], dtype=tf.float32)
    prediction_grid = tf.placeholder(shape=[None, 2], dtype=tf.float32)

    #为svm创建变量
    b = tf.Variable(tf.random_normal(shape=[1, batch_size]))
    ### 声明高斯核函数
    #声明批量大小
    gamma = tf.constant(-25.0)
    sq_dists = tf.multiply(2., tf.matmul(x_data, tf.transpose(x_data)))
    my_kernel = tf.exp(tf.multiply(gamma, tf.abs(sq_dists)))

    ### 计算SVM模型
    first_term = tf.reduce_sum(b)
    b_vec_cross = tf.matmul(tf.transpose(b), b)
    y_target_cross = tf.matmul(y_target, tf.transpose(y_target))
    second_term = tf.reduce_sum(tf.multiply(my_kernel,
tf.multiply(b_vec_cross, y_target_cross)))
    loss = tf.negative(tf.subtract(first_term, second_term))

    #创建一个预测核函数
    rA = tf.reshape(tf.reduce_sum(tf.square(x_data), 1), [-1, 1])
    rB = tf.reshape(tf.reduce_sum(tf.square(prediction_grid), 1), [-1, 1])
    pred_sq_dist = tf.add(tf.subtract(rA, tf.multiply(2., tf.matmul(x_data,
tf.transpose (prediction_grid)))), tf.transpose(rB))
    pred_kernel = tf.exp(tf.multiply(gamma, tf.abs(pred_sq_dist)))
    # 声明一个准确度函数，其为正确分类的数据点的百分比
    prediction_output = tf.matmul(tf.multiply(tf.transpose(y_target), b),
pred_kernel)
    prediction = tf.sign(prediction_output -
tf.reduce_mean(prediction_output))
```

```
        accuracy = tf.reduce_mean(tf.cast(tf.equal(tf.squeeze(prediction),
tf.squeeze(y_target)), tf.float32))
        #声明优化器
        my_opt = tf.train.GradientDescentOptimizer(0.01)
        train_step = my_opt.minimize(loss)
        #初始化变量
        init = tf.global_variables_initializer()
        sess.run(init)
        #训练循环体
        loss_vec = []
        batch_accuracy = []
        for i in range(300):
            rand_index = np.random.choice(len(x_vals), size=batch_size)
            rand_x = x_vals[rand_index]
            rand_y = np.transpose([y_vals[rand_index]])
            sess.run(train_step, feed_dict={x_data: rand_x, y_target: rand_y})
            temp_loss = sess.run(loss, feed_dict={x_data: rand_x, y_target:
rand_y})
            loss_vec.append(temp_loss)
            acc_temp = sess.run(accuracy, feed_dict={x_data: rand_x,
                                                      y_target: rand_y,
                                                      prediction_grid: rand_x})
            batch_accuracy.append(acc_temp)
            if (i + 1) % 75 == 0:
                print('Step #' + str(i + 1))
                print('Loss = ' + str(temp_loss))
        ###创建一个网格来绘制点
        #为了绘制决策边界（Decision Boundary），创建一个数据点（x，y）的网格，评估预测函数
        x_min, x_max = x_vals[:, 0].min() - 1, x_vals[:, 0].max() + 1
        y_min, y_max = x_vals[:, 1].min() - 1, x_vals[:, 1].max() + 1
        xx, yy = np.meshgrid(np.arange(x_min, x_max, 0.02),
                             np.arange(y_min, y_max, 0.02))
        grid_points = np.c_[xx.ravel(), yy.ravel()]
        [grid_predictions] = sess.run(prediction, feed_dict={x_data: rand_x,
                                                              y_target: rand_y,
                                                              prediction_grid:
grid_points})
        grid_predictions = grid_predictions.reshape(xx.shape)
        #绘制点和网格
        plt.contourf(xx, yy, grid_predictions, cmap=plt.cm.Paired, alpha=0.8)
        plt.plot(class1_x, class1_y, 'ro', label='I. setosa')
        plt.plot(class2_x, class2_y, 'kx', label='Non setosa')
        plt.title('Gaussian SVM Results on Iris Data')
        plt.xlabel('Pedal Length')
        plt.ylabel('Sepal Width')
        plt.legend(loc='lower right')
        plt.ylim([-0.5, 3.0])
        plt.xlim([3.5, 8.5])
        plt.show()
        #绘制批次的准确性
```

```
plt.plot(batch_accuracy, 'k-', label='Accuracy')
plt.title('Batch Accuracy')
plt.xlabel('Generation')
plt.ylabel('Accuracy')
plt.legend(loc='lower right')
plt.show()
#随时间推移绘制损失
plt.plot(loss_vec, 'k-')
plt.title('Loss per Generation')
plt.xlabel('Generation')
plt.ylabel('Loss')
plt.show()
```

运行程序，输出如下，得到四种不同的gamma值（1，10，25，100），效果如图7-13所示。

```
Step #75
Loss = -133.77705
Step #150
Loss = -246.27698
Step #225
Loss = -358.7769
Step #300
Loss = -471.27707
```

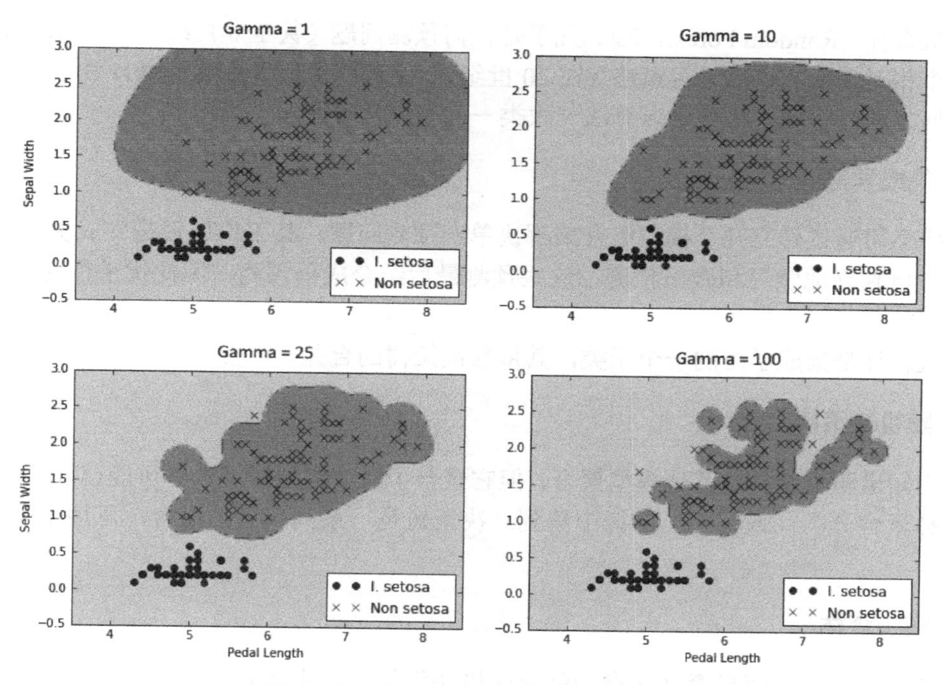

图 7-13 不同 gamma 值对应的分类效果

由图 7-13 可知，gamma 值越大，每个数据点对分类边界的影响就越大。

第 8 章　随机森林

随机森林是一个高度灵活的机器学习方法，拥有广阔的应用前景，从市场营销到医疗保健保险。既可以用来做市场营销模拟的建模，统计客户来源、保留和流失，也可用来预测疾病的风险和病患者的易感性。

随机森林可对数据进行回归和分类，其具备处理大数据的特性，并且对变量进行基础数据建模非常重要。

8.1　什么是随机森林

随机森林（Random Forest，RF）几乎是任何预测问题（甚至非直线部分）的固有选择，它是一个相对较新的机器学习策略（在 20 世纪 90 年代产生于贝尔实验室），并且几乎可以用于任何方面。它属于机器学习算法一大类——集成学习方法。

1. 集成学习

集成学习通过建立几个模型组合来解决单一预测问题。其工作原理是生成多个分类器/模型，各自独立地学习和做出预测。这些预测最后结合成单预测，因此优于任何一个单分类的预测。

随机森林是集成学习的一个子类，其依靠决策树的合并。

2. 随机决策树

我们知道随机森林是其他模型聚合，但它聚合了什么类型模型？你可能已经从其名称、随机森林聚合分类（或回归）的树中猜到。决策树是一系列决策的组合，可用于分类观察数据集。

3. 随机森林

算法引入了一个随机森林来自动创建随机决策树群。由于是随机生成的树，大部分树（99.9%的树）不会对学习的分类/回归问题有意义。

8.2　集成学习

集成学习（Ensemble Learning ）并不是一个单独的机器学习算法，而是将很多机器学

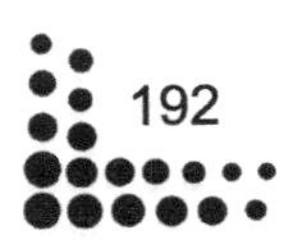

习算法结合在一起，我们把组成集成学习的算法叫作“个体学习器”。在集成学习器当中，个体学习器都相同，故这些个体学习器可以叫作“基学习器”。

8.2.1 集成学习的思想

集成学习是一种新的学习策略，对于一个复杂的分类问题，通过训练多个分类器，利用这些分类器来解决同一个问题。这样的思想有点类似于“三个臭皮匠赛过诸葛亮”，例如，在医学方面，面对一个新型的或罕见的疾病时，通常会组织多个医学“专家”会诊，通过结合这些“专家”的意见，最终给出治疗方法。在集成学习中，通过学习多个分类器，并结合这些分类器对于同一个样本的预测结果，给出最终的预测结果。

8.2.2 集成学习中的典型方法

在集成学习方法中，其泛化能力比单个学习算法的泛化能力强很多。在集成学习方法中，根据多个分类器学习方式的不同，可以分为 Bagging 算法和 Boosting 算法。

Bagging（Bootstrap Aggregating）算法通过对训练样本有放回的抽取，产生多个训练数据的子集，并在每一个训练集的子集上训练一个分类器，最终分类结果是由多个分类器的分类结果投票产生的。Bagging 算法的整个过程如图 8-1 所示。

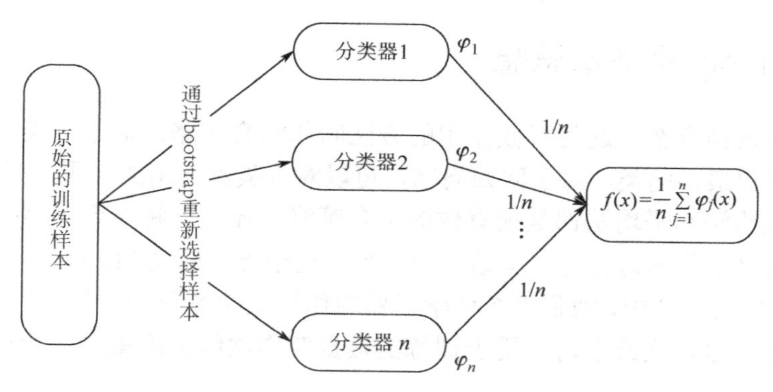

图 8-1 Bagging 算法的过程

在图 8-1 中，对于一个分类问题而言，假设有 n 个分类器，每次通过有放回地从原始数据集中抽取训练样本，然后分别训练这 n 个分类器，即 $\{\varphi_1,\varphi_2,\cdots,\varphi_n\}$，最终，通过组合 n 个分类器的结果作为最终预测结果。

与 Bagging 算法不同，Boosting 算法通过顺序地给训练集中的数据项重新加权创造不同的基础学习器。其核心思想是重复应用一个基础学习器来修改训练数据集，这样在预定数量的迭代下可以产生一系列基础学习器。训练开始时，所有的数据项都被初始化为同一个权重，在初始化后，每次增强的迭代会生成一个适应加权之后训练数据集的基础学习器。每一次迭代的错误率会计算出来，而正确划分的数据项的权重会被降低，相反错误划分的数据项的权重将会增大。Boosting 算法的最终模型是一系列基础学习器的线性组合，并且系数依赖于各个基础学习器的表现。Boosting 算法有很多版本，但是目前使用最广泛的是 AdaBoost 算法和 GBDT 算法。Boosting 算法的整个过程如图 8-2 所示。

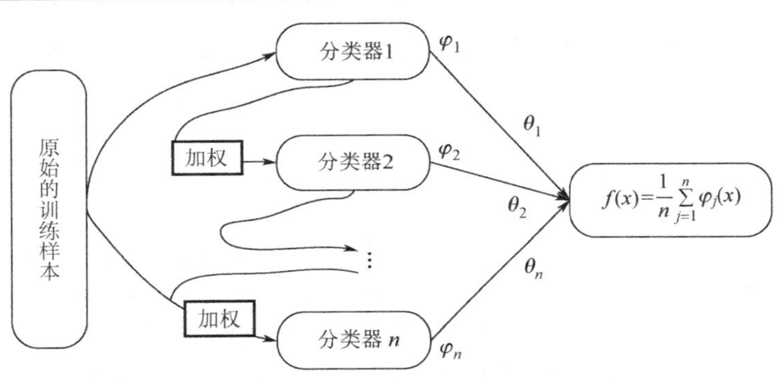

图 8-2　Boosting 算法的整个过程

在图 8-2 中，对于包含 n 个分类器的 Boosting 算法，依次利用训练样本对其进行学习，在每个分类器中，其样本的权重是不一样的，如对于第 $i+1$ 个分类器来讲，第 i 个分类器会对每个样本进行评估，预测错误的样本，其权重会增加，反之，则减小。训练好每一个分类器后，对每一个分类器结果进行线性加权，从而得到最终的预测结果。

8.3　Stacking 学习算法

8.3.1　Stacking 的基本思想

将个体学习器结合在一起的时候使用的方法叫作结合策略。对于分类问题，可以使用投票法来选择输出最多的类。对于回归问题，可以对分类器输出的结果求平均值。

上面说的投票法和平均法都是很有效的结合策略，还有一种结合策略是使用另外一个机器学习算法来将个体学习器的结果结合在一起，这个方法就是 Stacking 学习算法。

在 stacking 学习算法中，我们把个体学习器叫作初级学习器，用于结合的学习器叫作次级学习器或元学习器，次级学习器用于训练的数据叫作次级训练集。次级训练集是在训练集上用初级学习器得到的。

图 8-3 为 Stacking 学习算法。

输入： 训练集 $D=\{(\boldsymbol{x}_1,y_1),(\boldsymbol{x}_2,y_2),\ldots,(\boldsymbol{x}_m,y_m)\}$;
　　初级学习算法 $\mathfrak{L}_1,\mathfrak{L}_2,\ldots,\mathfrak{L}_T$;
　　次级学习算法 $\mathfrak{L}$.

过程：

1: **for** $t=1,2,\ldots,T$ **do**
2: 　$h_t=\mathfrak{L}_t(D)$;
3: **end for**
4: $D'=\varnothing$;
5: **for** $i=1,2,\ldots,m$ **do**
6: 　**for** $t=1,2,\ldots,T$ **do**
7: 　　$z_{it}=h_t(\boldsymbol{x}_i)$;
8: 　**end for**
9: 　$D'=D'\cup((z_{i1},z_{i2},\ldots,z_{iT}),y_i)$;
10: **end for**
11: $h'=\mathfrak{L}(D')$;

输出： $H(\boldsymbol{x})=h'(h_1(\boldsymbol{x}),h_2(\boldsymbol{x}),\ldots,h_T(\boldsymbol{x}))$

图 8-3　Stacking 学习算法

图 8-3 中的过程 1~3 是训练出来的个体学习器，也就是初级学习器。过程 5~9 是使用训练出来的个体学习器得到预测的结果，这个预测结果被当作次级学习器的训练集。过程 11 是用初级学习器预测的结果训练出的次级学习器，得到最后训练的模型。

如果想要预测一个数据输出，只需要把这条数据用初级学习器预测，然后将预测后的结果用次级学习器预测。

8.3.2 Stacking 学习的实现

Stacking 的实现方法是这样的：

（1）用数据集 D 来训练 $h_1,h_2,h_3,\cdots$

（2）用这些训练出来的初级学习器在数据集 D 上进行预测，得到次级训练集。

（3）用次级训练集来训练次级学习器。

但是这样的实现是有很大缺陷的。在原始数据集 D 上训练模型，然后用这些模型在 D 上再进行预测得到的次级训练集肯定是非常好的。会出现过拟合现象。那么，换一种做法：用交叉验证的思想来实现 Stacking 的模型，如图 8-4 所示。

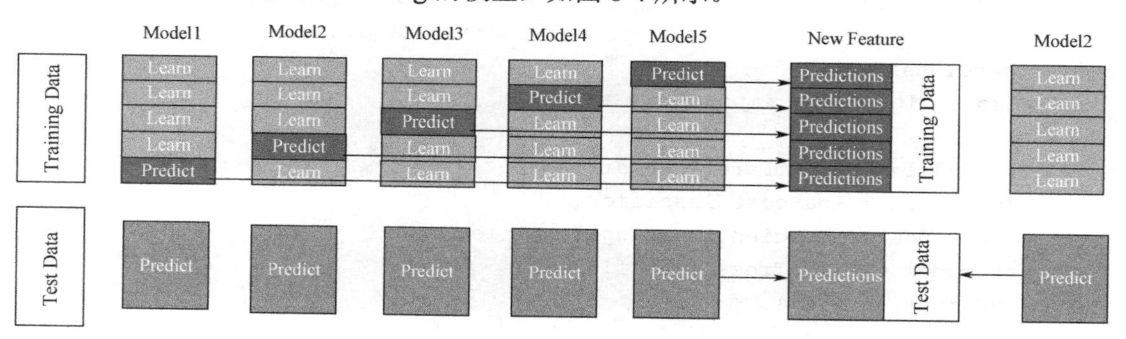

图 8-4　Stacking 模型

次级训练集的构成不是直接由模型在训练集 D 上预测得到的，而是使用交叉验证的方法，将训练集 D 分为 k 份，对于每一份，用剩余数据集训练模型，然后预测出这一份的结果。重复上面步骤，直到每一份都预测出来为止。这样就不会出现上面的过拟合情况了。并且在构造次级训练集的过程中，顺便把测试集的次级数据也构造出来了。

所有的初级训练器都要重复上面的步骤，才能构造出来最终的次级训练集和次级测试集。

1. 构造 Stacking 学习算法

编写一个 Stacking 学习算法，下面是它的实现代码：

```
import numpy as np
from sklearn.model_selection import KFold
def get_stacking(clf, x_train, y_train, x_test, n_folds=10):
    """
    这个函数是stacking的核心，使用交叉验证的方法得到次级训练集
    x_train, y_train, x_test 的值应该为numpy里的数组类型 numpy.ndarray .
    如果输入为pandas的DataFrame类型则会报错"""
```

```
        train_num, test_num = x_train.shape[0], x_test.shape[0]
        second_level_train_set = np.zeros((train_num,))
        second_level_test_set = np.zeros((test_num,))
        test_nfolds_sets = np.zeros((test_num, n_folds))
        kf = KFold(n_splits=n_folds)

        for i,(train_index, test_index) in enumerate(kf.split(x_train)):
            x_tra, y_tra = x_train[train_index], y_train[train_index]
            x_tst, y_tst =  x_train[test_index], y_train[test_index]
            clf.fit(x_tra, y_tra)
            second_level_train_set[test_index] = clf.predict(x_tst)
            test_nfolds_sets[:,i] = clf.predict(x_test)
        second_level_test_set[:] = test_nfolds_sets.mean(axis=1)
        return second_level_train_set, second_level_test_set

    #这里使用5个分类算法，为了体现stacking的思想，就不加参数了
    from sklearn.ensemble import (RandomForestClassifier,
AdaBoostClassifier,
                                GradientBoostingClassifier,
ExtraTreesClassifier)
    from sklearn.svm import SVC

    rf_model = RandomForestClassifier()
    adb_model = AdaBoostClassifier()
    gdbc_model = GradientBoostingClassifier()
    et_model = ExtraTreesClassifier()
    svc_model = SVC()

    #这里使用train_test_split来人为制造一些数据
    from sklearn.datasets import load_iris
    from sklearn.model_selection import train_test_split
    iris = load_iris()
    train_x, test_x, train_y, test_y = train_test_split(iris.data,
iris.target, test_size=0.2)

    train_sets = []
    test_sets = []
    for clf in [rf_model, adb_model, gdbc_model, et_model, svc_model]:
        train_set, test_set = get_stacking(clf, train_x, train_y, test_x)
        train_sets.append(train_set)
        test_sets.append(test_set)

    meta_train = np.concatenate([result_set.reshape(-1,1) for result_set in
train_sets], axis=1)
    meta_test = np.concatenate([y_test_set.reshape(-1,1) for y_test_set in
test_sets], axis=1)
```

```
#使用决策树作为次级分类器
from sklearn.tree import DecisionTreeClassifier
dt_model = DecisionTreeClassifier()
dt_model.fit(meta_train, train_y)
df_predict = dt_model.predict(meta_test)

print(df_predict)
```

运行程序，输出如下：

```
[1 0 0 0 2 0 1 1 1 2 1 0 0 1 1 1 2 0 1 1 1 2 0 2 1 2 2 2 2 2 2]
```

2. 构造 Stacking 类

事实上还可以构造一个 Stacking 类，它拥有 fit 和 predict 方法，代码为：

```
from sklearn.model_selection import KFold
from sklearn.base import BaseEstimator, RegressorMixin, TransformerMixin,
clone
import numpy as np

#分类问题可以使用 ClassifierMixin
class StackingAveragedModels(BaseEstimator, RegressorMixin,
TransformerMixin):
    def __init__(self, base_models, meta_model, n_folds=5):
        self.base_models = base_models
        self.meta_model = meta_model
        self.n_folds = n_folds

    #将原来的模型克隆出来，并且实现fit方法
    def fit(self, X, y):
        self.base_models_ = [list() for x in self.base_models]
        self.meta_model_ = clone(self.meta_model)
        kfold = KFold(n_splits=self.n_folds, shuffle=True,
random_state=156)

        #对于每个模型而言，使用交叉验证的方法来训练初级学习器，并且得到次级训练集
        out_of_fold_predictions = np.zeros((X.shape[0],
len(self.base_models)))
        for i, model in enumerate(self.base_models):
            for train_index, holdout_index in kfold.split(X, y):
                self.base_models_[i].append(instance)
                instance = clone(model)
                instance.fit(X[train_index], y[train_index])
                y_pred = instance.predict(X[holdout_index])
                out_of_fold_predictions[holdout_index, i] = y_pred

        #使用次级训练集来训练次级学习器
```

```
            self.meta_model_.fit(out_of_fold_predictions, y)
            return self

        """在上面的fit方法中，我们已经将训练出来的初级学习器和次级学习器保存下来。
predict的时候只需要用这些学习器构造次级预测数据集并进行预测就可以了
    """
        def predict(self, X):
            meta_features = np.column_stack([
                np.column_stack([model.predict(X) for model in
base_models]).mean (axis=1)
                for base_models in self.base_models_ ])
            return self.meta_model_.predict(meta_features)
```

8.4 随机森林算法

随机森林算法是一种重要的基于 Bagging 的集成学习方法，由一系列决策树组成，它通过自助法（Bootstrap）重采样技术，从原始训练样本集中有放回地重复随机抽取 m 个样本，生成新的训练样本集合，然后根据自助样本集生成 k 个分类树组成随机森林，新数据的分类结果按分类树投票多少而定。其实质是对决策树算法的一种改进，将多棵决策树合并在一起，每棵树的建立依赖于一个独立抽取的样品，森林中的每棵树具有相同的分布，分类误差取决于每棵树的分类能力和它们之间的相关性。特征选择采用随机的方法分裂每一个节点，然后比较不同情况下产生的误差。能够检测到的内在估计误差、分类能力和相关性决定选择特征的数目。单棵树的分类能力可能很小，但在随机产生大量的决策树后，一个测试样品可以统计每一棵树的分类结果，从而选择最可能的分类。

8.4.1 随机森林的特点

（1）随机性。

随机体现在两个方面，生成单棵决策树时，需要进行样本的有放回抽样（自助采样法）；生成单棵决策树时，在每个节点处进行特征的随机抽样。

（2）out-of-bag 估计。

每棵决策树的生成都需要自助采样，这时就会有 1/3 的数据未被选中，这部分数据称为袋外数据。可以根据这部分数据进行森林泛化误差（Breiman 在论文中介绍说，袋外估计的泛化误差近似==测试集大小和训练集大小相同时的测试误差）特征重要性的估计。在代码中实现了泛化误差的估计，特征重要性有时间再补上。（特征重要性的估计通常有两种方法：一是使用 uniform 或 gaussian 抽取随机值替换原特征；二是通过 permutation 的方式将原来所有 N 个样本的第 i 个特征值重新打乱分布。第二种方法更加科学，保证了特征替代值与原特征的分布是近似的。这种方法叫作 permutation test，即在计算第 i 个特征的重要性的时候，将 N 个样本的第 i 个特征重新洗牌，然后比较 D 和表现的差异性。如果差异很大，则表明第 i 个特征是重要的。）

（3）随机森林未用到决策树的剪枝，那么怎样控制模型的过拟合呢？主要通过控制树的深度（max_depth）、节点停止分裂的最小样本数（min_size）等参数。

（4）缺失值处理：缺失值可以分为出现在训练集中、出现在测试集中两种情况。这里写一下最简单的处理方式：

训练集中数据缺失：若样本缺失值为非类别型属性值，则取样本所属 J class 中该属性未缺失值的中值。若为类别型属性值缺失，则从样本所属 J class 中选择该属性最常出现的类别进行填充。

8.4.2 随机森林算法流程

随机森林算法只需要两个参数：构建的决策树的个数 n_{tree} ，在决策树的每个节点进行分裂时需要考虑的输入特征的个数 k ，通常 k 可以取 $\log_2 n$ ，其中 n 表示的是原数据集中特征的个数。单棵决策树的构建可以分为如下步骤：

- 假设训练样本的个数为 m ，则对应每一棵决策树的输入样本的个数都为 m ，且这 m 个样本是通过从训练集中有放回地随机抽取得到的。
- 假设训练样本特征的个数为 n ，则对应每一棵决策树的样本特征是从该 n 个特征中随机挑选 k 个，然后从这 k 个输入特征中选择一个最好的进行分裂。
- 每棵树都一直这样分裂下去，直到该节点的所有训练样例都属于同一类为止。在决策树分裂过程中不需要剪枝。

根据上述过程，利用 Python 实现随机森林的训练过程，在实现随机森林的训练过程时，需要使用到 numpy 中的函数，因此需要导入 numpy 模块：

```
import numpy as np
```

随机森林的构建过程代码如下：

```
def random_forest_training(data_train, trees_num):
    '''构建随机森林
    input:  data_train(list):训练数据
            trees_num(int):分类树的个数
    output: trees_result(list):每一棵树的最好划分
            trees_feature(list):每一棵树中对原始特征的选择
    '''
    trees_result = []  #构建好每一棵树的最好划分
    trees_feature = []
    n = np.shape(data_train)[1]  #样本的维数
    if n > 2:
        k = int(log(n - 1, 2)) + 1 #设置特征的个数
    else:
        k = 1
    #开始构建每一棵树
    for i in xrange(trees_num):
        #1、随机选择m个样本, k个特征
        data_samples, feature = choose_samples(data_train, k)
        #2、构建每一棵分类树
```

```
            tree = build_tree(data_samples)
            #3、保存训练好的分类树
            trees_result.append(tree)
            #4、保存好该分类树使用到的特征
            trees_feature.append(feature)
        return trees_result, trees_feature
```

代码中，函数 random_forest_training 用于构建具有多棵树的随机森林，其中函数的输入 data_train 表示的是训练数据，trees_num 表示的是在随机森林中分类树的数量。在随机森林算法中，随机选择的特征的个数通常为 $k = \log_2 n$，其中 n 表示的是原数据集中特征的个数。

当随机森林中分类树的数量 trees_num 和每一棵树的特征的个数 k 设置完成后，便可以利用训练样本训练随机森林中的每一棵树。在训练每一棵树的过程中，主要有如下几步：

① 从样本集中随机选择 m 个样本中的 k 个特征，其中，m 为原始数据集中的样本个数。

② 利用选择好的只包含部分特征的数据集 data_sample 构建分类树模型。

③ 当训练好 CATR 树后，保存训练好的分类树模型。

④ 保存在该分类树下选择的特征 feature。这一步主要是保证对新的数据集进行预测时，能够从中选择出特征。

实现随机选择样本及特征的代码为：

```
    def choose_samples(data, k):
        '''
        input:  data(list):原始数据集
                k(int):选择特征的个数
        output: data_samples(list):被选择出来的样本
                feature(list):被选择的特征index
        '''
        m, n = np.shape(data)  #样本的个数和样本特征的个数
        #1、选择出k个特征的index
        feature = []
        for j in xrange(k):
            feature.append(rd.randint(0, n - 2))  #n-1列是标签
        #2、选择出m个样本的index
        index = []
        for i in xrange(m):
            index.append(rd.randint(0, m - 1))
        #3、从data中选择出m个样本的k个特征，组成数据集data_samples
        data_samples = []
        for i in xrange(m):
            data_tmp = []
            for fea in feature:
                data_tmp.append(data[index[i]][fea])
            data_tmp.append(data[index[i]][-1])
            data_samples.append(data_tmp)
        return data_samples, feature
```

在程序中，choose_samples 函数的功能是从原始的训练样本 data 中随机选择出 m 个样本，这里的随机选择是指有放回地选择，样本之间是可以重复的，同时这 m 个样本中只保

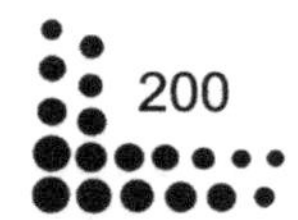

留 k 维特征，用来组成新的样本 data_sample，同时为了能够还原选择出的样本特征，需要保存选择出的特征 feature。在随机选择的过程中，使用到了 random 模块中的 randint 函数，因此需要导入 random 模块。

8.5　随机森林算法实践

前面介绍了随机森林的相关概念和算法，下面直接通过 Python 来实现随机森林的几个实例。

【例 8-1】 利用 Python 实现随机森林的基本功能。

```
from sklearn.tree import DecisionTreeRegressor
from sklearn.ensemble import RandomForestRegressor
import numpy as np
from sklearn.datasets import load_iris

iris=load_iris()
#print iris#iris的4个属性是萼片宽度、萼片长度、花瓣宽度、花瓣长度，标签是花的种类：setosa versicolour virginica
print(iris['target'].shape)
rf=RandomForestRegressor()#这里使用了默认的参数设置
rf.fit(iris.data[:150],iris.target[:150])#进行模型训练

#随机挑选两个预测不相同的样本
instance=iris.data[[100,109]]
print(instance)
rf.predict(instance[[0]])
print('instance 0 prediction; ',rf.predict(instance[[0]]))
print( 'instance 1 prediction; ',rf.predict(instance[[1]]))
print(iris.target[100],iris.target[109])
运行程序，输出如下：
(150,)
[[6.3 3.3 6.  2.5]
 [7.2 3.6 6.1 2.5]]
instance 0 prediction;  [2.]
instance 1 prediction;  [2.]
2 2
------------------
```

【例 8-2】 随机森林分类器、决策树、extra 树分类器 3 种方法的比较。

```
from sklearn.model_selection import cross_val_score
from sklearn.datasets import make_blobs
from sklearn.ensemble import RandomForestClassifier
from sklearn.ensemble import ExtraTreesClassifier
from sklearn.tree import DecisionTreeClassifier
```

```
    X, y = make_blobs(n_samples=10000, n_features=10,
centers=100,random_state=0)

    clf = DecisionTreeClassifier(max_depth=None,
min_samples_split=2,random_state=0)
    scores = cross_val_score(clf, X, y)
    print(scores.mean())

    clf = RandomForestClassifier(n_estimators=10,
max_depth=None,min_samples_split=2, random_state=0)
    scores = cross_val_score(clf, X, y)
    print(scores.mean())

    clf = ExtraTreesClassifier(n_estimators=10,
max_depth=None,min_samples_split=2, random_state=0)
    scores = cross_val_score(clf, X, y)
    print(scores.mean())
```

运行程序，输出如下：

```
    0.9794087938205586
    0.9996078431372549
    0.99989898989899
    -------------------
```

【例 8-3】随机森林回归器（regressor）实现特征选择。

```
    from sklearn.tree import DecisionTreeRegressor
    from sklearn.ensemble import RandomForestRegressor
    import numpy as np
    from sklearn.datasets import load_iris

    iris=load_iris()
    from sklearn.model_selection import cross_val_score, ShuffleSplit
    X = iris["data"]
    Y = iris["target"]
    names = iris["feature_names"]

    rf = RandomForestRegressor()
    scores = []
    for i in range(X.shape[1]):
        score = cross_val_score(rf, X[:, i:i+1], Y, scoring="r2",
                                cv=ShuffleSplit(len(X), 3, .3))
        scores.append((round(np.mean(score), 3), names[i]))
    print(sorted(scores, reverse=True))
```

运行程序，输出如下：

```
    [(0.835, 'petal length (cm)'), (0.761, 'petal width (cm)'), (-0.082, 'sepal
length (cm)'), (-0.65, 'sepal width (cm)')]
    -------------------
```

【例 8-4】演示了如何在训练期间添加每个新树时测量 OOB 错误。得到的图允许从业者接近误差稳定的 n_estimators 的合适值。

```
    import matplotlib.pyplot as plt
    from collections import OrderedDict
    from sklearn.datasets import make_classification
    from sklearn.ensemble import RandomForestClassifier,
ExtraTreesClassifier

    print(__doc__)
    RANDOM_STATE = 123

    #G生成二进制分类数据集
    X, y = make_classification(n_samples=500, n_features=25,
                               n_clusters_per_class=1, n_informative=15,
                               random_state=RANDOM_STATE)

    #注意：将warm_start构造参数设置为True
    #支持并行化集合，但是跟踪OOB是必须的
    #训练期间的错误轨迹。
    ensemble_clfs = [
        ("RandomForestClassifier, max_features='sqrt'",
            RandomForestClassifier(warm_start=True, oob_score=True,
                                   max_features="sqrt",
                                   random_state=RANDOM_STATE)),
        ("RandomForestClassifier, max_features='log2'",
            RandomForestClassifier(warm_start=True, max_features='log2',
                                   oob_score=True,
                                   random_state=RANDOM_STATE)),
        ("RandomForestClassifier, max_features=None",
            RandomForestClassifier(warm_start=True, max_features=None,
                                   oob_score=True,
                                   random_state=RANDOM_STATE))]

    #将分类器名称映射到（<n_estimators>，<error error>）对的列表
    error_rate = OrderedDict((label, []) for label, _ in ensemble_clfs)

    #探索的`n_estimators`值的范围
    min_estimators = 15
    max_estimators = 175

    for label, clf in ensemble_clfs:
        for i in range(min_estimators, max_estimators + 1):
            clf.set_params(n_estimators=i)
            clf.fit(X, y)

            #记录每个`n_estimators = i`设置的OOB错误
```

```
            oob_error = 1 - clf.oob_score_
            error_rate[label].append((i, oob_error))

    #生成“OOB错误率”与“n_estimators”图
    for label, clf_err in error_rate.items():
        xs, ys = zip(*clf_err)
        plt.plot(xs, ys, label=label)

    plt.xlim(min_estimators, max_estimators)
    plt.xlabel("n_estimators")
    plt.ylabel("OOB error rate")
    plt.legend(loc="upper right")
    plt.show()
```

运行程序，其效果如图 8-5 所示。

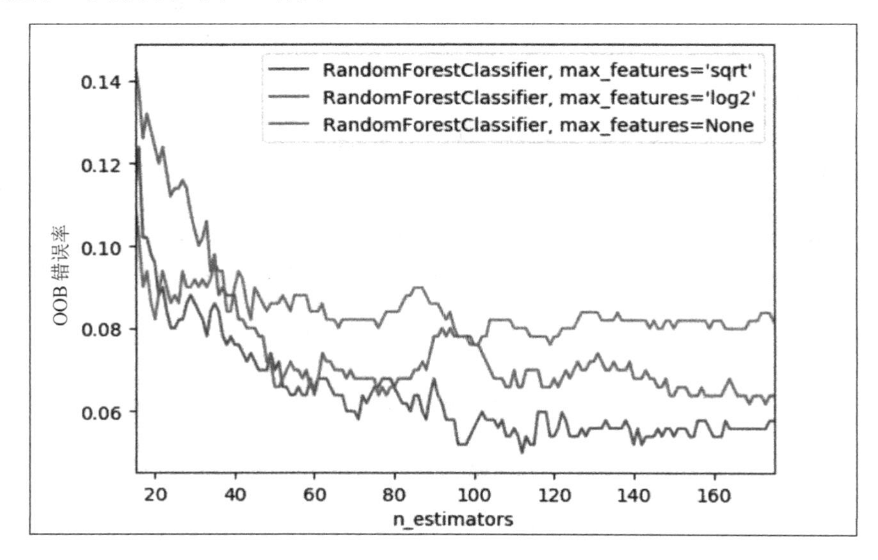

图 8-5　OOB 错误率与 n_estimators 图

【例 8-5】绘制虹膜数据集的特征对上训练的随机森林的决策表面的影响。

```
    import numpy as np
    import matplotlib.pyplot as plt
    from matplotlib.colors import ListedColormap
    from sklearn import clone
    from sklearn.datasets import load_iris
    from sklearn.ensemble import (RandomForestClassifier,
ExtraTreesClassifier,
                              AdaBoostClassifier)
    from sklearn.tree import DecisionTreeClassifier

    #参数
    n_classes = 3
    n_estimators = 30
```

```
cmap = plt.cm.RdYlBu
plot_step = 0.02  #决策曲面轮廓的精细步长
plot_step_coarser = 0.5  #粗分类器猜测的步长
RANDOM_SEED = 13  #在每次迭代中修复种子

#载入数据
iris = load_iris()
plot_idx = 1
models = [DecisionTreeClassifier(max_depth=None),
          RandomForestClassifier(n_estimators=n_estimators),
          ExtraTreesClassifier(n_estimators=n_estimators),
          AdaBoostClassifier(DecisionTreeClassifier(max_depth=3),
                             n_estimators=n_estimators)]

for pair in ([0, 1], [0, 2], [2, 3]):
    for model in models:
        #只采取两个相应的功能
        X = iris.data[:, pair]
        y = iris.target
        #拖曳
        idx = np.arange(X.shape[0])
        np.random.seed(RANDOM_SEED)
        np.random.shuffle(idx)
        X = X[idx]
        y = y[idx]
        #规范
        mean = X.mean(axis=0)
        std = X.std(axis=0)
        X = (X - mean) / std
        #训练
        clf = clone(model)
        clf = model.fit(X, y)
        scores = clf.score(X, y)
        #使用str()并切掉字符串中无用的部分，为每个列和控制台创建一个标题
        model_title = str(type(model)).split(
            ".")[-1][:-2][:-len("Classifier")]

        model_details = model_title
        if hasattr(model, "estimators_"):
            model_details += " with {} estimators".format(
                len(model.estimators_))
        print(model_details + " with features", pair,
              "has a score of", scores)

        plt.subplot(3, 4, plot_idx)
        if plot_idx <= len(models):
```

```
            #在每列的顶部添加标题
            plt.title(model_title)

        #现在使用细网格绘制决策边界作为填充等高线图的输入
        x_min, x_max = X[:, 0].min() - 1, X[:, 0].max() + 1
        y_min, y_max = X[:, 1].min() - 1, X[:, 1].max() + 1
        xx, yy = np.meshgrid(np.arange(x_min, x_max, plot_step),
                             np.arange(y_min, y_max, plot_step))

        #绘制单个DecisionTreeClassifier或alpha混合分类集合的决策表面
        if isinstance(model, DecisionTreeClassifier):
            Z = model.predict(np.c_[xx.ravel(), yy.ravel()])
            Z = Z.reshape(xx.shape)
            cs = plt.contourf(xx, yy, Z, cmap=cmap)
        else:
            #根据正在使用的估算器的数量选择alpha混合级别（注意，如果AdaBoost在早期
达到足够好的适合度，则可以使用比其最大值更小的估算值）
            estimator_alpha = 1.0 / len(model.estimators_)
            for tree in model.estimators_:
                Z = tree.predict(np.c_[xx.ravel(), yy.ravel()])
                Z = Z.reshape(xx.shape)
                cs = plt.contourf(xx, yy, Z, alpha=estimator_alpha,
cmap=cmap)

        #构建一个较粗糙的网格来绘制一组集合分类，以显示它们与我们在决策表面中看到的
不同。这些点没有黑色轮廓
        xx_coarser, yy_coarser = np.meshgrid(
            np.arange(x_min, x_max, plot_step_coarser),
            np.arange(y_min, y_max, plot_step_coarser))
        Z_points_coarser = model.predict(np.c_[xx_coarser.ravel(),
                                         yy_coarser.ravel()]
                                         ).reshape(xx_coarser.shape)
        cs_points = plt.scatter(xx_coarser, yy_coarser, s=15,
                                c=Z_points_coarser, cmap=cmap,
                                edgecolors="none")
        #绘制训练点，这些点聚集在一起并具有黑色轮廓
        plt.scatter(X[:, 0], X[:, 1], c=y,
                    cmap=ListedColormap(['r', 'y', 'b']),
                    edgecolor='k', s=20)
        plot_idx += 1  #按顺序进入下一个情节
plt.suptitle("Classifiers on feature subsets of the Iris dataset")
plt.axis("tight")
plt.show()
```

运行程序，其效果如图 8-6 所示。

用图 8-6 比较决策树分类器（第一列）、随机森林分类器（第二列）、外树分类器（第三列）和 AdaBoost 分类器（第四列）学习的决策表面。

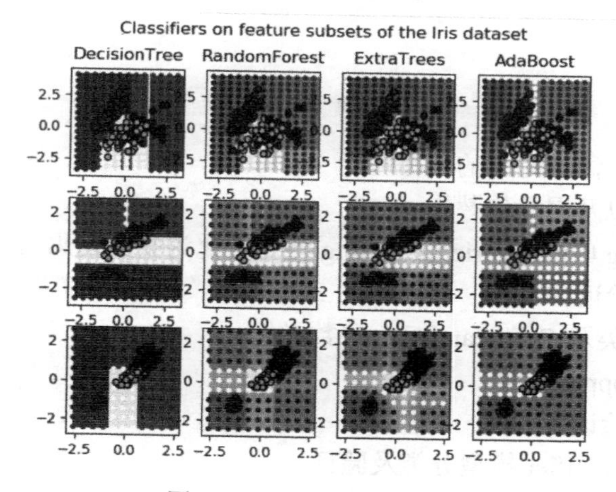

图 8-6 几种分类器比较图

在第一行中，分类器仅使用萼片宽度和萼片长度特征构建，仅使用花瓣长度和萼片长度在第二行上构建，并且仅使用花瓣宽度和花瓣长度在第三行上构建。

按照质量的降序，当使用 30 个估算器对所有 4 个特征进行训练（在此示例之外）并使用 10 倍交叉验证进行评分时，可以看到：

```
    DecisionTree with features [0, 1] has a score of 0.9266666666666666
    RandomForest with 30 estimators with features [0, 1] has a score of
0.9266666666666666
    ExtraTrees with 30 estimators with features [0, 1] has a score of
0.9266666666666666
    AdaBoost with 30 estimators with features [0, 1] has a score of 0.84
    DecisionTree with features [0, 2] has a score of 0.9933333333333333
    RandomForest with 30 estimators with features [0, 2] has a score of
0.9933333333333333
    ExtraTrees with 30 estimators with features [0, 2] has a score of
0.9933333333333333
    AdaBoost with 30 estimators with features [0, 2] has a score of
0.9933333333333333
    DecisionTree with features [2, 3] has a score of 0.9933333333333333
    RandomForest with 30 estimators with features [2, 3] has a score of
0.9933333333333333
    ExtraTrees with 30 estimators with features [2, 3] has a score of
0.9933333333333333
    AdaBoost with 30 estimators with features [2, 3] has a score of
0.9933333333333333
```

8.6 美国人口普查的例子

本节主要使用 xgboost、RandomForestClassifier 算法，利用美国 1994 年人口普查数据，计算居民年收入是否超过 50k（即 5 万美元，为编程及叙述方便，以下简称 50k 或 50k 问题）

的分类问题。

主要内容如下：

（1）数据预处理。

- 数据信息查看，添加对应的列标签。
- 缺失值处理，以及属性值替换。
- Ordinal Encoding to Categoricals（string 特征转化为整数编码）。

（2）模型训练及验证。

- xgboost 算法分类及 GridSearchCV 参数寻优。
- xgboost early stopping CV。
- 测试集准确率验证。
- RandomForestClassifier 模型分类及验证。

数据集的下载地址为 https://archive.ics.uci.edu/ml/datasets/Adult、https://archive.ics.uci.edu/ml/machine-learning-databases/adult/。

8.6.1 数据预处理

1. 数据描述

该数据从美国 1994 年人口普查数据库抽取而来，可以用来预测居民收入是否超过 50k/年。该数据集类别型变量为年收入是否超过 50k，属性变量包含年龄、工种、学历、职业、人种等重要信息。值得一提的是，14 个属性变量中有 1 个类别型变量。数据集各属性如表 8-1 所示。其中序号 0~13 是属性，14 是类别。

表 8-1 数据集

序 号	字 段 名	含 义	类 别
0	age	年龄	double
1	workclass	工作类型*	string
2	fnlwgt	工作阶层	string
3	education	教育程度*	string
4	education_num	受教育时间	double
5	maritial_status	婚姻状况*	string
6	occupation	职业*	string
7	relationship	关系*	string
8	race	种族*	string
9	sex	性别*	string
10	capital_gain	资本收益	string
11	capital_loss	资本损失	string
12	hourse_per_week	每周工作小时数	double
13	native_country	原籍*	string
14(label)	income	收入	string

注：*表示数据集中必填项。

2. 载入数据

通过以下代码实现数据的载入：

```
    import numpy as np
    import pandas as pd
    train_set =
pd.read_csv('http://archive.ics.uci.edu/ml/machine-learning-databases/adult/
adult.data', header = None)
    test_set =
pd.read_csv('http://archive.ics.uci.edu/ml/machine-learning-databases/adult/
adult.test',
                    skiprows = 1, header = None) #确保跳过测试集的一行
    print(train_set.head())
```

运行程序，得到前 5 行训练数据，如图 8-7 所示。

```
C:\WINDOWS\SYSTEM32\cmd.exe
   0                 1       2          3   4  ...    10  11  12              13     14
0  39         State-gov   77516  Bachelors  13  ...  2174   0  40   United-States  <=50K
1  50  Self-emp-not-inc   83311  Bachelors  13  ...     0   0  13   United-States  <=50K
2  38           Private  215646    HS-grad   9  ...     0   0  40   United-States  <=50K
3  53           Private  234721       11th   7  ...     0   0  40   United-States  <=50K
4  28           Private  338409  Bachelors  13  ...     0   0  40            Cuba  <=50K

[5 rows x 15 columns]

------------------
(program exited with code: 0)
请按任意键继续. . .
```

图 8-7 训练数据的前 5 行

得到前 5 行测试数据，如图 8-8 所示。

```
C:\WINDOWS\SYSTEM32\cmd.exe
   0          1       2             3   4  ...    10  11  12              13      14
0  25   Private  226802          11th   7  ...     0   0  40   United-States  <=50K.
1  38   Private   89814       HS-grad   9  ...     0   0  50   United-States  <=50K.
2  28 Local-gov  336951    Assoc-acdm  12  ...     0   0  40   United-States   >50K.
3  44   Private  160323  Some-college  10  ...  7688   0  40   United-States   >50K.
4  18         ?  103497  Some-college  10  ...     0   0  30   United-States  <=50K.

[5 rows x 15 columns]

------------------
(program exited with code: 0)
请按任意键继续. . .
```

图 8-8 测试数据的前 5 行

从上面结果可注意到一些问题：

- 数据没有列标题。
- 在需要处理的测试集的第 5 行（问号）中似乎存在一些未知值。
- 目标值在测试集中具有句点，但不在训练集中（<= 50K。对应≤50K）。

根据附带的数据集描述，我们可以看到列名称。把它们放进训练集并先测试一下。

```
    col_labels = ['age', 'workclass', 'fnlwgt', 'education', 'education_num',
```

```
'marital_status', 'occupation',
                  'relationship', 'race', 'sex', 'capital_gain',
'capital_loss', 'hours_per_week', 'native_country',
                 'wage_class']
       #将这些应用于两个数据帧
       train_set.columns = col_labels
       test_set.columns = col_labels
       #接下来，检查一下pandas是否识别出任何缺失值
       print(train_set.info())
```

输出如下：

```
<class 'pandas.core.frame.DataFrame'>
RangeIndex: 32561 entries, 0 to 32560
Data columns (total 15 columns):
age               32561 non-null int64
workclass          32561 non-null object
fnlwgt            32561 non-null int64
education          32561 non-null object
education_num      32561 non-null int64
marital_status     32561 non-null object
occupation         32561 non-null object
relationship       32561 non-null object
race              32561 non-null object
sex               32561 non-null object
capital_gain       32561 non-null int64
capital_loss       32561 non-null int64
hours_per_week     32561 non-null int64
native_country     32561 non-null object
wage_class         32561 non-null object
dtypes: int64(6), object(9)
memory usage: 3.7+ MB
None
------------------

print(test_set.info())
```

输出如下：

```
<class 'pandas.core.frame.DataFrame'>
RangeIndex: 16281 entries, 0 to 16280
Data columns (total 15 columns):
age               16281 non-null int64
workclass          16281 non-null object
fnlwgt            16281 non-null int64
education          16281 non-null object
education_num      16281 non-null int64
marital_status     16281 non-null object
occupation         16281 non-null object
relationship       16281 non-null object
```

```
race              16281 non-null object
sex               16281 non-null object
capital_gain      16281 non-null int64
capital_loss      16281 non-null int64
hours_per_week    16281 non-null int64
native_country    16281 non-null object
wage_class        16281 non-null object
dtypes: int64(6), object(9)
memory usage: 1.9+ MB
None
```

3. 缺失值处理

训练集及测试集中的缺失值都是用?替换的，首先将其移除：

```
print(train_set.replace(' ?', np.nan).dropna().shape )
(30162, 15)
print(test_set.replace(' ?', np.nan).dropna().shape)
(15060, 15)
#这些必须是丢失的行，因此将此更改应用于测试集和训练集。
train_nomissing = train_set.replace(' ?', np.nan).dropna()
test_nomissing = test_set.replace(' ?', np.nan).dropna()
```

4. 值替换

现在已经处理了缺失值问题，仍然存在一个问题，即目标收入阈值在测试与训练中的编码略有不同。我们需要这些匹配得恰当，因此需要修复测试集或训练集以使它们匹配。用'<= 50K'替换所有'<= 50K.'，用'> 50K'代替'> 50K.'，所以基本上只是放弃了句号。也用空格编码，所以在字符串中包含它。 我们可以使用 pandas 中的 replace 方法来解决这个问题。

```
test_nomissing['wage_class'] = test_nomissing.wage_class.replace({'
<=50K.': ' <=50K', ' >50K.':' >50K'})
print(test_nomissing.wage_class.unique())
[' <=50K' ' >50K']
print(train_nomissing.wage_class.unique())
[' <=50K' ' >50K']
print(test_set.wage_class.unique())
[' <=50K.' ' >50K.']
print(train_set.wage_class.unique())
[' <=50K' ' >50K']
```

5. 查看列属性和类别的关系

可以查看一下，教育程度和类别（年收入>=50K 的关系，一般来说，学历越高，年收入高的概率越大）：

```
print (train_set.education.unique())
```

输出如下，教育程度有如下几种：

```
[' Bachelors' ' HS-grad' ' 11th' ' Masters' ' 9th' ' Some-college'
```

```
    ' Assoc-acdm' ' 7th-8th' ' Doctorate' ' Assoc-voc' ' Prof-school'
    ' 5th-6th' ' 10th' ' Preschool' ' 12th' ' 1st-4th']
    print (pd.crosstab(train_set['wage_class'], train_set['education'],
rownames=['wage_class']))
```

教育程度和类别的关系输出如下：

```
    education    10th   11th   12th   1st-4th   5th-6th   7th-8th   9th  \
    wage_class
     <=50K        761    989    348     145       276       522     430
     >50K          59     59     29       6        12        35      25
    ......................................
    education    Masters   Preschool   Prof-school   Some-college
    wage_class
     <=50K         709         45          136          5342
     >50K          918          0          406          1336
```

我们可以看到，Masters（研究生）的>=50K 的比例较高，而 Preschool（没有上过学）的基本没有>=50K 的。

6. 分类编码的序数编码

字符串类型转化为数值类型，为了保证测试集和训练集的 encoding 类型一致，首先将两个表合并，编码完成之后，再分开到原始的表中：

```
    combined_set = pd.concat([train_set, test_set], axis=0)
```

合并完成将表中的 object 数据转化为 int 类型：

```
    for feature in combined_set.columns:
        if combined_set[feature].dtype == 'object':
            combined_set[feature] =
pd.Categorical(combined_set[feature]).codes
```

将数据转到原有的训练集及测试集中：

```
    train_set = combined_set[:train_set.shape[0]]
    test_set = combined_set[train_set.shape[0]:]
    可以看下，education及wage_class的编码：
    print (train_set.education.unique())
    [ 9 11  1 12  6 15  7  5 10  8 14  4  0 13  2  3]
    print (train_set.wage_class.unique())
    [0 1]
```

8.6.2 模型训练及验证

1. xgboost 算法分类及 GridSearchCV 参数寻优

（1）生成训练集及测试集：

```
    y_train = train_set.pop('wage_class')
    y_set = test_set.pop('wage_class')
    return train_set, y_train, test_set, y_set
```

（2）xgboost 结合 GridSearchCV 参数寻优：

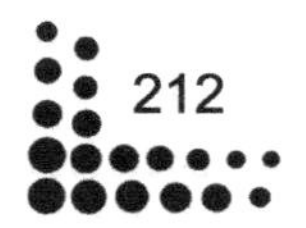

```
    def train_validate(X_train, Y_train, X_test, Y_test):
        cv_params = {'max_depth': [3, 5, 7], 'min_child_weight': [1, 3, 5]}
        ind_params = {'learning_rate': 0.1, 'n_estimators': 1000, 'seed': 0,
                      'subsample': 0.8, 'colsample_bytree': 0.8,
                      'objective': 'binary:logistic'}
        import os
        mingw_path='C:/Program
Files/mingw-w64/x86_64-6.2.0-posix-seh-rt_v5-rev1/mingw64/bin'
        os.environ['PATH'] = mingw_path + ';' + os.environ['PATH']
        print os.environ['PATH'].count(mingw_path)
        from xgboost import XGBClassifier

        optimized_GBM = GridSearchCV(XGBClassifier(**ind_params),
                                     cv_params,
                                     scoring='accuracy', cv=5, n_jobs=-1)
```

（3）使用 5-fold cross-validation，查看最佳参数：

```
    optimized_GBM.fit(X_train, Y_train)
    print (optimized_GBM.best_params)_

    for params, mean_score, scores in optimized_GBM.grid_scores_:
        print("%0.3f (+/-%0.03f) for %r"
              % (mean_score, scores.std() * 2, params))
```

运行程序，输出如下：

```
    {'max_depth': 3, 'min_child_weight': 5}

    0.867 (+/-0.005) for {'max_depth': 3, 'min_child_weight': 1}
    0.867 (+/-0.007) for {'max_depth': 3, 'min_child_weight': 3}
    0.867 (+/-0.006) for {'max_depth': 3, 'min_child_weight': 5}
    0.862 (+/-0.006) for {'max_depth': 5, 'min_child_weight': 1}
    0.860 (+/-0.005) for {'max_depth': 5, 'min_child_weight': 3}
    0.862 (+/-0.005) for {'max_depth': 5, 'min_child_weight': 5}
    0.856 (+/-0.007) for {'max_depth': 7, 'min_child_weight': 1}
    0.855 (+/-0.006) for {'max_depth': 7, 'min_child_weight': 3}
    0.857 (+/-0.006) for {'max_depth': 7, 'min_child_weight': 5}
```

（4）预测测试数据：

```
    Y_pred = optimized_GBM.predict(X_test)
    print (classification_report(Y_test, Y_pred))
```

运行程序，输出如下：

```
     precision   recall  f1-score   support
           0       0.90      0.94      0.91     11360
           1       0.77      0.66      0.71      3700
    avg / total       0.86      0.87      0.87     15060
```

（5）接下来，在最优参数{ ‘max_depth’ : 3, ‘min_child_weight’ : 1}条件下调整 learning_rate 及 subsample：

```
    cv_params = {'learning_rate': [0.1, 0.05, 0.01], 'subsample': [0.7, 0.8,
```

```
0.9]}
        ind_params = {'max_depth': 3, 'n_estimators': 1000, 'seed':
0,'min_child_weight': 1, 'colsample_bytree': 0.8, 'objective':
'binary:logistic'}
```

运行程序，输出如下：

```
        {'subsample': 0.8, 'learning_rate': 0.05}
        0.866 (+/-0.005) for {'subsample': 0.7, 'learning_rate': 0.1}
        ..................
        0.868 (+/-0.005) for {'subsample': 0.7, 'learning_rate': 0.05}
        0.869 (+/-0.006) for {'subsample': 0.8, 'learning_rate': 0.05}
        ..................
        0.860 (+/-0.006) for {'subsample': 0.9, 'learning_rate': 0.01}
                    precision    recall  f1-score   support
                0       0.89      0.94      0.91     11360
                1       0.77      0.66      0.71      3700
        avg / total       0.86      0.87      0.86     15060
```

可以看到在{‘max_depth’: 3, ‘min_child_weight’: 1}条件下，{‘subsample’: 0.8, ‘learning_rate’: 0.05}为最佳参数（当然，如果感兴趣，你也可以再做更多的参数组合）。

2. xgboost early stopping CV 防止过拟合

（1）接下来使用上面的参数，并使用 xgboost 原生参数，代码为：

```
        #训练集使用xgboost原生的形式（性能的提升）
        xgdmat = xgb.DMatrix(train_set, y_train)

        our_params = {'eta': 0.05, 'seed':0, 'subsample': 0.8, 'colsample_bytree':
0.8,
                    'objective': 'binary:logistic', 'max_depth': 3,
'min_child_weight': 1}
        cv_xgb = xgb.cv(params=our_params, dtrain=xgdmat, num_boost_round=3000,
nfold=5,
                    metrics=['error'],
                early_stopping_rounds=100)  # Look for early stopping that
minimizes error)
        #查看输出结果，后五行：
        print (cv_xgb.tail(5))
```

运行程序，输出如下：

```
        test-error-mean      test-error-std    train-error-mean
train-error-std
        598         0.131225         0.004856          0.121859          0.001241
        599         0.131291         0.004765          0.121842          0.001190
        600         0.131125         0.004791          0.121875          0.001181
        601         0.131125         0.004787          0.121875          0.001222
        602         0.131092         0.004846          0.121834          0.001246
```

（2）使用 XG 模型对象，可以使用内置方法绘制要素重要性：

```
        final_gb = xgb.train(our_params, xgdmat, num_boost_round=602)
```

```
xgb.plot_importance(final_gb)
plt.show()
```

运行程序，效果如图 8-9 所示。

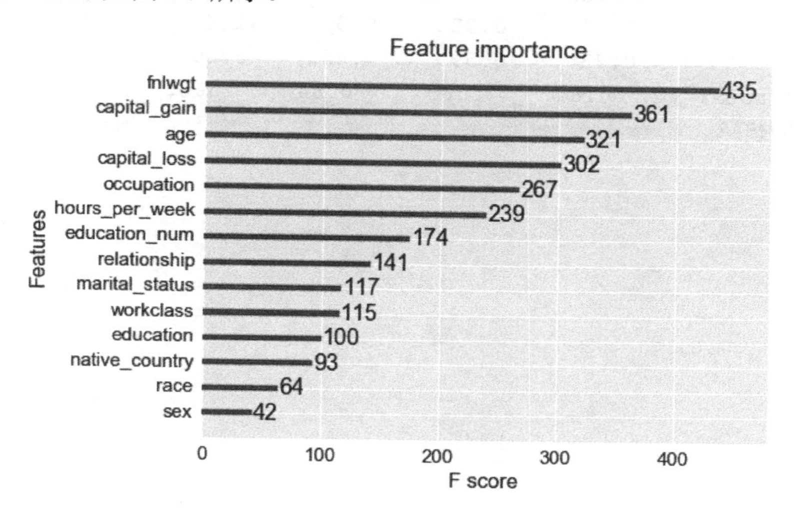

图 8-9 要素重要性比较图

可见，capital_gain 的影响因数最大（一般有资本收益的，往往收入会比较高），这点比较符合常识。

3. 测试集准确率验证

```
testdmat = xgb.DMatrix(test_set)
y_pred = final_gb.predict(testdmat)
print(y_pred)
[ 0.00376732  0.22359528  0.29395726 ...,  0.81296259  0.17736618
  0.79582822]

y_pred[y_pred > 0.5] = 1
y_pred[y_pred <= 0.5] = 0
print (classification_report(y_pred, y_set))
precision     recall  f1-score   support
       0.0       0.94      0.89      0.91     12059
       1.0       0.64      0.78      0.70      3001
avg / total       0.88      0.87      0.87     15060
```

4. RandomForestClassifier 模型分类及验证

实现模型分类及验证的代码如下，没有做任何参数调优：

```
def rfc_fit_test(X_train, X_test, Y_train, Y_test):
    from sklearn.ensemble import RandomForestClassifier
    rf = RandomForestClassifier(n_jobs=4)
    rf.fit(X_train, Y_train)
    Y_pred = rf.predict(X_test)
```

```
    print(classification_report(Y_test, Y_pred))
```

运行程序，输出如下：

```
                  precision    recall  f1-score   support
          0       0.87      0.93      0.90     11360
          1       0.73      0.59      0.65      3700
avg / total       0.84      0.85      0.84     15060
识别率为84%
```

第 9 章　人工神经网络

受生物学的启发，人工神经网络由一系列简单的单元相互紧密联系构成，每个单元有一定数量的实数输入和唯一的实数输出。神经网络的一个重要用途就是接收和处理传感器产生的复杂的输入并进行自适应性学习。人工神经网络算法模拟生物神经网络，是一种模式匹配算法，通常用于解决分类和回归问题中。

人工神经网络是机器学习的一个庞大分支，有几百种不同的算法。常见的人工神经网络算法包括感知机神经网络、BP 神经网络、Hopfield 网络、自组织映射（SOM）网络、学习矢量量化（LVQ）网络等。

9.1　感知机模型

感知机是一种线性分类器，用于二类分类问题。感知机将每一个实例分类为正类（取值为+1）和负类（取值为-1）。感知机的物理意义是：将输入空间（特征空间）划分为正、负两类的分离超平面。

9.1.1　感知机的定义

设特征空间为 $X \in R^n$，输出空间为 $y = \{+1, -1\}$。输入 $\vec{x} \in X$ 为特征空间的点；输出 $y \in Y$ 为实例的类别。

定义函数：$f(\vec{x}) = \text{sign}(\vec{w} \cdot \vec{x} + b)$ 为感知机。其中，$\vec{w} \in R^n$ 为权重列向量，$b \in R$ 为偏置，$\cdot$ 为向量内积，$\vec{w}, b$ 为感知机的模型参数。sign(x)为示性函数，定义为：

$$\text{sign}(x) = \begin{cases} +1 & (x \geqslant 0) \\ -1 & (x < 0) \end{cases}$$

由于方程 $\vec{w} \cdot \vec{x} + b$=0 给出了一个超平面，因此感知机对应特征空间 R^n 上的一个超平面 S。$\vec{w}$ 是超平面 S 的法向量，b 是超平面的截距。超平面 S 将特征空间划分为两部分，因此超平面 S 也称为分离超平面：

- 超平面 S 上方的点判断为正类。
- 超平面 S 下方的点判断为负类。

9.1.2 感知机的学习策略

给定数据集：

$T=\{(\vec{x}_1,y_1),(\vec{x}_2,y_2),\cdots,(\vec{x}_N,y_N)\}$， $\vec{x}_i\in X\subseteq R^n$， $y_i\in Y=\{+1,-1\},i=1,2,\cdots,N$

如果存在某个超平面 S： $\vec{w}\cdot\vec{x}+b=0$，使得对数据集中的每一个实例 $(\vec{x}_i,y_i)$ 有 $(\vec{w}\cdot\vec{x}_i+b)y_i>0$，则称数据集 T 为线性可分数据集。线性可分意味着将数据集中的正实例点与负实例点完全、正确地划分到超平面的两侧。

定义感知机的损失函数为：误分类点到超平面 S 的总距离。虽然也可以将损失函数定义成误分类点的总数，但这种定义不是 $\vec{w},b$ 的连续可导函数，不容易优化，所以采用总距离。

- 对正确分类的样本点 $(\vec{x}_i,y_i)$，有 $(\vec{w}\cdot\vec{x}_i+b)y_i>0$。
- 对误分类的样本点 $(\vec{x}_i,y_i)$，有 $(\vec{w}\cdot\vec{x}_i+b)y_i<0$。

任取一个误分类的样本点 $(\vec{x}_i,y_i)$，则 $\vec{x}_i$ 距离超平面的距离为

$$\frac{1}{\|\vec{w}\|_2}|\vec{w}\cdot\vec{x}_i+b|$$

其中，$\|\vec{w}\|_2$ 为 $\vec{w}$ 的 L_2 范数。

考虑到 $|y_i|=1$ 及对误分类点有 $(\vec{w}\cdot\vec{x}_i+b)y_i<0$，因此上式等于：

$$\frac{-y_i(\vec{w}\cdot\vec{x}_i+b)}{\|\vec{w}\|_2}$$

如果不考虑 $\frac{1}{\|\vec{w}\|_2}$（因为感知机要求训练数据集线性可分，最终误分类点数量为零，此时损失函数为零。即使考虑分母，也是零。如果训练数据集线性不可分，则感知机算法无法收敛），则得到感知机学习的损失函数的最终形式：

$$L(\vec{w},b)=-\sum_{\vec{x}_i\in M}y_i(\vec{w}\cdot\vec{x}_i+b)$$

式中，M 为误分类点的集合。它隐式地与 $\vec{w},b$ 相关，因为 $\vec{w},b$ 优化导致误分类点减少而使得 M 收缩。感知机的学习策略就是损失函数最小化。

从损失函数的定义可以得出损失函数的性质如下。

- 如果没有误分类点，则损失函数值为 0，因为 $M=\varphi$。
- 误分类点越少或误分类点距离超平面 S 越近，则损失函数值 L 越小。
- 对于特定的样本点，其损失如下：
  ◎如果正确分类，则损失为 0。
  ◎如果误分类，则损失为 $\vec{w},\boldsymbol{b}$ 的线性函数。
- 给定训练数据集 T，损失函数 $L(\vec{w},\boldsymbol{b})$ 是 $\vec{w},b$ 的连续可导函数。

9.1.3 感知机学习算法

最优化问题：给定数据集 $T=\{(x_1,y_1),(x_2,y_2),\cdots,(x_N,y_N)\}$（其中，$x_i\in X=R^n$，$y_i\in Y=\{-1,+1\}$，$i=1,2,\cdots,N$），求参数 $\vec{w},b$，使其成为损失函数的解（M 为误分类的集合）：

$$\min_{\vec{w},b} L(\vec{w},b)=-\min_{\vec{w},b}\left[-\sum_{\vec{x}_i\in M} y_i(\vec{w}_i\cdot\vec{x}_i+b)\right] \tag{9-1}$$

1. 感知机学习的原始形式

感知机学习是误分类驱动的，具体采用随机梯度下降法。首先，任意选定 $\vec{w}_0$、b_0，然后用梯度下降法不断极小化目标函数，即式（9-1）所示，极小化的过程不是一次性的把 M 中的所有误分类点梯度下降，而是一次随机选取一个误分类点使其梯度下降。

假设误分类集合 M 是固定的，那么损失函数 $L(\vec{w},b)$ 的梯度由式（9-2）和式（9-3）给出：

$$\nabla_{\vec{w}}L(\vec{w},b)=-\sum_{\vec{x}_i\in M}(\vec{x}_i\cdot y_i) \tag{9-2}$$

$$\nabla_{b}L(\vec{w},b)=-\sum_{\vec{x}_i\in M}y_i \tag{9-3}$$

随机选取一个误分类点 $(\vec{x}_i,y_i)$，对 $\vec{w}_i,b$ 进行更新：

$$\vec{w}=\vec{w}+\eta y_i\vec{x}_i \tag{9-4}$$

$$b=b+\eta y_i \tag{9-5}$$

式中，η（$0\leqslant\eta\leqslant1$）是步长，在统计学中称为学习速率。步长越长，梯度下降的速度越快，更能接近极小点。如果步长过长，有可能导致跨过极小点，从而导致函数发散；如果步长过短，有可能会耗很长时间才能达到极小点。

下面给出感知机学习算法的原始形式：

输入：$T=\{(x_1,y_1),(x_2,y_2),\cdots,(x_N,y_N)\}$（其中 $x_i\in X=R^n$，$y_i\in Y=\{-1,+1\}$，$i=1,2,\cdots,N$，学习速率为 η）。

输出：$\vec{w},b$；感知机模型 $f(x)=\mathrm{sign}(\vec{w}\cdot\vec{x}+b)$。

（1）初始化 $\vec{w}_0,b_0$。

（2）在训练数据集中选取 $(\vec{x}_i,y_i)$。

（3）如果 $y_i(\vec{w}\cdot\vec{x}_i+b)\leqslant 0$，即

$$\begin{cases}\vec{w}\leftarrow\vec{w}+\eta y_i\vec{x}_i\\ b\leftarrow b+\eta y_i\end{cases}$$

（4）转至（2）。

当一个实例点被误分类时，调整 $\vec{w},b$，使分离超平面向该误分类点的一侧移动，以减小该误分类点与超平面的距离，直至超越该点被正确分类为止。

【例 9-1】对于训练数据集，其中正例点是 $\vec{x}_1=(3,3)^{\mathrm{T}}$，$\vec{x}_2=(4,3)^{\mathrm{T}}$，负例点为 $\vec{x}_3=(1,1)^{\mathrm{T}}$，用感知机学习算法的原始形式求感知机模型 $f(x)=(\vec{w}\cdot\vec{x}+b)$。这里 $\vec{w}=(\vec{w}^{(1)},\vec{w}^{(2)})$，

$\vec{x}=(\vec{x}^{(1)},\vec{x}^{(2)})^{\mathrm{T}}$ 。

解：构建最优化问题：

$$\min_{\vec{w},b} L(\vec{w},b)=-\sum_{\vec{x}_i\in M} y_i(\vec{w}_i\cdot\vec{x}_i+b)$$

按照算法求解 $\vec{w},b$ ，$\eta=1$：

（1）取初值 $\vec{w}_0=0$，$b_0=0$。

（2）（3,3）*（0+0）+0=0 未被正确分类，更新 $\vec{w},b$

$$\vec{w}_1=\vec{w}_0+1*y_1\cdot\vec{x}_1=(0,0)^{\mathrm{T}}+1*(3,3)^{\mathrm{T}}=(3,3)^{\mathrm{T}}$$
$$b_1=b_0+y_1=1$$

得到线性模型 $\vec{w}_1+b_1=3\vec{x}^{(1)}+3\vec{x}^{(2)}+1$。

（3）返回步骤（2）继续寻找 $y_i(\vec{w}_i\cdot\vec{x}_i+b)\leqslant 0$ 的点，更新 $\vec{w},b$，直到所有点的 $y_i(\vec{w}_i\cdot\vec{x}_i+b)>0$ 为止，此时没有误分类点，损失函数达到最小。

分离超平面为 $\vec{x}^{(1)}+\vec{x}^{(2)}-3=0$ 。

感知机模型为 $f(x)=\mathrm{sign}(\vec{x}^{(1)}+\vec{x}^{(2)}-3)$ 。

在迭代过程中，出现 $y_i(\vec{w}_i\cdot\vec{x}_i+b)=2$，此时，取任意一点，均会使其小于 0，不同的取值顺序会导致最终的结果不同，因此解并不是唯一的。为了得到唯一的超平面，需要对分离超平面增加约束条件，这就是支持向量机的想法。

实现的 Python 代码为：

```
import os
import sys
#训练集和参数的大小是固定的
training_set = []
w = []
b = 0
lens = 0
n = 0
#使用随机梯度下降更新参数
def update(item):
    global w, b, lens, n
    for i in range(lens):
        w[i] = w[i] + n * item[1] * item[0][i]
    b = b + n * item[1]
    print (w, b) #可以取消注释这一行来检查随机梯度下降的过程

#计算“函数”与决策表面之间的功能距离
def cal(item):
    global w, b
    res = 0
    for i in range(len(item[0])):
        res += item[0][i] * w[i]
    res += b
```

```
        res *= item[1]
        return res

    #检查超平面是否可以正确分类示例
    def check():
        flag = False
        for item in training_set:
            if cal(item) <= 0:
                flag = True
                update(item)
        if not flag: #False
            print ("RESULT: w: " + str(w) + " b: "+ str(b))
            tmp = ''
            for keys in w:
                tmp += str(keys) + ' '
            tmp = tmp.strip()
            modelFile.write(tmp + '\n')
            modelFile.write(str(b) + '\n')
            modelFile.write(str(lens) + '\n')
            modelFile.write(str(n) + '\n')
            modelFile.close()
            os._exit(0)
        flag = False

    if __name__=="__main__":
        if len(sys.argv) != 4:
            print ("Usage: python perceptron.py n trainFile modelFile")
            exit(0)
        n = float(sys.argv[1])
        trainFile = file(sys.argv[2])
        modelFile= file(sys.argv[3], 'w')
        lens = 0
        for line in trainFile:
            chunk = line.strip().split(' ')
            lens = len(chunk) - 1
            tmp_all = []
            tmp = []
            for i in range(1, lens+1):
                tmp.append(int(chunk[i]))
            tmp_all.append(tmp)
            tmp_all.append(int(chunk[0]))
            training_set.append(tmp_all)
        trainFile.close()
        for i in range(lens):
            w.append(0)
```

```
    for i in range(1000):
        check()
    print ("The training_set is not linear separable. ")
```

2. 感知机学习的对偶形式

对偶形式的基本想法是：将 $\vec{w},b$ 表示成实例 $\vec{x}_i$ 和标记 y_i 的线性组合形式，通过求解其系数而得到 $\vec{w},b$。不失一般性，将初始值 $\vec{w}_0$，b_0 设为 0，对误分类点 $(\vec{x}_i,y_i)$ 通过

$$\vec{w}=\vec{w}+\eta y_i\vec{x}_i$$
$$b=b+\eta y_i$$

的转换逐步修改 $\vec{w},b$。设修改了 n 次，则 $\vec{w},b$ 关于 $(\vec{x}_i,y_i)$ 的增量分别为 $\partial_i y_i\vec{x}_i$ 和 $\partial_i y_i$，这里 $\partial_i=\eta_i\eta$ 最终学习到的 $\vec{w},b$ 可以表示为

$$\vec{w}=\sum_{i=1}^{N}\partial_i y_i$$

实例点更新次数越多，意味着其距离分离超平面越近，也就越难正确分类。换句话说，这样的实例对学习结果影响很大。

感知机学习算法的对偶形式算法：

输入：$T=\{(x_1,y_1),(x_2,y_2),\cdots,(x_N,y_N)\}$（其中 $x_i\in X=R^n$，$y_i\in Y=\{-1,+1\}$，$i=1,2,\cdots,N$，学习速率为 η）；

输出：∂,b；感知机模型 $f(x)=\text{sign}(\vec{w}\cdot\vec{x}+b)$。

（1）初始化 $\vec{w}_0,b_0$。

（2）在训练数据集中选取 $(\vec{x}_i,y_i)$。

（3）如果 $y_i\left(\sum_{j=1}^{N}\partial_j y_j\vec{x}_j\cdot\vec{x}_i+b\right)\leqslant 0$

$$\partial_i=\partial_i+\eta$$
$$b=b+\eta y_i$$

（4）转至步骤（2）。

对偶形式中训练数据仅以内积的形式出现，为了方便起见，可以预先把训练数据间内积计算出来并以矩阵的形式存储起来，这个矩阵就是所谓的 Gram 矩阵。

【例 9-2】 正样本点是 $x_1=(3,3)^{\mathrm{T}}$，$x_2=(4,3)^{\mathrm{T}}$，负样本点是 $x_3=(1,1)^{\mathrm{T}}$，试用感知机学习算法对偶形式求感知机模型。

```
import numpy as np

x = np.array([[3,3],[4,3],[1,1]])    #创建数据集，共3个实例
y = np.array([1,1,-1])               #创建标签
history = []                         #存储迭代学习过程中的w,b值，便于可视化绘图

gramMatrix = x.dot(x.T)              #计算Gram矩阵，后面需要多次用到
print ("gramMatrix = ",gramMatrix)
```

```
alpha = np.zeros(len(x))      #初始化alpha为零向量
b = 0                         #b为回归直线截距
learnRate = 1                 #初始化为0；learnRate为学习率，设为1
k = 0; i = 0                  #k用来计算迭代次数；i用来判定何时退出while循环

while 1:
 #误分条件：若某一数据点被错误分类
    if y[i] * (np.sum(alpha * y * gramMatrix[i])+ b)<=0:
        alpha[i] = alpha[i] + learnRate       #更新alpha值
        b = b + learnRate * y[i]              #更新b值
        i = 0                      #i 赋值为0，再遍历一次所有数据集
        k = k + 1                             #k + 1即迭代次数加1
        history.append([(alpha * y.T).dot(x), b]) #存储w，b
        print ("iteration counter =",k)
        print ("alpha = ",alpha)
        print ("b = ", b)
        continue
    else:                     #若某一数据点被正确分类
        i = i + 1
        print ("i = ",i)
    if i >= x.shape[0]: #退出while循环条件，即 i >= 3，所有数据点都能正确分类
        print ("iteration finish")
        break                 #break 退出while循环

w = (alpha*y.T).dot(x) #计算得到权重 w
print ("w = ", w)
print ("b = ", b)
print ("history w,b = ",history)

##可视化
import matplotlib.pyplot as plt
from matplotlib import animation

fig = plt.figure()
ax = plt.axes()
line, = ax.plot([], [], 'g', lw=2)
label = ax.text([], [], '')

def init():
    global x,y,line,label
    plt.axis([-6, 6, -6, 6])
    plt.scatter(x[0:2,0],x[0:2,1],c ="r",label = "postive",s = 60) #画正
样本点
    plt.scatter(x[2,0],x[2,1],c = "y",label = "negtive",s =60)    #画负样
本点
```

```
    plt.grid(True)
    plt.xlabel('X1')
    plt.ylabel('X2')
    plt.title('myPerceptron')
    return line, label  #返回值为line, label对象，表示这两个对象有动画效果

def animate(i): #形参 i 表示帧数，即 animation.FuncAnimation 函数形参列表中
的frames属性
    global history, ax, line, label

    w = history[i][0]
    b = history[i][1]
    if w[1] == 0: return line, label
    x1 = -6.0    #点(x1,y1)和点(x2,y2)确定分类超平面
    y1 = -(b + w[0] * x1) / w[1]
    x2 = 6.0
    y2 = -(b + w[0] * x2) / w[1]
    line.set_data([x1, x2], [y1, y2])#画出分类超平面
    x1 = 0.0
    y1 = -(b + w[0] * x1) / w[1]
    label.set_text(str( history[i][0]) + '  ' + str(b)) #在点 (0,y1) 上绘
制文本标签
    label.set_position([x1, y1])
    return line, label
anim = animation.FuncAnimation(fig, animate,init_func=init,
frames=len(history), interval=1000,  repeat=True,blit=True)
plt.legend(fancybox = True)
plt.show()
```

运行程序，输出如下，效果如图 9-1 所示。

```
gramMatrix =  [[18 21  6]
 [21 25  7]
 [ 6  7  2]]
iteration counter = 1
alpha =  [1. 0. 0.]
b =  1
i =  1
i =  2
iteration counter = 2
alpha =  [1. 0. 1.]
b =  0
i =  1
i =  2
iteration counter = 3
alpha =  [1. 0. 2.]
b =  -1
i =  1
```

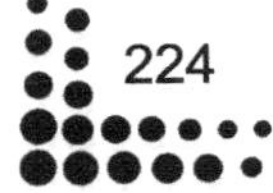

```
i =  2
iteration counter = 4
alpha =  [1. 0. 3.]
b =  -2
iteration counter = 5
alpha =  [2. 0. 3.]
b =  -1
i =  1
i =  2
iteration counter = 6
alpha =  [2. 0. 4.]
b =  -2
i =  1
i =  2
iteration counter = 7
alpha =  [2. 0. 5.]
b =  -3
i =  1
i =  2
i =  3
iteration finish
w =  [1. 1.]
b =  -3
history w,b =  [[array([3., 3.]), 1], [array([2., 2.]), 0], [array([1.,
1.]), -1], [array([0., 0.]), -2], [array([3., 3.]), -1], [array([2., 2.]), -2],
[array([1., 1.]), -3]]
```

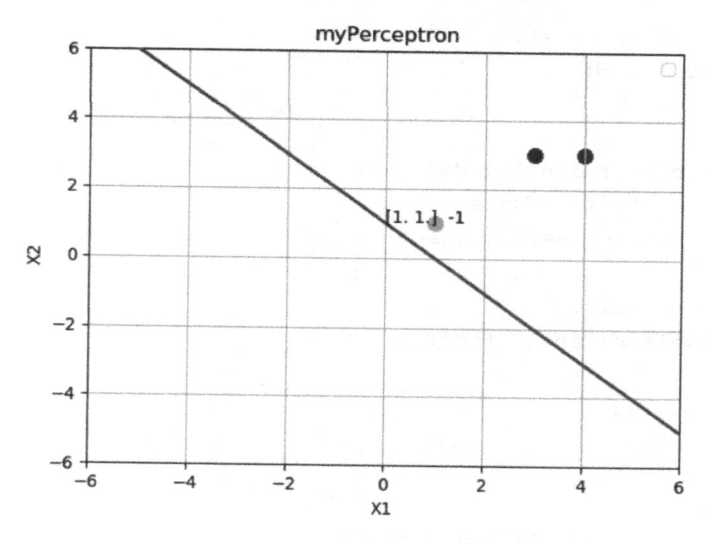

图 9-1　对偶形式

9.1.4 感知机的 Python 实现

前面对感知机的模型、算法进行了介绍，下面直接通过 Python 实例来演示其用法。

【例 9-3】 首选利用 Python 实现感知算法的原始形式和对偶形式。

（1）原始算法形式。

```
#利用Python实现感知机算法的原始形式
import numpy as np
import matplotlib.pyplot as plt

#1、创建数据集
def createdata():
 samples=np.array([[3,-3],[4,-3],[1,1],[1,2]])
 labels=[-1,-1,1,1]
 return samples,labels

#训练感知机模型
class Perceptron:
 def __init__(self,x,y,a=1):
  self.x=x
  self.y=y
  self.w=np.zeros((x.shape[1],1))#初始化权重，w1,w2均为0
  self.b=0
  self.a=1#学习率
  self.numsamples=self.x.shape[0]
  self.numfeatures=self.x.shape[1]

 def sign(self,w,b,x):
  y=np.dot(x,w)+b
  return int(y)

 def update(self,label_i,data_i):
  tmp=label_i*self.a*data_i
  tmp=tmp.reshape(self.w.shape)
  #更新w和b
  self.w=tmp+self.w
  self.b=self.b+label_i*self.a

 def train(self):
  isFind=False
  while not isFind:
   count=0
   for i in range(self.numsamples):
    tmpY=self.sign(self.w,self.b,self.x[i,:])
    if tmpY*self.y[i]<=0:#如果是一个误分类实例点
     print ('误分类点为：',self.x[i,:],'此时的w和b为：',self.w,self.b)
```

```
            count+=1
            self.update(self.y[i],self.x[i,:])
        if count==0:
            print ('最终训练得到的w和b为：',self.w,self.b)
            isFind=True
        return self.w,self.b

#画图描绘
class Picture:
    def __init__(self,data,w,b):
        self.b=b
        self.w=w
        plt.figure(1)
        plt.title('Perceptron Learning Algorithm',size=14)
        plt.xlabel('x0-axis',size=14)
        plt.ylabel('x1-axis',size=14)

        xData=np.linspace(0,5,100)
        yData=self.expression(xData)
        plt.plot(xData,yData,color='r',label='sample data')

        plt.scatter(data[0][0],data[0][1],s=50)
        plt.scatter(data[1][0],data[1][1],s=50)
        plt.scatter(data[2][0],data[2][1],s=50,marker='x')
        plt.scatter(data[3][0],data[3][1],s=50,marker='x')
        plt.savefig('2d.png',dpi=75)

    def expression(self,x):
        y=(-self.b-self.w[0]*x)/self.w[1]#注意在此，把x0，x1当作两个坐标轴，把x1当
作自变量，x2为因变量
        return y
    def Show(self):
        plt.show()

if __name__ == '__main__':
    samples,labels=createdata()
    myperceptron=Perceptron(x=samples,y=labels)
    weights,bias=myperceptron.train()
    Picture=Picture(samples,weights,bias)
    Picture.Show()
```

运行程序，输出如下，效果如图 9-2 所示。

```
误分类点为：[ 3 -3]，此时的w和b为： [[0.]
 [0.]] 0
误分类点为：[1 1]，此时的w和b为： [[-3.]
 [ 3.]] -1
最终训练得到的w和b为： [[-2.]
```

```
[ 4.]] 0
```

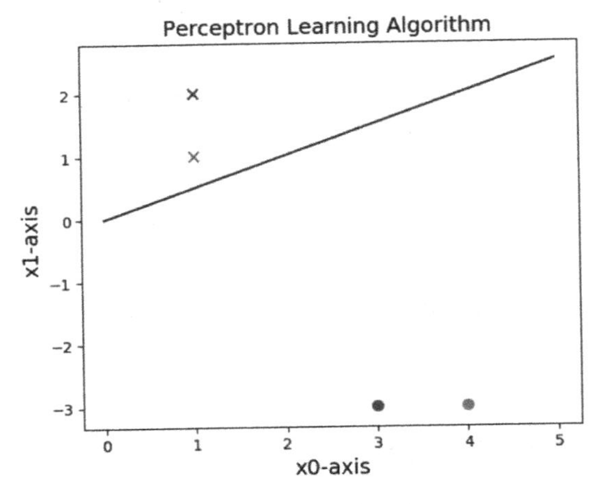

图 9-2　原始形式

（2）利用 Python 实现感知机算法的对偶形式。

```
import numpy as np
import matplotlib.pyplot as plt

#1、创建数据集
def createdata():
 samples=np.array([[3,-3],[4,-3],[1,1],[1,2]])
 labels=np.array([-1,-1,1,1])
 return samples,labels

#训练感知机模型
class Perceptron:
 def __init__(self,x,y,a=1):
  self.x=x
  self.y=y
  self.w=np.zeros((1,x.shape[0]))
  self.b=0
  self.a=1#学习率
  self.numsamples=self.x.shape[0]
  self.numfeatures=self.x.shape[1]
  self.gMatrix=self.cal_gram(self.x)

 def cal_gram(self,x):
  gMatrix=np.zeros((self.numsamples,self.numsamples))
  for i in range(self.numsamples):
   for j in range(self.numsamples):
    gMatrix[i][j]=np.dot(self.x[i,:],self.x[j,:])
  return gMatrix
```

```
    def sign(self,w,b,key):
     y=np.dot(w*self.y,self.gMatrix[:,key])+b
     return int(y)

    def update(self,i):
     self.w[i,]=self.w[i,]+self.a
     self.b=self.b+self.y[i]*self.a

    def cal_w(self):
     w=np.dot(self.w*self.y,self.x)
     return w

    def train(self):
     isFind=False
     while not isFind:
      count=0
      for i in range(self.numsamples):
       tmpY=self.sign(self.w,self.b,i)
       if tmpY*self.y[i]<=0:#如果是一个误分类实例点
        print ('误分类点为: ',self.x[i,:],'此时的w和b为:
',self.cal_w(),',',self.b)
        count+=1
        self.update(i)
      if count==0:
       print ('最终训练得到的w和b为: ',self.cal_w(),',',self.b)
       isFind=True
     weights=self.cal_w()
     return weights,self.b

  #画图描绘
  class Picture:
   def __init__(self,data,w,b):
    self.b=b
    self.w=w
    plt.figure(1)
    plt.title('Perceptron Learning Algorithm',size=14)
    plt.xlabel('x0-axis',size=14)
    plt.ylabel('x1-axis',size=14)

    xData=np.linspace(0,5,100)
    yData=self.expression(xData)
    plt.plot(xData,yData,color='r',label='sample data')

    plt.scatter(data[0][0],data[0][1],s=50)
    plt.scatter(data[1][0],data[1][1],s=50)
    plt.scatter(data[2][0],data[2][1],s=50,marker='x')
```

```
        plt.scatter(data[3][0],data[3][1],s=50,marker='x')
        plt.savefig('2d.png',dpi=75)

    def expression(self,x):
        y=(-self.b-self.w[:,0]*x)/self.w[:,1]
        return y

    def Show(self):
        plt.show()

if __name__ == '__main__':
    samples,labels=createdata()
    myperceptron=Perceptron(x=samples,y=labels)
    weights,bias=myperceptron.train()
    Picture=Picture(samples,weights,bias)
    Picture.Show()
```

运行程序，输出如下，效果如图 9-3 所示。

误分类点为：[3 -3]。此时的 *w* 和 *b* 为：[[0. 0.]] , 0。

最终训练得到的 *w* 和 *b* 为：[[-5. 9.]] , -1。

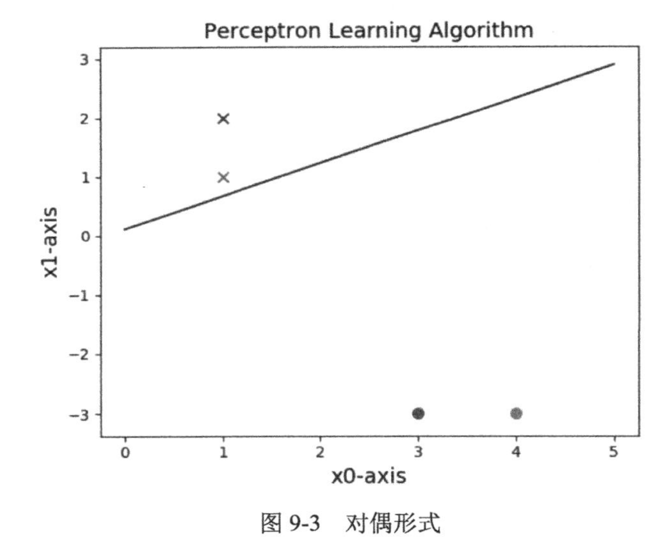

图 9-3 对偶形式

（3）Python 的机器学习包 sklearn 中也包含感知机学习算法，可以直接调用。因为感知机算法属于线性模型，所以从 sklearn.linear_model 中输入下面给出的例子。

```
import numpy as np
import matplotlib.pyplot as plt
from sklearn.linear_model import Perceptron

#创建数据，直接定义数据列表
def creatdata1():
    samples=np.array([[3,-3],[4,-3],[1,1],[1,2]])
    labels=np.array([-1,-1,1,1])
```

```
    return samples,labels

def MyPerceptron(samples,labels):
    #定义感知机
    clf=Perceptron(fit_intercept=True,n_iter=30,shuffle=False)
    #训练感知机
    clf.fit(samples,labels)
    #得到权重矩阵
    weigths=clf.coef_
    #得到截距bias
    bias=clf.intercept_
    return weigths,bias
#画图描绘
class Picture:
    def __init__(self,data,w,b):
        self.b=b
        self.w=w
        plt.figure(1)
        plt.title('Perceptron Learning Algorithm',size=14)
        plt.xlabel('x0-axis',size=14)
        plt.ylabel('x1-axis',size=14)

        xData=np.linspace(0,5,100)
        yData=self.expression(xData)
        plt.plot(xData,yData,color='r',label='sample data')

        plt.scatter(data[0][0],data[0][1],s=50)
        plt.scatter(data[1][0],data[1][1],s=50)
        plt.scatter(data[2][0],data[2][1],s=50,marker='x')
        plt.scatter(data[3][0],data[3][1],s=50,marker='x')
        plt.savefig('3d.png',dpi=75)

    def expression(self,x):
        y=(-self.b-self.w[:,0]*x)/self.w[:,1]
        return y

    def Show(self):
        plt.show()

if __name__ == '__main__':
    samples,labels=creatdata1()
    weights,bias=MyPerceptron(samples,labels)
    print ('最终训练得到的w和b为：',weights,',',bias)
    Picture=Picture(samples,weights,bias)
    Picture.Show()
```

最终训练得到的 w 和 b 为：[[-2. 4.]], [0.]

（4）利用 sklearn 包中的感知机算法，进行测试与评估

```
'''
利用sklearn中的Perceptron进行实验并进行测试
'''
from sklearn.datasets import make_classification
from sklearn.linear_model import Perceptron
from sklearn.cross_validation import train_test_split
from matplotlib import pyplot as plt
import numpy as np
#利用算法进行创建数据集
def creatdata():
    x,y = make_classification(n_samples=1000,
n_features=2,n_redundant=0,n_informative=1, n_clusters_per_class=1)
    '''
    #n_samples:生成样本的数量
    #n_features=2:生成样本的特征数，特征数=n_informative () + n_redundant +
n_repeated
    #n_informative：多信息特征的个数
    #n_redundant：冗余信息，informative特征的随机线性组合
    #n_clusters_per_class ：某一个类别是由几个cluster构成的
    make_calssification默认生成二分类的样本，上面的代码中，x代表生成的样本空间（特
征空间）
    y代表生成的样本类别，使用1和0分别表示正例和反例
    y=[0 0 0 1 0 1 1 1... 1 0 0 1 1 0]
    '''
    return x,y
if __name__ == '__main__':
    x,y=creatdata()
    #将生成的样本分为训练数据和测试数据，并将其中的正例和反例分开
    x_train,x_test,y_train,y_test=train_test_split
    (x,y,test_size=0.2,random_state=0)
    #正例和反例
    positive_x1=[x[i,0]for i in range(len(y)) if y[i]==1]
    positive_x2=[x[i,1]for i in range(len(y)) if y[i]==1]
    negetive_x1=[x[i,0]for i in range(len(y)) if y[i]==0]
    negetive_x2=[x[i,1]for i in range(len(y)) if y[i]==0]
    #定义感知机
    clf=Perceptron(fit_intercept=True,n_iter=50,shuffle=False)
    #使用训练数据进行训练
    clf.fit(x_train,y_train)
    #得到训练结果，权重矩阵
    weights=clf.coef_
    #得到截距
    bias=clf.intercept_
```

```
    #到此时，已经得到了训练出的感知机模型参数，下面用测试数据对其进行验证
    acc=clf.score(x_test,y_test)#Returns the mean accuracy on the given test data and labels.
    print ('平均精确度为：%.2f'%(acc*100.0))

    #最后，将结果用图像显示出来，直观地看一下感知机的结果
    #画出正例和反例的散点图
    plt.scatter(positive_x1,positive_x2,c='red')
    plt.scatter(negetive_x1,negetive_x2,c='blue')

    #画出超平面（在本例中是一条直线）
    line_x=np.arange(-4,4)
    line_y=line_x*(-weights[0][0]/weights[0][1])-bias
    plt.plot(line_x,line_y)
    plt.show()
```

运行程序，输出如下，效果如图 9-4 所示。

```
平均精确度为97.00
```

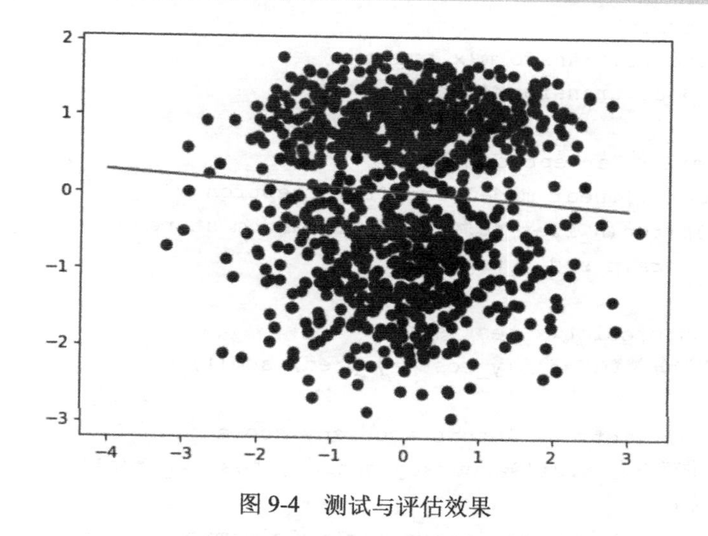

图 9-4　测试与评估效果

通过步骤（3）和（4）可以看出，直接调用开源包里面的算法还是比较简单的，思路是通用的。

（5）利用 sklearn 包中的感知机算法进行分类算法实现。

```
'''
以scikit-learn 中的perceptron为例介绍分类算法：
（1）读取数据-iris；
（2）分配训练集和测试集；
（3）标准化特征值；
（4）训练感知机模型；
（5）用训练好的模型进行预测；
（6）计算性能指标；
（7）描绘分类界面。
```

```
'''
from sklearn import datasets
import numpy as np
import matplotlib.pyplot as plt

iris=datasets.load_iris()
X=iris.data[:,[2,3]]
y=iris.target

#训练数据和测试数据分为7:3
from sklearn.cross_validation import train_test_split
x_train,x_test,y_train,y_test=train_test_split(X,y,test_size=0.3,rand
-om_state=0)

#标准化数据
from sklearn.preprocessing import StandardScaler
sc=StandardScaler()
sc.fit(x_train)
x_train_std=sc.transform(x_train)
x_test_std=sc.transform(x_test)

#引入sklearn 的Perceptron并进行训练
from sklearn.linear_model import Perceptron
ppn=Perceptron(n_iter=40,eta0=0.01,random_state=0)
ppn.fit(x_train_std,y_train)

y_pred=ppn.predict(x_test_std)
print('错误分类数: %d'%(y_test!=y_pred).sum())

from sklearn.metrics import accuracy_score
print ('准确率为:%.2f'%accuracy_score(y_test,y_pred))
#绘制决策边界
from matplotlib.colors import ListedColormap
import warnings

def versiontuple(v):
 return tuple(map(int,(v.split('.'))))

def
plot_decision_regions(X,y,classifier,test_idx=None,resolution=0.02):
 #设置标记点和颜色
 markers=('s','x','o','^','v')
 colors=('red','blue','lightgreen','gray','cyan')
 cmap=ListedColormap(colors[:len(np.unique(y))])
```

```
    #绘制决策面
    x1_min, x1_max = X[:, 0].min() - 1, X[:, 0].max() + 1
    x2_min, x2_max = X[:, 1].min() - 1, X[:, 1].max() + 1
    xx1, xx2 = np.meshgrid(np.arange(x1_min, x1_max, resolution),
         np.arange(x2_min, x2_max, resolution))
    Z = classifier.predict(np.array([xx1.ravel(), xx2.ravel()]).T)
    Z = Z.reshape(xx1.shape)
    plt.contourf(xx1, xx2, Z, alpha=0.4, cmap=cmap)
    plt.xlim(xx1.min(), xx1.max())
    plt.ylim(xx2.min(), xx2.max())

    for idx, cl in enumerate(np.unique(y)):
     plt.scatter(x=X[y == cl, 0], y=X[y == cl, 1],
        alpha=0.8, c=cmap(idx),
        marker=markers[idx], label=cl)
    if test_idx:
     #绘制所有数据点
     if not versiontuple(np.__version__) >= versiontuple('1.9.0'):
      X_test, y_test = X[list(test_idx), :], y[list(test_idx)]
      warnings.warn('Please update to NumPy 1.9.0 or newer')
     else:
      X_test, y_test = X[test_idx, :], y[test_idx]
     plt.scatter(X_test[:, 0], X_test[:, 1], c='',
       alpha=1.0, linewidth=1, marker='o',
       s=55, label='test set')

   def plot_result():
    X_combined_std = np.vstack((x_train_std, x_test_std))
    y_combined = np.hstack((y_train, y_test))

    plot_decision_regions(X=X_combined_std, y=y_combined,
        classifier=ppn, test_idx=range(105,150))
    plt.xlabel('petal length [standardized]')
    plt.ylabel('petal width [standardized]')
    plt.legend(loc='upper left')
    plt.tight_layout()
    plt.show()
   plot_result()
```

运行程序，输出如下，效果如图 9-5 所示。

```
错误分类数: 4
准确率为:0.91
```

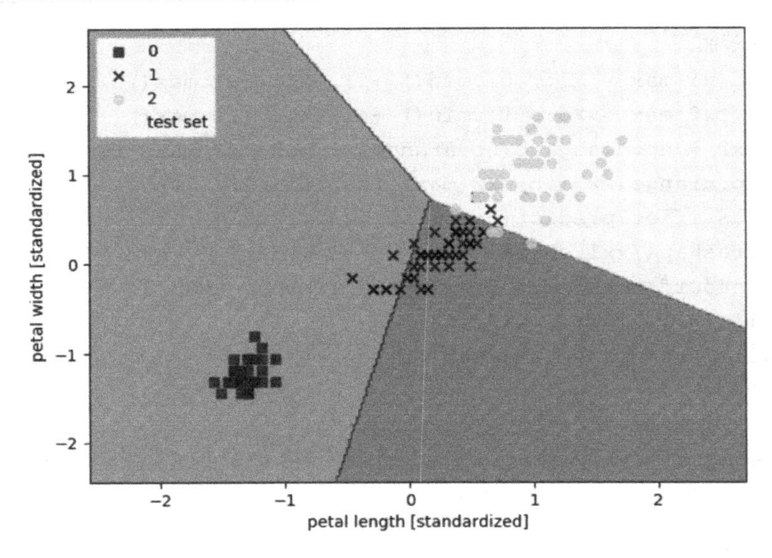

图 9-5　分类界面

9.2　从感知机到神经网络

神经网络中最基本的成分是神经元。神经元的模型描述如下：

- 每个神经元与其他神经元相连。
- 当一个神经元“兴奋”时，它会向相邻的神经元发送化学物质，这样会改变相邻神经元内部的电位。
- 如果某个神经元的电位超过一个“阈值”，则该神经元会被激活。

这样的神经元模型就是“M-P 神经元模型”。在这个模型中：

- 每个神经元接收到来自相邻神经元传递过来的输入信号；
- 这些输入信号通过带权重的连接进行传递；
- 神经元接收到的总输入值将与神经元的阈值进行比较，然后通过“激活函数”处理以产生神经元输出；
- 理论上的激活函数为阶跃函数，即

$$f(x)=\begin{cases}1 & (x\geqslant 0)\\ 0 & (x<0)\end{cases}$$

其模型如图 9-6 所示，其中：

- $x_i\ (i=1,2,\cdots,n)$ 为来自第 i 个相邻神经元的输入；
- $w_i\ (i=1,2,\cdots,n)$ 为第 i 个相邻神经元的连接权重；
- θ 为当前神经元的阈值；
- $y=f\left(\sum_{i=1}^{n}w_i x_i-\theta\right)$ 为当前神经元的输出，f 为激活函数。

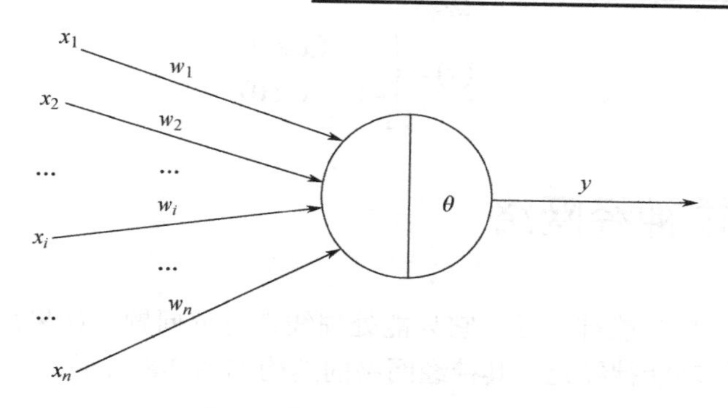

图 9-6 单个神经元模型

感知机可以看作神经网络的特例。感知机由两层神经元组成：输入层接收外界输入信号，输出层是 M-P 神经元。给定训练数据集 $T=\{(\vec{x}_1,y_1),(\vec{x}_2,y_2),\cdots,(\vec{x}_N,y_N)\}$，其中 $\vec{x}_i\in X=R^n$，$y_i\in Y=\{-1,+1\}$，$i=1,2,\cdots,N$。

设 $\vec{x}_i=(x_i^{(1)},x_i^{(2)},\cdots,x_i^{(n)})^{\mathrm{T}}$，即 x_i^j（$i=1,2,\cdots,N;j=1,2,\cdots,n$）表示第 i 个输入（它是一个向量）的第 j 个分量（它是一个标量）。

将阈值 θ 视为一个固定输入为 1.0 的"哑节点"，对应的连接权重为 b，新的阈值为 0，则对任意输入 $\vec{x}_i$，感知机网络如图 9-7 所示。

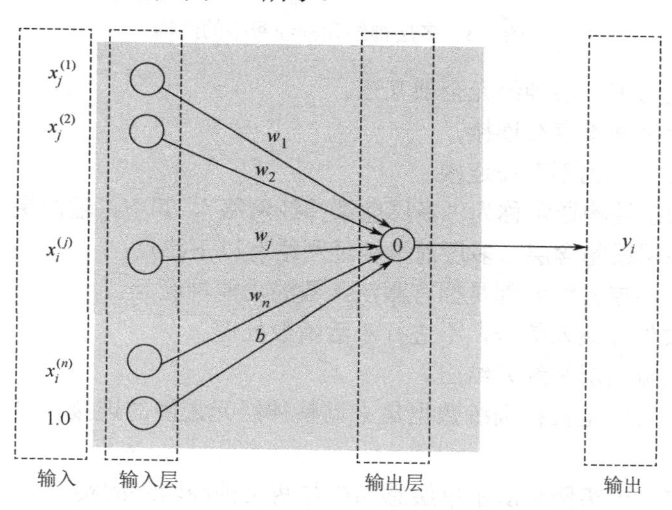

图 9-7 感知机网络

其输出为：$\hat{y}_i=f\left(\left(\sum_{i=1}^{n}x_i^{(n)}w_i\right)+b\right)=f(\vec{w}\cdot\vec{x}_i+b)$。

注意：

- 感知机只有输出层神经元进行激活函数处理，即只拥有一层功能神经元，而输入层神经元并不进行激活函数处理。
- 感知机的激活函数为

$$f(x)=\begin{cases}1 & (x\geqslant 0)\\ -1 & (x<0)\end{cases}$$

9.3 多层前馈神经网络

感知机只拥有一层功能神经元，它只能处理线性可分问题。如果想解决非线性可分问题，则可以使用多层功能神经元，其神经网络的结构如图 9-8 所示。

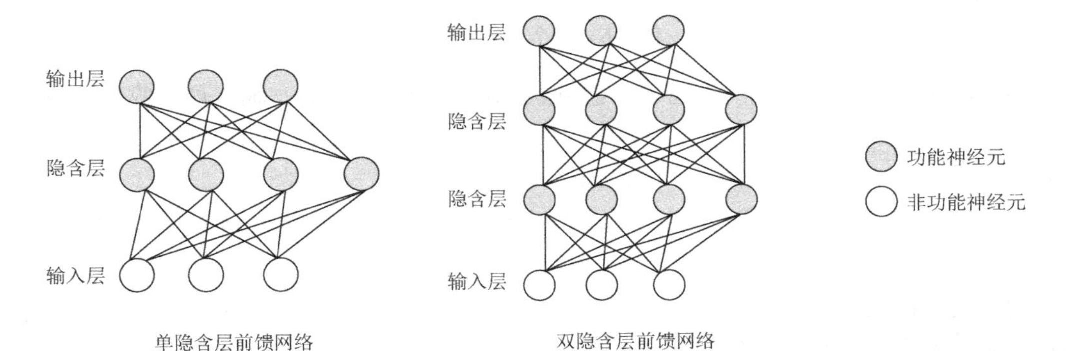

图 9-8　多层神经元神经网络的结构

- 每层神经元与下一层神经元全部互连。
- 同层神经元之间不存在连接。
- 跨层神经元之间也不存在连接。

这样的神经网络结构通常称为“多层前馈神经网络”，其中，输出层和输入层之间的一层神经元被称为隐层或隐含层。多层前馈神经网络有以下特点：

- 隐含层和输出层神经元都是拥有激活函数的功能神经元；
- 输入层接收外界输入信号，不进行激活函数处理；
- 最终结果由输出层神经元给出。

神经网络的学习就是根据训练数据集来调整神经元之间的连接权重，以及每个功能神经元的阈值。

下面直接通过一个实例来演示单层感知机与两层神经网络的实现。

【例 9-4】已知一个感知机模型实现下面的关系：

$$[0,0,1]\to 0$$
$$[0,1,1]\to 1$$
$$[1,0,1]\to 0$$
$$[1,1,1]\to 1$$

从上面的数据可看出：输入是三通道，输出是单通道。其激活函数使用 sigmoid 函数，即 $f(x)=\dfrac{1}{1+\exp(-x)}$。

（1）实现单层感知机的 Python 代码为：

```
import numpy as np
#sigmoid函数
def nonlin(x, deriv = False):
  if(deriv==True):
    return x*(1-x)
  return 1/(1+np.exp(-x))
#输入数据集
X=np.array([[0,0,1],
      [0,1,1],
      [1,0,1],
      [1,1,1]])
#输出数据集
y=np.array([[0,1,0,1]]).T
''' seed()用于指定随机数生成时所用算法开始的整数值，如果使用相同的seed()值，
 则每次生成的随即数都相同，如果不设置这个值，则系统根据时间来自己选择这个值，
 此时每次生成的随机数因时间差异而不同
 '''
np.random.seed(1)
#初始权重值，均值为0
syn0 = 2*np.random.random((3,1))-1
for iter in range(1000):
  #前向传播
  L0=X
  L1=nonlin(np.dot(L0,syn0))
  #误差
  L1_error=y-L1
  L1_delta = L1_error*nonlin(L1,True)
  #更新权重
  syn0+=np.dot(L0.T,L1_delta)
print("Output After Training:")
print(L1)
运行程序，输出如下：
Output After Training:
[[0.03179738]
 [0.97913259]
 [0.02569907]
 [0.9741504 ]]
------------------
```

从输出结果可以看出基本实现了对应关系。

（2）再用两层网络来实现上面的任务，这里加了一个隐含层，隐含层包含 4 个神经元，Python 代码为：

```
import numpy as np
def nonlin(x, deriv = False):
  if(deriv == True):
    return x*(1-x)
  else:
```

```
    return 1/(1+np.exp(-x))
#输入数据集
X = np.array([[0,0,1],
      [0,1,1],
      [1,0,1],
      [1,1,1]])
#输出数据集
y = np.array([[0,1,1,0]]).T
#第一个隐含层的权重
syn0 = 2*np.random.random((3,4)) - 1
#隐含层的权重
syn1 = 2*np.random.random((4,1)) - 1
for j in range(60000):
  l0 = X
  #第一层和输入层
  l1 = nonlin(np.dot(l0,syn0))
  #第二层的隐含层
  l2 = nonlin(np.dot(l1,syn1))
  #第三层和输出层
  l2_error = y-l2
  #隐层误差
  if(j%10000) == 0:
    print ("Error:"+str(np.mean(l2_error)))
  l2_delta = l2_error*nonlin(l2,deriv = True)
  l1_error = l2_delta.dot(syn1.T)

  #第一个隐含层误差
  l1_delta = l1_error*nonlin(l1,deriv = True)
  syn1 += l1.T.dot(l2_delta)
  syn0 += l0.T.dot(l1_delta)
print ("outout after Training:")
print (l2)
```

运行程序，输出如下：

```
Error:0.04648676372974443
Error:0.00029833823925325695
Error:0.00020614851882121664
Error:0.00016690544716766766
Error:0.00014393497178748584
Error:0.00012842741437567176
outout after Training:
[[0.00418222]
 [0.99589681]
 [0.9954036 ]
 [0.00404912]]
-------------------
```

9.3.1 BP 网络算法

多层前馈神经网络的学习通常采用误差逆传播算法（Error BackPropgation，BP），该算法是训练多层神经网络的经典算法。

给定训练数据集$T=\{(\vec{x}_1,y_1),(\vec{x}_2,y_2),\cdots,(\vec{x}_N,y_N)\}$，其中$\vec{x}_i \in X=R^n$， $y_i \in Y=\{-1,+1\}$，$i=1,2,\cdots,N$，输入神经元为n个，输出神经元为m个。假设隐含层有q个神经元。设：

- 输出层第j个神经元的阈值用θ_j表示。
- 隐含层第h个神经元的阈值用γ_h表示。
- 输入层第i个神经元与隐含层第h个神经元的连接权重为v_{ih}。
- 隐含层第h个神经元与输出层第j个神经元的连接权重为w_{hj}。
- 隐含层第h个神经元接收到的输入为$\alpha_h=\sum\limits_{i=1}^{n} v_i h x^{(i)}$，其中，$x^{(i)}$为输入特征向量$\vec{x}$的第$i$个分量。
- 输出层第j个神经元接收到的输入为$\beta_j=\sum\limits_{h=1}^{q} w_{hj} b_h$，其中，$b_h$为隐含层第$h$个神经元的输出。
- Sigmoid 函数（如图 9-9 所示）。

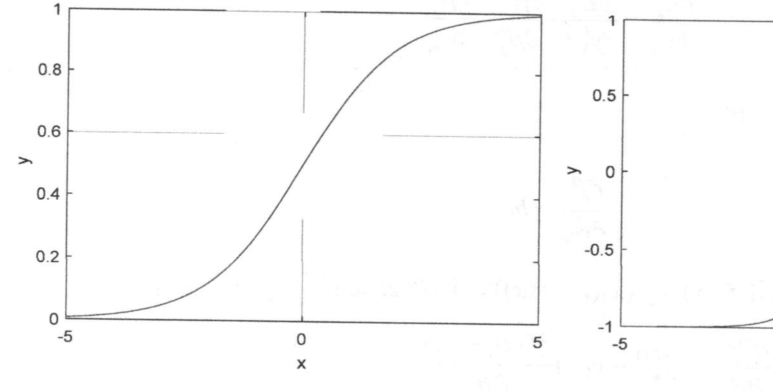

（a）Log-Sigmoid 函数　　（b）Tan-Sigmoid 函数

图 9-9　Sigmoid 函数

- 对训练样本$(\vec{x}_k,\vec{y}_k)$，假设神经网络的输出为$\hat{\vec{y}}_k=(\hat{y}_k^{(1)},\hat{y}_k^{(2)},\cdots,\hat{y}_k^{(m)})^{\mathrm{T}}$，即$\hat{y}_k^{(j)}=f(\beta_j-\theta_j)$为输出向量$\hat{\vec{y}}_k$的第$j$个分量，则网络在训练样本$(\vec{x}_k,\vec{y}_k)$上的均方误差为

$$E_k=\frac{1}{2}\sum_{j=1}^{m}(\hat{y}_k^{(j)}-y_k^{(j)})^2$$

网络中需要确定下列参数：

- 输入层到隐含层的$n\times q$个权重（$i=1,2,\cdots,n;h=1,2,\cdots,q$）。
- 隐含层到输出层的$q\times m$个权重w_{hj}（$h=1,2,\cdots,q$；$j=1,2,\cdots,m$）。

- q 个隐含层神经元的阈值 γ_h（$h=1,2,\cdots,q$）。
- m 个输出层神经元的阈值 θ_j（$j=1,2,\cdots,m$）。

BP 算法就是求解这 $q\times(n+m+1)+m$ 个参数的算法。它的目标是最小化 E_k，具体方法是基于梯度下降法，以目标的负梯度方向对参数进行调整：

$$\Delta w_{hj}=-\eta\frac{\partial E_k}{\partial w_{hj}}$$

$$\Delta\theta_j=-\eta\frac{\partial E_k}{\partial\theta_j}$$

$$\Delta v_{ih}=-\eta\frac{\partial E_k}{\partial v_{ih}}$$

$$\Delta\gamma_h=-\eta\frac{\partial E_k}{\partial\gamma_h}$$

其中，η 为学习速率。

对上面这四个式子进行推导如下，以第一个式子为例：

考虑到 w_{hj}，首先影响的是第 j 个输出层神经元的输入值 β_j，然后影响其输出值 $\hat{y}_k^{(j)}$，最后影响 E_k，因此有（数据依据是导数的链式法则）：

$$\frac{\partial E_k}{\partial w_{hj}}=\frac{\partial E_k}{\partial\hat{y}_k^{(j)}}\cdot\frac{\partial\hat{y}_k^{(j)}}{\partial\beta_j}\cdot\frac{\partial\beta_j}{\partial w_{hj}}$$

根据公式 $\beta_j=\sum_{h=1}^{q}w_{hj}b_h$，有

$$\frac{\partial\beta_j}{\partial w_{hj}}=b_h$$

根据 Sigmoid 函数的性质 $f'(x)=f(x)(1-f(x))$，以及公式 $\hat{y}_k^{(j)}=f(\beta_j-\theta_j)$，有

$$\begin{aligned}\frac{\partial E_k}{\partial\hat{y}_k^{(j)}}\cdot\frac{\partial\hat{y}_k^{(j)}}{\partial\beta_j}&=(\hat{y}_k^{(j)}-y_k^{(j)})\frac{\partial f(\beta_j-\theta_j)}{\partial\beta_j}\\&=(\hat{y}_k^{(j)}-y_k^{(j)})f'(\beta_j-\theta_j)=(\hat{y}_k^{(j)}-y_k^{(j)})\hat{y}_k^{(j)}(1-\hat{y}_k^{(j)})\end{aligned}$$

令 $g_j=-\frac{\partial E_k}{\partial\beta_j}$ 为 E_k 对第 j 个输出神经元输入 β_j 的偏导数的相反数，是输出层神经元的梯度项，则有

$$g_j=-\frac{\partial E_k}{\partial\hat{y}_k^{(j)}}\cdot\frac{\partial\hat{y}_k^{(j)}}{\partial\beta_j}=-\hat{y}_k^{(j)}(1-\hat{y}_k^{(j)})(\hat{y}_k^{(j)}-y_k^{(j)})$$

于是得到 BP 算法中关于 w_{hj} 的更新公式为 $\Delta w_{hj}=\eta g_j b_h$。

类似可得到：

$$\Delta\theta_j = -\eta g_j$$

$$\Delta v_{ih} = \eta e_h x^{(i)}$$

$$\Delta\gamma_h = -\eta e_h$$

上式中的 $e_h = -\dfrac{\partial E_k}{\partial \alpha_h}$ 为 E_k 对第 h 个隐含层神经元的输入 α_h 的偏导数的相反数，为隐含层神经元的梯度项。简化 e_h 的前提如下：

- 根据 $b_h = f(\alpha_h - \gamma_h)$ 及 Sigmoid 函数 f 的性质。
- 根据

$$\frac{\partial E_k}{\partial b_h} = \sum_{j=1}^{m} \frac{\partial E_k}{\partial \beta_j} \frac{\partial \beta_j}{\partial \alpha_h}$$

其意义为：第 h 个隐含层神经元的输出 b_h 会传导至所有输出层神经元的输入 $\beta_1, \beta_2, \cdots, \beta_m$；而输出层神经元的输入 β_j 又会传导至均方误差 E_k。因此 E_k 对 b_h 的偏导数需要考虑输出层所有神经元输入 $\beta_j, j = 1, 2, \cdots, m$。

- 根据定义式，有

$$g_j = -\frac{\partial E_k}{\partial \beta_j}$$

- 根据定义式，有

$$\beta_j = \sum_{h=1}^{q} w_{hj} h_h \rightarrow \frac{\partial \beta_j}{\partial b_h} = w_{hj}$$

则有

$$\begin{aligned} e_h &= -\frac{\partial E_k}{\partial \alpha_h} = -\frac{\partial E_k}{\partial b_h} \cdot \frac{\partial b_h}{\partial \alpha_h} \\ &= -\sum_{j=1}^{m} \frac{\partial E_k}{\partial \beta_j} \cdot \frac{\partial \beta_j}{\partial b_h} f'(\alpha_h - \lambda_h) = \sum_{j=1}^{m} g_j w_{hj} b_h (1 - b_h) \\ &= b_h (1 - b_h) \sum_{j=1}^{m} g_j w_{hj} \end{aligned}$$

根据 BP 算法的原理，得到误差逆传播算法。

- 输入：

  ◎训练数据集 $T = \{(\vec{x}_1, \vec{y}_1), (\vec{x}_2, \vec{y}_2), \cdots, (\vec{x}_N, \vec{y}_N)\}, \vec{x}_i \in X \in R^n, \vec{y}_i \in Y \in R^n,\quad i = 1, 2, \cdots, N$。

  ◎学习速率 η。

- 输出：

  ◎输入层到隐含层的 $n \times q$ 个权重 v_{ih} （$i = 1, 2, \cdots, n; h = 1, 2, \cdots, q$）。

  ◎隐含层到输出层的 $q \times m$ 个权重 w_{hj} （$h = 1, 2, \cdots, q; j = 1, 2, \cdots, m$）。

  ◎ q 个隐含层神经元的阈值 γ_h （$h = 1, 2, \cdots, q$）。

  ◎ m 个输出层神经元的阈值 θ_j （$j = 1, 2, \cdots, m$）。

- 算法步骤为：

  ◎在 0，1 范围内随机初始化网络中所有的连接权重和阈值。

  ◎对训练数据集 T 中的样本点迭代，直到到达停止条件为止，迭代过程如下：

  ◇取样本点 $(\vec{x}_k, \vec{y}_k)$，根据当前参数计算该样本的输出 $\vec{\hat{y}}_k = (\hat{y}_k^{(1)}, \hat{y}_k^{(2)}, \cdots, \hat{y}_k^{(m)})^{\mathrm{T}}$。

  ◇根据 $g_j = -\hat{y}_k^{(j)}(1-\hat{y}_k^{(j)})(\hat{y}_k^{(j)} - y_k^{(j)})$，计算输出层神经元的梯度项 g_j，其中 $\vec{y}_k = (y_k^{(1)}, y_k^{(2)}, \cdots, y_k^{(m)})^{\mathrm{T}}$。

  ◇根据 $e_h = b_h(1-b_h)\sum_{j=1}^{m} g_j w_{hj}$，计算隐含层神经元的梯度项 e_h。

  ◇根据下列式子更新连接权重 w_{hj}，v_{ih} 和阈值 θ_j，γ_h：

$$\Delta w_{hj} = \eta g_j b_h$$
$$\Delta \theta_j = -\eta g_j$$
$$\Delta v_{ih} = \eta e_h x^{(i)}$$
$$\Delta \gamma_h = -\eta e_h$$

上面介绍的误差逆传播算法是“标准 BP 算法”，其基于单个的 $E_k = \frac{1}{2}\sum_{j=1}^{m}(\hat{y}_k^{(j)} - y_k^{(j)})^2$ 最小化原则来推导。还有一种算法称为“累计误差”。累计误差逆传播算法最小化的目标是：训练数据集 T 上的累计误差：$E = \frac{1}{N}\sum_{k=1}^{N} E_k$。其推导过程类似于标准 BP 算法。标准 BP 算法和累计 BP 算法都被经常使用。两者的区别在于：

- 标准 BP 算法需要进行更多次的迭代。因为标准 BP 算法每次更新只针对单个样例，参数更新非常频繁，并且对于不同的样例进行更新的效果可能出现“抵消”现象；
- 累计 BP 算法参数更新频率低得多。因为累计 BP 算法直接针对累计误差最小化，其在读取整个一轮训练集 T 之后才对参数进行一次更新。

9.3.2 BP 神经网络的学习过程

神经网络的学习过程大致分为如下几步：

- 初始化参数，包括权重、偏置、网络层结构、激活函数等。
- 循环计算。
- 正向传播，计算误差。
- 反向传播，调整参数。
- 返回最终的神经网络模型。

现在，利用 Python 实现上述 BP 网络的更新过程。首先，需要导入在训练过程中需要用到的函数：

```
import numpy as np
from math import sqrt
```

BP 神经网络模型的训练过程如下所示：

```
def bp_train(feature, label, n_hidden, maxCycle, alpha, n_output):
    '''计算隐含层的输入
    input:  feature(mat):特征
            label(mat):标签
            n_hidden(int):隐含层的节点个数
            maxCycle(int):最大的迭代次数
            alpha(float):学习率
            n_output(int):输出层的节点个数
    output: w0(mat):输入层到隐含层之间的权重
            b0(mat):输入层到隐含层之间的偏置
            w1(mat):隐含层到输出层之间的权重
            b1(mat):隐含层到输出层之间的偏置
    '''
    m, n = np.shape(feature)
    #1、初始化
    w0 = np.mat(np.random.rand(n, n_hidden))
    w0 = w0 * (8.0 * sqrt(6) / sqrt(n + n_hidden)) - \
     np.mat(np.ones((n, n_hidden))) * \                              ①
      (4.0 * sqrt(6) / sqrt(n + n_hidden))
    b0 = np.mat(np.random.rand(1, n_hidden))
    b0 = b0 * (8.0 * sqrt(6) / sqrt(n + n_hidden)) - \                ②
     np.mat(np.ones((1, n_hidden))) * \
      (4.0 * sqrt(6) / sqrt(n + n_hidden))
    w1 = np.mat(np.random.rand(n_hidden, n_output))
    w1 = w1 * (8.0 * sqrt(6) / sqrt(n_hidden + n_output)) - \         ③
     np.mat(np.ones((n_hidden, n_output))) * \
      (4.0 * sqrt(6) / sqrt(n_hidden + n_output))                    ④
    b1 = np.mat(np.random.rand(1, n_output))
    b1 = b1 * (8.0 * sqrt(6) / sqrt(n_hidden + n_output)) - \
     np.mat(np.ones((1, n_output))) * \
      (4.0 * sqrt(6) / sqrt(n_hidden + n_output))

    #2、训练
    i = 0
    while i <= maxCycle:
        #2.1、信号正向传播
        #2.1.1、计算隐含层的输入                                         ⑤
        hidden_input = hidden_in(feature, w0, b0)  #mXn_hidden
        #2.1.2、计算隐含层的输出
        hidden_output = hidden_out(hidden_input)
        #2.1.3、计算输出层的输入
        output_in = predict_in(hidden_output, w1, b1)  #mXn_output
        #2.1.4、计算输出层的输出
        output_out = predict_out(output_in)

        #2.2、误差的反向传播
```

```
            #2.2.1、隐含层到输出层之间的残差                          ⑥
            delta_output = -np.multiply((label - output_out),
partial_sig(output_in))
            #2.2.2、输入层到隐含层之间的残差
            delta_hidden = np.multiply((delta_output * w1.T),
partial_sig(hidden_input))

            #2.3、 修正权重和偏置                                     ⑦
            w1 = w1 - alpha * (hidden_output.T * delta_output)
            b1 = b1 - alpha * np.sum(delta_output, axis=0) * (1.0 / m)
            w0 = w0 - alpha * (feature.T * delta_hidden)
            b0 = b0 - alpha * np.sum(delta_hidden, axis=0) * (1.0 / m)
            if i % 100 == 0:
                print "\t-------- iter: ", i, \
              " ,cost: ",  (1.0/2) * get_cost(get_predict(feature, w0, w1, b0,
b1) - label) ⑧
            i += 1
        return w0, w1, b0, b1
```

在以上程序中，函数 bp_train 实现了对 BP 神经网络的训练，其输入为训练数据的特征 feature，训练数据的标签 label，隐含层节点个数 n_hidden，最大的迭代次数 maxCycle，梯度下降过程中的学习率 alpha 和最终的输出节点个数 n_output。输出为 BP 神经网络的模型，包括输入层到隐含层的权重 w_0 和偏置 b_0，以及隐含层到输出层的权重 w_1 和 b_1。在模型训练之前，首先是对输入层到隐含层的权重 w_0 和偏置 b_0、隐含层到输出层的权重 w_1 和偏置 b_1 进行初始化，初始化的过程如程序中的①、②、③和④所示，从指定的区间中生成随机数，程序代码中使用的区间为

$$\left[-4\times\frac{\sqrt{6}}{\sqrt{\mathrm{fan_{in}}+\mathrm{fan_{out}}}},4\times\frac{\sqrt{6}}{\sqrt{\mathrm{fan_{in}}+\mathrm{fan_{out}}}}\right]$$

式中，$\mathrm{fan_{in}}$ 为第 $i-1$ 层节点的个数；$\mathrm{fan_{out}}$ 为第 i 层节点的个数。在对 BP 神经网络初始化完成后，利用训练数据对 BP 神经网络模型进行训练，训练过程包括以下几个方面：

- 信号的正向传播，如程序代码中的⑤所示；
- 误差的反向传播，如程序代码中的⑥所示；
- 利用反向传播的误差修正 BP 神经网络模型中的参数，如程序代码中的⑦所示；
- 在每 100 次迭代后计算当前损失函数的值，如程序代码中的③所示。

在信号的正向传播过程中，对于 BP 神经网络，主要分为：（1）计算隐含层输入，如程序代码中的 hidden_in 函数，hidden_in 函数的具体实现如①所示；（2）计算隐含层的输出，如程序代码中的 hidden_out 函数，hidden_out 函数的具体实现如②所示；（3）计算输出层的输入，如程序代码中的 predict_in 函数，predict_in 函数的具体实现如③所示；（4）计算输出层的输出，如程序代码中的 predict_out 函数，predict_out 函数的具体实现如⑤所示。

下面对正向传播过程各步骤进行实现：

（1）计算隐含层输入的 hidden_int 函数。

```
    def hidden_in(feature, w0, b0):
```

```
    '''计算隐含层的输入
    input:  feature(mat):特征
            w0(mat):输入层到隐含层之间的权重
            b0(mat):输入层到隐含层之间的偏置
    output: hidden_in(mat):隐含层的输入
    '''
    m = np.shape(feature)[0]
    hidden_in = feature * w0
    for i in xrange(m):
        hidden_in[i, ] += b0
    return hidden_in
```

在代码中，函数 hidden_in 对隐含层的输入进行计算。在函数 hidden_in 中，其输入为训练数据的特征 feature、输入层到隐含层的权重 w_0 和输入层到隐含层的偏置 b_0，其输出为隐含层的输入 hidden_in。

（2）计算隐含层输出的 hidden_out 函数。

```
def hidden_out(hidden_in):
    '''隐含层的输出
    input:  hidden_in(mat):隐含层的输入
    output: hidden_output(mat):隐含层的输出
    '''
    hidden_output = sig(hidden_in)
    return hidden_output;
```

在代码中，函数 hidden_out 对隐含层的输出进行计算。在函数 hidden_out 中，其输入为隐含层的输入 hidden_in，其输出为隐含层的输出 hidden_output。计算方法是对隐含层输入 hidden_in 中的每一个值计算其 Sigmoid 值，如程序代码①所示，sig 函数的具体实现如下面（5）所示。

（3）计算输出层的输入和 predict_in 函数。

```
def predict_in(hidden_out, w1, b1):
    '''计算输出层的输入
    input:  hidden_out(mat):隐含层的输出
            w1(mat):隐含层到输出层之间的权重
            b1(mat):隐含层到输出层之间的偏置
    output: predict_in(mat):输出层的输入
    '''
    m = np.shape(hidden_out)[0]
    predict_in = hidden_out * w1
    for i in xrange(m):
        predict_in[i, ] += b1
    return predict_in
```

在代码中，函数 predict_in 对输出层的输入进行计算。在函数 predict_in 中，其输入为隐含层的输出 hidden_out、隐含层到输出层的权重 w_1 和隐含层到输出层的偏置 b_1，其输出为隐含层的输入 predict_in。

（4）计算输出层输出的 predict_out 函数。

```
def predict_out(predict_in):
```

```
    '''输出层的输出
    input: predict_in(mat):输出层的输入
    output: result(mat):输出层的输出
    '''
    result = sig(predict_in)
    return result
```

在代码中，函数 predict_out 对输出层的输出进行计算。在函数 predict_out 中，其输入为输出层的输入 predict_in，其输出为输出层的输出 result。其计算方法是对输出层的输入 predict_in 中每一个值计算其 sigmoid 值。

（5）求 sigmoid 值的 sigmoid 函数。

```
    '''Sigmoid函数
    input:  x(mat/float):自变量，可以是矩阵或任意实数
    output: Sigmoid值(mat/float):Sigmoid函数的值
    '''
    return 1.0 / (1 + np.exp(-x))
```

在代码中，sigmoid 函数实现了对数值或矩阵的 sigmoid 值的计算。

在误差的反射传播过程中，BP 神经网络主要分为：①计算隐含层到输出层之间的残差；②计算输入层到隐含层之间的残差。在残差的计算过程中使用了 partial_sig 函数，partial_sig 函数的具体实现如下面（6）所示。

（6）partial_sig 函数。

```
def partial_sig(x):
    '''sigmoid导函数的值
    input:  x(mat/float):自变量，可以是矩阵或任意实数
    output: out(mat/float):sigmoid导函数的值
    '''
    m, n = np.shape(x)
    out = np.mat(np.zeros((m, n)))
    for i in xrange(m):
        for j in xrange(n):
            out[i, j] = sig(x[i, j]) * (1 - sig(x[i, j]))①
    return out
```

在代码中，函数 partial_sig 计算输入 sigmoid 函数在输入为 x 时导函数的值，具体的计算方法如程序代码中的①所示。假设 sigmoid $x(x)=\sigma(x)$，则其导函数为

$$\sigma'(x)=\sigma(x)(1-\sigma(x))$$

当 BP 神经网络中的权重更新完成，每 100 次迭代后，需要计算当前损失函数的值，get_cost 函数用于计算当前损失函数的值，其具体实现代码如下面（7）所示。

（7）get_cost 函数。

```
def get_cost(cost):
    '''计算当前损失函数的值
    input:  cost(mat):预测值与样本标签之间的差
    output: cost_sum / m (double):损失函数的值
    '''
    m,n = np.shape(cost)
```

```
        cost_sum = 0.0
        for i in xrange(m):
            for j in xrange(n):
                cost_sum += cost[i,j] * cost[i,j]
        return cost_sum / m
```

在代码中，get_cost 函数的输入为利用当前 BP 神经网络模型得到的预测值与样本标签之间的差值 cost，输出为当前损失函数的值。

9.3.3　BP 神经网络中参数的设置

在 BP 神经网络中存在很多参数，有些参数的选择是不能通过梯度下降法得到的，这些参数称为超参数。一般无法得到超参数的最优解。首先，不能单独优化每一个超参数。其次，不能直接使用梯度下降法，因为有些超参数是离散的，有些超参数是连续的。最后，这是非凸优化问题，找到一个局部最优解需要花费很大的工夫。

1. 非线性变换

两个最常见的非线性函数是 sigmoid 函数和 tanh 函数。其中 sigmoid 函数的输出均值不为 0，这会导致后一层的神经元得到上一层输出的非 0 均值信号作为输入。与 sigmoid 函数不一样的是，tanh 函数的输出均值为 0，因此，tanh 函数通常具有更好的收敛性。

2.权重向量的初始化

在初始化阶段，权重应该设置在原点附近，并且应尽可能小，这样激活函数对其进行操作就像线性函数一样，此处的梯度也是最大的。

对于 tanh 函数，在区间

$$\left[-\frac{\sqrt{6}}{\sqrt{\text{fan}_{\text{in}}+\text{fan}_{\text{out}}}},\frac{\sqrt{6}}{\sqrt{\text{fan}_{\text{in}}+\text{fan}_{\text{out}}}}\right]$$

上以均匀分布的方式产生随机数。而对于 sigmoid 激活函数，则是在区间

$$\left[-4\times\frac{\sqrt{6}}{\sqrt{\text{fan}_{\text{in}}+\text{fan}_{\text{out}}}},4\times\frac{\sqrt{6}}{\sqrt{\text{fan}_{\text{in}}+\text{fan}_{\text{out}}}}\right]$$

上以均匀分布的方式产生随机数。其中，fan_{in} 是第 $i-1$ 层节点的个数，而 fan_{out} 是第 i 层节点的个数。

3. 学习率

对于学习率的选择而言，最简单的办法是选择一个固定的学习率，即常数，如 10^{-2}，10^{-3} 等，除了设置固定的学习速率外，同样可以设置动态学习率，如随着迭代的次数 t 动态变化的学习速率：

$$\frac{\alpha}{\sqrt{t}}$$

式中，α 是初始的学习率；t 是迭代的次数。

4. 隐含层节点的个数

隐含层节点个数的选择取决于具体的数据集，越复杂的数据分布，神经网络需要越强的能力去对这批数据建模，因此，需要越多的隐含层节点个数。

下面直接通过一个例子来演示简单的 BP 网络。

【例 9-5】利用 Python 实现 BP 神经网络。

```
import math
import random
random.seed(0)
def rand(a,b): #随机函数
    return (b-a)*random.random()+a
def make_matrix(m,n,fill=0.0):#创建一个指定大小的矩阵
    mat = []
    for i in range(m):
        mat.append([fill]*n)
    return mat
#定义sigmoid函数和它的导数
def sigmoid(x):
    return 1.0/(1.0+math.exp(-x))
def sigmoid_derivate(x):
    return x*(1-x) #sigmoid函数的导数

class BPNeuralNetwork:
    def __init__(self):#初始化变量
        self.input_n = 0
        self.hidden_n = 0
        self.output_n = 0
        self.input_cells = []
        self.hidden_cells = []
        self.output_cells = []
        self.input_weights = []
        self.output_weights = []
        self.input_correction = []
        self.output_correction = []
    #三个列表维护：输入层、隐含层、输出层神经元
    def setup(self,ni,nh,no):
        self.input_n = ni+1 #输入层+偏置项
        self.hidden_n = nh  #隐含层
        self.output_n = no  #输出层

        #初始化神经元
        self.input_cells = [1.0]*self.input_n
        self.hidden_cells= [1.0]*self.hidden_n
        self.output_cells= [1.0]*self.output_n
```

```
            #初始化连接边的边权
            self.input_weights = make_matrix(self.input_n,self.hidden_n) #邻
接矩阵存边权：输入层→隐含层
        #邻接矩阵存边权：隐含层→输出层
            self.output_weights = make_matrix(self.hidden_n,self.output_n)
            #随机初始化边权：为反向传导做准备
            for i in range(self.input_n):
                for h in range(self.hidden_n):
        #由输入层第i个元素到隐含层第j个元素的边权为随机值
                    self.input_weights[i][h] = rand(-0.2 , 0.2)
            for h in range(self.hidden_n):
                for o in range(self.output_n):
        #由隐含层第i个元素到输出层第j个元素的边权为随机值
                    self.output_weights[h][o] = rand(-2.0, 2.0)
            #保存校正矩阵，为了以后误差做调整
            self.input_correction = make_matrix(self.input_n , self.hidden_n)
            self.output_correction =
make_matrix(self.hidden_n,self.output_n)

        #输出预测值
        def predict(self,inputs):
            #对输入层进行操作转化样本
            for i in range(self.input_n-1):
                self.input_cells[i] = inputs[i] #n个样本从0~n-1
            #计算隐含层的输出，每个节点最终的输出值就是权重×节点值的加权和
            for j in range(self.hidden_n):
                total = 0.0
                for i in range(self.input_n):
                    total+=self.input_cells[i]*self.input_weights[i][j]
            '''
    此处为何是先i再j，以隐含层节点做大循环，输入样本为小循环，是为了每一
    个隐含节点计算一个输出值，传输到下一层此节点的输出是前一层所有输入点
    和到该点之间的权重加权和
    '''
                self.hidden_cells[j] = sigmoid(total)
            for k in range(self.output_n):
                total = 0.0
                for j in range(self.hidden_n):
                    total+=self.hidden_cells[j]*self.output_weights[j][k]
                self.output_cells[k] = sigmoid(total) #获取输出层每个元素的值
            return self.output_cells[:] #最后输出层的结果返回

        #反向传播算法：调用预测函数，根据反向传播获取的权重与实际结果进行比较
        def back_propagate(self,case,label,learn,correct):
            #对输入样本做预测
            self.predict(case) #对实例做预测
```

```
            output_deltas = [0.0]*self.output_n #初始化矩阵
            for o in range(self.output_n):
           error = label[o] - self.output_cells[o] #正确结果和预测结果的误差：0,1,
-1
           output_deltas[o]= sigmoid_derivate(self.output_cells[o])*error
    #误差稳定在0~1内

            #隐含层误差
            hidden_deltas = [0.0]*self.hidden_n
            for h in range(self.hidden_n):
                error = 0.0
                for o in range(self.output_n):
                    error+=output_deltas[o]*self.output_weights[h][o]
                hidden_deltas[h] =
sigmoid_derivate(self.hidden_cells[h])*error
            #反向传播算法求W
            #更新隐含层→输出权重
            for h in range(self.hidden_n):
                for o in range(self.output_n):
                    change = output_deltas[o]*self.hidden_cells[h]
                    #调整权重：上一层每个节点的权重学习×变化+矫正率
            self.output_weights[h][o] += learn*change +
correct*self.output_correction[h][o]
            #更新输入→隐含层的权重
            for i in range(self.input_n):
                for h in range(self.hidden_n):
                    change = hidden_deltas[h]*self.input_cells[i]
             self.input_weights[i][h] += learn*change +
correct*self.input_correction[i][h]
                    self.input_correction[i][h] =  change
            #获取全局误差
            error = 0.0
            for o in range(len(label)):
                error = 0.5*(label[o]-self.output_cells[o])**2 #平方误差函数
            return error

        def train(self,cases,labels,limit=10000,learn=0.05,correct=0.1):
            for i in range(limit): #设置迭代次数
                error = 0.0
                for j in range(len(cases)):#对输入层进行访问
                    label = labels[j]
                    case = cases[j]
                    error+=self.back_propagate(case,label,learn,correct)
     #样例，标签，学习率，正确阈值
        def test(self): #学习异或
            cases = [
```

```
            [0, 0],
            [0, 1],
            [1, 0],
            [1, 1],
        ] #测试样例
        labels = [[0], [1], [1], [0]] #标签
        self.setup(2,5,1) #初始化神经网络：输入层、隐含层、输出层的元素个数
        self.train(cases,labels,10000,0.05,0.1) #可以更改
        for case in cases:
            print(self.predict(case))

if __name__ == '__main__':
    nn = BPNeuralNetwork()
    nn.test()
运行程序，输出如下：
[0.04847783770721433]
[0.9376598668750223]
[0.9492119494746079]
[0.0578982298159337]
-------------------
```

9.4 神经网络的 Python 实现

前面已经对神经网络的相关概念进行了介绍，下面直接通过实例来演示 Python 对神经网络的实现。

【例 9-6】三层反向传播神经网络的 Python 实现。

```
import math
import random
import string
random.seed(0)

#生成区间[a, b)内的随机数
def rand(a, b):
    return (b-a)*random.random() + a
#生成大小为I×J 的矩阵，默认零矩阵（当然，亦可用 NumPy 提速）
def makeMatrix(I, J, fill=0.0):
    m = []
    for i in range(I):
        m.append([fill]*J)
    return m
#函数 sigmoid，这里采用 tanh，因为看起来要比标准的 1/(1+e^-x) 漂亮些
def sigmoid(x):
    return math.tanh(x)
#函数 sigmoid 的派生函数
```

```
    def dsigmoid(y):
        return 1.0 - y**2

    class NN:
        '''三层反向传播神经网络'''
        def __init__(self, ni, nh, no):
            #输入层、隐含层、输出层的节点（数）
            self.ni = ni + 1 #增加一个偏差节点
            self.nh = nh
            self.no = no
            #激活神经网络的所有节点（向量）
            self.ai = [1.0]*self.ni
            self.ah = [1.0]*self.nh
            self.ao = [1.0]*self.no
            #建立权重（矩阵）
            self.wi = makeMatrix(self.ni, self.nh)
            self.wo = makeMatrix(self.nh, self.no)
            #设为随机值
            for i in range(self.ni):
                for j in range(self.nh):
                    self.wi[i][j] = rand(-0.2, 0.2)
            for j in range(self.nh):
                for k in range(self.no):
                    self.wo[j][k] = rand(-2.0, 2.0)
            #最后建立动量因子（矩阵）
            self.ci = makeMatrix(self.ni, self.nh)
            self.co = makeMatrix(self.nh, self.no)
        def update(self, inputs):
            if len(inputs) != self.ni-1:
                raise ValueError('与输入层节点数不符！')
            #激活输入层
            for i in range(self.ni-1):
                #self.ai[i] = sigmoid(inputs[i])
                self.ai[i] = inputs[i]
            #激活隐含层
            for j in range(self.nh):
                sum = 0.0
                for i in range(self.ni):
                    sum = sum + self.ai[i] * self.wi[i][j]
                self.ah[j] = sigmoid(sum)
            #激活输出层
            for k in range(self.no):
                sum = 0.0
                for j in range(self.nh):
                    sum = sum + self.ah[j] * self.wo[j][k]
                self.ao[k] = sigmoid(sum)
```

```
        return self.ao[:]
    def backPropagate(self, targets, N, M):
        ''' 反向传播 '''
        if len(targets) != self.no:
            raise ValueError('与输出层节点数不符！')
        #计算输出层的误差
        output_deltas = [0.0] * self.no
        for k in range(self.no):
            error = targets[k]-self.ao[k]
            output_deltas[k] = dsigmoid(self.ao[k]) * error
        #计算隐含层的误差
        hidden_deltas = [0.0] * self.nh
        for j in range(self.nh):
            error = 0.0
            for k in range(self.no):
                error = error + output_deltas[k]*self.wo[j][k]
            hidden_deltas[j] = dsigmoid(self.ah[j]) * error
        #更新输出层权重
        for j in range(self.nh):
            for k in range(self.no):
                change = output_deltas[k]*self.ah[j]
                self.wo[j][k] = self.wo[j][k] + N*change + M*self.co[j][k]
                self.co[j][k] = change
                #print(N*change, M*self.co[j][k])
        #更新输入层权重
        for i in range(self.ni):
            for j in range(self.nh):
                change = hidden_deltas[j]*self.ai[i]
                self.wi[i][j] = self.wi[i][j] + N*change + M*self.ci[i][j]
                self.ci[i][j] = change
        #计算误差
        error = 0.0
        for k in range(len(targets)):
            error = error + 0.5*(targets[k]-self.ao[k])**2
        return error
    def test(self, patterns):
        for p in patterns:
            print(p[0], '->', self.update(p[0]))
    def weights(self):
        print('输入层权重:')
        for i in range(self.ni):
            print(self.wi[i])
        print()
        print('输出层权重:')
        for j in range(self.nh):
            print(self.wo[j])
```

```
    def train(self, patterns, iterations=1000, N=0.5, M=0.1):
        #N: 学习速率(learning rate)
        #M: 动量因子(momentum factor)
        for i in range(iterations):
            error = 0.0
            for p in patterns:
                inputs = p[0]
                targets = p[1]
                self.update(inputs)
                error = error + self.backPropagate(targets, N, M)
            if i % 100 == 0:
                print('误差 %-.5f' % error)
def demo():
 #一个演示：教神经网络学习逻辑异或（XOR）------可以换成自己的数据试试
    pat = [
        [[0,0], [0]],
        [[0,1], [1]],
        [[1,0], [1]],
        [[1,1], [0]]
    ]
    #创建一个神经网络：输入层有两个节点、隐含层有两个节点、输出层有一个节点
    n = NN(2, 2, 1)
    #用一些模式训练它
    n.train(pat)
    #测试训练的成果（不要吃惊哦）
    n.test(pat)
    #看看训练好的权重（当然可以考虑把训练好的权重持久化）
    #n.weights()

if __name__ == '__main__':
    demo()
```

运行程序，输出如下：

```
误差 0.94250
误差 0.04287
误差 0.00348
误差 0.00164
误差 0.00106
误差 0.00078
误差 0.00092
误差 0.00053
误差 0.00044
误差 0.00038
[0, 0] -> [0.03036939032113823]
[0, 1] -> [0.9817636240847771]
[1, 0] -> [0.9816259907635363]
[1, 1] -> [-0.02558537484329533 4]
```

```
    -------------------
```

运行演示函数的时候，可以尝试改变隐含层的节点数，看节点数增加了，预测的精度是否会提升。

【例 9-7】在线性不可分数据集上使用多层神经网络的情形。

为了便于观察结果，使用二维特征数据。

```
    # -*- coding: utf-8 -*-
    """
        感知机和神经网络
    """
    import numpy as np
    from matplotlib import  pyplot as plt
    from sklearn.neural_network import MLPClassifier

    def creat_data_no_linear_2d(n):
            '''
            创建二维线性不可分数据集
            :param n: 负例的数量
            :return: 线性不可分数据集，数据集大小为2×n+n/10 （ n/10 是误差点的数量，
误差点导致了线性不可分）
            '''
            np.random.seed(1)
            x_11=np.random.randint(0,100,(n,1)) #第一组：第一维坐标值
            x_12=10+np.random.randint(-5,5,(n,1,))#第一组：第二维坐标值
            x_21=np.random.randint(0,100,(n,1))#第二组：第一维坐标值
            x_22=20+np.random.randint(0,10,(n,1))#第二组：第二维坐标值

            x_31=np.random.randint(0,100,(int(n/10),1))#第三组：第一维坐标值
            x_32=20+np.random.randint(0,10,(int(n/10),1))#第三组：第二维坐标值

            new_x_11=x_11*np.sqrt(2)/2-x_12*np.sqrt(2)/2##沿第一维轴旋转45度
            new_x_12=x_11*np.sqrt(2)/2+x_12*np.sqrt(2)/2##沿第一维轴旋转45度
            new_x_21=x_21*np.sqrt(2)/2-x_22*np.sqrt(2)/2##沿第一维轴旋转45度
            new_x_22=x_21*np.sqrt(2)/2+x_22*np.sqrt(2)/2##沿第一维轴旋转45度
            new_x_31=x_31*np.sqrt(2)/2-x_32*np.sqrt(2)/2##沿第一维轴旋转45度
            new_x_32=x_31*np.sqrt(2)/2+x_32*np.sqrt(2)/2##沿第一维轴旋转45度

        plus_samples=np.hstack([new_x_11,new_x_12,np.ones((n,1))]) #拼接成
正例数据集
      minus_samples=np.hstack([new_x_21,new_x_22,-np.ones((n,1))])#拼接成负
例数据集
     #拼接成正例数据集，它导致了线性不可分

err_samples=np.hstack([new_x_31,new_x_32,np.ones((int(n/10),1))])
          samples=np.vstack([plus_samples,minus_samples,err_samples]) #拼接
成数据集
```

```
        np.random.shuffle(samples)  #混洗数据
        return samples
    def plot_samples_2d(ax,samples):
            '''
            绘制二维数据集
            :param ax: Axes 实例，用于绘制图形
            :param samples: 二维数据集
            :return: None
            '''
            Y=samples[:,-1]
            position_p=Y==1 ##正例位置
            position_m=Y==-1 ##负例位置
            ax.scatter(samples[position_p,0],samples[position_p,1],
                marker='+',label='+',color='b')
            ax.scatter(samples[position_m,0],samples[position_m,1],
                marker='^',label='-',color='y')
    def run_plot_samples_2d():
        '''
        绘制二维线性不可分数据集
        :return: None
        '''
        fig=plt.figure()
        ax=fig.add_subplot(1,1,1)
        data=creat_data_no_linear_2d(100) #生成二维线性不可分数据集
        plot_samples_2d(ax,data)
        ax.legend(loc='best')
        plt.show()
    def predict_with_MLPClassifier(ax,train_data):
          '''
          使用 MLPClassifier绘制预测结果
          :param ax: Axes 实例，用于绘制图形
          :param train_data: 训练数据集
          :return: None
          '''
          train_x=train_data[:,:-1]
          train_y=train_data[:,-1]
          clf=MLPClassifier(activation='logistic',max_iter=1000)#构造分类
器实例
          clf.fit(train_x,train_y) #训练分类器
          print(clf.score(train_x,train_y)) #查看在训练集上的评价预测精度

          ##用训练好的训练集预测平面上每一点的输出##
          x_min, x_max = train_x[:, 0].min() - 1, train_x[:, 0].max() + 2
          y_min, y_max = train_x[:, 1].min() - 1, train_x[:, 1].max() + 2
          plot_step=1
          xx, yy = np.meshgrid(np.arange(x_min, x_max, plot_step),
```

```
            np.arange(y_min, y_max, plot_step))
        Z = clf.predict(np.c_[xx.ravel(), yy.ravel()])
        Z = Z.reshape(xx.shape)
        ax.contourf(xx, yy, Z, cmap=plt.cm.Paired)
if __name__=='__main__':
    run_plot_samples_2d() #调用 run_plot_samples_2d
    #run_predict_with_MLPClassifier() #调用
run_predict_with_MLPClassifier
```

运行程序，效果如图 9-10 所示。

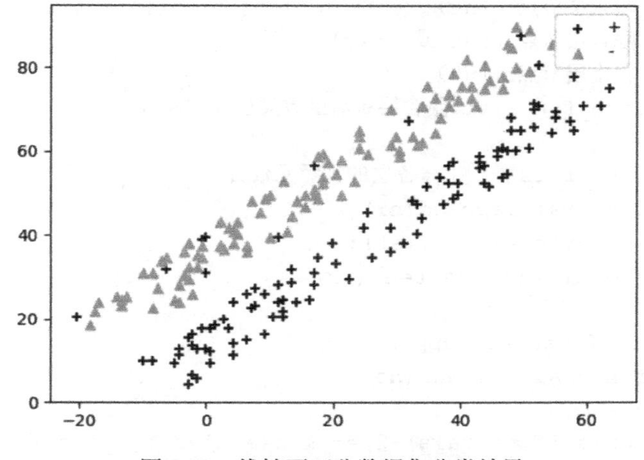

图 9-10　线性不可分数据集分类效果

【例 9-8】可变多隐含层神经网络的 Python 实现。

此神经网络有两个特点：

（1）灵活性。

该神经网络非常灵活，隐含层的数目是可以设置的，隐含层的激活函数也是可以设置的。

（2）扩展性。

该神经网络的扩展性非常好。目前只实现了一个学习方法，即 lm（Levenberg-Marquardt 训练算法），可以添加不同的学习方法到 NeuralNetwork 类。

```
import numpy as np
from math import exp, pow
from mpl_toolkits.mplot3d import Axes3D
import matplotlib.pyplot as plt
import sys
import copy
from scipy.linalg import norm, pinv

class Layer:
    '''层'''
    def __init__(self, w, b, neure_number, transfer_function,
```

```
layer_index):
            self.transfer_function = transfer_function
            self.neure_number = neure_number
            self.layer_index = layer_index
            self.w = w
            self.b = b

      class NetStruct:
         '''神经网络结构'''
         def __init__(self, ni, nh, no, active_fun_list):
            #ni 输入层节点 (int)
            #ni 隐含层节点 (int 或 list)
            #no 输出层节点 (int)
            #active_fun_list 隐含层激活函数类型 (list)
            #==> 1
            self.neurals = [] #各层的神经元数目
            self.neurals.append(ni)
            if isinstance(nh, list):
               self.neurals.extend(nh)
            else:
               self.neurals.append(nh)
            self.neurals.append(no)
            #==> 2
            if len(self.neurals)-2 == len(active_fun_list):
               active_fun_list.append('line')
            self.active_fun_list = active_fun_list
            #==> 3
            self.layers = [] #所有层
            for i in range(0, len(self.neurals)):
               if i == 0:
                  self.layers.append(Layer([], [], self.neurals[i], 'none',
i))
                  continue
               f = self.neurals[i - 1]
               s = self.neurals[i]
               self.layers.append(Layer(np.random.randn(s, f),
np.random.randn(s, 1), self.neurals[i], self.active_fun_list[i-1], i))
      class NeuralNetwork:
         '''神经网络'''
         def __init__(self, net_struct, mu = 1e-3, beta = 10, iteration = 100,
tol = 0.1):
            '''初始化'''
            self.net_struct = net_struct
            self.mu = mu
            self.beta = beta
            self.iteration = iteration
```

```
        self.tol = tol
    def train(self, x, y, method = 'lm'):
        '''训练'''
        self.net_struct.x = x
        self.net_struct.y = y
        if(method == 'lm'):
            self.lm()
    def sim(self, x):
        '''预测'''
        self.net_struct.x = x
        self.forward()
        layer_num = len(self.net_struct.layers)
        predict = self.net_struct.layers[layer_num - 1].output_val
        return predict
    def actFun(self, z, active_type = 'sigm'):
        '''激活函数'''
        # activ_type: 激活函数类型有 sigm、tanh、radb、line
        if active_type == 'sigm':
            f = 1.0 / (1.0 + np.exp(-z))
        elif active_type == 'tanh':
            f = (np.exp(z) + np.exp(-z)) / (np.exp(z) + np.exp(-z))
        elif active_type == 'radb':
            f = np.exp(-z * z)
        elif active_type == 'line':
            f = z
        return f
    def actFunGrad(self, z, active_type = 'sigm'):
        '''激活函数的变化（派生）率'''
        # active_type: 激活函数类型有 sigm、tanh、radb、line
        y = self.actFun(z, active_type)
        if active_type == 'sigm':
            grad = y * (1.0 - y)
        elif active_type == 'tanh':
            grad = 1.0 - y * y
        elif active_type == 'radb':
            grad = -2.0 * z * y
        elif active_type == 'line':
            m = z.shape[0]
            n = z.shape[1]
            grad = np.ones((m, n))
        return grad
    def forward(self):
        '''前向'''
        layer_num = len(self.net_struct.layers)
        for i in range(0, layer_num):
            if i == 0:
```

```
                    curr_layer = self.net_struct.layers[i]
                    curr_layer.input_val = self.net_struct.x
                    curr_layer.output_val = self.net_struct.x
                    continue
                before_layer = self.net_struct.layers[i - 1]
                curr_layer = self.net_struct.layers[i]
             curr_layer.input_val = curr_layer.w.dot(before_layer.output_val)
+ curr_layer.b
                curr_layer.output_val = self.actFun(curr_layer.input_val,
                                        self.net_struct.active_fun_list[i
- 1])
        def backward(self):
            '''反向'''
            layer_num = len(self.net_struct.layers)
            last_layer = self.net_struct.layers[layer_num - 1]
            last_layer.error = -self.actFunGrad(last_layer.input_val,

self.net_struct.active_fun_list[layer_num - 2])
            layer_index = list(range(1, layer_num - 1))
            layer_index.reverse()
            for i in layer_index:
                curr_layer = self.net_struct.layers[i]
                curr_layer.error =
(last_layer.w.transpose().dot(last_layer.error)) *
self.actFunGrad(curr_layer.input_val,self.net_struct.active_fun_list[i - 1])
                last_layer = curr_layer
        def parDeriv(self):
            '''标准梯度（求导）'''
            layer_num = len(self.net_struct.layers)
            for i in range(1, layer_num):
                befor_layer = self.net_struct.layers[i - 1]
                befor_input_val = befor_layer.output_val.transpose()
                curr_layer = self.net_struct.layers[i]
                curr_error = curr_layer.error
         curr_error =
curr_error.reshape(curr_error.shape[0]*curr_error.shape[1], 1, order='F')
                row =  curr_error.shape[0]
                col = befor_input_val.shape[1]
                a = np.zeros((row, col))
                num = befor_input_val.shape[0]
                neure_number = curr_layer.neure_number
                for i in range(0, num):
                    a[neure_number*i:neure_number*i + neure_number,:] =
np.repeat([befor_input_val[i,:]],neure_number,axis = 0)
                tmp_w_par_deriv = curr_error * a
                curr_layer.w_par_deriv = np.zeros((num,
```

```
befor_layer.neure_number * curr_layer.neure_number))
                for i in range(0, num):
                    tmp = tmp_w_par_deriv[neure_number*i:neure_number*i +
neure_number,:]
                    tmp = tmp.reshape(tmp.shape[0] * tmp.shape[1], order='C')
                    curr_layer.w_par_deriv[i, :] = tmp
                    curr_layer.b_par_deriv = curr_layer.error.transpose()

    def jacobian(self):
        '''雅可比行列式'''
        layers = self.net_struct.neurals
        row = self.net_struct.x.shape[1]
        col = 0
        for i in range(0, len(layers) - 1):
            col = col + layers[i] * layers[i + 1] + layers[i + 1]
        j = np.zeros((row, col))
        layer_num = len(self.net_struct.layers)
        index = 0
        for i in range(1, layer_num):
            curr_layer = self.net_struct.layers[i]
            w_col = curr_layer.w_par_deriv.shape[1]
            b_col = curr_layer.b_par_deriv.shape[1]
            j[:, index : index + w_col] = curr_layer.w_par_deriv
            index = index + w_col
            j[:, index : index + b_col] = curr_layer.b_par_deriv
            index = index + b_col
        return j
    def gradCheck(self):
        '''梯度检查'''
        W1 = self.net_struct.layers[1].w
        b1 = self.net_struct.layers[1].b
        n = self.net_struct.layers[1].neure_number
        W2 = self.net_struct.layers[2].w
        b2 = self.net_struct.layers[2].b
        x = self.net_struct.x
        p = []
        p.extend(W1.reshape(1,W1.shape[0]*W1.shape[1],order = 'C')[0])
        p.extend(b1.reshape(1,b1.shape[0]*b1.shape[1],order = 'C')[0])
        p.extend(W2.reshape(1,W2.shape[0]*W2.shape[1],order = 'C')[0])
        p.extend(b2.reshape(1,b2.shape[0]*b2.shape[1],order = 'C')[0])
        old_p = p
        jac = []
        for i in range(0, x.shape[1]):
            xi = np.array([x[:,i]])
            xi = xi.transpose()
            ji = []
```

```
            for j in range(0, len(p)):
                W1 = np.array(p[0:2*n]).reshape(n,2,order='C')
                b1 = np.array(p[2*n:2*n+n]).reshape(n,1,order='C')
                W2 = np.array(p[3*n:4*n]).reshape(1,n,order='C')
                b2 = np.array(p[4*n:4*n+1]).reshape(1,1,order='C')

                z2 = W1.dot(xi) + b1
                a2 = self.actFun(z2)
                z3 = W2.dot(a2) + b2
                h1 = self.actFun(z3)
                p[j] = p[j] + 0.00001
                W1 = np.array(p[0:2*n]).reshape(n,2,order='C')
                b1 = np.array(p[2*n:2*n+n]).reshape(n,1,order='C')
                W2 = np.array(p[3*n:4*n]).reshape(1,n,order='C')
                b2 = np.array(p[4*n:4*n+1]).reshape(1,1,order='C')
                z2 = W1.dot(xi) + b1
                a2 = self.actFun(z2)
                z3 = W2.dot(a2) + b2
                h = self.actFun(z3)
                g = (h[0][0]-h1[0][0])/0.00001
                ji.append(g)
            jac.append(ji)
            p = old_p
        return jac
    def jjje(self):
        '''计算jj与je'''
        layer_num = len(self.net_struct.layers)
        e = self.net_struct.y - self.net_struct.layers[layer_num -
1].output_val
        e = e.transpose()
        j = self.jacobian()
        #check gradient
        #j1 = -np.array(self.gradCheck())
        #jk = j.reshape(1,j.shape[0]*j.shape[1])
        #jk1 = j1.reshape(1,j1.shape[0]*j1.shape[1])
        #plt.plot(jk[0])
        #plt.plot(jk1[0],'.')
        #plt.show()
        jj = j.transpose().dot(j)
        je = -j.transpose().dot(e)
        return[jj, je]
    def lm(self):
        '''Levenberg-Marquardt训练算法'''
        mu = self.mu
        beta = self.beta
        iteration = self.iteration
```

```
        tol = self.tol
        y = self.net_struct.y
        layer_num = len(self.net_struct.layers)
        self.forward()
        pred =  self.net_struct.layers[layer_num - 1].output_val
        pref = self.perfermance(y, pred)
        for i in range(0, iteration):
            print('iter:',i, 'error:', pref)
            #1) 第一步:
            if(pref < tol):
                break
            #2) 第二步:
            self.backward()
            self.parDeriv()
            [jj, je] = self.jjje()
            while(1):
                #3) 第三步:
                A = jj + mu * np.diag(np.ones(jj.shape[0]))
                delta_w_b = pinv(A).dot(je)
                #4) 第四步:
                old_net_struct = copy.deepcopy(self.net_struct)
                self.updataNetStruct(delta_w_b)
                self.forward()
                pred1 =  self.net_struct.layers[layer_num - 1].output_val
                pref1 = self.perfermance(y, pred1)
                if (pref1 < pref):
                    mu = mu / beta
                    pref = pref1
                    break
                mu = mu * beta
                self.net_struct = copy.deepcopy(old_net_struct)
    def updataNetStruct(self, delta_w_b):
        '''更新网络权重及阈值'''
        layer_num = len(self.net_struct.layers)
        index = 0
        for i in range(1, layer_num):
            before_layer = self.net_struct.layers[i - 1]
            curr_layer = self.net_struct.layers[i]
            w_num = before_layer.neure_number * curr_layer.neure_number
            b_num = curr_layer.neure_number
            w = delta_w_b[index : index + w_num]
        w = w.reshape(curr_layer.neure_number, before_layer.neure_number,
order='C')
            index = index + w_num
            b = delta_w_b[index : index + b_num]
            index = index + b_num
```

```
            curr_layer.w += w
            curr_layer.b += b
    def perfermance(self, y, pred):
        '''性能函数'''
        error = y - pred
        return norm(error) / len(y)

#以下函数为测试样例
def plotSamples(n = 40):
    x = np.array([np.linspace(0, 3, n)])
    x = x.repeat(n, axis = 0)
    y = x.transpose()
    z = np.zeros((n, n))
    for i in range(0, x.shape[0]):
        for j in range(0, x.shape[1]):
            z[i][j] = sampleFun(x[i][j], y[i][j])
    fig = plt.figure()
    ax = fig.gca(projection='3d')
    surf = ax.plot_surface(x, y, z, cmap='autumn', cstride=2, rstride=2)
    ax.set_xlabel("X-Label")
    ax.set_ylabel("Y-Label")
    ax.set_zlabel("Z-Label")
    plt.show()

def sinSamples(n):
    x = np.array([np.linspace(-0.5, 0.5, n)])
    y = x + 0.2
    z = np.zeros((n, 1))
    for i in range(0, x.shape[1]):
        z[i] = np.sin(x[0][i] * y[0][i])
    X = np.zeros((n, 2))
    n = 0
    for xi, yi in zip(x.transpose(), y.transpose()):
        X[n][0] = xi
        X[n][1] = yi
        n = n + 1
    return X, z.transpose()

def peaksSamples(n):
    x = np.array([np.linspace(-3, 3, n)])
    x = x.repeat(n, axis = 0)
    y = x.transpose()
    z = np.zeros((n, n))
    for i in range(0, x.shape[0]):
        for j in range(0, x.shape[1]):
            z[i][j] = sampleFun(x[i][j], y[i][j])
```

```
        X = np.zeros((n*n, 2))
        x_list = x.reshape(n*n,1 )
        y_list = y.reshape(n*n,1)
        z_list = z.reshape(n*n,1)
        n = 0
        for xi, yi in zip(x_list, y_list):
            X[n][0] = xi
            X[n][1] = yi
            n = n + 1
        return X,z_list.transpose()

    def sampleFun( x, y):
        z =  3*pow((1-x),2) * exp(-(pow(x,2)) - pow((y+1),2))  - 10*(x/5 -
pow(x, 3) - pow(y, 5)) * exp(-pow(x, 2) - pow(y, 2)) - 1/3*exp(-pow((x+1), 2)
- pow(y, 2))
        return z
    #测试
    if __name__ == '__main__':
        active_fun_list = ['sigm','sigm','sigm']#"必须"设置"各"隐层的激活函数类
型，可以设置为tanh,radb，tanh,line类型，不显示的最后一层必须设置为line
        ns = NetStruct(2, [10, 10, 10], 1, active_fun_list) #确定神经网络结构，
中间两个隐含层各10个神经元
        nn = NeuralNetwork(ns)          #神经网络类实例化
        [X, z] = peaksSamples(20)       #产生训练数据
        #[X, z] = sinSamples(20)        #第二个训练数据
        X = X.transpose()
        nn.train(X, z) #训练
        [X0, z0] = peaksSamples(40)     #产生测试数据
        #[X0, z0] = sinSamples(40)      #第二个测试数据
        X0 = X0.transpose()
        z1 = nn.sim(X0) #预测
        fig  = plt.figure()
        ax = fig.add_subplot(111)
        ax.plot(z0[0])          #画出真实值
        ax.plot(z1[0],'r.')   #画出预测值
        plt.legend(('real data', 'predict data'))
        plt.show()
```

运行程序，迭代过程输出如下，效果如图 9-11 所示。

```
iter: 0 error: 37.206053465690594
iter: 1 error: 36.49955477714152
iter: 2 error: 29.515124149392086
iter: 3 error: 28.568964754072503
…
iter: 97 error: 0.29281488939223393
iter: 98 error: 0.2870784510396013
iter: 99 error: 0.28172589243257423
```

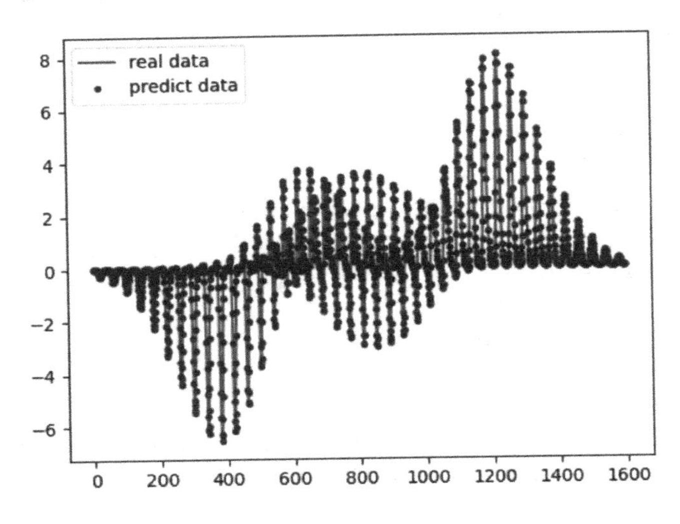

图 9-11 可变神经网络的分类效果

最后来看一个真实的例子：对鸢尾花进行分类。

【例 9-9】鸢尾花数据集共有 150 个数据，这些数据分为 3 类（分别为 setosa，versicolor，virginica），每类 50 个数据。每个数据包含 4 个属性：萼片（sepal）长度、萼片宽度、花瓣（petal）长度、花瓣宽度。

（1）首先加载数据：

```
from matplotlib.colors import ListedColormap
from sklearn import neighbors, datasets
import numpy as np
from matplotlib import  pyplot as plt
from sklearn.neural_network import MLPClassifier

##加载数据集
np.random.seed(0)
iris=datasets.load_iris() #使用scikit-learn自带的iris数据集
X=iris.data[:,0:2] #使用前两个特征，方便绘图
Y=iris.target #标记值
data=np.hstack((X,Y.reshape(Y.size,1)))
np.random.shuffle(data) #混洗数据。因为默认的iris 数据集：前50个数据是类别0，
中间50个数据是类别1，末尾50个数据是类别2。混洗将打乱这个顺序
X=data[:,:-1]
Y=data[:,-1]
train_x=X[:-30]
test_x=X[-30:] #最后30个样本作为测试集
train_y=Y[:-30]
test_y=Y[-30:]
```

（2）给出测试函数：

```
def mlpclassifier_iris():
        '''使用 MLPClassifier 预测调整后的 iris 数据集
        :return: None
```

```
        '''
        fig=plt.figure()
        ax=fig.add_subplot(1,1,1)
        classifier=MLPClassifier(activation='logistic',max_iter=10000,
           hidden_layer_sizes=(30,))
        classifier.fit(train_x,train_y)
        train_score=classifier.score(train_x,train_y)
        test_score=classifier.score(test_x,test_y)
        x_min, x_max = train_x[:, 0].min() - 1, train_x[:, 0].max() + 2
        y_min, y_max = train_x[:, 1].min() - 1, train_x[:, 1].max() + 2
 #用于绘制分类器对平面上每个点进行分类预测的分布图
plot_classifier_predict_meshgrid(ax,classifier,x_min,x_max,y_min,y_max)
        plot_samples(ax,train_x,train_y)
        ax.legend(loc='best')
        ax.set_xlabel(iris.feature_names[0])
        ax.set_ylabel(iris.feature_names[1])
      ax.set_title("train score:%f;test score:%f"%(train_score,test_score))
        plt.show()
 if __name__=='__main__':
    mlpclassifier_iris()     #调用 mlpclassifier_iris
```

运行程序，效果如图 9-12 所示。其中，score 值表示预测精度（图 9-12 表示：分类器在训练数据上的预测精度为 80.8333%，在预测集上的预测精度为 80.0%）。

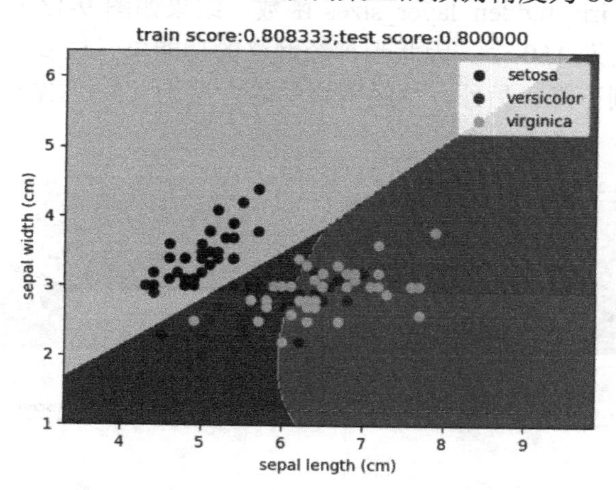

图 9-12　调用 mlpclassifier_iris 函数的预测精度

（3）预测不同隐含层对于多层神经网络分类器的影响：

```
......
def mlpclassifier_iris_hidden_layer_sizes():
        '''
        使用 MLPClassifier 预测调整后的 iris 数据集。考察不同
hidden_layer_sizes 的影响
        :return: None
        '''
        fig=plt.figure()
      #候选的 hidden_layer_sizes 参数值组成的数组
```

```
        hidden_layer_sizes=[(10,),(30,),(100,),(5,5),(10,10),(30,30)]
        for itx,size in enumerate(hidden_layer_sizes):
            ax=fig.add_subplot(3,2,itx+1)
            classifier=MLPClassifier(activation='logistic',max_iter=10000
                ,hidden_layer_sizes=size)
            classifier.fit(train_x,train_y)
            train_score=classifier.score(train_x,train_y)
            test_score=classifier.score(test_x,test_y)
            x_min, x_max = train_x[:, 0].min() - 1, train_x[:, 0].max() + 2
            y_min, y_max = train_x[:, 1].min() - 1, train_x[:, 1].max() + 2
            plot_classifier_predict_meshgrid
            (ax,classifier,x_min,x_max,y_min,y_max)
            plot_samples(ax,train_x,train_y)
            ax.legend(loc='best')
            ax.set_xlabel(iris.feature_names[0])
            ax.set_ylabel(iris.feature_names[1])
            ax.set_title("layer_size:%s;train score:%f;test score:%f"
                %(size,train_score,test_score))
        plt.show()
    if __name__=='__main__':
        mlpclassifier_iris_hidden_layer_sizes()
    #调用 mlpclassifier_iris_hidden_layer_sizes
```

调用 mlpclassifier_iris_hidden_layer_sizes 函数，结果如图 9-13 所示。可以看到，由于总的数据集样本数量仅为 150 个，因此当神经网络的功能单元过多（如 100 个）时，训练精度和预测精度便急剧下降。另外，神经网络的隐含层为（5,5）结构时，训练精度和预测精度也比较差。

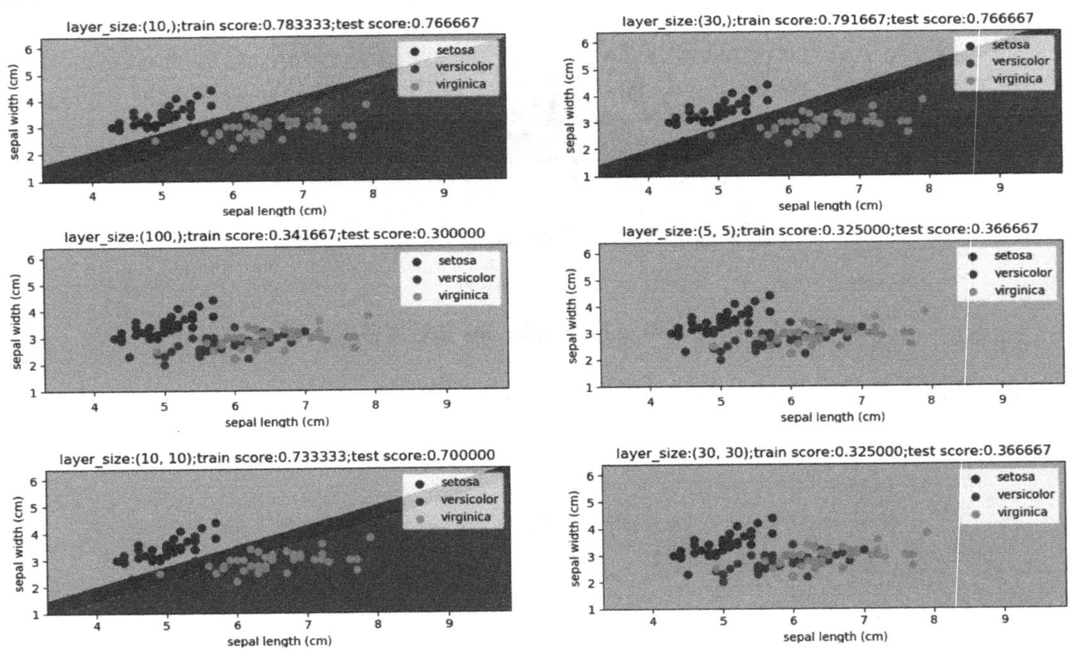

图 9-13　调用 mlpclassifier_iris_hidden_layer_sizes 函数的预测精度

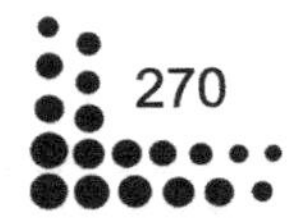

（4）观察激活函数对于多层神经网络分类器的影响：

```
……
def mlpclassifier_iris_ativations():
    '''
    使用 MLPClassifier预测调整后的 iris 数据集。考察不同 activation 的影响
    :return:  None
    '''
    fig=plt.figure()
    ativations=["logistic","tanh","relu"] #由候选激活函数字符串组成的列表
    for itx,act in enumerate(ativations):
        ax=fig.add_subplot(2,2,itx+1)
        classifier=MLPClassifier(activation=act,max_iter=10000,
            hidden_layer_sizes=(30,))
        classifier.fit(train_x,train_y)
        train_score=classifier.score(train_x,train_y)
        test_score=classifier.score(test_x,test_y)
        x_min, x_max = train_x[:, 0].min() - 1, train_x[:, 0].max() + 2
        y_min, y_max = train_x[:, 1].min() - 1, train_x[:, 1].max() + 2
        plot_classifier_predict_meshgrid
        (ax,classifier,x_min,x_max,y_min,y_max)
        plot_samples(ax,train_x,train_y)
        ax.legend(loc='best')
        ax.set_xlabel(iris.feature_names[0])
        ax.set_ylabel(iris.feature_names[1])
        ax.set_title("activation:%s;train score:%f;test score:%f"
            %(act,train_score,test_score))
    plt.show()
if __name__=='__main__':
    mlpclassifier_iris_ativations() #调用mlpclassifier_iris_ativations
```

调用 mlpclassifier_iris_ativations 函数，结果如图 9-14 所示。可以看到，不同的激活函数对性能有影响，但是相互之间没有显著差别。

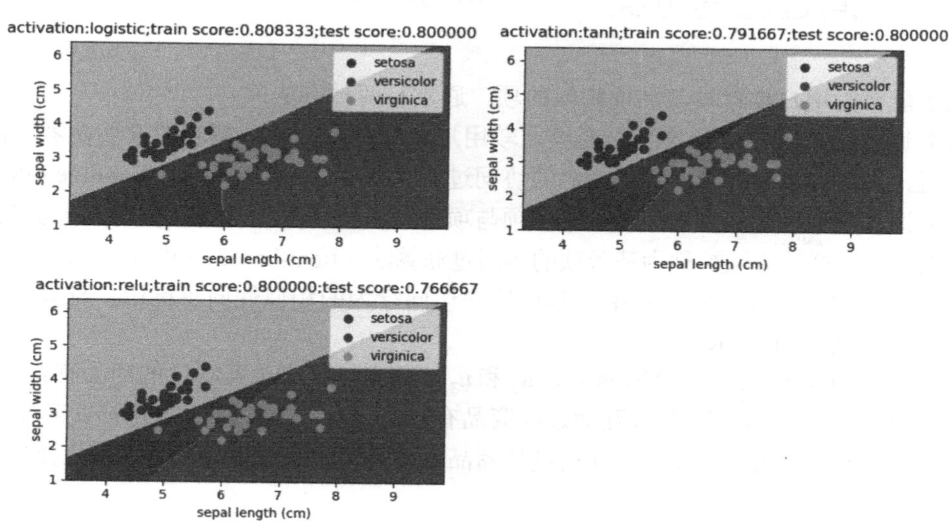

图 9-14　调用 mlpclassifier_iris_ativations 函数的预测精度

第 10 章　协同过滤算法

协同过滤算法（Collaborative Filtering，CF）的目标是基于用户对物品的历史评价信息，向目标用户推荐其未购买的物品。协同过滤算法可分为基于物品的、基于用户的和基于矩阵分解的。

协同过滤算法的核心思想是：通过对用户历史行为数据的挖掘发现用户的偏好，基于不同的偏好对用户进行群组划分并推荐品位相似的项。在计算推荐结果的过程中，不依赖于项的任何附加信息或用户的任何附加信息，只与用户对项的评分有关。

10.1　协同过滤的核心

要实现协同过滤，需要进行如下几个步骤：

（1）收集用户偏好；

（2）找到相似的用户或物品；

（3）计算并推荐。

10.2　协同过滤的分类

为了能够为用户推荐与其品位相似的项，通常有两种方法：

（1）通过相似用户进行推荐。通过比较用户之间的相似性，越相似表明两者之间的品位越相近，这样的方法被称为基于用户的协同过滤算法（User-based Collaborative Filtering）。

（2）通过相似项进行推荐。通过比较项与项之间的相似性，为用户推荐的项与其打过分的相似的项，这样的方法被称为基于项的协同过滤算法（Item-based Collaborative Filtering）。

在基于用户的协同过滤算法中，利用用户访问行为的相似性向目标用户推荐其可能感兴趣的项，如图 10-1 所示。

在图 10-1 中，假设用户分别为u_1、u_2和u_3，其中，用户u_1互动过的商品有i_1和i_3，用户u_2互动过的商品为i_2，用户u_3互动过的商品有i_1、i_3和i_4。通过计算，用户u_1和用户u_3较为相似。对于用户u_1来说，用户u_3互动过的商品中i_4是用户u_1未互动过的，因此会为用户u_1推荐商品i_4。

在基于项的协同过滤算法中，根据所有用户对物品的评价，发现物品和物品之间的相

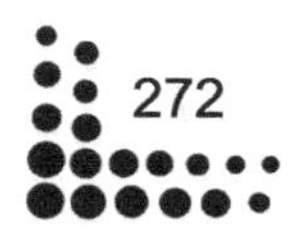

似度，然后根据用户的历史偏好将类似的物品推荐给该用户，如图 10-2 所示。

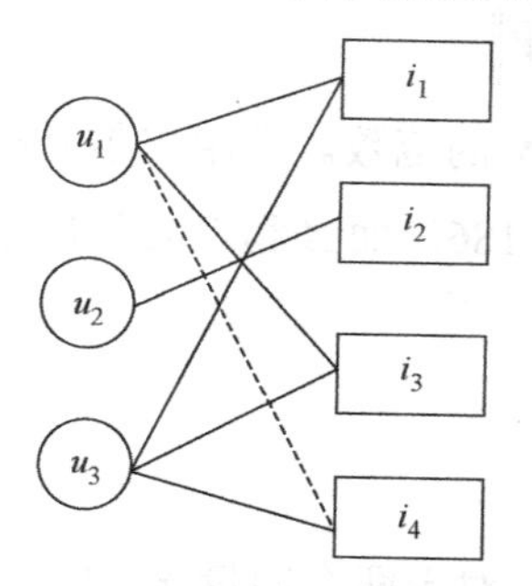

图 10-1 基于用户的协同过滤算法

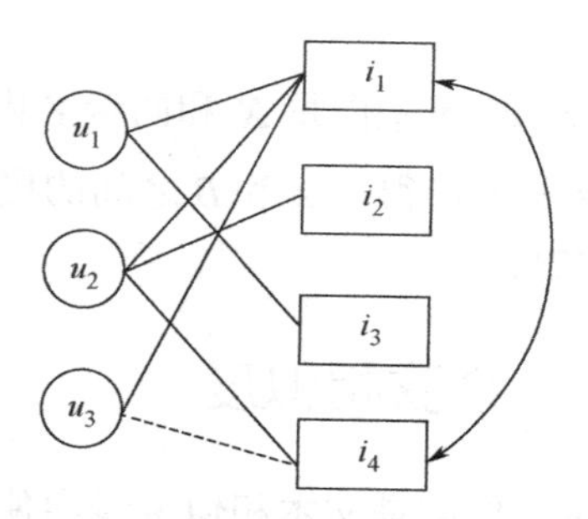

图 10-2 基于项的协同过滤算法

在图 10-2 中，假设用户分别为u_1、u_2和u_3，其中，用户u_1互动过的商品有i_1和i_3，用户u_2互动过的商品有i_1、i_2和i_4，用户u_3互动过的商品有i_1。通过计算，商品i_1和商品i_3较为相似，对于用户u_3来说，用户u_1互动过的商品i_3是用户u_3未互动过的，因此会为用户u_3推荐商品i_3。

10.3 相似性的度量方法

相似性的度量方法有很多种，不同度量方法的应用范围也不一样。相似性的度量方法在不同的机器学习算法中均有应用，如应用在 K-means 聚类算法中。

相似性的度量方法必须满足拓扑学习中度量空间的基本条件：假设d是度量空间M上的度量：$d:M\times M\rightarrow R$，其中，度量d满足：

- 非负性：$d(x,y)\geqslant 0$，当且仅当$x=y$时取等号。
- 对称性：$d(x,y)=d(y,x)$。
- 三角不等性：$d(x,z)\leqslant d(x,y)+d(y,z)$。

本节主要介绍三种相似性的度量方法，分别为欧氏距离、皮尔逊相关系数和余弦相似度。

10.3.1 欧氏距离

欧氏距离是使用较多的相似性的度量方法，在第 4 章的 K-Means 算法中使用欧氏距离作为样本之间相似性的度量。

10.3.2 皮尔逊相关系数

在欧氏距离的计算中，不同特征之间的量级对欧氏距离的影响比较大，如$A=(0.05,1)$,$B=(1,1)$和$C=(0.05,4)$，其中，A和B之间的欧氏距离为 0.95，而A和C之间的欧氏距离为 3，此时我们就不能很好地利用欧氏距离判断A和B、A和C之间相似性的大小，而皮尔逊相关系数的度量方法对量级不敏感，其具体形式为：

$$\mathrm{Corr}(\boldsymbol{X},\boldsymbol{Y})=\frac{\langle \boldsymbol{X}-\bar{\boldsymbol{X}} \rangle}{\|\boldsymbol{X}-\bar{\boldsymbol{X}}\|\|\boldsymbol{Y}-\bar{\boldsymbol{Y}}\|}$$

式中，$\langle \boldsymbol{X},\boldsymbol{Y} \rangle$ 表示向量 $\boldsymbol{X}$ 和向量 $\boldsymbol{Y}$ 内积，$\|\boldsymbol{X}\|$ 表示向量 $\boldsymbol{X}$ 的范数。利用皮尔逊相关系数计算上述相似性可得，A 和 B 之间的皮尔逊相关系数为 0.5186，而 A 和 C 之间皮尔逊相关系数为-0.4211。

10.3.3 余弦相似度

余弦相似度是文本相似度量中使用较多的一种方法，对于两个向量 $\boldsymbol{X}$ 和 $\boldsymbol{Y}$，其对应的形式为

$$\boldsymbol{X}=(x_1,x_2,\cdots,x_n)\in R^n$$
$$\boldsymbol{Y}=(y_1,y_2,\cdots,y_n)\in R^n$$

其对应的余弦相似度为

$$\mathrm{CosSim}(\boldsymbol{X},\boldsymbol{Y})=\frac{\sum_i x_i y_i}{\sqrt{\sum_i x_i^2}\sqrt{\sum_i y_i^2}}=\frac{\langle \boldsymbol{X},\boldsymbol{Y} \rangle}{\|\boldsymbol{X}\|\|\boldsymbol{Y}\|}$$

式中，$\langle \boldsymbol{X},\boldsymbol{Y} \rangle$ 表示的是向量 $\boldsymbol{X}$ 和向量 $\boldsymbol{Y}$ 的内积；$\|\cdot\|$ 表示的是向量的范数。

10.3.4 用 Python 实现余弦相似度的计算

在余弦相似度的计算过程中，需要用到矩阵的相关计算，因此需要导入 numpy 模块：

```
import numpy as np
余弦相似度的具体实现代码为：
def cos_sim(x, y):
    '''余弦相似度
    input:  x(mat):以行向量的形式存储，可以是用户或商品
            y(mat):以行向量的形式存储，可以是用户或商品
    output: x和y之间的余弦相似度
    '''
    numerator = x * y.T  #x和y之间的内积
    denominator = np.sqrt(x * x.T) * np.sqrt(y * y.T)
    return (numerator / denominator)[0, 0]
```

在程序中，函数 com_sim 用于计算行向量 $\boldsymbol{x}$ 和向量 $\boldsymbol{y}$ 之间的余弦值，具体的计算方法如上述公式所示，对于任意矩阵，计算任意两个行向量之间相似度的具体实现代码为：

```
def similarity(data):
    '''计算矩阵中任意两行之间的相似度
    input:  data(mat):任意矩阵
    output: w(mat):任意两行之间的相似度
    '''
    m = np.shape(data)[0]  #用户的数量
```

```
    #初始化相似度矩阵
    w = np.mat(np.zeros((m, m)))
    for i in range(m):
        for j in range(i, m):
            if j != i:
                #计算任意两行之间的相似度
                w[i, j] = cos_sim(data[i, ], data[j, ])
                w[j, i] = w[i, j]
            else:
                w[i, j] = 0
    return w
```

在代码中，函数 similarity 计算矩阵 data 中任意两行之间的相似度，并将最终的计算结果保存到矩阵 ***w*** 中。相似度矩阵 ***w*** 是一个对称矩阵，并且在相似度矩阵中，约定自身的相似度值为 0。

10.4　基于用户的协同过滤算法

基于用户的协同过滤算法旨在寻找相似的用户，然后在相似的用户间推荐物品。

（1）similarity：计算用户间的相似度。前面提到，每个用户都有一个已评价的物品 list，那么该 list 就是用户的一个属性向量，用户的相似度就是该向量间的相似度。

（2）prediction：假设用户 A 和 B、C 是相似用户。假设 Item1、Item2、Item3 三个物品是 B、C 购买过但 A 未购买过的物品，则我们就可以向 A 推荐这些物品。如何计算这三个物品对用户 A 的吸引力呢？以 B、C 和 A 的相似度为权重，计算 B、C 对物品的评分均值即可。

基于用户的协同过滤算法实际上面临很大的问题，如稀疏性问题，毕竟一个用户购买的物品是非常少的。

10.4.1　基于物品的协同过滤算法

基于物品的协同过滤算法旨在寻找相似的物品，然后向目标用户推荐其已购买物品的相似物品。

（1）similarity：提取所有用户对 Item1、Item2、Item3、Item4 四个物品的评分，每个物品对应一条评分向量，向量间的相似度就是物品间的相似度（注意计算向量间相似度时必须元素对应，即某个用户必须同时对两个物品进行了评分）。

（2）prediction：假设目标用户购买了 Item1、Item2，未购买 Item3 和 Item4，那么 Item3 对目标用户的吸引力如何计算呢？以 Item1 和 Item2 与 Item3 的相似度为权重，用户对 Item1 和 Item2 的评分均值即为目标用户对 Item3 的吸引力。

$$P_{u,i}=\frac{\sum_N (s_{i,N}\times \boldsymbol{R}_{u,N})}{\sum_N (|s_{i,N}|)}$$

式中，$s_{i,N}$ 为相似度；$\boldsymbol{R}_{u,N}$ 为评分；分母为相似度第一范数。

10.4.2 基于矩阵分解的协同过滤算法

（1）对用户评分矩阵 $\boldsymbol{R}$ 进行奇异值分解，得到 $\boldsymbol{R}=\boldsymbol{USV}$。

（2）将 $\boldsymbol{S}$ 简化成 k 维 $\boldsymbol{S}_k$，同时简化 $\boldsymbol{U}$ 和 $\boldsymbol{V}$ 为 $\boldsymbol{U}_k$，$\boldsymbol{V}_k$。

（3）计算 $\boldsymbol{S}_k^{-\frac{1}{2}}$。

（4）计算用户和物品的隐因子矩阵：$\boldsymbol{U}_k\boldsymbol{S}_k^{-\frac{1}{2}}$，$\boldsymbol{S}_k^{-\frac{1}{2}}\boldsymbol{V}_k$；

（5）用户对未购买物品的预测评分为 $P_{ij}=\bar{\boldsymbol{R}}+\boldsymbol{U}_k\boldsymbol{S}_k^{-\frac{1}{2}}(i)\boldsymbol{S}_k^{-\frac{1}{2}}\boldsymbol{V}_k(j)$，其中 $\bar{\boldsymbol{R}}$ 为用户对已购买物品评分的均值。

10.4.3 Python 实现

利用 Python 实现协同过滤算法的代码为：

```
"""
协同过滤算法
"""
from abc import ABCMeta, abstractmethod
import numpy as np
from collections import defaultdict

class CF_base(metaclass=ABCMeta):
    def __init__(self, k=3):
        self.k = k
        self.n_user = None
        self.n_item = None
    @abstractmethod
    def init_param(self, data):
        pass
    @abstractmethod
    def cal_prediction(self, *args):
        pass
    @abstractmethod
    def cal_recommendation(self, user_id, data):
        pass
    def fit(self, data):
        #计算所有用户的推荐物品
```

```
        self.init_param(data)
        all_users = []
        for i in range(self.n_user):
            all_users.append(self.cal_recommendation(i, data))
        return all_users

class CF_knearest(CF_base):
    """
    基于物品的K近邻协同过滤推荐算法
    """
    def __init__(self, k, criterion='cosine'):
        super(CF_knearest, self).__init__(k)
        self.criterion = criterion
        self.simi_mat = None
        return

    def init_param(self, data):
        #初始化参数
        self.n_user = data.shape[0]
        self.n_item = data.shape[1]
        self.simi_mat = self.cal_simi_mat(data)
        return

    def cal_similarity(self, i, j, data):
        #计算物品i和物品j的相似度
        items = data[:, [i, j]]
        del_inds = np.where(items == 0)[0]
        items = np.delete(items, del_inds, axis=0)
        if items.size == 0:
            similarity = 0
        else:
            v1 = items[:, 0]
            v2 = items[:, 1]
            if self.criterion == 'cosine':
           if np.std(v1) > 1e-3: #方差过大，表明用户间评价尺度差别大，需要进行调整
                    v1 = v1 - v1.mean()
                if np.std(v2) > 1e-3:
                    v2 = v2 - v2.mean()
                similarity = (v1 @ v2) / np.linalg.norm(v1, 2) /
np.linalg.norm(v2, 2)
            elif self.criterion == 'pearson':
                similarity = np.corrcoef(v1, v2)[0, 1]
            else:
                raise ValueError('the method is not supported now')
        return similarity
```

```
    def cal_simi_mat(self, data):
        #计算物品间的相似度矩阵
        simi_mat = np.ones((self.n_item, self.n_item))
        for i in range(self.n_item):
            for j in range(i + 1, self.n_item):
                simi_mat[i, j] = self.cal_similarity(i, j, data)
                simi_mat[j, i] = simi_mat[i, j]
        return simi_mat

    def cal_prediction(self, user_row, item_ind):
        #计算预推荐物品i对目标活跃用户u的吸引力
        purchase_item_inds = np.where(user_row > 0)[0]
        rates = user_row[purchase_item_inds]
        simi = self.simi_mat[item_ind][purchase_item_inds]
        return np.sum(rates * simi) / np.linalg.norm(simi, 1)

    def cal_recommendation(self, user_ind, data):
        #计算目标用户最具吸引力的k个物品清单
        item_prediction = defaultdict(float)
        user_row = data[user_ind]
        un_purchase_item_inds = np.where(user_row == 0)[0]
        for item_ind in un_purchase_item_inds:
            item_prediction[item_ind] = self.cal_prediction(user_row,
item_ind)
        res = sorted(item_prediction, key=item_prediction.get,
reverse=True)
        return res[:self.k]

class CF_svd(CF_base):
    """
    基于矩阵分解的协同过滤算法
    """
    def __init__(self, k=3, r=3):
        super(CF_svd, self).__init__(k)
        self.r = r  #选取前k个奇异值
        self.uk = None  #用户的隐因子向量
        self.vk = None  #物品的隐因子向量
        return

    def init_param(self, data):
        #初始化，预处理
        self.n_user = data.shape[0]
        self.n_item = data.shape[1]
        self.svd_simplify(data)
        return data
```

```
    def svd_simplify(self, data):
        #奇异值分解及简化
        u, s, v = np.linalg.svd(data)
        u, s, v = u[:, :self.r], s[:self.r], v[:self.r, :] #简化
        sk = np.diag(np.sqrt(s))  #r*r
        self.uk = u @ sk  #m*r
        self.vk = sk @ v  #r*n
        return

    def cal_prediction(self, user_ind, item_ind, user_row):
        rate_ave = np.mean(user_row)  #用户对已购物品评价的平均值
  #两个隐因子向量的内积加上平均值就是最终的预测分值
        return rate_ave + self.uk[user_ind] @ self.vk[:, item_ind]

    def cal_recommendation(self, user_ind, data):
        #计算目标用户的最具吸引力的k个物品清单
        item_prediction = defaultdict(float)
        user_row = data[user_ind]
        un_purchase_item_inds = np.where(user_row == 0)[0]
        for item_ind in un_purchase_item_inds:
          item_prediction[item_ind] = self.cal_prediction(user_ind,
item_ind, user_row)
        res = sorted(item_prediction, key=item_prediction.get,
reverse=True)
        return res[:self.k]

if __name__ == '__main__':
    # data = np.array([[4, 3, 0, 5, 0],
    #                  [4, 0, 4, 4, 0],
    #                  [4, 0, 5, 0, 3],
    #                  [2, 3, 0, 1, 0],
    #                  [0, 4, 2, 0, 5]])
    data = np.array([[3.5, 1.0, 0.0, 0.0, 0.0, 0.0],
                     [2.5, 3.5, 3.0, 3.5, 2.5, 3.0],
                     [3.0, 3.5, 1.5, 5.0, 3.0, 3.5],
                     [2.5, 3.5, 0.0, 3.5, 4.0, 0.0],
                     [3.5, 2.0, 4.5, 0.0, 3.5, 2.0],
                     [3.0, 4.0, 2.0, 3.0, 3.0, 2.0],
                     [4.5, 1.5, 3.0, 5.0, 3.5, 0.0]])
    # cf = CF_svd(k=1, r=3)
    cf = CF_knearest(k=1)
    print(cf.fit(data))
```

运行程序，输出如下：

```
[[3], [], [], [5], [3], [], [5]]
------------------
```

10.5 基于项的协同过滤算法

基于项的协同过滤算法是基于项之间的相似性计算的。表 10-1 所示为用户-商品-数据，将其转换成商品-用户矩阵：

表 10-1 用户-商品-数据

	D_1	D_2	D_3	D_4	D_5
U_1	4	3	—	5	—
U_2	5	—	4	4	—
U_3	4	—	5	—	3
U_4	2	3	—	1	—
U_5	—	4	2	—	5

$$\begin{pmatrix} 4 & 5 & 4 & 2 & 0 \\ 3 & 0 & 0 & 3 & 4 \\ 0 & 4 & 5 & 0 & 2 \\ 5 & 4 & 0 & 1 & 0 \\ 0 & 0 & 3 & 0 & 5 \end{pmatrix}$$

利用以上 similarity 函数计算商品-用户矩阵中商品之间的相似性，得到商品的相似度矩阵：

$$\begin{pmatrix} 0 & 0.39524659 & 0.76346445 & 0.82977382 & 0.26349773 \\ 0.39524659 & 0 & 0.204524 & 0.47633051 & 0.58823529 \\ 0.76346445 & 0.204524 & 0 & 0.63913749 & 0.63913749 \\ 0.82977382 & 0.47633051 & 0.63913749 & 0 & 0 \\ 0.26349773 & 0.58823529 & 0.63913749 & 0 & 0 \end{pmatrix}$$

其中，商品相似度矩阵是一个对称矩阵，其对角线上全是0。

计算完成商品之间的相似度后，利用商品之间的相似度为用户中没有打分的项打分，其方法为

$$P(u,i)=\sum_{j\in I(u)} w_{i,j} r_{j,u}$$

式中，$I(u)$ 表示的是用户 u 打过分的商品集合，如在表10-1中，用户 U_1打过分的商品为 D_1、D_2和 D_4；$w_{i,j}$ 表示的是商品 i 和商品 j 之间的相似度；$r_{j,u}$ 表示的是用户 u 对商品 j 的打分。打分的具体代码为：

```
def item_based_recommend(data, w, user):
    '''基于商品相似度为用户user推荐商品
    input:  data(mat):商品用户矩阵
            w(mat):商品与商品之间的相似度
            user(int):用户编号
```

```
        output: predict(list):推荐列表
        '''
        m, n = np.shape(data) #m:商品数量 n:用户数量
        interaction = data[:,user].T      #用户user的互动商品信息

        #1、找到用户user没有互动的商品
        not_inter = []
        for i in range(n):
            if interaction[0, i] == 0:    #用户user未打分项
                not_inter.append(i)

        #2、对没有互动过的商品进行预测
        predict = {}
        for x in not_inter:
            item = np.copy(interaction)   #获取用户user对商品的互动信息
            for j in range(m):            #遍历每一个商品
                if item[0, j] != 0:       #利用互动过的商品预测
                    if x not in predict:
                        predict[x] = w[x, j] * item[0, j]
                    else:
                        predict[x] = predict[x] + w[x, j] * item[0, j]
        #按照预测的大小从大到小进行排序
        return sorted(predict.items(), key=lambda d:d[1], reverse=True)
```

在以上代码中，函数 item_based_recommend 基于商品之间的相似度为用户 user 推荐商品。在函数 item_based_recommend 中，主要分为 3 步：①找到用户 user 未互动的商品并存放到 not_inter 中；②利用上述公式对没有互动过的商品进行打分，在打分的过程中，首先找到对 user 互动过的商品，再利用上述打分公式对该商品打分；③将打分的最终结果按照降序排序并返回。

10.6 利用协同过滤算法进行推荐

对于表 10-1 中的用户-商品数据，在利用协同过滤算法进行推荐时，其基本过程包括：①导入数据；②利用基于用户的协同过滤算法或基于项的协同过滤算法进行推荐。

10.6.1 导入用户-商品数据

实现导入用户-商品数据的代码为：

```
def load_data(file_path):
    '''导入用户-商品数据
    input:  file_path(string):用户-商品数据存放的文件
    output: data(mat):用户-商品矩阵
    '''
    f = open(file_path)
```

```
        data = []
        for line in f.readlines():
            lines = line.strip().split("\t")
            tmp = []
            for x in lines:
                if x != "-":
                    tmp.append(float(x))  #直接存储用户对商品的打分
                else:
                    tmp.append(0)
            data.append(tmp)
        f.close()
        return np.mat(data)
```

代码中，函数 load_data 将用户-商品文件 file_path 中的数据导入矩阵 data 中。在导入过程中，打过分的项转换成浮点数，未打过分的项保存为 0。

10.6.2 利用基于用户的协同过滤算法进行推荐

有了以上的知识储备之后，利用上面实现好的函数实现基于用户的协同过滤算法，首先，为了使得 Python 能够支持中文注释和使用矩阵运算，需要在“user_based_recommend.py”文件的开始加入：

```
import numpy as np
在基于用户的协同过滤算法中，其主函数代码为：
if __name__ == "__main__":
    #1、导入用户商品数据
    print ("-------- 1. load data ------------")
    data = load_data("data.txt")
    #2、计算用户之间的相似度
    print ("-------- 2. calculate similarity between users -------------")
    w = similarity(data)
    #3、利用用户之间的相似度进行推荐
    print ("------- 3. predict ------------" )
    predict = user_based_recommend(data, w, 0)
    #4、进行Top-K推荐
    print ("------- 4. top_k recommendation ------------")
    top_recom = top_k(predict, 2)
    print (top_recom)
```

在以上代码中，利用基于用户的协同过滤算法进行推荐，其基本步骤包括：①利用函数 load_data 导入用户-商品数据；②利用 similarity 函数计算用户之间的相似度；③利用函数 user_based_recommend 对用户 user 未打分的商品进行打分，并对其排序；④根据最终的打分结果为用户 user 推荐 top_k 个商品。函数 top_k 为用户推荐前 k 个打分最高的商品，函数 top_k 的具体实现代码为：

```
ef top_k(predict, k):
    '''为用户推荐前k个商品
    input:  predict(list):排好序的商品列表
```

```
            k(int):推荐的商品个数
        output: top_recom(list):top_k个商品
        '''
        top_recom = []
        len_result = len(predict)
        if k >= len_result:
            top_recom = predict
        else:
            for i in range(k):
                top_recom.append(predict[i])
        return top_recom
```

函数 top_k 为用户推荐打分最高的 k 个商品，其输入为根据打分排好序的商品列表 predict 和需要推荐的商品个数 k。

运行程序，输出如下：

```
------------ 1. load data ------------
------------ 2. calculate similarity between users ------------
------------ 3. predict ------------
------------ 4. top_k recommendation ------------
```

由上述结果可知，user 为 0 的用户未打分的商品为 2 和 4，最终的打分是 2 号商品为 5.1，4 号商品为 2.22 分。

```
[(2, 5.10303902268836), (4, 2.2249110640673515)]
------------------
```

10.6.3 利用基于项的协同过滤算法进行推荐

现在，我们利用上面实现好的函数，实现基于项的协同过滤算法。首先，为了使得 Python 能够支持中文注释和使用矩阵运算，需要在“iter_based_recommend.py”文件的开始加入：

```
import numpy as np
```

同时，在基于项的协同过滤算法中，需要使用到“user_based_recommend.py”文件中实现好的 load_data 函数和 similarity 函数，因此，需要在“item_based_recommend.py”文件的开始加入：

```
from user_based_recommend import load_data, similarity
```

在基于项的协同过滤算法中，其主函数的代码为：

```
if __name__ == "__main__":
    #1、导入用户-商品数据
    print ("-------- 1. load data ---------")
    data = load_data("data.txt")
    #将用户商品-矩阵转置成商品-用户矩阵
    data = data.T
    #2、计算商品之间的相似度
    print ("-------- 2. calculate similarity between items ---------" )
    w = similarity(data)
    #3、利用用户之间的相似度进行预测评分
    print ("-------- 3. predict ---------" )
```

```
    predict = item_based_recommend(data, w, 0)
    #4、进行Top-K推荐
    print ("-------- 4. top_k recommendation ---------")
    top_recom = top_k(predict, 2)
    print (top_recom)
```

利用基于用户的协同过滤算法进行推荐，其基本步骤包括：①利用函数 load_data 导入用户商品数据，并将其转换成商品用户矩阵；②利用 similarity 函数计算商品之间的相似性；③利用函数 item_based_recommend 对用户 user 进行推荐；④根据最终的打分结果为用户 user 推荐 top_k 个商品。

运行程序，输出如下：

```
------------ 1. load data ------------
------------ 2. calculate similarity between items ------------
------------ 3. predict ------------
------------ 4. top_k recommendation ------------
```

利用基于用户的协同过滤算法对 user 为 0 的用户的推荐结果为：

```
[(2, 5.507604598998138), (4, 2.8186967825714824)]
------------------
```

由上结果可知，user 为 0 的用户未打分的商品为 2 和 4，最终的打分是 2 号商品为 5.5 分，4 号商品为 2.8 分。

第11章 基于矩阵分解的推荐算法

在基于用户或基于项的协同过滤推荐算法中，基于用户与用户或项与项之间的相关性来推荐不同的项。为了能够对指定用户进行推荐，需要计算用户之间或项之间的相关性，这样的过程计算量比较大，同时难以实现大数据量下的实时推荐。

基于模型的协同过滤算法有效地解决了实时推荐的问题，在基于模型的协同过滤算法中，利用历史的用户-商品数据训练得到模型，并利用该模型实现实时推荐。矩阵分解（Matrix Factorization，MF）是基于模型的协同过滤算法中的一种。

在推荐系统中，最重要的数据是用户对商品的打分数据，数据形式如表11-1所示。

表11-1 数据形式

	D_1	D_2	D_3	D_4
U_1	5	3	—	1
U_2	4	—	—	1
U_3	1	1	—	5
U_4	1	−1	—	4
U_5	−1	1	5	4

其中，$U_1,\cdots,U_5$表示的是5个不同的用户，$D_1,\cdots,D_4$表示的是4个不同的商品，这样便构成了用户-商品矩阵，在该矩阵中，有用户对每一件商品的打分，其中“—”表示的是用户未对该商品进行打分。

在推荐系统中有一类问题是对未打分的商品进行评分的预测。

11.1 矩阵分解

矩阵分解是指将一个矩阵分解成两个或多个矩阵的乘积。上述用户-商品矩阵（评分矩阵）记为$\boldsymbol{R}_{m\times n}$。可以将其分解成两个或多个矩阵的乘积，假设分解成两个矩阵$\boldsymbol{P}_{m\times k}$和$\boldsymbol{Q}_{k\times n}$，我们要使得矩阵$\boldsymbol{P}_{m\times k}$和$\boldsymbol{Q}_{k\times n}$的乘积能够还原原始的矩阵$\boldsymbol{R}_{m\times n}$：

$$\boldsymbol{R}_{m\times n} \approx \boldsymbol{P}_{m\times k} \cdot \boldsymbol{Q}_{k\times n} = \hat{\boldsymbol{R}}_{m\times n}$$

式中，矩阵$\boldsymbol{P}_{m\times k}$表示的是$m$个用户与$k$个主题之间的关系；矩阵$\boldsymbol{Q}_{k\times n}$表示的是$k$个主题与$n$个商品之间的关系。

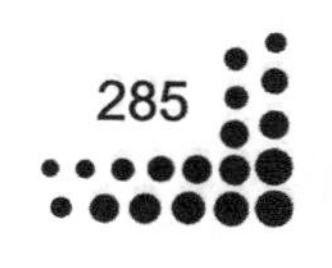

11.2 利用矩阵分解进行预测

在上述分解的过程中，将原始评分矩阵 $\boldsymbol{R}_{m\times n}$ 分解成两个矩阵 $\boldsymbol{P}_{m\times k}$ 和 $\boldsymbol{Q}_{k\times n}$ 的乘积：

$$\boldsymbol{R}_{m\times n} \approx \boldsymbol{P}_{m\times k} \cdot \boldsymbol{Q}_{k\times n} = \hat{\boldsymbol{R}}_{m\times n}$$

接下来的问题是如何求解矩阵 $\boldsymbol{P}_{m\times k}$ 和 $\boldsymbol{Q}_{k\times n}$ 的每一个元素，可以将这个问题转化成机器学习中的回归问题进行求解。

11.2.1 损失函数

可以使用原始评分矩阵 $\boldsymbol{R}_{m\times n}$ 与重新构建的评分矩阵 $\hat{\boldsymbol{R}}_{m\times n}$ 之间误差的平方作为损失函数，即

$$e_{i,j}^2 = (r_{i,j} - \hat{r}_{i,j})^2 = \left(r_{i,j} - \sum_{k=1}^{K} p_{i,k} q_{k,j} \right)^2$$

最终，需要求解所有非“-”项损失之和的最小值：

$$\min \text{loss} = \sum_{r_{i,j} \neq -} e_{i,j}^2$$

11.2.2 损失函数的求解

对于上述平方损失函数，我们可以通过梯度下降法求解。梯度下降法的核心步骤是：

（1）求解损失函数的负梯度。

$$\frac{\partial}{\partial p_{i,k}} e_{i,j}^2 = -2\left(r_{i,j} - \sum_{k=1}^{K} p_{i,k} q_{k,j} \right) q_{k,j} = -2 e_{i,j} q_{k,j}$$

$$\frac{\partial}{\partial q_{k,j}} e_{i,j}^2 = -2\left(r_{i,j} - \sum_{k=1}^{K} p_{i,k} q_{k,j} \right) p_{i,k} = -2 e_{i,j} p_{i,k}$$

（2）根据负梯度的方向更新变量。

$$p'_{i,k} = p_{i,k} - \alpha \frac{\partial}{\partial p_{i,k}} e_{i,j}^2 = p_{i,k} + 2\alpha e_{i,j} q_{k,j}$$

$$q'_{k,j} = q_{k,j} - \alpha \frac{\partial}{\partial q_{k,j}} e_{i,j}^2 = q_{k,j} + 2\alpha e_{i,j} p_{i,k}$$

通过迭代，直到算法最终收敛为止。

11.2.3 加入正则项的损失函数及求解方法

通常在求解过程中，为了能够有较好的泛化能力，会在损失函数中加入正则项，以对参数进行约束。加入 L_2 正则项的损失函数为

$$E_{i,j}^2=\left(r_{i,j}-\sum_{k=1}^{K}p_{i,k}q_{k,j}\right)^2+\frac{\beta}{2}\sum_{k=1}^{K}(p_{i,j}^2q_{k,j}^2)$$

利用梯度下降法的求解过程为：

（1）求解损失函数的负梯度。

$$\frac{\partial}{\partial p_{i,k}}E_{i,j}^2=-2\left(r_{i,j}-\sum_{k=1}^{K}p_{i,k}q_{k,j}\right)q_{k,j}+\beta p_{i,k}=-2e_{i,j}q_{k,j}+\beta p_{i,k}$$

$$\frac{\partial}{\partial q_{k,j}}E_{i,j}^2=-2\left(r_{i,j}-\sum_{k=1}^{K}p_{i,k}q_{k,j}\right)p_{i,k}+\beta q_{k,j}=-2e_{i,j}p_{i,k}+\beta q_{k,j}$$

（2）根据负梯度的方向更新变量。

$$p'_{i,k}=p_{i,k}-\alpha\left(\frac{\partial}{\partial p_{i,k}}e_{i,j}^2+\beta p_{i,k}\right)=p_{i,k}+\alpha\left(2e_{i,j}q_{k,j}-\beta p_{i,k}\right)$$

$$q'_{k,j}=q_{k,j}-\alpha\left(\frac{\partial}{\partial q_{k,j}}e_{i,j}^2+\beta q_{k,j}\right)=q_{k,j}+\alpha\left(2e_{i,j}p_{i,k}-\beta q_{k,j}\right)$$

通过迭代，直到算法最终收敛为止。

现在，一起利用 Python 实现矩阵分解的 gradAscent 函数，在实现矩阵分解的过程中，需要使用到矩阵的相关运算，因此需要导入 numpy 模块：

```
import numpy as np
```

进行矩阵分解的具体代码为：

```
def gradAscent(dataMat, k, alpha, beta, maxCycles):
    '''利用梯度下降法对矩阵进行分解
    input:  dataMat(mat):用户-商品矩阵
            k(int):分解矩阵的参数
            alpha(float):学习率
            beta(float):正则化参数
            maxCycles(int):最大迭代次数
    output: p,q(mat):分解后的矩阵
    '''
    m, n = np.shape(dataMat)
    #1、初始化p和q
    p = np.mat(np.random.random((m, k)))
    q = np.mat(np.random.random((k, n)))

    #2、开始训练
    for step in xrange(maxCycles):
        for i in xrange(m):
            for j in xrange(n):
                if dataMat[i, j] > 0:
                    error = dataMat[i, j]
                    for r in xrange(k):
                        error = error - p[i, r] * q[r, j]
```

```
                    for r in xrange(k):
                        #梯度上升
                        p[i, r] = p[i, r] + alpha * (2 * error * q[r, j] - 
beta * p[i, r])
                        q[r, j] = q[r, j] + alpha * (2 * error * p[i, r] - 
beta * q[r, j])

        loss = 0.0
        for i in xrange(m):
            for j in xrange(n):
                if dataMat[i, j] > 0:
                    error = 0.0
                    for r in xrange(k):
                        error = error + p[i, r] * q[r, j]
                    #3、计算损失函数
                    loss = (dataMat[i, j] - error) * (dataMat[i, j] - error)
                    for r in xrange(k):
                        loss = loss + beta * (p[i, r] * p[i, r] + q[r, j] * 
q[r, j]) / 2

        if loss < 0.001:
            break
        if step % 1000 == 0:
            print "\titer: ", step, " loss: ", loss
    return p, q
```

函数 gradAscent 将输入的用户-商品矩阵 dataMat 分解成矩阵 $\boldsymbol{p}$ 和矩阵 $\boldsymbol{q}$。函数 gradAscent 的输入为用户-商品矩阵 dataMat，分解后矩阵的维数为 k，梯度下降法中的学习率为 alpha，正则化参数为 beta 和迭代过程的最大迭代次数为 maxCycles。在求解的过程中，首先初始化矩阵 $\boldsymbol{p}$ 和矩阵 $\boldsymbol{q}$。在训练过程中，利用梯度下降法不断修改矩阵中的参数，在每次迭代过程中，需要计算损失函数的值，当此时损失函数的值小于某个阈值时，则退出循环。最终，函数 gradAscent 输出矩阵 $\boldsymbol{p}$ 和矩阵 $\boldsymbol{q}$。

11.2.4 预测

利用上述过程，可以得到矩阵 $\boldsymbol{P}_{m\times k}$ 和 $\boldsymbol{Q}_{k\times n}$，这样便可以为用户 i 对商品 j 进行打分：

$$\sum_{k=1}^{K} p_{i,k} q_{k,j}$$

为用户 user 预测的具体实现代码为：

```
    '''为用户user未互动的项打分
    input:  dataMatrix(mat):原始用户-商品矩阵
            p(mat):分解后的矩阵p
            q(mat):分解后的矩阵q
            user(int):用户的id
```

```
    output: predict(list):推荐列表
    '''
    n = np.shape(dataMatrix)[1]
    predict = {}
    for j in xrange(n):
        if dataMatrix[user, j] == 0:
            predict[j] = (p[user,] * q[:,j])[0,0]
    #按照打分从大到小进行排序
    return sorted(predict.items(), key=lambda d:d[1], reverse=True)
```

函数 prediction 为用户（user）未打分的项打分，并返回按照打分降序排列的推荐列表。

11.2.5　程序实现

对于上述的评分矩阵，通过矩阵分解的方法对其未打分项进行预测，最终的结果为：

```
from numpy import *

def load_data(path):
    f = open(path)
    data = []
    for line in f.readlines():
        arr = []
        lines = line.strip().split("\t")
        for x in lines:
            if x != "-":
                arr.append(float(x))
            else:
                arr.append(float(0))
        #print arr
        data.append(arr)
    #print data
    return (data)

def gradAscent(data, K):
    dataMat = mat(data)
    print (dataMat)
    m, n = shape(dataMat)
    p = mat(random.random((m, K)))
    q = mat(random.random((K, n)))

    alpha = 0.0002
    beta = 0.02
    maxCycles = 10000

    for step in range(maxCycles):
        for i in range(m):
            for j in range(n):
```

```
                if dataMat[i,j] > 0:
                    #print dataMat[i,j]
                    error = dataMat[i,j]
                    for k in range(K):
                        error = error - p[i,k]*q[k,j]
                    for k in range(K):
                        p[i,k] = p[i,k] + alpha * (2 * error * q[k,j] - beta
* p[i,k])
                        q[k,j] = q[k,j] + alpha * (2 * error * p[i,k] - beta
* q[k,j])

            loss = 0.0
            for i in range(m):
                for j in range(n):
                    if dataMat[i,j] > 0:
                        error = 0.0
                        for k in range(K):
                            error = error + p[i,k]*q[k,j]
                        loss = (dataMat[i,j] - error) * (dataMat[i,j] - error)
                        for k in range(K):
                            loss = loss + beta * (p[i,k] * p[i,k] + q[k,j] * q[k,j])
/ 2

            if loss < 0.001:
                break
            #print step
            if step % 1000 == 0:
                print (loss)
        return p, q

    if __name__ == "__main__":
        dataMatrix =load_data("data.txt")

        p, q = gradAscent(dataMatrix, 5)
        '''
        p = mat(ones((4,10)))
        print p
        q = mat(ones((10,5)))
        '''
        result = p * q
        print (result)
```

运行程序，输出如下：

```
[[4. 3. 0. 5. 0.]
 [5. 0. 4. 4. 0.]
 [4. 0. 5. 0. 3.]
 [2. 3. 0. 1. 0.]
```

```
 [0. 4. 2. 0. 5.]]
16.13573642000716
0.7180849279026777
0.14044783215032178
0.104862623499550 6
0.10318808793060169
0.10277846169133512
0.1025034420454792
0.10229216059308249
0.10212624895467769
0.10199210138686332
[[4.01114811 2.99408734 4.55175469 4.96218842 2.75214737]i
 [4.96008042 4.39394683 3.99179611 4.01224538 4.4251738 ]
 [3.98708402 3.83925883 4.97643372 4.57369939 3.00314332]
 [2.01575861 2.96983513 2.33925361 0.99653986 2.01336297]
 [4.49844526 3.99053471 2.00700304 2.76480535 4.97629312]]
```

11.3　非负矩阵分解

通常在矩阵分解的过程中，需要分解后的矩阵的每一项都是非负的，即

$$P_{m\times k} \geqslant 0$$
$$Q_{k\times n} \geqslant 0$$

这便是非负矩阵分解（Non-negtive Matrix Factorization，NMF）的来源。

11.3.1　非负矩阵分解的形式定义

上面简单介绍了非负矩阵分解的基本含义，非负矩阵分解是在矩阵分解的基础上对分解完成的矩阵加上非负的限制条件，即对于用户-商品矩阵 $\boldsymbol{R}_{m\times n}$，找到两个矩阵 $\boldsymbol{P}_{m\times k}$ 和 $\boldsymbol{Q}_{k\times n}$，使得：

$$\boldsymbol{R}_{m\times n} \approx \boldsymbol{P}_{m\times k} \cdot \boldsymbol{Q}_{k\times n} = \hat{\boldsymbol{R}}_{m\times n}$$

同时要求：

$$\boldsymbol{P}_{m\times k} \geqslant 0$$
$$\boldsymbol{Q}_{k\times n} \geqslant 0$$

11.3.2　损失函数

为了能够定量比较矩阵 $\boldsymbol{R}_{m\times n}$ 和矩阵 $\hat{\boldsymbol{R}}_{m\times n}$ 的近似程度，除了上述的平方损失函数外，还可以使用 KL 散度。

$$D(A\|B)=\sum_{i,j}\left(A_{i,j}\lg\frac{A_{i,j}}{B_{i,j}}-A_{i,j}+B_{i,j}\right)$$

其中，在 KL 散度的定义中，$D(A\|B)\geqslant 0$，当且仅当 $A=B$ 时，取等号。

定义好损失函数后，需要求解的问题就变成了如下形式：

- $\min\text{imize}\|\boldsymbol{R}-\boldsymbol{PQ}\|^2 \text{ s.t.} \boldsymbol{P}\geqslant 0,\boldsymbol{Q}\geqslant 0$
- $\min\text{imize } D\|\boldsymbol{R}\|\boldsymbol{PQ}\|^2 \text{ s.t.} \boldsymbol{P}\geqslant 0,\boldsymbol{Q}\geqslant 0$

11.3.3 优化问题的求解

为了保证在求解过程中 $\boldsymbol{P}\geqslant 0,\boldsymbol{Q}\geqslant 0$，可以使用乘法更新规则（Multiplicative Update Rules），具体操作为：

- 平方距离的损失函数：

$$\boldsymbol{P}_{i,k}=\boldsymbol{P}_{i,k}\frac{(\boldsymbol{RQ}^{\mathrm{T}})_{i,k}}{(\boldsymbol{PQQ}^{\mathrm{T}})_{i,k}}$$

$$\boldsymbol{Q}_{k,j}=\boldsymbol{Q}_{k,j}\frac{(\boldsymbol{P}^{\mathrm{T}}\boldsymbol{R})_{k,j}}{(\boldsymbol{P}^{\mathrm{T}}\boldsymbol{PQ})_{k,j}}$$

- KL 散度的损失函数：

$$\boldsymbol{P}_{i,k}=\boldsymbol{P}_{i,k}\frac{\dfrac{\sum_u \boldsymbol{Q}_{k,u}\boldsymbol{R}_{i,u}}{(\boldsymbol{RQ}^{\mathrm{T}})_{i,k}}}{\sum_v \boldsymbol{Q}_{k,v}}$$

$$\boldsymbol{Q}_{k,j}=\boldsymbol{Q}_{k,j}\frac{\dfrac{\sum_u \boldsymbol{P}_{u,k}\boldsymbol{R}_{u,j}}{(\boldsymbol{PQ}^{\mathrm{T}})_{u,j}}}{\sum_v \boldsymbol{P}_{v,k}}$$

上述乘法规则主要是为了在计算过程中保证非负，而基于梯度下降的方法中，加、减运算无法保证非负，其实上述的乘法更新规则与基于梯度下降的算法是等价的。下面以平方距离为损失函数说明上述过程的等价性。

平方损失函数可以写成：

$$l=\sum_{i=1}^{m}\sum_{j=1}^{n}\left[\boldsymbol{R}_{i,j}-\left(\sum_{r=1}^{k}\boldsymbol{P}_{i,r}\cdot\boldsymbol{Q}_{r,j}\right)\right]^2$$

使用损失函数对 $\boldsymbol{Q}_{r,j}$ 求偏导数：

$$\frac{\partial l}{\partial \boldsymbol{Q}_{r,j}}=\sum_{i=1}^{m}\sum_{j=1}^{n}\left[2\left(\boldsymbol{R}_{i,j}-\left(\sum_{r=1}^{k}\boldsymbol{P}_{i,r}\cdot\boldsymbol{Q}_{r,j}\right)\right)\cdot(-\boldsymbol{Q}_{r,j})\right]$$
$$=-2\left[\left(\boldsymbol{P}^{\mathrm{T}}\boldsymbol{R}\right)_{r,j}-\left(\boldsymbol{P}^{\mathrm{T}}\boldsymbol{P}\boldsymbol{Q}\right)_{r,j}\right]$$

则按照梯度下降法的思路：

$$\boldsymbol{Q}_{r,j}=\boldsymbol{Q}_{r,j}-\eta_{r,j}\frac{\partial l}{\partial \boldsymbol{Q}_{r,j}}$$

即

$$\boldsymbol{Q}_{r,j}=\boldsymbol{Q}_{r,j}+\eta_{r,j}\left[\left(\boldsymbol{P}^{\mathrm{T}}\boldsymbol{R}\right)_{r,j}-\left(\boldsymbol{P}^{\mathrm{T}}\boldsymbol{P}\boldsymbol{Q}\right)_{r,j}\right]$$

令 $\eta_{r,j}=\frac{\boldsymbol{Q}_{r,j}}{\left(\boldsymbol{P}^{\mathrm{T}}\boldsymbol{P}\boldsymbol{Q}\right)_{r,j}}$，即可得到上述乘法更新规则的形式。训练过程的代码为：

```
def train(V, r, maxCycles, e):
    m, n = np.shape(V)
    #1、初始化矩阵
    W = np.mat(np.random.random((m, r)))
    H = np.mat(np.random.random((r, n)))

    #2、非负矩阵分解
    for step in xrange(maxCycles):
        V_pre = W * H
        E = V - V_pre
        err = 0.0
        for i in xrange(m):
            for j in xrange(n):
                err += E[i, j] * E[i, j]

        if err < e:
            break
        if step % 1000 == 0:
            print "\titer: ", step, " loss: " , err
        a = W.T * V
        b = W.T * W * H
        for i_1 in xrange(r):
            for j_1 in xrange(n):
                if b[i_1, j_1] != 0:
                    H[i_1, j_1] = H[i_1, j_1] * a[i_1, j_1] / b[i_1, j_1]
        c = V * H.T
        d = W * H * H.T
        for i_2 in xrange(m):
            for j_2 in xrange(r):
                if d[i_2, j_2] != 0:
```

```
                W[i_2, j_2] = W[i_2, j_2] * c[i_2, j_2] / d[i_2, j_2]
    return W, H
```

用函数 train 实现了非负矩阵的分解，函数 train 的输入为用户评分矩阵 $\boldsymbol{V}$ 、分解后矩阵的维数 r 、最大的迭代次数 maxCycles 和误差 e；函数 train 的输出为分解后的矩阵 $\boldsymbol{W}$ 和 $\boldsymbol{H}$ 。在函数非负矩阵的分解过程中，首先是初始化分解后的矩阵 $\boldsymbol{W}$ 和 $\boldsymbol{H}$ 。在完成初始化后，利用乘法规则对其进行训练。

11.3.4　利用乘法规则进行分解和预测

在利用乘法规则进行非负矩阵分解的过程中，需要使用的头文件代码为：

```
import numpy as np
from mf import load_data, save_file, prediction, top_k
```

在代码中，需要用到矩阵分解程序中的 load_data 函数和 save_file 函数。函数 load_data 导入用户-商品矩阵，函数 save_file 将最终结果保存到对应的文件中，函数 prediction 通过分解后的矩阵得到指定用户的推荐列表，函数 top_k 根据计算出的推荐列表选择 k 个作为最终的推荐结果。

非负矩阵分解的主函数代码为：

```
if __name__ == "__main__":
    #1、导入用户-商品矩阵
    print ("----------- 1、load data -----------")
    V = load_data("data.txt")
    #2、非负矩阵分解
    print ("----------- 2、training -----------")
    W, H = train(V, 5, 10000, 1e-5)
    #3、保存分解后的结果
    print ("----------- 3、save decompose -----------")
    save_file("W", W)
    save_file("H", H)
    #4、预测
    print ("----------- 4、prediction -----------")
    predict = prediction(V, W, H, 0)
    #进行Top-K推荐
    print ("----------- 5、top_k recommendation ------------")
    top_recom = top_k(predict, 2)
    print (top_recom)
    print (W )
```

运行程序，得到分解后的矩阵 $\boldsymbol{W}$ 为：

```
[[8.63001942e-01 1.06321637e-14 7.09816263e-10 1.57262754e+00  5.06780409e-04]
 [5.36892815e-13 1.17929320e-03 1.80459139e-59 1.74270390e-02  2.04978719e+00]
 [3.33135776e-16 2.63197087e+00 2.66215684e-04 1.17055336e-13  5.14904627e-04]
 [9.89833136e-01 1.55629300e-10 2.68742698e-05 3.57426122e-02  1.69524049e-04]
 [1.90557043e-04 1.23747923e-04 1.68112943e+00 1.22298222e-25  2.35428994e-22]]
```

矩阵 $\boldsymbol{H}$ 为：

```
[[1.37730349e+000 4.06772803e-024 3.88104407e-004 2.75478107e+000
```

```
 0.00000000e+000]
 [0.00000000e+000 1.95801932e+000 9.78402159e-001 1.15624328e-080
 2.44707129e+000]
 [1.26555124e+000 0.00000000e+000 1.68477222e+000 3.86853111e-003
 8.48010016e-034]
 [1.35519384e+000 2.03262676e+000 2.12448228e-321 6.77596147e-001
 0.00000000e+000]
 [1.70990669e+000 1.22528280e-321 2.10592530e+000 0.00000000e+000
 1.57010922e+000]]
```

矩阵 ***WH*** 结果为：

```
[[3.99999779e+00 3.00000110e+00 7.87841327e-04 5.00000099e+00
  1.05302323e-05]
 [5.00000191e+00 9.03789603e-04 3.99999834e+00 3.99999884e+00
  9.47234214e-04]
 [3.99999766e+00 1.21207480e-03 5.00000154e+00 8.96426610e-04
  2.99999980e+00]
 [2.00000234e+00 2.99999865e+00 2.17611554e-04 9.99999161e-01
  3.95754430e-04]
 [2.27775279e-03 3.99999978e+00 1.99999957e+00 4.61097992e-06
  4.99999931e+00]]
```

分解后的矩阵 ***W*** 和矩阵 ***H*** 用户（user）推荐的结果为：

```
[(2, 0.000787841326812492), (4, 1.053023226231701e-05)]
```

11.4　基于矩阵分解的推荐方法

11.4.1　LFM 法

LFM（隐因子模型）的思路就是先计算用户对各个隐因子的喜好程度 $(p_1,p_2,\cdots,p_f)$，再计算物品在各个隐因子上的概率分布 $(q_1,q_2,\cdots,q_f)$，两个向量做内积即得到用户对物品的喜好程度。下面讲这两个向量怎么求。

假设已经有了一个评分矩阵 $\boldsymbol{R}_{m,n}$，m 个用户对 n 个物品的评分全在这个矩阵中，当然这是一个高度稀疏的矩阵，我们用 $r_{u,i}$ 表示用户 u 对物品 i 的评分。LFM 认为 $\boldsymbol{R}_{m,n}=\boldsymbol{P}_{m,F}\cdot\boldsymbol{Q}_{F,n}$，即 $\boldsymbol{R}$ 是两个矩阵的乘积（所以 LFM 又被称为矩阵分解法，MF，即 Matrix Factorization Model），$\boldsymbol{F}$ 是隐因子的个数，$\boldsymbol{P}$ 的每一行代表一个用户对各隐因子的喜欢程度，$\boldsymbol{Q}$ 的每一列代表一个物品在各个隐因子上的概念分布。

$$\hat{r}_{u,i}=\sum_{f=1}^{F}\boldsymbol{P}_{u,f}\boldsymbol{Q}_{f,i} \tag{11-1}$$

机器学习训练的目标是使得对所有的 $r_{ui}\neq 0$，$r_{u,i}$ 和 $\hat{r}_{u,i}$ 尽可能接近，即

$$\min:\ \text{Loss}=\sum_{r_{ui}\neq 0}(r_{u,i}-\hat{r}_{u,i})^2 \tag{11-2}$$

为防止过拟合，加个正则项，以防止$\boldsymbol{P}_{u,f}$，$\boldsymbol{Q}_{f,i}$过大或过小。

$$\min: \quad \text{Loss} = \sum_{r_{u,i}\neq 0}(r_{u,i}-\hat{r}_{u,i})^2 + \lambda\left(\sum \boldsymbol{P}_{u,f}^2 + \sum \boldsymbol{Q}_{f,i}^2\right) = f(\boldsymbol{P},\boldsymbol{Q}) \tag{11-3}$$

采用梯度下降法求解上面的无约束最优化问题，在第$t+1$轮迭代中，$\boldsymbol{P}$和$\boldsymbol{Q}$的值分别为

$$P^{(t+1)} = P^{(t)} - \alpha\frac{\partial \text{Loss}}{\partial P(t)}, \quad Q^{(t+1)} = Q^{(t)} - \alpha\frac{\partial \text{Loss}}{\partial Q(t)} \tag{11-4}$$

$$\frac{\partial \text{Loss}}{\partial P(t)} = \begin{bmatrix} \frac{\partial \text{Loss}}{\partial P_{11}^{(t)}} & \cdots & \frac{\partial \text{Loss}}{\partial P_{1F}^{(t)}} \\ \cdots & \frac{\partial \text{Loss}}{\partial P_{u,f}^{(t)}} & \cdots \\ \frac{\partial \text{Loss}}{\partial P_{m1}^{(t)}} & \cdots & \frac{\partial \text{Loss}}{\partial P_{mF}^{(t)}} \end{bmatrix} \tag{11-5}$$

$$\frac{\partial \text{Loss}}{\partial P_{u,f}^{(t)}} = \sum_{i,r_{u,i}\neq 0} -2(r_{u,i}-\hat{r}_{u,i})\frac{\partial \hat{r}_{u,i}}{\partial P_{u,f}^{(t)}} + 2\lambda P_{u,f}^{(t)} = \sum_{i,r_{u,i}\neq 0} -2(r_{u,i}-\hat{r}_{u,i})Q_{f,i}^{(t)} + 2\lambda P_{u,f}^{(t)} \tag{11-6}$$

$$\frac{\partial \text{Loss}}{\partial Q_{f,i}^{(t)}} = \sum_{u,r_{u,i}\neq 0} -2(r_{u,i}-\hat{r}_{u,i})\frac{\partial \hat{r}_{u,i}}{\partial Q_{f,i}^{(t)}} + 2\lambda Q_{f,i}^{(t)} = \sum_{u,r_{u,i}\neq 0} -2(r_{u,i}-\hat{r}_{u,i})P_{u,f}^{(t)} + 2\lambda Q_{f,i}^{(t)} \tag{11-7}$$

以上就是梯度下降法的所有公式，我们注意到：

（1）求$\frac{\partial \text{Loss}}{\partial P_{u,f}^{(t)}}$时用到了用户$u$对物品的所有评分。

（2）求$\frac{\partial \text{Loss}}{\partial P^{(t)}}$时用到了整个评分矩阵$\boldsymbol{R}$，时间复杂度为$m\times F\times n'$，$n'$表示平均一个用户对多少个物品有过评分。

随机梯度下降法（Stochastic Gradient Descent，SGD）没有严密的理论证明，但是在实践中它通常比传统的梯度下降法需要更少的迭代次数就可以收敛，其有两个特点：

（1）单独更新参数$P_{u,f}^{(t+1)} = P_{u,f}^{(t)} - \alpha\frac{\partial \text{Loss}}{\partial P_{u,f}^{(t)}}$，而原始梯度下降法要整体更新参数$P^{(t+1)} = P^{(t)} - \alpha\frac{\partial \text{Loss}}{\partial P^{(t)}}$。在$t+1$轮中计算其他参数的梯度时直接使用$P_{u,f}$的最新值$P_{u,f}^{(t+1)}$。

（2）计算$\frac{\partial \text{Loss}}{\partial P_{u,f}^{(t)}}$时只利用用户$u$对一个物品的评分，而不利用用户$u$的所有评分，即

$$\frac{\partial \text{Loss}}{\partial P_{u,f}^{(t)}} = -2(r_{u,i}-\hat{r}_{u,i})Q_{f,i}^{(t)} + 2\lambda P_{u,f}^{(t)} \tag{11-8}$$

从而有

$$P_{u,f}^{(t+1)} = P_{u,f}^{(t)} + \alpha[(r_{u,i}-\hat{r}_{u,i})Q_{f,i}^{(t)} - \lambda P_{u,f}^{(t)}] \tag{11-9}$$

同理可得

$$Q_{f,i}^{(t+1)} = Q_{f,i}^{(t)} + \alpha[(r_{u,i} - \hat{r}_{u,i})P_{u,f}^{(t+1)} - \lambda Q_{f,i}^{(t)}] \quad (11\text{-}10)$$

SGD 单轮迭代的时间复杂度也是 $m \times F \times n'$，但由于它是单个参数地更新，并且更新单个参数时只用到一个样本（一个评分），更新后的参数立即可用于更新剩下的参数，所以 SGD 比批量的梯度下降需要更少的迭代次数。

在训练模型的时候只要求模型尽量拟合 $r_{u,i} \neq 0$ 的情况，我们也不希望 $\hat{r}_{u,i} = 0$，因为 $r_{u,i} = 0$ 只表示用户 u 没有对物品 i 评分，并不代表用户 u 对物品 i 的喜好程度为 0。而恰恰 $\hat{r}_{u,i}$ 能反映用户 u 对物品 i 的喜好程度，对所有 $\hat{r}_{u,i}(i \in \{1,2,\cdots,n\})$ 降序排列，取出 topK 就是用户 u 的推荐列表。

利用 Python 实现 LFM 的代码为：

```
    __author__ = "orisun"
    import random
    import math
    class LFM(object):
        def __init__(self, rating_data, F, alpha=0.1, lmbd=0.1, max_iter=500):
            '''rating_data是list<(user,list<(position,rate)>)>类型
            '''
            self.F = F
            self.P = dict()  #R=PQ^T
            self.Q = dict()
            self.alpha = alpha
            self.lmbd = lmbd
            self.max_iter = max_iter
            self.rating_data = rating_data
            '''随机初始化矩阵P和Q'''
            for user, rates in self.rating_data:
                self.P[user] = [random.random() / math.sqrt(self.F)
                                for x in range(self.F)]
                for item, _ in rates:
                    if item not in self.Q:
                     self.Q[item] = [random.random() / math.sqrt(self.F)
                                         for x in range(self.F)]
        def train(self):
            '''随机梯度下降法训练参数P和Q
            '''
            for step in range(self.max_iter):
                for user, rates in self.rating_data:
                    for item, rui in rates:
                        hat_rui = self.predict(user, item)
                        err_ui = rui - hat_rui
                        for f in range(self.F):
        self.P[user][f] += self.alpha * (err_ui * self.Q[item][f] - self.lmbd
* self.P[user][f])
```

```
            self.Q[item][f] += self.alpha * (err_ui * self.P[user][f] - self.lmbd
* self.Q[item][f])
                self.alpha *= 0.9  #每次迭代步长要逐步缩小
        def predict(self, user, item):
            '''预测用户user对物品item的评分
            '''
            return sum(self.P[user][f] * self.Q[item][f] for f in
range(self.F))

    if __name__ == '__main__':
        '''用户有A B C，物品有a b c d'''
        rating_data = list()
        rate_A = [('a', 1.0), ('b', 1.0)]
        rating_data.append(('A', rate_A))
        rate_B = [('b', 1.0), ('c', 1.0)]
        rating_data.append(('B', rate_B))
        rate_C = [('c', 1.0), ('d', 1.0)]
        rating_data.append(('C', rate_C))
        lfm = LFM(rating_data, 2)
        lfm.train()
        for item in ['a', 'b', 'c', 'd']:
            print (item, lfm.predict('A', item))   #计算用户A对各个物品的喜好程度
```

运行程序，输出如下：

```
a 0.6029724208841503
b 0.7737926165829168
c 0.6924955996934437
d 0.5840682056656372
-------------------
```

11.4.2 SVD 法

在式（11-1）中加入偏置项：

$$\hat{r}_{u,i} = \sum_{f=1}^{F} P_{u,f} Q_{f,i} + \mu + b_u + b_i \tag{11-11}$$

式中，μ 表示训练集中所有评分的平均值；b_u 是用户偏置，代表一个用户评分的平均值；b_i 是物品偏置，代表一个物品被评分的平均值。因此“偏置”反映的是事物固有的、不受外界影响的属性，用式（11-1）预估用户对物品的评分时没有考虑该用户是宽容的还是苛刻的，他倾向于给物品打高分还是打低分，所以在公式（11-11）中加入了偏置 b_u。带偏置的 LFM 又被称为 SVD 法。

μ 直接由训练集统计得到，b_u 和 b_i 需要通过机器学习训练得来。对比式（11-3），此时目标函数变为

$$\min : \text{Loss} = \sum_{r_{u,i} \neq 0} (r_{u,i} - \hat{r}_{u,i})^2 + \lambda \left(\sum P_{u,f}^2 + \sum Q_{f,i}^2 + \sum b_u^2 + \sum b_i^2 \right) \tag{11-12}$$

由随机梯度下降法得到 b_u 和 b_i 的更新方法为

$$b_u^{(t+1)} = b_u^{(t)} + \alpha(r_{u,i} - \hat{r}_{u,i} - \lambda \times b_u^{(t)}) \tag{11-13}$$

$$b_i^{(t+1)} = b_i^{(t)} + \alpha(r_{u,i} - \hat{r}_{u,i} - \lambda \times b_i^{(t)}) \tag{11-14}$$

$P_{u,f}$ 和 $Q_{f,i}$ 的更新方法不变，参见式（11-9）和式（11-10）。

初始化时把 b_u 和 b_i 全初始化为 0 即可。

利用 Python 实现 SVD 的程序代码为：

```
__author__ = "orisun"
import random
import math

class BiasLFM(object):
    def __init__(self, rating_data, F, alpha=0.1, lmbd=0.1, max_iter=500):
        '''rating_data是list<(user,list<(position,rate)>)>类型
        '''
        self.F = F
        self.P = dict()
        self.Q = dict()
        self.bu = dict()
        self.bi = dict()
        self.alpha = alpha
        self.lmbd = lmbd
        self.max_iter = max_iter
        self.rating_data = rating_data
        self.mu = 0.0
        '''随机初始化矩阵P和Q'''
        cnt = 0
        for user, rates in self.rating_data:
            self.P[user] = [random.random() / math.sqrt(self.F)
                            for x in range(self.F)]
            self.bu[user] = 0
            cnt += len(rates)
            for item, rate in rates:
                self.mu += rate
                if item not in self.Q:
                    self.Q[item] = [random.random() / math.sqrt(self.F)
                                    for x in range(self.F)]
                self.bi[item] = 0
        self.mu /= cnt
    def train(self):
        '''随机梯度下降法训练参数P和Q
        '''
```

```
            for step in range(self.max_iter):
                for user, rates in self.rating_data:
                    for item, rui in rates:
                        hat_rui = self.predict(user, item)
                        err_ui = rui - hat_rui
                        self.bu[user] += self.alpha * (err_ui - self.lmbd *
self.bu[user])
                        self.bi[item] += self.alpha * (err_ui - self.lmbd *
self.bi[item])
                        for f in range(self.F):
                self.P[user][f] += self.alpha * (err_ui * self.Q[item][f] - self.lmbd
* self.P[user][f])
               self.Q[item][f] += self.alpha *  (err_ui * self.P[user][f] - self.lmbd
* self.Q[item][f])
                self.alpha *= 0.9  #每次迭代步长要逐步缩小

        def predict(self, user, item):
            '''预测用户（user）对物品item的评分
            '''
            return sum(self.P[user][f] * self.Q[item][f] for f in range(self.F))
+ self.bu[user] + self.bi[item] + self.mu

    if __name__ == '__main__':
        '''用户有A B C，物品有a b c d'''
        rating_data = list()
        rate_A = [('a', 1.0), ('b', 1.0)]
        rating_data.append(('A', rate_A))
        rate_B = [('b', 1.0), ('c', 1.0)]
        rating_data.append(('B', rate_B))
        rate_C = [('c', 1.0), ('d', 1.0)]
        rating_data.append(('C', rate_C))
        lfm = BiasLFM(rating_data, 2)
        lfm.train()
        for item in ['a', 'b', 'c', 'd']:
            print (item, lfm.predict('A', item))  #计算用户A对各个物品的喜好程度
```

运行程序，输出如下：

```
a 1.0072606551600396
b 0.973741144731354
c 1.033796216208082
d 0.9255198836802058
------------------
```

11.4.3 SVD++法

由于 BiasLFM（即 SVD）继续演化就可以得到 SVD++。SVD++认为，任何用户只要对

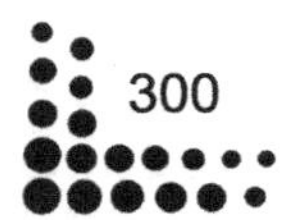

物品 i 有过评分，那么不论评分是多少，都已经在一定程度上反映了他对各个隐因子的喜好程度 $y_i=(y_{i1},y_{i2},\cdots,y_{iF})$， y 是物品所携带的属性，如同 Q 一样。在式（11-11）的基础上，SVD++得出了：

$$\hat{r}_{u,i}=\sum_{f=1}^{F}\left(P_{u,f}+\frac{\sum_{j\in N(u)}Y_{j,f}}{\sqrt{|N(u)|}}\right)Q_{f,i}+\mu+b_u+b_i \tag{11-15}$$

式中，$|N(u)|$ 为用户 u 评价过的物品集合。

与前面一样，基于评分的误差平方和上建立目标函数，正则项中加一个 $\lambda\sum Y_{j,f}^2$，采用随机梯度下降法解这个优化问题。$\hat{r}_{u,i}$ 对 b_u、b_i、$P_{u,f}$ 的偏导都跟 LFM 中一样，而 $\frac{\partial\hat{r}_{u,i}}{\partial Q_{f,i}}$ 会有变化：

$$\frac{\partial\hat{r}_{u,i}}{\partial Q_{f,i}}=P_{u,f}+\frac{\sum_{j\in N(u)}Y_{j,f}}{\sqrt{|N(u)|}} \tag{11-16}$$

另外引入了 $\boldsymbol{Y}$ 矩阵，所以也需要对 $Y_{j,f}$ 求偏导。

$$\frac{\partial\hat{r}_{u,i}}{\partial Y_{j,f}}=\frac{Q_{f,i}}{\sqrt{|N(u)|}}$$

利用 Python 实现 SVD++的程序代码为：

```
__author__ = "orisun"
import random
import math
class SVDPP(object):
    def __init__(self, rating_data, F, alpha=0.1, lmbd=0.1, max_iter=500):
        '''rating_data是list<(user,list<(position,rate)>)>类型
        '''
        self.F = F
        self.P = dict()
        self.Q = dict()
        self.Y = dict()
        self.bu = dict()
        self.bi = dict()
        self.alpha = alpha
        self.lmbd = lmbd
        self.max_iter = max_iter
        self.rating_data = rating_data
        self.mu = 0.0
        '''随机初始化矩阵P、Q、Y'''
        cnt = 0
        for user, rates in self.rating_data:
```

```
            self.P[user] = [random.random() / math.sqrt(self.F)
                            for x in range(self.F)]
            self.bu[user] = 0
            cnt += len(rates)
            for item, rate in rates:
                self.mu += rate
                if item not in self.Q:
                    self.Q[item] = [random.random() / math.sqrt(self.F)
                                    for x in range(self.F)]
                if item not in self.Y:
                    self.Y[item] = [random.random() / math.sqrt(self.F)
                                    for x in range(self.F)]
                self.bi[item] = 0
        self.mu /= cnt
    def train(self):
        '''随机梯度下降法训练参数P和Q
        '''
        for step in range(self.max_iter):
            for user, rates in self.rating_data:
                z = [0.0 for f in range(self.F)]
                for item, _ in rates:
                    for f in range(self.F):
                        z[f] += self.Y[item][f]
                ru = 1.0 / math.sqrt(1.0 * len(rates))
                s = [0.0 for f in range(self.F)]
                for item, rui in rates:
                    hat_rui = self.predict(user, item, rates)
                    err_ui = rui - hat_rui
                    self.bu[user] += self.alpha *  (err_ui - self.lmbd *
self.bu[user])
                    self.bi[item] += self.alpha *  (err_ui - self.lmbd *
self.bi[item])
                    for f in range(self.F):
                        s[f] += self.Q[item][f] * err_ui
        self.P[user][f] += self.alpha *  (err_ui * self.Q[item][f] -
self.lmbd * self.P[user][f])
      self.Q[item][f] += self.alpha * (err_ui * (self.P[user][f] + z[f] * ru)
- self.lmbd * self.Q[item][f])
                for item, _ in rates:
                    for f in range(self.F):
                  self.Y[item][f] += self.alpha *  (s[f] * ru - self.lmbd *
self.Y[item][f])
              self.alpha *= 0.9  #每次迭代步长要逐步缩小
    def predict(self, user, item, ratedItems):
        '''预测用户（user）对物品item的评分
        '''
```

```
            z = [0.0 for f in range(self.F)]
            for ri, _ in ratedItems:
                for f in range(self.F):
                    z[f] += self.Y[ri][f]
            return sum((self.P[user][f] + z[f] / math.sqrt(1.0 *
len(ratedItems))) * self.Q[item][f] for f in range(self.F)) + self.bu[user] +
self.bi[item] + self.mu
    if __name__ == '__main__':
        '''用户有A B C，物品有a b c d'''
        rating_data = list()
        rate_A = [('a', 1.0), ('b', 1.0)]
        rating_data.append(('A', rate_A))
        rate_B = [('b', 1.0), ('c', 1.0)]
        rating_data.append(('B', rate_B))
        rate_C = [('c', 1.0), ('d', 1.0)]
        rating_data.append(('C', rate_C))
        lfm = SVDPP(rating_data, 2)
        lfm.train()
        for item in ['a', 'b', 'c', 'd']:
            print(item, lfm.predict('A', item, rate_A))  #计算用户A对各个物品的
喜好程度
```

运行程序，输出如下：

```
    a 1.0215456884164344
    b 0.9482021921426979
    c 0.9317611612524229
    d 0.9557433748148124
    ------------------
```

第 12 章　集成学习

集成学习（Ensemble Learning）是机器学习算法中非常强大的工具，有人把它称为机器学习中的“屠龙刀”，非常万能且有效，在各大机器学习、数据挖掘竞赛中应用非常广泛。

什么是集成学习呢？通俗地讲，就是多算法融合。它的思想相当简单直接，以至于用一句俗语就可以完美概括：三个臭皮匠，顶个诸葛亮。实际操作中，集成学习把大大小小的多种算法融合在一起，共同协作来解决一个问题。这些算法可以是不同的算法，也可以是相同的算法。

集成学习通过构建并结合多个学习器来完成学习任务。其工作流程为：

- 先产生一组“个体学习器”（Individual Learner）。在分类问题中，个体学习器也称为基分类器。
- 再使用某种策略将它们结合起来。

通常使用一种或多种已有的学习算法从训练数据中产生个体学习器。

12.1　集成学习的原理及误差

集成学习通过组合多个个体学习器来获取比单个个体学习器显著优势的泛化性能。通常选取个体学习器的准则是：

- 个体学习器要有一定的准确性，预测能力不能太差；
- 个体学习器之间有多样性，即学习器之间要有差异。

提示：通常基于实际考虑，人们往往使用预测能力较强的个体学习器（即强学习器，与之对应的为弱学习器）。强学习器的一个显著好处就是可以使用较少数量的个体学习器来集成即可获得很好的效果。

考虑一个二分类问题。假设真实类别的取值空间 $Y=\{-1,+1\}$ 。假定基类分类器的错误率为 ε ，即对每个基分类器 h_i 有：

$$P(h_i(\vec{x}) \neq y)=\varepsilon$$

式中， y 为 $\vec{x}$ 的真实类别标记。

假设集成学习结合了 M 个分类器，即 $h_1,h_2,\cdots,h_M$ ，然后通过简单投票法来组合这些基分类器，即若有超过半数的基分类器正确，则集成类就正确。根据描述，给出集成学习器如下：

$$H(\vec{x}) = \text{sign}\left(\sum_{i=1}^{M} h_i(\vec{x})\right)$$

集成学习器预测错误的条件为：k 个基分类器预测正确，其中 $k \leqslant [M/2]$（即少于一半的基分类器预测正确），$M-k$ 个基分类器预测错误。假设基分类器的错误率相互独立，则集成学习器预测错误的概率为

$$P(H(\vec{x}) \neq y) = \sum_{K=0}^{[M/2]} C_M^k (1-\varepsilon)^k c^{M-k}$$

可以看出，随着 $M \to \infty$，集成学习器预测错误的概率 $P(H(\vec{x}) \neq y) \to 0$。

根据个体学习器的生成方式可知，目前的集成学习方法大概可以分为以下两类。

- Boosting 算法：在 Boosting 算法中，个体学习器之间存在强依赖关系，必须串行生成。
- Bagging 算法：在 Bagging 算法中，个体学习器之间不存在强依赖关系，可同时生成。

12.2 集成学习方法

根据个体学习器的生成方式，下面对常用的集成学习方法进行介绍。

12.2.1 Boosting 算法

Boosting 算法的训练过程为阶梯状，基模型按次序一一进行训练（实现上可以做到并行），基模型的训练集按照某种策略每次都进行一定转化。对所有基模型预测的结果进行线性综合，产生的最终预测结果如图 12-1 所示。

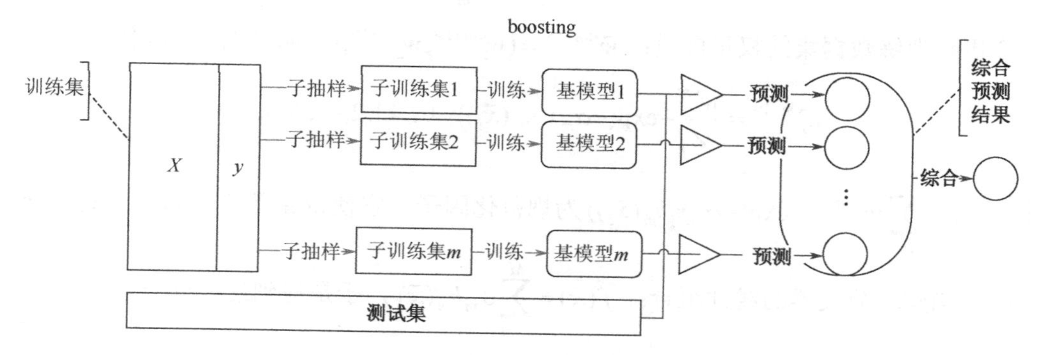

图 12-1 Boosting 算法的预测结果

12.2.2 AdaBoost 算法

1. AdaBoost 的原理

Boosting 族算法最常用的是 AdaBoost 算法。AdaBoot 算法包含以下两个核心步骤。

（1）权重调整：AdaBoost 算法提高被前一轮基分类器错误分类样本的权重，降低被正

确分类样本的权重，从而使得没有得到正确分类的样本由于权重的加大而受到后一轮基分类器的更大关注。

（2）基分类器组合。AdaBoost 算法采用加权多数表决的方法：

① 加大分类误差率较小的弱分类器的权重，使得它在表决中起较大的作用。

② 减小分类误差率较大的弱分类器的权重，使得它在表决中起较小的作用。

AdaBoost 算法如下：

（1）输入：

① 训练数据集 $T=\{(\vec{x}_1,y_1),(\vec{x}_2,y_2),\cdots,(\vec{x}_N,y_N)\}$， $\vec{x}_i\in X\subset R^n$， $y_i\in Y=\{-1,1\}$；

② 弱学习算法。

（2）输出：集成分类器 $H(\vec{x})$。

（3）算法步骤：

① 初始化训练数据的权重向量 $\vec{w}^{<1>}=(w_1^{<1>},w_2^{<1>},\cdots,w_N^{<1>})^{\mathrm{T}}$， $w_i^{<1>}=\dfrac{1}{N}$ （$i=1,2,\cdots,N$）。

② 对 $m=1,2,\cdots,M$，有如下步骤：

◇使用具有权重向量 $\vec{w}^{<m>}$ 的训练数据集学习，得到基分类器（根据输入的弱学习算法）：

$$h_m(\vec{x}):X\to\{-1,+1\}$$

◇计算 $h_m(\vec{x})$ 在训练数据集上的分类误差率：

$$e_m=P(h_m(\vec{x})\neq y_i)=\sum_{i=1}^{N}w_i^{<m>}I(h_m(\vec{x}_i)\neq y_i)$$

◇计算 $h_m(\vec{x})$ 的系数（自然对数）：

$$\alpha_m=\frac{1}{2}\lg\frac{1-e_m}{e_m}$$

◇更新训练数据集的权重向量： $\vec{w}^{<m+1>}=(w_1^{<m+1>},w_2^{<m+1>},\cdots,w_N^{<m+1>})^{\mathrm{T}}$，其中：

$$w_i^{<m+1>}=\frac{w_i^{<m>}}{Z_m}\exp(-\alpha_m y_i h_m(\vec{x}_i))\quad（i=1,2,\cdots,N）\tag{12-1}$$

其中， $Z_m=\sum_{i=1}^{N}w_i^{<m>}$； $\exp(-\alpha_m y_i h_m(\vec{x}_i))$ 为规范化因子，它使得 $\vec{w}^{<m+1>}$ 成为一个概率分布。

（4）构建基分类器的线性组合： $f(\vec{x})=\sum_{m=1}^{M}\alpha_m h_m(\vec{x})$，于是得到最终分类器：

$$H(\vec{x})=\mathrm{sign}\left(\sum_{m=1}^{M}\alpha_m h_m(\vec{x})\right)$$

2. AdaBoost 算法的解释

AdaBoost 算法的权重调整是通过更新训练数据集的权重向量 $\vec{w}^{<m+1>}=(w_1^{<m+1>},w_2^{<m+1>},\cdots,w_N^{<m+1>})^{\mathrm{T}}$ 来体现的，如式（12-1）所示。

- 对于正确分类样本，$h_m(\vec{x}_i)=y_i$，下一轮权重为 $w_i^{<m+1>}=\frac{w_i^{<m>}}{Z_m}\exp(-\alpha_m)$。
- 对于错误分类样本，$h_m(\vec{x}_i)\neq y_i$，下一轮权重为 $w_i^{<m+1>}=\frac{w_i^{<m>}}{Z_m}\exp(\alpha_m)$。

两者比较，错误分类样本的权重是正确分类样本权重的 $\exp(2\alpha_m)=\frac{e_m}{1-e_m}$ 倍。考虑到要提高被前一轮弱分类器错误分类样本的权重，而降低被正确分类样本的权重，则要有 $\exp(2\alpha_m)=\frac{e_m}{1-e_m}>1$，即 $e_m<\frac{1}{2}$。因此，如果在第 m 次迭代中，发现基分类器的误差率 $e_m\geqslant\frac{1}{2}$，则算法终止。

AdaBoost 采用加权多数表决的方法，加大分类误差率较小的弱分类器的权重，使得它在表决中起较大作用；减小分类误差率较大的弱分类器的权重，使得它在表决中起较小的作用。这是通过 $h_m(\vec{x})$ 的系数（这里对数是指自然对数）：

$$\alpha_m=\frac{1}{2}\lg\frac{1-e_m}{e_m}$$

来体现的。其中，

$$e_m=P(h_m(\vec{x}_i)\neq y_i)=\sum_{m=1}^{M}w_i^{<m>}I(h_m(\vec{x}_i)\neq y_i)$$

3. AdaBoost 算法误差分析

AdaBoost 算法最终分类器的训练误差上界为

$$\frac{1}{N}\sum_{i=1}^{N}I(H(\vec{x}_i)\neq y_i)\leqslant\frac{1}{2}\sum_{i=1}^{N}\exp(-y_if(\vec{x}_i))=\prod_{m=1}^{M}Z_m$$

其中，$Z_m=\sum_{i=1}^{N}w_i^{<m>}\exp(-\alpha_m y_i h_m(\vec{x}_i))$。

二类分类 AdaBoost 的训练误差区间为

$$\prod_{m=1}^{M}Z_m=\prod_{m=1}^{M}\left[2\sqrt{e_m(1-e_m)}\right]=\prod_{m=1}^{M}\sqrt{(1-4\gamma_m^2)}\leqslant\left(-2\sum_{m=1}^{M}-\gamma_m^2\right)$$

其中，$\gamma_m=\frac{1}{2}-e_m$。

如果存在 $\gamma>0$，则对于所有 m，有 $\gamma_m\geqslant\gamma$，则有

$$\frac{1}{N}\sum_{i=1}^{N}I(H(\vec{x}_i)\neq y_i)\leqslant\exp(-2M\gamma^2)$$

AdaBoost 算法具有自适应性，即它能够适应弱分类器各自的训练误差率。这也是其名字（适应的提升）的由来。从偏差-方差分解的角度来看，AdaBoost 主要关注降低偏差，因

此 AdaBoost 能基于弱学习器构建出很强的集成学习器。

4. AdaBoost 多类分类

标准的 AdaBoost 算法只适用于二类分类问题，但可以将它推广到多类分类问题。

AdaBoost 多类分类算法（SAMME 算法）如下。

（1）输入：

① 训练数据集 $T=\{(\vec{x}_1,y_1),(\vec{x}_2,y_2),\cdots,(\vec{x}_N,y_N)\}$， $\vec{x}_i \in X \subset R^n$， $y_i \in Y=\{c_1,c_2,\cdots,c_K\}$。

② 弱学习算法。

（2）输出：集成分类器 $H(\vec{x})$。

（3）算法步骤：

① 初始化训练数据的权重向量 $\vec{w}^{<1>}=(w_1^{<1>},w_2^{<1>},\cdots,w_N^{<1>})^{\mathrm{T}}$， $w_i^{<1>}=\dfrac{1}{N}, i=1,2,\cdots,N$。

② 对 $m=1,2,\cdots,M$，有

◇使用具有权重向量 $\vec{w}^{<m>}$ 的训练数据集学习，得到基分类器（根据输入的学习算法）：

$$h_m(\vec{x}): X \to \{c_1,c_2,\cdots,c_K\}$$

◇计算 $h_m(\vec{x})$ 在训练数据集上的分类误差率：

$$e_m = P\left[h_m(\vec{x}) \neq y_i\right] = \sum_{i=1}^{N} w_i^{<m>} I\left[h_m(\vec{x}_i) \neq y_i\right]$$

◇计算 $h_m(\vec{x})$ 的系数（其中对数是自然对数）：

$$\alpha_m = \frac{1}{2}\lg\frac{1-e_m}{e_m} + \lg(K-1)$$

◇更新训练数据集的权重向量： $\vec{w}^{<m+1>}=(w_1^{<m+1>},w_2^{<m+1>},\cdots,w_N^{<m+1>})^{\mathrm{T}}$，其中：

$$w_i^{<m+1>} = \frac{w_i^{<m>}}{Z_m}\exp\left[-\alpha_m y_i h_m(\vec{x}_i)\right],\ i=1,2,\cdots,N$$

其中， $Z_m=\sum_{i=1}^{N} w_i^{<m>}$； $\exp\left[-\alpha_m y_i h_m(\vec{x}_i)\right]$为规范化因子。它使得 $\vec{w}^{<m+1>}$ 成为一个概率分布。

（4）构建基本分类器的线性组合： $f(\vec{x})=\sum_{m=1}^{M}\alpha_m h_m(\vec{x})$，于是得到最终分类器：

$$H(\vec{x}) = \arg\max_{c_K}\left(\sum_{m=1}^{M}\alpha_m I(h_m(\vec{x})=c_K)\right)$$

当 $K=2$ 时，SAMME 算法退化为标准的 AdaBoost 算法。

AdaBoost 还有一种多类分类算法（SAMME.R 算法）。该算法需要使用个体分类器对类别进行鉴别的概率。

（1）输入：

① 训练数据集 $T=\{(\vec{x}_1,y_1),(\vec{x}_2,y_2),\cdots,(\vec{x}_N,y_N)\}$， $\vec{x}_i \in X \subset R^n$， $y_i \in Y=\{c_1,c_2,\cdots,c_K\}$。

② 弱学习算法。

（2）输出：集成分类器 $H(\vec{x})$。

（3）算法步骤：

① 初始化训练数据的权重向量 $\vec{w}^{<1>}=(w_1^{<1>},w_2^{<1>},\cdots,w_N^{<1>})^{\mathrm{T}}$，$w_i^{<1>}=\dfrac{1}{N},i=1,2,\cdots,N$。

② 对 $m=1,2,\cdots,M$，有

◇使用具有权重向量 $\vec{w}^{<m>}$ 的训练数据集学习，得到基分类器（根据输入的学习算法）：

$$h_m(\vec{x}):X\to\{c_1,c_2,\cdots,c_K\}$$

◇计算 $h_m(\vec{x})$ 在训练数据集上的加权概率估计：

$$p_{m,i}^{(k)}(\vec{x})=w_i^{<m>}P(y_i=c_k/\vec{x}_i)\ \ (i=1,2,\cdots,N;k=1,2,\cdots,K)$$

其中，y_i 是 $\vec{x}$ 的真实标记；$w_i^{<m>}$ 是 $\vec{x}_i$ 的权重。$p_{m,i}^{(k)}$ 预测 $\vec{x}_i$ 的输出为每种类别的概率的加权重。

◇对于 h_m 和类别 c_k，定义：

$$l_m^{(k)}(\vec{x}_i)=(K-1)\left(\lg p_{m,i}^{(k)}-\frac{1}{K}\sum_{k=1}^{K}\lg p_{m,i}^{(k)}\right),k=1,2,\cdots,K$$

◇更新训练数据集的权重向量 $\vec{w}^{<m+1>}=(w_1^{<m+1>},w_2^{<m+1>},\cdots,w_N^{<m+1>})^{\mathrm{T}}$：

$$w_i^{<m+1>}=w_i^{<m>}\exp\left(-\frac{K-1}{K}\sum_{k=1}^{K}\delta_i^{(k)}\lg p_{m,i}^{(k)}\right)$$

其中，

$$\delta_i^{(k)}=\begin{cases}1 & （y_i=c_k）\\ -\dfrac{1}{K-1} & （其他）\end{cases}$$

③ 归一化训练数据集的权重向量 $\vec{w}^{<m+1>}=(w_1^{<m+1>},w_2^{<m+1>},\cdots,w_N^{<m+1>})^{\mathrm{T}}$，使得权重之和为 1。

④ 构建基分类器的线性组合，得到最终分类器：

$$H(\vec{x})=\arg\max_{c_k}\left(\sum_{m=1}^{M}l_m^{(k)}(\vec{x})\right)$$

12.2.3　AdaBoost 与加法模型

AdaBoost 算法认为：模型为加法模型，损失函数为指数函数，学习算法为二类分类学习算法。

首先给出加法模型：$f(\vec{x})=\sum_{m=1}^{M}\beta_m b(\vec{x};\gamma_m)$，其中，$b(\vec{x};\gamma_m)$ 为基函数；γ_m 为基函数的参数；β_m 为基函数的系数。

给定训练数据及损失函数 $L(y,f(\vec{x}))$，求解加法模型的目标是使损失函数极小化：

$$\min_{\beta_m,\gamma_m}\sum_{i=1}^{N}L\left(y_i,\sum_{m=1}^{M}\beta_m b(\vec{x};\gamma_m)\right)$$

解决这个问题的方法是前向分步算法。前向分步算法的思想是：从前向后，每一步只求解一个基函数及其系数，逐步逼近优化目标函数。因此，每一步只需要优化如下的损失函数：

$$\min_{\beta,\gamma}\sum_{i=1}^{N}L(y_i,\beta b(\vec{x};\gamma))$$

即前向分步算法的步骤为：

（1）输入：

① 训练数据集 $T=\{(\vec{x}_1,y_1),(\vec{x}_2,y_2),\cdots,(\vec{x}_N,y_N)\}$， $\vec{x}_i\in X\subset R^n$， $y_i\in Y=\{-1,+1\}$。

② 损失函数 $L(y,f(\vec{x}))$。

③ 基函数 $b(\vec{x};\gamma)$。

（2）输出：加法模型 $f(\vec{x})$。

（3）算法步骤：

① 初始化 $f_0(\vec{x})=0$。

② 对 $m=1,2,\cdots,M$，有

◇极小化损失函数为

$$(\beta_m,\gamma_m)=\arg\min_{\beta,\gamma}\sum_{i=1}^{N}L(y_i,f_{m-1}(\vec{x})+\beta b(\vec{x};\gamma))$$

得到参数 β_m,γ_m。

◇更新 $f_m(\vec{x})=f_{m-1}(\vec{x})+\beta b(\vec{x};\gamma_m)$。

③ 得到加法模型：$f(\vec{x})=f_M(\vec{x})=\sum_{m=1}^{M}\beta_m b(\vec{x};\gamma_m))$。

AdaBoost 算法是前向分步加法算法的特例。此时，模型是由基分类器组成的加法模型，损失函数是指数函数。其中，指数损失函数为

$$L(y,f(\vec{x}))=\mathrm{e}^{-yf(\vec{x})}$$

12.2.4 提升树

1. 提升树的原理

提升树是以决策树为基本学习器的提升方法，其预测性能相当优异。

- 对于分类问题，决策树是二叉决策树。
- 对于回归问题，决策树是二叉回归树。

提升树模型可以表示为以决策树为基分类器的加法模型：

$$f(\vec{x}) = f_M(\vec{x}) = \sum_{m=1}^{M} h_m(\vec{x};\Theta_m)$$

其中，$h_m(\vec{x};\Theta_m)$ 表示决策树；Θ_m 为决策树的参数；M 为决策树的数量。

提升树算法采用前向分步算法。令 $f_{m-1}(\vec{x})$ 为当前模型，则第 m 步模型为

$$f_m(\vec{x}) = f_{m-1}(\vec{x}) + h_m(\vec{x};\Theta_m)$$

其中，初始提升树 $f_0(\vec{x}) = 0$。

通过损失函数最小化来确定下一棵决策树的参数 Θ_m：

$$\Theta_m = \arg\min_{\Theta_m} \sum_{i=1}^{N} L(y_i, f_m(\vec{x}))$$

如果使用不同的损失函数，则得到如下两种不同的提升树学习算法（设预测值为 $\hat{y}$，真实值为 y）：

- 对于回归问题：通常使用平方误差损失函数：

$$L(y,\hat{y}) = (y - \hat{y})^2$$

- 对于分类问题：通常使用指数损失函数：

$$L(y,\hat{y}) = \mathrm{e}^{-y\hat{y}}$$

2. 提升树算法

给定训练数据集 $T = \{(\vec{x}_1, y_1), (\vec{x}_2, y_2), \cdots, (\vec{x}_N, y_N)\}$，$\vec{x}_i \in X \subset R^n$，$y_i \in Y \subseteq R$，其中，$X$ 为输入空间；Y 为输出空间。

如果将输入空间 X 划分为 J 个互不相交的区域 $R_1, R_2, \cdots, R_J$，并且在每个区域上确定输出的常量 c_j，则提升树可以表示为 $h(\vec{x};\Theta) = \sum_{j=1}^{J} c_j I(\vec{x} \in R_j)$。

其中，参数 $\Theta = \{(R_1, c_1), (R_2, c_2), \cdots, (R_J, c_J)\}$ 表示提升树的划分区域和各区域上的输出；J 表示回归提升树的复杂度，即叶子节点个数。

采用前向分步算法，则在第 m 步给定当前模型 $f_{m-1}(\vec{x})$，求解：

$$\hat{\Theta}_m = \arg\min_{\Theta_m} \sum_{i=1}^{N} L(y_i, f_m(\vec{x}) + h_m(\vec{x}_i;\Theta_m))$$

得到 $\hat{\Theta}_m$，即第 m 棵提升树的参数。

对于回归问题，如果采用平方误差损失函数 $L(y, f(\vec{x})) = (y - f(\vec{x}))^2$，其损失为

$$L(y, f_{m-1}(\vec{x}) + h_m(\vec{x};\Theta_m)) = [(y - f_{m-1}(\vec{x}) - h_m(\vec{x};\Theta_m)]^2 = [r - h_m(\vec{x};\Theta_m)]^2$$

注意：$r = y - f_{m-1}(\vec{x})$ 刚好是当前模型拟合数据的残差（利用当前模型 $f_{m-1}(\vec{x})$ 拟合训练数据集得到）。所以，对于回归问题的提升树算法，只需要简单地用 $h_m(\vec{x};\Theta_m)$ 拟合当前模型的残差即可。

回归问题的提升树算法为：

- 输入：训练数据集$T=\{(\vec{x}_1,y_1),(\vec{x}_2,y_2),\cdots,(\vec{x}_N,y_N)\}$，$\vec{x}_i\in X\subset R^n$，$y_i\in Y\subseteq R$。
- 输出：提升树$f_M(\vec{x})$。
- 算法步骤如下：

  ◎初始化$f_0(\vec{x})=0$；

  ◎对于$m=1,2,\cdots,M$，有

  ◇计算残差$r_{mi}=y_i-f_{m-1}(\vec{x})\ (i=1,2,\cdots,N)$。

  ◇拟合残差r_{mi}学习一棵回归树，得到$h_m(\vec{x};\Theta_m)$。

  ◇更新$f_m(\vec{x})=f_{m-1}(\vec{x})+h_m(\vec{x};\Theta_m)$。

  ◎得到提升树$f_M(\vec{x})=\sum_{m=1}^{M}h_m(\vec{x};\Theta_m)$。

3. GBDT 与 GBRT

在提升树中，如果损失函数是平方损失函数和指数损失函数时，由于这两种函数的求导很简单，所以求解：

$$\hat{\Theta}_m=\arg\min_{\Theta_m}\sum_{i=1}^{N}L(y_i,f_{m-1}(\vec{x}_i)+h_m(\vec{x}_i;\Theta_m))$$

这一最优化问题比较简单。当损失函数是一般函数时，该最优化问题往往很难求得。

Freidman 提出了梯度提升算法来解决这个问题。利用损失函数的负梯度在当前模型的值作为提升树算法中残差的近似值，拟合一棵决策树。在回归问题中，这称为梯度提升回归树（GBRT）；在分类问题中，这称为梯度提升决策树（GBDT）。

梯度提升树算法如下。

（1）输入：

① 训练数据集$T=\{(\vec{x}_1,y_1),(\vec{x}_2,y_2),\cdots,(\vec{x}_N,y_N)\}$，$\vec{x}_i\in X\subset R^n$，$y_i\in Y\subseteq R$。

② 损失函数$L(y,f(\vec{x}))$。

（2）输出：回归树$f_M(\vec{x})$。

（3）算法步骤：

① 初始化：

$$f_0(\vec{x})=\arg\min_{c}\sum_{i=1}^{N}L(y_i,c)$$

② 对于$m=1,2,\cdots,M$，有

◇对于$i=1,2,\cdots,N$，计算：

$$r_{m,i}=-\left[\frac{\partial L(y_i,f(\vec{x}_i))}{\partial f(\vec{x}_i)}\right]_{f(\vec{x}_i)=f_{m-1}(\vec{x}_i)}$$

◇用$r_{m,i}$拟合一棵回归树，得到第m棵树的叶子节点区域$R_{m,j},j=1,2,\cdots,J$。

◇计算在每个区域$R_{m,j}$上的输出值：对于$j=1,2,\cdots,J$计算在每个区域$R_{m,j}$上的输出值：

$$c_{m,j} = \arg\min_{c} \sum_{\vec{x}_i \in R_{m,j}}^{N} L(y_i, f_{m-1}(\vec{x}_i) + c)$$

◇更新 $f_m(\vec{x}) = f_{m-1}(\vec{x}) + \sum_{j=1}^{J} c_{m,j} I(\vec{x} \in R_{m,j})$。

③ 得到回归树：

$$f_M(\vec{x}) = \sum_{m=1}^{M} \sum_{j=1}^{J} c_{m,j} I(\vec{x} \in R_{m,j})$$

上述梯度提升树算法如果应用于回归问题，就是 GBRT；如果应用于分类问题，就是 GBDT。

12.2.5 Bagging 算法

Bagging 算法从训练集中进行子抽样组成每个基模型所需要的子训练集，并对所有基模型预测的结果进行综合产生最终的预测结果，如图 12-2 所示。

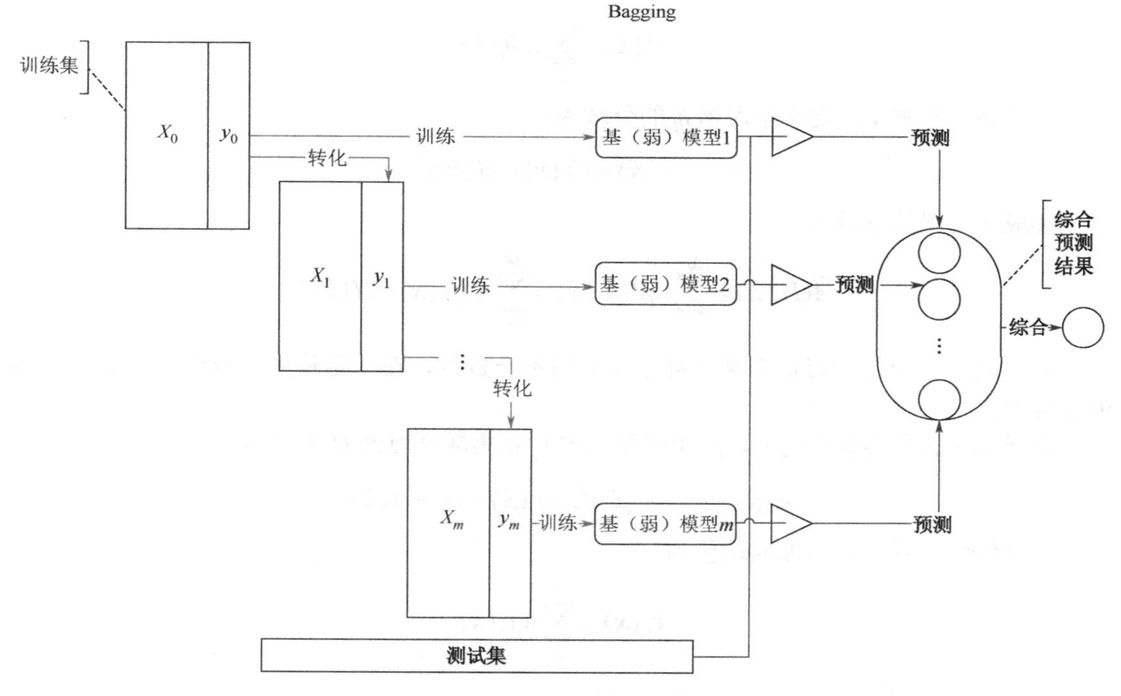

图 12-2 Bagging 算法的预测结果

给定包含 N 个样本的训练数据集 D，自助采样法是这样进行的：先从 D 中随机取出一个样本放入采样集 D_s 中，再把该样本放回 D 中（有放回的重复独立采样）。经过 N 次随机采样操作，得到包含 N 个样本的采样集 D_s。

注意：数据集 D 中可能有的样本在采样集 D_s 中多次出现，但是也有可能有的样本在 D_s

中从未出现。一个样本始终不在采样集中出现的概率是$(1-\frac{1}{N})^N$。根据

$$\lim_{N\to\infty}(1-\frac{1}{N})^N=\frac{1}{\mathrm{e}}\cong 0.368$$

可知D中约有63.2%的样本出现在D_s中。

Bagging首先采用M轮自助采样法，获得M个包含N个训练样本的采样集，然后基于这些采样集训练出一个基学习器，最后将这M个基学习器进行组合。组合策略为：

- 分类任务采取简单投票法，即每个学习器一票；
- 回归任务使用简单平均法，即对每个基学习器的预测值取平均值。

从偏差-方差分解的角度来看，Bagging 主要关注降低方差。因此，它在决策树、神经网络等容易受到样本扰动的学习器上效果更为明显。

12.2.6 误差–分歧分解

假定在回归问题中，有M个个体学习器$h_1,h_2,\cdots,h_M$，通过加权平均法组合产生集成学习器H，即

$$H(\vec{x})=\sum_{i=1}^{M}w_i h_i(\vec{x})$$

对于某个样本$\vec{x}$，定义学习器h_i的分歧为：

$$A(h_i\mid\vec{x})=(h_i(\vec{x})-H(\vec{x}))^2$$

集成学习器的分歧为

$$\overline{A}(H\mid\vec{x})=\sum_{i=1}^{M}w_i A(h_i\mid\vec{x})=\sum_{i=1}^{M}w_i(h_i(\vec{x})-H(\vec{x}))^2$$

分歧刻画了个体学习器在某个样本$\vec{x}$上的不一致性，在一定程度上反映了个体学习器的多样性。

设样本$\vec{x}$的真实标记为y，则个体学习器h_i和集成学习器H的平方误差为

$$e_i(\vec{x})=(y-h_i(\vec{x}))^2,\ e_H(\vec{x})=(y-H(\vec{x}))^2$$

令个体学习器误差的加权均值为

$$\overline{e}_h(\vec{x})=\sum_{i=1}^{M}w_i e_i(\vec{x})$$

根据$H(\vec{x})=\sum_{i=1}^{M}w_i h_i(\vec{x})$，则有

$$\overline{A}(H\mid\vec{x})=\sum_{i=1}^{M}w_i e_i(\vec{x})-e_H(\vec{x})=\overline{e}_h(\vec{x})-e_H(\vec{x})$$

上式对所有样本$\vec{x}$成立。令$p(\vec{x})$为样本的概率密度，则在全样本上有

$$\int \overline{A}(H \mid \vec{x})p(\vec{x})\mathrm{d}\vec{x} = \int \overline{e}_h(\vec{x})p(\vec{x})\mathrm{d}\vec{x} - \int e_H(\vec{x})p(\vec{x})\mathrm{d}\vec{x}$$

代入各变量，则有

$$\int \sum_{i=1}^{M} w_i A(h_i \mid \vec{x})p(\vec{x})\mathrm{d}\vec{x} = \int \sum_{i=1}^{M} w_i e_i(\vec{x})p(\vec{x})\mathrm{d}\vec{x} - \int e_H(\vec{x})p(\vec{x})\mathrm{d}\vec{x}$$

$$= \sum_{i=1}^{M} w_i \int A(h_i \mid \vec{x})p(\vec{x})\mathrm{d}\vec{x} = \sum_{i=1}^{M} w_i \int e_i(\vec{x})p(\vec{x})\mathrm{d}\vec{x} - \int e_H(\vec{x})p(\vec{x})\mathrm{d}\vec{x}$$

定义个体学习器 h_i 在全体样本上的泛化误差和分歧项为

$$E_i = \int e_i(\vec{x})p(\vec{x})\mathrm{d}\vec{x}$$

$$A_i = \int A(h_i \mid \vec{x})p(\vec{x})\mathrm{d}\vec{x}$$

定义集成的泛化误差为

$$E = \int e_H(\vec{x})p(\vec{x})\mathrm{d}\vec{x}$$

则有

$$\sum_{i=1}^{M} w_i A_i = \sum_{i=1}^{M} w_i E_i - E$$

定义个体学习器泛化误差的加权均值为 $\overline{E} = \sum_{i=1}^{M} w_i E_i$；定义个体学习器的加权分歧值为 $\overline{A} = \sum_{i=1}^{M} w_i A_i$，则有

$$E = \overline{E} - \overline{A}$$

上式就是集成学习的误差-分歧分解。从中可以看出：要想降低集成学习的泛化误差 E，要么提高个体学习器的加权分歧值 $\overline{A}$，要么降低个体学习器泛化误差的加权均值 $\overline{E}$。因此，个体学习器准确性越高，多样性程度越高，则集成性越好。

12.2.7 多样性增强

集成学习中，个体学习器多样性程度越高越好。通常，为了提高个体学习器的多样性程度，在学习过程中引入随机性。常见的方法有对数据样本进行扰动、对输入属性进行扰动、对算法参数进行扰动 3 种。

1. 数据样本扰动

给定初始数据集，可以使用采样法从中产生出不同的数据子集，然后利用不同的数据子集训练出不同的个体学习器。这种方法简单、高效，使用广泛。

- 数据样本扰动对于“不稳定基学习器”很有效。“不稳定基学习器”是这样的一类学习器：训练样本稍加变化就会导致学习器有显著变动，如决策树、神经网络等。
- 数据样本扰动对于“稳定基学习器”无效。“稳定基学习器”是这样的一类学习器：学习器对于数据样本的扰动不敏感，如线性学习器、支持向量机、朴素贝叶斯、k 近邻学习器等。

2. 输入属性扰动

训练样本通常由一组属性来描述，可以基于这些属性的不同组合产生不同的数据子集，然后利用这些数据子集训练出不同的个体学习器。

- 如果数据包含大量冗余属性，则输入属性扰动的效果较好。此时不仅训练出了多样性的个体，而且会因为属性数量的减少而大幅节省时间开销。同时由于冗余属性多，即使减少一些属性，训练的个体学习器也不会很差。
- 如果数据只包含少量属性，则不宜采用输入属性扰动法。

3. 算法参数扰动

通常可以通过随机设置不同的参数，如对模型参数加入小范围的随机扰动，来产生差别较大的个体学习器。

12.2.8 Stacking 算法

Stacking 算法：将训练好的所有基模型对训练基进行预测，第 j 个基模型对第 i 个训练样本的预测值将作为新的训练集中第 i 个样本的第 j 个特征值，最后基于新的训练集进行训练。同理，预测的过程也要先经过所有基模型的预测形成新的测试集，最后再对测试集进行预测，如图 12-3 所示。

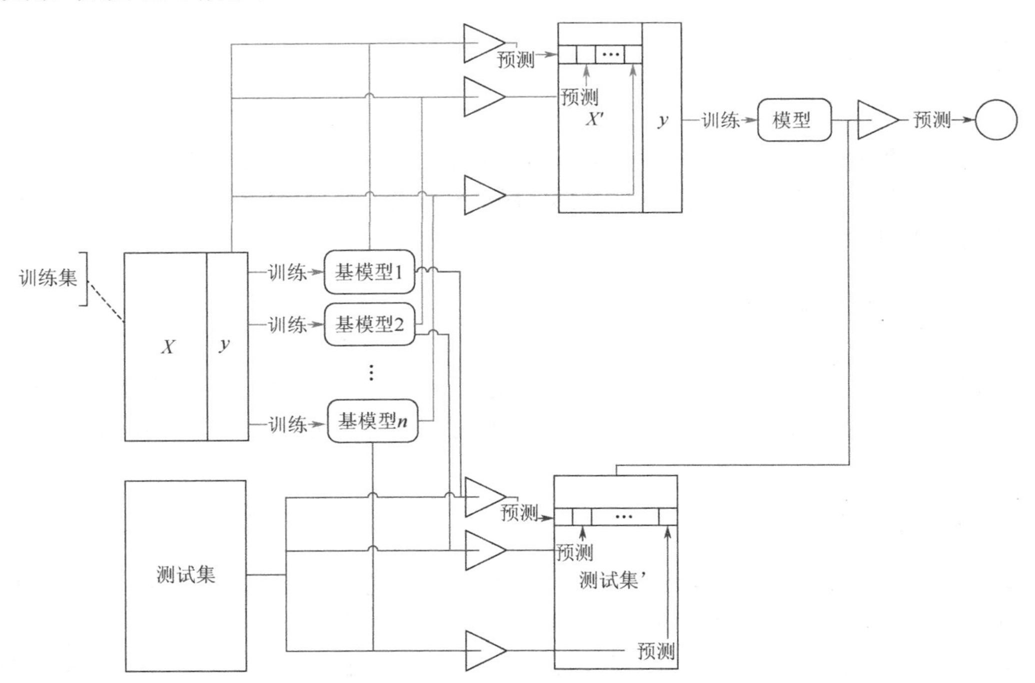

图 12-3 Stacking 算法的预测结果

12.3 Python 实现

前面对集成算法的概念、公式进行了相关说明，下面直接通过 Python 来演示集成算法的实现。

【例 12-1】 AdaBoost 多分类问题。

（1）标准的 AdaBoost 算法仅能解决二分类问题，稍加改进后，也可解决多分类问题，其实现的 Python 代码为：

```
import matplotlib.pyplot as plt
import numpy as np
from sklearn import datasets,cross_validation,ensemble

def load_data_regression():
    diabetes=datasets.load_diabetes()
    return
    cross_validation.train_test_split(diabetes.data,diabetes.
    target,test_size=0.25,random_state=0)

def load_data_classification():
    digits=datasets.load_digits()
    return
    cross_validation.train_test_split(digits.data,digits.
    target,test_size=0.25,random_state=0)

def test_AdaBoostClassifier(*data):
    x_train,x_test,y_train,y_test=data
    cls=ensemble.AdaBoostClassifier(learning_rate=0.1)
    cls.fit(x_train,y_train)
    fig=plt.figure()
    ax=fig.add_subplot(1,1,1)
    estimators=len(cls.estimators_)
    X=range(1,estimators+1)
    ax.plot(list(X),list(cls.staged_score(x_train,y_train)),label=
"Traing score")
    ax.plot(list(X),list(cls.staged_score(x_test,y_test)),label=
"Testing score")
    ax.set_xlabel("estimator num")
    ax.set_ylabel("score")
    ax.legend(loc="best")
    ax.set_title("AdaBoostClassifier")
    plt.show()

def test_AdaBoostRegressor(*data):
    x_train,x_test,y_train,y_test=data
    regr=ensemble.AdaBoostRegressor()
    regr.fit(x_train,y_train)
    fig=plt.figure()
    ax=fig.add_subplot(1,1,1)
```

```
        estimators_num=len(regr.estimators_)
        X=range(1,estimators_num+1)
        ax.plot(list(X),list(regr.staged_score(x_train,y_train)),
        label="Traing score")
        ax.plot(list(X),list(regr.staged_score(x_test,y_test)),
        label="Testing score")

        ax.set_xlabel("estimators num")
        ax.set_ylabel("score")
        ax.legend(loc="best")
        ax.set_title("AdaBoostRegressor")
        plt.show()

    x_train,x_test,y_train,y_test=load_data_classification()
    test_AdaBoostClassifier(x_train,x_test,y_train,y_test)
    x_train,x_test,y_train,y_test=load_data_regression()
    #test_AdaBoostRegressor(x_train,x_test,y_train,y_test)
```

运行程序，调用不同的函数，得到的效果分别如图 12-4 和图 12-5 所示。

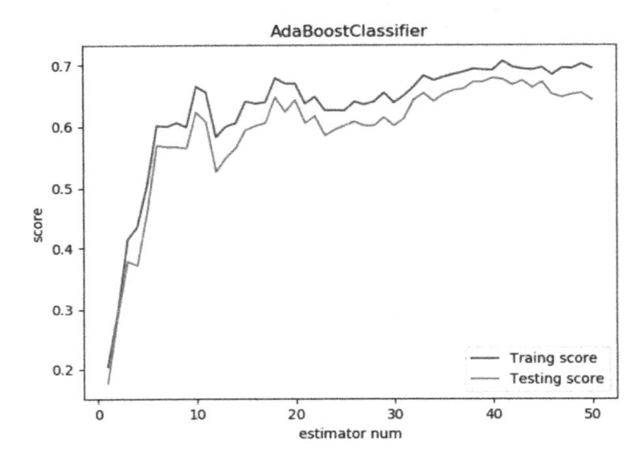

图 12-4　标准的 AdaBoost 算法调用 test_AdaBoostClassifier 函数结果

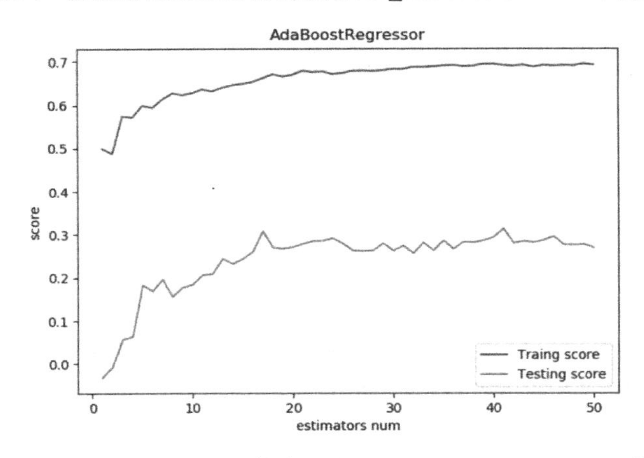

图 12-5　标准的 AdaBoost 算法调用 test_AdaBoostRegressor 函数结果

（2）GradientBoostingClassifier 梯度提升决策树，其实现的 Python 代码为：

```
import matplotlib.pyplot as plt
import numpy as np
from sklearn import datasets,cross_validation,ensemble

def load_data_classification():
    digits = datasets.load_digits()
    return cross_validation.train_test_split(digits.data,
    digits.target, test_size=0.25, random_state=0)

def test_GradientBoostingClassifier(*data):
    x_train,x_test,y_train,y_test=data
    clf=ensemble.GradientBoostingClassifier()
    clf.fit(x_train,y_train)
    print("Training score:%f"%clf.score(x_train,y_train))
    print("Tesing score:%f"%clf.score(x_test,y_test))

x_train,x_test,y_train,y_test=load_data_classification()
test_GradientBoostingClassifier(x_train,x_test,y_train,y_test)
```

运行程序，输出如下：

```
Training score:1.000000
Tesing score:0.962222
-------------------
```

从结果可以看出，梯度提升决策树对于分类问题有一个很好的预测性能。尤其是当适当调整个体决策树的个数时，可以取得一个更佳的取值，同时树的深度对预测性能也会有影响，因此在面对具体数据时，也需要通过调参找到一个合适的深度。该方法还有一个 sample 参数，这个参数指定了提取原始训练集中的一个子集用于训练基础决策树。该参数就是子集占原始训练集的大小，即大于 0 小于 1。如果 sample 小于 1，则梯度提升决策树模型就是随机梯度提升决策树，此时会减小方差但是提高了偏差，它会影响 n_estimators 参数。

（3）GradientBoostingRegressor 梯度提升回归树，其实现的 Python 代码为：

```
import matplotlib.pyplot as plt
import numpy as np
from sklearn import datasets,cross_validation,ensemble

def load_data_regression():
    diabetes=datasets.load_diabetes()
    return cross_validation.train_test_split(diabetes.data,diabetes.
target,test_size=0.25,random_state=0)

def test_GradientBoostingRegressor(*data):
    x_train,x_test,y_train,y_test=data
    regr=ensemble.GradientBoostingRegressor()
    regr.fit(x_train,y_train)
    print("Training score:%f"%regr.score(x_train,y_train))
```

```
        print("Testing score:%f"%regr.score(x_test,y_test))

    x_train,x_test,y_train,y_test=load_data_regression()
    test_GradientBoostingRegressor(x_train,x_test,y_train,y_test)
```

运行程序，输出如下：

```
    Training score:0.878471
    Testing score:0.218852
    ------------------
```

由结果可看出，似乎所有的模型对于回归问题的预测性能都不怎么好。当慢慢调整模型的个体回归树数量时会发现，GBRT 对于训练集的拟合一直在提高，但是测试集的预测得分是先快速上升后缓缓下降。

（4）RandomForestClassifier 随机森林分类器，其实现的 Python 代码为：

```
    import matplotlib.pyplot as plt
    import numpy as np
    from sklearn import datasets,cross_validation,ensemble

    def load_data_classification():
        digits = datasets.load_digits()
    return cross_validation.train_test_split(digits.data, digits.target,
test_size=0.25, random_state=0)

    def test_RandomForestClassifier(*data):
        x_train,x_test,y_train,y_test=data
        clf=ensemble.RandomForestClassifier()
        clf.fit(x_train,y_train)
        print("Training score:%f"%clf.score(x_train,y_train))
        print("Testing score:%f"%clf.score(x_test,y_test))

    x_train,x_test,y_train,y_test=load_data_classification()
    test_RandomForestClassifier(x_train,x_test,y_train,y_test)
```

运行程序，输出如下：

```
    Training score:1.000000
    Testing score:0.935556
    ------------------
```

由结果可以看出，其对于分类问题的预测准确率还是比较可观的。调整 max_depth 参数，通过实验可以得知，随着决策树最大深度的提高，随机森林的预测性能也在提高。这里主要有两个原因：

- 决策树的最大深度提高，则每棵决策树的预测性能也在提高。
- 决策树的最大深度提高，则决策树的多样性也在增大。

（5）RandomForestRegressor 随机森林回归器，其实现的 Python 代码为：

```
    import matplotlib.pyplot as plt
    import numpy as np
    from sklearn import datasets,cross_validation,ensemble
```

```
def load_data_regression():
    diabetes=datasets.load_diabetes()
    return
    cross_validation.train_test_split
    (diabetes.data,diabetes.target,test_size=0.25,random_state=0)

def test_RandomForestRegressor(*data):
    x_train,x_test,y_train,y_test=data
    regr=ensemble.RandomForestRegressor()
    regr.fit(x_train,y_train)
    print("Training score:%f"%regr.score(x_train,y_train))
    print("Testing score:%f"%regr.score(x_test,y_test))

x_train,x_test,y_train,y_test=load_data_regression()
test_RandomForestRegressor(x_train,x_test,y_train,y_test)
```

运行程序，输出如下：

```
Training score:0.899305
Testing score:0.255907
-------------------
```

由结果可看出，回归问题的预测效果还是比较差。

第 13 章　数据预处理

在工程实践中，我们获取的数据因为各种各样的原因，如数据有缺失值、数据有重复值等，需要进行预处理。数据处理没有标准流程，通常会因为任务的不同、数据集属性的不同而有所不同。这里给出数据预处理的常用流程：

- 去除唯一属性；
- 处理缺失值；
- 属性编码；
- 数据标准化、正则化；
- 特征选择；
- 主成分分析。

主成分分析在前面已经介绍过，不再介绍。

13.1　数据预处理概述

13.1.1　为什么要对数据进行预处理

数据如果能满足其应用要求，则它是高质量的。数据的质量涉及许多因素，包括准确性、完整性、一致性、时效性、可信性和可解释性。

不正确、不完整和不一致的数据是现实世界大型数据库和数据仓库的共同特点。

导致数据不正确的（即具有不正确的属性值）原因可能有多种：收集数据的设备可能出故障；可能在数据输入时出现人或计算机的错误；当用户不希望提交个人信息时，可能故意向强制输入字段输入不正确的值（例如，为生日选择默认值“1 月 1 日”）。这称为被掩盖的缺失数据。错误也可能在数据传输中出现，这可能是由于技术的限制。不正确的数据也可能是由命名约定或所用数据代码不一致，或输入字段（如日期）的格式不一致而导致的。

不完整数据的出现可能有多种原因。有些感兴趣的属性，如销售事务数据中顾客的信息，并非总是可以得到的；其他数据没有包含在内，可能只是因为输入时认为是不重要的；相关数据没有记录可能是由于理解错误，或者因为设备故障；与其他记录不一致的数据可能已经被删除；此外，历史或修改的数据可能被忽略。缺失的数据，特别是某些属性上缺失值的元组，可能需要推导出来。

数据质量依赖于数据的应用。对于给定的数据库，两个不同的用户可能有完全不同的评估。时效性也影响数据的质量。

影响数据质量的另外两个因素是可信性和可解释性。可信性反映的是有多少数据是用户信赖的，而可解释性反映的是数据是否容易理解。

13.1.2　数据预处理的主要任务

数据预处理的主要步骤为数据清理、数据集成、数据规约和数据变换。

数据清理例程通过填写缺失的值，光滑噪声数据，识别或删除离群点，并解决不一致来“清理”数据。

数据集成涉及集成多个数据库、数据立方体或文件。代表同一概念的属性在不同的数据库中可能具有不同的名字，这又导致不一致性和冗余。有些属性可能是由其他属性导出的（如年收入）。除数据清理之外，必须采取步骤，避免数据集成时的冗余。通常，在为数据仓库准备数据时，数据清理和集成将作为预处理步骤进行，还可以再次进行数据清理，检测和删去可能由集成导致的冗余。

数据规约得到数据集的简化表示，其小得多，但能够产生同样的（或几乎同样的）分析结果。数据规约策略包括维规约和数值规约。

在维规约中，使用数据编码方案，以便得到原始数据的简化或“压缩”表示。相关例子包括数据压缩技术（如小波变换和主成分分析），以及属性子集选择（如去掉不相关的属性）和属性构造（如从原来的属性集导出更有用的小属性集）。

在数值规约中，使用参数模型（如回归和对数线性模型）或非参数模型（如直方图、聚类、抽样或数据聚集），用较小的表示取代数据。

回到数据，假设决定使用诸如神经网络、最近邻分类或聚类这样的基于距离的挖掘算法进行分析。如果待分析的数据已经规范化，即按比例映射到一个较小的区间（如[0.0, 1.0]），则这些方法将得到更好的结果。离散化和概念分层产生也可能是有用的，那里属性的原始值被区间或较高层的概念所取代。例如，年龄的原始值可以用较高层的概念（如青年、中年和老年）取代。对于数据挖掘而言，离散化和概念分层产生是强有力的工具，因为它们使得数据的挖掘可以在多个抽象层上进行。规范化、数据离散化和概念分层产生都是某种形式的数据变换。数据变换操作是引导挖掘过程成功的附加预处理过程。

上面的分类不是互斥的。例如，冗余数据的删除既是一种数据清理形式，也是一种数据规约形式。

数据预处理技术可以改进数据的质量，从而有助于提高其后挖掘过程的准确率和效率。

13.2　去除唯一属性

在获取的数据集中，经常会遇到唯一属性。这些属性通常是添加的一些 ID 属性，如存放在数据库中自增的主键。这些属性并不能刻画样本自身的分布规律，所以只需要简单地删除这些属性即可。

给定数据集 $D=\{(\vec{x}_1,y_1),(\vec{x}_2,y_2),\cdots,(\vec{x}_N,y_N)\}$，其中 $\vec{x}_i=(x_i^{(1)},x_i^{(2)},\cdots,x_i^{(d)})^{\mathrm{T}},i=1,2,\cdots,N$。假设 $x^{(t)}$ 为 ID 属性，则去除唯一属性后，有

$$\hat{\vec{x}}_i=(x_i^{(1)},x_i^{(2)},\cdots,x_i^{(t-1)},x_i^{(t)},x_i^{(d)})^{\mathrm{T}},i=1,2,\cdots,N$$

13.3 处理缺失值

数据缺失值产生的原因多种多样，主要分为客观原因和人为原因两种。客观原因是由数据存储的失败、存储器损坏、机械故障等导致某段时间的数据未能被收集（对于定时数据采集而言）。人为原因是人的主观失误、历史局限或有意隐瞒造成的数据缺失，比如，在市场调查中被访人拒绝透露相关问题的答案，或者回答的问题是无效的，以及数据输入人员失误、漏输了数据。

缺失值的处理有三种方法：

- 直接使用含有缺失值的特征。
- 删除含有缺失值的特征。
- 缺失值补全。

13.3.1 直接使用

对于某些算法可以直接使用含有缺失值的情况，如前面提到的决策树算法，就可以直接使用含有缺失值的数据集。

13.3.2 删除特征

最简单的办法就是删除含有缺失值的特征。给定数据集 $D=\{(\vec{x}_1,y_1),(\vec{x}_2,y_2),\cdots,(\vec{x}_N,y_N)\}$，其中 $\vec{x}_i=(x_i^{(1)},x_i^{(2)},\cdots,x_i^{(d)})^{\mathrm{T}},i=1,2,\cdots,N$。假设 $x^{(t)}$ 属性含有缺失值，则删除该特征，有

$$\hat{\vec{x}}_i=(x_i^{(1)},x_i^{(2)},\cdots,x_i^{(t-1)},x_i^{(t)},x_i^{(d)})^{\mathrm{T}},i=1,2,\cdots,N$$

如果 $x^{(t)}$ 含有大量缺失值，而仅仅包含极少量有效值，则该方法是最有效的，但是 $x^{(t)}$ 中包含大量有效值，则直接删除该特征会丢失大量有效信息，这是对信息的极大浪费。此时删除该特征不是一个好的办法。

13.3.3 缺失值补全

在缺失值处理的方法中，实际工程中应用最广泛的是缺失值补全方法。缺失值补全的思想是用最可能的值来插补缺失值。最常见的有以下几种方法：

1. 均值插补

如果样本属性的距离是可度量的（如身高、体重等），则该属性的缺失值就以该属性有

效值的平均值来插补缺失的值。如果样本属性的距离是不可度量的（如性别、国籍等），则该属性的缺失值就以该属性有效值的众数（出现频率最高的值）来插补缺失的值。

给定数据集 $D=\{(\vec{x}_1,y_1),(\vec{x}_2,y_2),\cdots,(\vec{x}_N,y_N)\}$ ，其中 $\vec{x}_i=(x_i^{(1)},x_i^{(2)},\cdots,x_i^{(d)})^{\mathrm{T}},i=1,2,\cdots,N$ 。假设 $x^{(t)}$ 属性含有缺失值且假设 $(\vec{x}_1,\vec{x}_2,\cdots,\vec{x}_{N1})$ 在 $x^{(t)}$ 属性上含有有效值， $(\vec{x}_{N1+1},\vec{x}_{N1+2},\cdots,\vec{x}_N)$ 在 $x^{(t)}$ 属性上为缺失值。提取 $x^{(t)}$ 上的有效值为 $(\vec{x}_1,\vec{x}_2,\cdots,\vec{x}_{N1})$ 。

- 如果 $x^{(t)}$ 是可度量的，则

$$\bar{x}^{(t)}=\frac{1}{N1}\sum_{i=1}^{N1}x_i^{(t)}$$

$$\hat{x}_i^{(t)}=\begin{cases}x_i^{(t)}, & i=1,2,\cdots,N1\\ \bar{x}^{(t)}, & i=N1+1,N1+2,\cdots,N\end{cases}$$

- 如果 $x^{(t)}$ 是不可度量的，则

$$\bar{x}^{(t)}=\arg\max_{x_j^{(t)},1\leqslant j\leqslant N1}\sum_{i=1}^{N1}I(x_i^{(t)}=x_j^{(t)})$$

$$\hat{x}_i^{(t)}=\begin{cases}x_i^{(t)}, & i=1,2,\cdots,N1\\ \bar{x}^{(t)}, & i=N1+1,N1+2,\cdots,N\end{cases}$$

2. 同类均值插补

采用均值插补有个缺点：含有缺失值的属性 $x^{(t)}$ 上的所有缺失值都填补为同样的值。同类均值插补的思想是首先将样本进行分类，然后以该类中样本的均值来插补缺失值。

给定数据集 $D=\{(\vec{x}_1,y_1),(\vec{x}_2,y_2),\cdots,(\vec{x}_N,y_N)\}$ ，其中 $\vec{x}_i=(x_i^{(1)},x_i^{(2)},\cdots,x_i^{(d)})^{\mathrm{T}},i=1,2,\cdots,N$ 。假设 $x^{(t)}$ 属性含有缺失值。将数据集划分为 $D_l=\{(\vec{x}_1,y_1),(\vec{x}_2,y_2),\cdots,(\vec{x}_l,y_l)\}$ 和 $D_u=\{(\vec{x}_{l+1},y_{l+1}),(\vec{x}_{l+2},y_{l+2}),\cdots,(\vec{x}_N,y_N)\}$ ，其中 $x^{(t)}$ 在 D_l 上含有有效数据，在 D_u 上有缺失值。

首先利用层次聚类算法对 D_l 进行聚类。设聚类的结果为 K 个簇 $C_1,C_2,\cdots,C_K$ 。计算这 K 个簇在 $x^{(t)}$ 上的均值 $\mu_1,\mu_2,\cdots,\mu_K$ 。

- 对于 $\vec{x}_i\in D_l$ ，有 $\hat{x}_i^{(t)}=x_i^{(t)}$ 。
- 对于 $\vec{x}_i\in D_u$ ，先对其进行聚类预测，设它被判定为属于簇 $C_k,(1\leqslant k\leqslant K)$ ，则有 $\hat{x}_i^{(t)}=\mu_k$ 。

3. 建模预测

建模预测的思想是将缺失的属性作为预测目标来预测。给定数据集 $D=\{(\vec{x}_1,y_1),(\vec{x}_2,y_2),\cdots,(\vec{x}_N,y_N)\}$ ，其中 $\vec{x}_i=(x_i^{(1)},x_i^{(2)},\cdots,x_i^{(d)})^{\mathrm{T}},i=1,2,\cdots,N$ 。假设 $x^{(t)}$ 属性含有缺失值且假设 $(\vec{x}_1,\vec{x}_2,\cdots,\vec{x}_{N1})$ 在 $x^{(t)}$ 属性上含有有效值，则 $(\vec{x}_{N1+1},\vec{x}_{N1+2},\cdots,\vec{x}_N)$ 在 $x^{(t)}$ 属性上为缺失值。

构建新的训练数据集为 $D_t=\{(\hat{\vec{x}}_1,x_1^{(t)}),(\hat{\vec{x}}_2,x_2^{(t)}),\cdots,(\hat{\vec{x}}_{N1},x_{N1}^{(t)})\}$ ，构建待预测数据集为 $D_p=\{\hat{\vec{x}}_{N1+1},\hat{\vec{x}}_{N1+2},\cdots,\hat{\vec{x}}_N\}$ 。其中，

$$\hat{\boldsymbol{x}}_i=(x_i^{(1)},x_i^{(2)},\cdots,x_i^{(t-1)},x_i^{(t)},\cdots,x_i^{(d)})^{\mathrm{T}},i=1,2,\cdots,N$$

利用现有的机器学习算法从 D_t 中学习。设学到的算法为 f，则有

$$\hat{x}_i^{(t)}=\begin{cases}x_i^{(t)}, & i=1,2,\cdots,N_1\\ f(\hat{x}_i^{(t)}), & i=N_1+1,N_1+2,\cdots,N\end{cases}$$

这种方法的效果较好，但是该方法有个根本的缺陷：如果其他属性和缺失属性 $x^{(t)}$ 无关，则预测的结果毫无意义，但是如果预测结果相当准确，则说明这个缺失属性 $x^{(t)}$ 没必要考虑纳入数据集中。一般情况是介于两者之间。

4. 高维映射

高维映射的思想是：将属性映射到高维空间，给定数据集 $D=\{(\vec{x}_1,y_1),(\vec{x}_2,y_2),\cdots,(\vec{x}_N,y_N)\}$，其中 $\vec{x}_i=(x_i^{(1)},x_i^{(2)},\cdots,x_i^{(d)})^{\mathrm{T}},i=1,2,\cdots,N$。假设 $x^{(t)}$ 属性含有缺失值，$x^{(t)}$ 属性的取值为离散值 $\{a_{t,1},a_{t,2},\cdots,a_{t,K}\}$，一共 K 个取值。将该属性扩展为 $K+1$ 个属性 $(x^{(t,1)},x^{(t,2)},\cdots,x^{(t,K)},x^{(t,K+1)})$，其中：

- 如果 $x^{(t)}=a_{t,j}$（$j=1,2,\cdots,K$），则 $x^{(i,j)}=1$。
- 如果 $x^{(t)}$ 属性值缺失，则 $x^{(t,K+1)}=1$。
- 其他情况下 $x^{(i,j)}=0$。

于是有

$$\hat{\boldsymbol{x}}_i=(x_i^{(1)},x_i^{(2)},\cdots,x_i^{(t-1)},x_i^{(t)},\cdots,x_i^{(t,K)},x_i^{(t,K+1)},x_i^{(t+1)},\cdots,x_i^{(d)})^{\mathrm{T}}\ (i=1,2,\cdots,N)$$

$$x_i^{(i,j)}=\begin{cases}1 & (j=K+1\text{与}x_i^{(t)}\text{缺失})\\ -1 & (1\leqslant j\leqslant K\text{与}x_i^{(t)}=a_{t,j};j=1,2,\cdots,K+1)\\ 0 & (\text{其他})\end{cases}$$

这种做法是最精确的，它完全保留了所有信息，也未增加任何额外信息，如 Google、百度的 CTR 预估模型，预处理时会把所有变量都这样处理，达到几亿维。这样做的好处是完整保留了原始数据的全部信息而不用考虑缺失值。但其缺点也很明显，即计算量大大提升，并且只有在样本量非常大的时候效果才好，否则会因为过于稀疏，效果很差。

5. 多重插补

多重插补（Multiple Imputation，MI）认为待插补的值是随机的，其值来自已观测到的值。具体实践中通常是估计出待插补的值，然后加上不同的噪声，形成多组可选插补值。根据某种选择依据，选取最合适的插补值。

多重插补方法分为三个步骤：

（1）通过变量之间的关系对缺失数据进行预测，利用蒙特卡洛方法生成多个完整的数据集。

（2）在每个完整的数据集上进行训练，得到训练后的模型及评价函数值。

（3）对来自各个完整数据集的结果，根据评价函数值进行选择，选择评价函数值最大

的模型，其对应的插值就是最终的插补值。

6. 压缩感知及矩阵补全

（1）压缩感知。

考虑信号补全问题。假定有长度为N的离散信号$\vec{\boldsymbol{x}}$。根据奈奎斯特采样定理，当采样频率达到$\vec{\boldsymbol{x}}$最高频率的两倍时，采样的信号就保留了原信号的全部信息。

假定以远小于奈奎斯特采样定理要求的采样频率进行采样，获得采样信号$\vec{\boldsymbol{y}}$，其长度为M。其中，$M<N$，则有

$$\vec{\boldsymbol{y}}=\boldsymbol{\Phi}\vec{\boldsymbol{x}}$$

式中，$\boldsymbol{\Phi}\in R^{M\times N}$是对信号$\vec{\boldsymbol{x}}$的测量矩阵，它确定了采样方式。

如果给定测试值$\vec{\boldsymbol{y}}$、测量矩阵$\boldsymbol{\Phi}$，要还原出原始信号$\vec{\boldsymbol{x}}$非常困难。因为当$M<N$时，$\vec{\boldsymbol{y}}=\boldsymbol{\Phi}\vec{\boldsymbol{x}}$是一个欠定方程，无法简单地求出数值解。

假设存在某种线性变换$\boldsymbol{\Psi}\in R^{N\times N}$，使得$\vec{\boldsymbol{x}}=\boldsymbol{\Psi}\vec{\boldsymbol{s}}$，其中，$\vec{\boldsymbol{s}}$也和$\vec{\boldsymbol{x}}$一样，是$N$维列向量，则$\vec{\boldsymbol{y}}=\boldsymbol{\Phi}\vec{\boldsymbol{x}}=\boldsymbol{\Phi}\boldsymbol{\Psi}\vec{\boldsymbol{s}}$。令$\boldsymbol{A}=\boldsymbol{\Phi}\boldsymbol{\Psi}\in R^{M\times N}$，则$\vec{\boldsymbol{y}}=\boldsymbol{A}\vec{\boldsymbol{s}}$。如果能从$\vec{\boldsymbol{y}}$中恢复$\vec{\boldsymbol{s}}$，则能通过$\vec{\boldsymbol{x}}=\boldsymbol{\Psi}\vec{\boldsymbol{s}}$从$\vec{\boldsymbol{y}}$中恢复$\vec{\boldsymbol{x}}$。

虽然从数学上看没有什么意义，但是在实际应用中发现：如果$\vec{\boldsymbol{s}}$具有稀疏性（即大量的分量为零），则该问题能够很好地求解。这就是压缩感知的基本思想。

压缩感知通过利用信号本身所具有的稀疏性，从部分观测样本中恢复原信号。压缩感知分为感知测量和重构恢复两个阶段。

- 感知测量：此阶段对原始信号进行处理以获得稀疏样本表示。常用的手段是傅里叶变换、小波变换、字典学习、稀疏编码等。
- 重构恢复：此阶段基于稀疏性从少量观测中恢复原信号。这是压缩感知的核心。

这里介绍限定等距性（Restricted Isometry Property，RIP）：对于大小为$M\times N$，$M<N$的矩阵$\boldsymbol{A}$，如果存在常数$\delta^k\in(0,1)$，使得对于任意向量$\vec{\boldsymbol{s}}$和$\boldsymbol{A}$的所有子矩阵$\boldsymbol{A}_k\in R^{M\times N}$都有：

$$(1-\delta^k)\|\vec{\boldsymbol{s}}\|_2^2\leqslant\|\boldsymbol{A}_k\vec{\boldsymbol{s}}\|_2^2\leqslant(1+\delta^k)\|\vec{\boldsymbol{s}}\|_2^2$$

则称$\boldsymbol{A}$满足k限定等距性（k-RIP）。此时可通过求解下面的最优化问题恢复出稀疏信号$\vec{\boldsymbol{s}}$，进而恢复出$\vec{\boldsymbol{y}}$：

$$\begin{aligned}&\min_{\vec{s}}\|\vec{\boldsymbol{s}}\|_0\\&\text{s.t.}\quad\vec{\boldsymbol{y}}=\boldsymbol{A}\vec{\boldsymbol{s}}\end{aligned}$$

这里L_0范数表示向量中非零元素的个数。该最优化问题涉及L_0范数最小化，这是个NP（Non-deterministic Polynomial，非确定性）难问题。但是L_1范数最小化在一定条件下与L_0范数最小化问题共解，于是实际上只需要求解最优化问题：

$$\begin{aligned}&\min_{\vec{s}}\|\vec{\boldsymbol{s}}\|_1\\&\text{s.t.}\quad\vec{\boldsymbol{y}}=\boldsymbol{A}\vec{\boldsymbol{s}}\end{aligned}$$

可以将该问题转化为 LASSO 等价形式，然后通过近端梯度下降法来求解。

（2）矩阵补全。

一个现实的例子是对电影进行评分。假设有 100 部电影让网友评分，通常每个网友只是观赏过部分电影，因此他们只会对这 100 部电影的一部分进行评分。因此采集到的仅仅是部分有效信息，其中有大量的未知项，用？表示，如表 13-1 所示。

表 13-1　评价电影

	电影 1	电影 2	电影 3	…	电影 100
网友 1	5	?	?	…	3
网友 2	?	7	8	…	5
…	…	…	…	…	…
网友 *xx*	8	6	?	…	?

矩阵补全技术基于压缩感知的思想，将由网友评价得到的数据当作部分信号，从而恢复出完整信号。

矩阵补全技术解决的问题是：

$$\min_{\boldsymbol{X}} \operatorname{rank}(\boldsymbol{X})$$
$$\text{s.t.} \quad \boldsymbol{X} = A(i,j) \in \Omega$$

其中，

$$\boldsymbol{X} = \begin{bmatrix} x_{1,1} & x_{1,2} & \cdots & x_{1,n} \\ x_{2,1} & x_{2,2} & \cdots & x_{2,n} \\ \vdots & \vdots & \ddots & \vdots \\ x_{m,1} & x_{m,2} & \cdots & x_{m,2}n \end{bmatrix}, \quad \boldsymbol{A} = \begin{bmatrix} a_{1,1} & a_{1,2} & \cdots & a_{1,n} \\ a_{2,1} & a_{2,2} & \cdots & a_{2,n} \\ \vdots & \vdots & \ddots & \vdots \\ a_{m,1} & a_{m,2} & \cdots & a_{m,n} \end{bmatrix}$$

式中，$\boldsymbol{A}$ 为观测矩阵；Ω 为 $\boldsymbol{A}$ 中所有数值的下标的集合；$\boldsymbol{X}$ 为需要恢复的稀疏信号；rank($\boldsymbol{X}$) 为矩阵 $\boldsymbol{X}$ 的秩。该最优化问题也是一个 NP 难问题。

考虑到 rank($\boldsymbol{X}$)在集合 $\{\boldsymbol{X} \in R^{m\times n} : \|\boldsymbol{X}\|_F^2 \leqslant 1\}$ 上的凸包是 $\boldsymbol{X}$ 的核范数：

$$\|\boldsymbol{X}\|_* = \sum_{j=1}^{\min\{m,n\}} \sigma_j(\boldsymbol{X})$$

其中，$\sigma_j(\boldsymbol{X})$ 表示 $\boldsymbol{X}$ 的奇异值。于是可以通过最小化矩阵核范数来近似求解：

$$\text{s.t.} \quad x_{i,j} = a_{i,j}, (i,j) \in \Omega$$

该最优化问题是一个凸优化问题，可以通过半正定规划（Semi-Definite Programming，SDP）求解。

13.3.4　数据清理

现实世界的数据一般是不完整的、有噪声的和不一致的。数据清理例程试图填充缺失的值、光滑噪声和识别离群点，并纠正数据中的不一致。

1. 缺失值

想象要分析决策树的销售和顾客数据。注意到许多元组的一些属性（如顾客的 income）没有记录值。怎样才能为该属性填上缺失的值？来看看下面的方法。

（1）忽略元组：当类标号缺失时通常这样做（假定挖掘任务涉及分类）。除非元组有多个属性缺失值，否则该方法不是很有效。当每个属性缺失值的百分比变化很大时，它的性能特别差。

（2）人工填写缺失值：一般地说，该方法很费时，并且当数据集很大、缺失很多值时，该方法可能行不通。

（3）使用一个全局常量填充缺失值：将缺失的属性值用同一个常量（如“Unknown”或－¥）替换。如果缺失的值都用“Unknown”替换，则挖掘程序可能误以为它们形成了一个有趣的概念，因为它们都具有相同的值——“Unknown”。因此，尽管该方法简单，但是并不可靠。

（4）使用属性的中心度量（如均值或中位数）填充缺失值：对于正常的（对称的）数据分布而言，可以使用均值，而倾斜数据分布应该使用中位数。例如，假定 AllElectronics 的顾客的平均收入为$28,000，则使用该值替换 income 中的缺失值。

（5）使用与给定元组属同一类的所有样本的属性均值或中位数：例如，如果将顾客按 credit_risk 分类，则用具有相同信用风险的顾客的平均收入替换 income 中的缺失值。如果给定类的数据分布是倾斜的，则中位数是更好的选择。

（6）使用最可能的值填充缺失值：可以用回归、使用贝叶斯形式化方法的基于推理的工具或决策树归纳确定。例如，利用数据集中其他顾客的属性，可以构造一棵判定树来预测 income 的缺失值。

方法（3）到（6）使数据有偏，填入的值可能不正确，然而方法（6）是最流行的策略。与其他方法相比，它使用已有数据的大部分信息来推测缺失值。在估计 income 的缺失值时，通过考虑其他属性的值，有更大的机会保持 income 和其他属性之间的联系。

在某些情况下，缺失值并不意味着有错误。理想情况下，每个属性都应当有一个或多个关于空值条件的规则。这些规则可以说明是否允许空值，并且/或者说明这样的空值应当如何处理或转换。

2. 噪声数据

噪声是被测量变量的随机误差或方差。给定一个数值属性，如 price，怎样才能“光滑”数据，去掉噪声？让我们看看下面的数据光滑技术。

（1）分箱：分箱方法通过考察数据的“近邻”（即周围的值）来光滑有序数据值。这些有序的值被分布到一些“桶”或箱中。由于分箱方法考察近邻值，因此它进行局部光滑。

按 price（美元）排序后的数据：4，8，15，21，24，25，28，34，划分如图 13-1 所示。

- 用箱均值光滑：箱中每一个值被箱中的平均值替换。
- 等频分箱光滑：箱中的值按从小到大的顺序排列，按观测的个数等分为 K 部分，每部分当作一个分箱。
- 用箱边界光滑：箱中的最大值和最小值同样被视为边界。箱中的每一个值被最近的边界值替换。

一般而言，宽度越大，光滑效果越明显。箱也可以是等宽的，其中每个箱值的区间范围是个常量。分箱也可以作为一种离散化技术使用。

（2）回归：也可以用一个函数拟合数据来光滑数据。线性回归涉及找出拟合两个属性（或变量）的“最佳”直线，使得一个属性能够预测另一个属性。多线性回归是线性回归的扩展，它涉及多于两个属性，并且数据拟合到一个多维面。使用回归，找出适合数据的数学方程式，能够帮助消除噪声。

（3）离群点分析：可以通过如聚类来检测离群点。聚类将类似的值组织成群或“簇”。直观地，落在簇集合之外的值被视为离群点。

图 13-2 显示了顾客在城市中位置的 2D 图，显示了 3 个数据簇。

等频分箱光滑

箱1：4，8，15

箱2：21，21，24

箱3：25，28，34

用箱均值光滑

箱1：9，9，9

箱2：22，22，22

箱3：29，29，29

用箱边界光滑

箱1：4，4，15

箱2：21，21，34

箱3：25，25，34

图 13-1　数据光滑的分箱方法

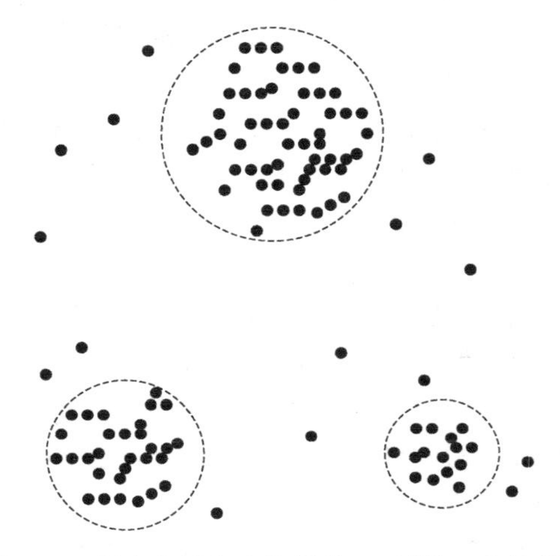

图 13-2　顾客在城市中位置的 2D 图的 3 个数据簇

许多数据光滑的方法也用于数据离散化（一种数据变换方式）和数据规约。例如，上面介绍的分箱技术减少了每个属性不同值的数量。对于基于逻辑的数据挖掘方法（决策树归纳），这充当了一种形式的数据规约。概念分层是一种数据离散化形式，也可以用于数据光滑。例如，price 的概念分层可以把实际的 price 值映射到 inexpensive、moderately_priced 和 expensive，从而减少了挖掘过程中需要处理的值的数量。

3. 不一致数据

有些事务所记录的数据可能存在不一致。有些数据不一致可以使用其他材料人工地加以更正。例如，数据输入时的错误可以使用纸上的记录加以更正。这可以与用来帮助纠正编码不一致的例程一块使用。知识工程工具也可以用来检测违反限制的数据。例如，知道属性间的函数依赖，可以查找违反函数依赖的值。

13.3.5　特征编码

有些情况下，某些特征的取值不是连续的数值，而是离散的标称变量。

比如，一个人的特征描述可能是下面的一种或几种：

```
features ['male', 'female'], ['from Europe', 'from US', 'from Asia'], ['use Firefox', 'use Chorme', 'use Safari', 'Use IE']。
```

这样的特征可以被有效编码为整型特征值。

```
['male', 'US', 'use IE']  -->>  [0,1,3]
['femel', 'Asia', 'use Chrome']  -->> [1,2,1]
```

但是这些整型的特征向量是无法直接被 sklearn 的学习器使用的，因为学习器希望输入的是连续变化的量或可以比较大小的量，但是上述特征里面的数字大小的比较是没有意义的。

一种变换标称型特征的方法是使用 one-of-K 或 one-hot encoding，在类 OneHotEncoder 里就已经实现了。这个编码器将每一个标称型特征编码成一个 m 维二值特征，其中每一个样本特征向量只有一个位置是 1，其余位置全是 0。

```
enc = preprocessing.OneHotEncoder()
enc.fit([[0,0,3],[1,1,0],[0,2,1],[1,0,2]])
enc.transform([[0,1,3]]).toarray()
```

第一列的取值有两个，使用两个数字编码；第二列的取值有 3 个，使用 3 个数字编码；第三列的取值有 4 个，使用 4 个数字编码。一共使用 7 个数字进行编码。

默认情况下，每个特征分量需要多少个值是从数据集中自动推断出来的。我们还可以通过参数 n_values 进行显式指定。上面的数据集中，有两个性别，3 个可能的地方，以及 4 个浏览器。fit 之后对每一个样本进行变换。结果显示，前两个值编码了性别，接下来的 3 个值编码了地方，最后的 4 个值编码了浏览器。

注意：如果训练数据中某个标称型特征分量的取值没有完全覆盖其所有可能的情况，则必须给 OneHotEncoder 指定每一个标称型特征分量的取值个数，设置参数：n_values。

```
enc = preprocessing.OneHotEncoder(n_values=[2,3,4])
enc.fit([[1,2,3],[0,2,0]])
enc.transform([[1,0,0]]).toarray()
```

13.3.6　数据标准化

数据标准化是将样本的属性缩放到某个指定的范围。数据标准化的两个原因为：

（1）某些算法要求样本数据具有零均值和单位方差。

（2）样本不同属性具有不同量级时，消除数量级的影响。如图 13-3 所示为两个属性目标函数等高线的标准化效果。

数量级的差异将导致量级较大的属性占据主导地位。从图中可以看到：如果样本的某个属性的量级特别巨大，则将原本为椭圆的等高线压缩成直线，从而使得目标函数值仅依赖于该属性。

数量级的差异将导致迭代收敛速度减慢。从图中可以看到：原始的特征进行梯度下降时，每一步梯度的方向会偏离最小值（等高线中心点）的方向，迭代次数较多。标准化后进行梯度下降时，每一步梯度的方向几乎都指向最小值（等高线中心点）的方向，迭代次数较少。

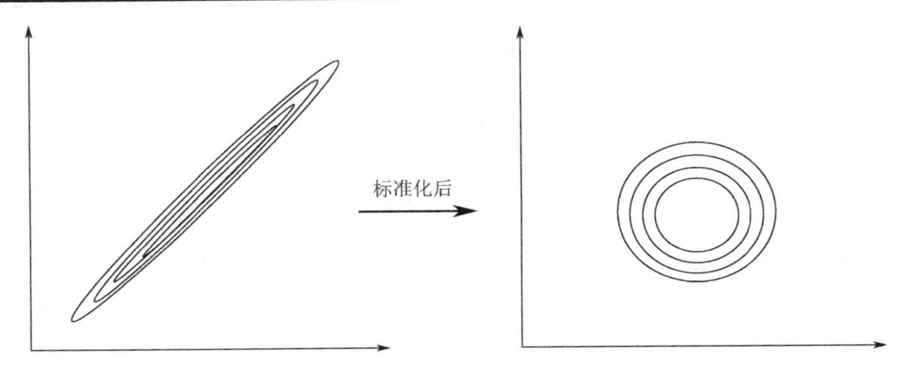

图 13-3　数据标准化效果

所有依赖于样本距离的算法对于数据的数量级都非常敏感。例如，k 近邻算法需要计算距离当前样本最近的 k 个样本。当属性的量级不同时，选取的最近的 k 个样本也会不同。

设数据集 $D=\{(\vec{x}_1,y_1),(\vec{x}_2,y_2),\cdots,(\vec{x}_N,y_N)\}$，$\vec{x}_i=(x_i^{(1)},x_i^{(2)},\cdots,x_i^{(d)})^{\mathrm{T}}$。常用的标准化算法有：

- min-max 标准化：对于每个属性 $x^{(j)},j=1,2,\cdots,d$，根据下式计算标准化后的属性值：

$$\hat{x}_i^{(j)}=\frac{x_i^{(j)}-\min x^{(j)}}{\max x^{(j)}-\min x^{(j)}},i=1,2,\cdots,N;j=1,2,\cdots,d$$

$$\hat{\vec{x}}=(\hat{x}_i^{(1)},\hat{x}_i^{(2)},\cdots,\hat{x}_i^{(d)})^{\mathrm{T}},i=1,2,\cdots,N$$

其中，$\max x^{(j)}=\max\{x_1^{(j)},x_2^{(j)},\cdots,x_N^{(j)}\}$ 为属性 $x^{(j)}$ 的最大值；$\min^{(j)}=\min\{x_1^{(j)},x_2^{(j)},\cdots,x_N^{(j)}\}$ 为属性 $x^{(j)}$ 的最小值。标准化后，样本 $\vec{x}_i$ 的所有属性值都在[0,1]之间。

- z-score 标准化：对于每个属性 $x^{(j)},j=1,2,\cdots,d$，先计算该属性的标准值和标准：

$$\mu^{(j)}=\frac{1}{N}\sum_{i=1}^{N}x_i^{(j)}$$

$$\sigma^{(j)}=\sqrt{\frac{1}{N}\sum_{i=1}^{N}(x_i^{(j)}-\mu^{(j)})^2}$$

标准化之后，样本集的所有属性的均值都为 0，标准差均为 1。

13.3.7　正则化

数据正则化是将样本的某个范数（如 L_1）缩放到单位 1。正则化的过程是针对单个样本的，对于每个样本将样本缩放到单位范数。通常如果使用二次型（如点积）或其他核方法计算两个样本之间的相似性，则该方法会很有用。

设数据集 $D=\{(\vec{x}_1,y_1),(\vec{x}_2,y_2),\cdots,(\vec{x}_N,y_N)\}$，$\vec{x}_i=(x_i^{(1)},x_i^{(2)},\cdots,x_i^{(d)})^{\mathrm{T}}$。对于样本 $\vec{x}_i$，首先计算其 L_p 范数：

$$L_p(\vec{x}_i)=(|x_i^{(1)}|^p+|x_i^{(2)}|^p+\cdots+|x_i^{(d)}|^p)^{\frac{1}{p}}$$

样本 $\vec{x}_i$ 正则化后的结果为每个属性值除以其 L_p 范数：

$$\hat{\vec{x}}_i=\left(\frac{x_i^{(1)}}{L_p(\vec{x}_i)},\frac{x_i^{(2)}}{L_p(\vec{x}_i)},\cdots,\frac{x_i^{(d)}}{L_p(\vec{x}_i)}\right)^{\mathrm{T}}$$

13.3.8 特征选择

在学习任务中，当给定了属性集时，其中的某些属性可能对于学习来说是很关键的，但是有些属性可能就没有什么用。

- 对当前学习任务有用的属性称为相关特征。
- 对当前学习任务没有用的属性称为无关特征。

从给定的特征集合中选出相关特征子集的过程称为特征选择。进行特征选择有两个重要原因：

- 维数灾难问题就是由于属性过多造成的。如果挑选出重要特征，使得后续学习过程仅仅需要在这小部分特征上构建模型，则维数灾难问题会大大减轻。
- 去除不相关特征通常会降低学习任务的难度。

进行特征选择必须确保不丢失重要特征，如果重要信息缺失则学习效果会大打折扣。常见的特征选择方法大致可分为三类：过滤式、包裹式、嵌入式。

1. 过滤式选择

过滤式方法是先对数据集进行特征选择，然后再训练学习器。特征选择过程与后续学习器无关。Relief（Relevant Features）就是一种著名的过滤式特征选择方法。

给定训练集 $D=\{(\vec{x}_1,y_1),(\vec{x}_2,y_2),\cdots,(\vec{x}_N,y_N)\}$，$\vec{x}_i=(x_i^{(1)},x_i^{(2)},\cdots,x_i^{(d)})^{\mathrm{T}}$，$y_i\in\{-1,1\}$。Relief 步骤为：

对于每个样本 $\vec{x}_i,i=1,2,\cdots,N$：

- 先在 $\vec{x}_i$ 同类样本中寻找其最近邻 $\vec{x}_{i,nh}$，称为猜中近邻。
- 然后从 $\vec{x}_i$ 的异类样本中寻找其最近邻 $\vec{x}_{i,nm}$，称为猜错近邻。
- 再计算 $\vec{\delta}_i=(\delta_i^{(1)},\delta_i^{(2)},\cdots,\delta_i^{(d)})^{\mathrm{T}}$ 对应于属性 j 的分量（$j=1,2,\cdots,d$）。

$$\delta_i^{(j)}=\sum_{i=1}^{N}(-\mathrm{diff}(x_i^{(j)},x_{i,nh}^{(j)})^2+\mathrm{diff}(x_i^{(j)},x_{i,nm}^{(j)})^2)$$

其中，$\mathrm{diff}(x_a^{(j)},x_b^{(j)})$ 为两个样本在属性 j 上的差异值，其结果取决于该属性是离散的还是连续的。

◎如果属性 j 是离散的，则

$$\mathrm{diff}(x_a^{(j)},x_b^{(j)})=\begin{cases}0, & x_a^{(j)}=x_b^{(j)}\\ 1, & \text{其他}\end{cases}$$

◎如果属性 j 是连续的，则

$$\mathrm{diff}(x_a^{(j)},x_b^{(j)})=\left|x_a^{(j)}-x_b^{(j)}\right|$$

此时，$x_a^{(j)},x_b^{(j)}$ 已标准化到[0,1]区间。

- 计算 $\vec{\delta}_i$ 的均值 $\vec{\delta}$：

$$\vec{\delta}=\sum_{i=1}^{N}\frac{1}{N}\vec{\delta}_i$$

- 根据指定的阈值 τ，如果 $\delta^{(j)}>\tau$，则样本属性 j 被选中。

Relief 是为二分类问题设计的，其推广形式 Relief-F 用于处理多分类问题。假定数据集 D 中的样本类别为 $c_1,c_2,\cdots,c_K$。对于样本 $\vec{x}_i$，假设其类别为 $y_i=c_k$。Relief-F 与 Relief 的区别如下：

- Relief-F 先在类别 c_k 的样本中寻找 $\vec{x}_i$ 的最近邻 $\vec{x}_{i,nh}$ 作为猜中近邻。
- 然后在 c_k 之外的每个类别中分别找到一个 $\vec{x}_i$ 的最近邻 $\vec{x}_{i,nm,l},l=1,2,\cdots,K;l\neq k$ 作为猜错近邻。
- 计算 $\vec{\delta}_i=(\delta_i^{(1)},\delta_i^{(2)},\cdots,\delta_i^{(d)})^{\mathrm{T}}$ 对应于属性 j 的分量为（$j=1,2,\cdots,d$）

$$\delta_i^{(j)}=\sum_{i=1}^{N}(-\mathrm{diff}(x_i^{(j)},x_{i,nh}^{(j)})^2+\sum_{i\neq k}(p_l\times\mathrm{diff}(x_i^{(j)},x_{i,nm,l}^{(j)})^2))$$

其中，p_l 为第 l 类的样本在数据集 D 中所占的比例。

2. 包裹式选择

包裹式特征选择直接把最终将要使用的学习器的性能作为特征子集的评价准则。其优点是：由于包裹式特征选择方法直接针对特定学习器进行优化，因此通常包裹式特征选择比过滤式特征选择更好。其缺点是：由于特征选择过程中需要多次训练学习器，因此计算开销通常比过滤式特征选择要大得多。

LVW（Las Vegas Wrapper）是一个典型的包裹式特征选择方法。它在 Las Vegas method 框架下使用随机策略来进行子集搜索，并以最终分类器的误差作为特征子集的评价标准。

LVW 算法：

（1）输入：

- 数据集 $D=\{(\vec{x}_1,y_1),(\vec{x}_2,y_2),\cdots,(\vec{x}_N,y_N)\}$，$\vec{x}_i=(x_i^{(1)},x_i^{(2)},\cdots,x_i^{(d)})^{\mathrm{T}}$；
- 特征集 $A=\{x^{(1)},x^{(2)},\cdots,x^{(1)}\}$；
- 学习器 estimator；
- 迭代停止条件 T。

（2）输出：最优特征子集 A^*。

（3）算法步骤如下：

- 初始化：将候选的最优特征子集设为 $\tilde{A}^*=A$，然后学习器 estimator 在特征子集 $\tilde{A}^*$ 上使用交叉验证法进行学习，通过学习结果评估学习器 estimator 的误差 err^*。
- 迭代，停止条件为迭代次数到达 T。迭代过程为：

  ◎随机产生特征子集 A'；

  ◎学习器 estimator 在特征子集 A' 上使用交叉验证法进行学习，通过学习结果评估学习器 estimator 的误差 err；

◎如果 err 比 err^* 更小，或者 $err = err^*$，但是 A' 的特征数量比 $\tilde{A}^*$ 的特征数量更少，则将 A 作为候选的最优特征子集：

$$\tilde{A}^* = A'; \quad err = err^*$$

● 最终 $A^* = \tilde{A}^*$。

注意：如果初始特征数量很多、T 设置较大，以及每一轮训练的时间较长，则很可能算法运行很长时间都不会停止。

3. 嵌入式选择和 L_1 正则化

前两种特征选择方法中，特征选择过程和学习器训练过程有明显区别。而嵌入式特征选择是在学习器训练过程中自动进行了特征选择。

以最简单的线性回归模型为例。给定数据集 $\boldsymbol{D}=\{(\vec{x}_1,y_1),(\vec{x}_2,y_2),\cdots,(\vec{x}_N,y_N)\}$，$\vec{x}_i=(x_i^{(1)},x_i^{(2)},\cdots,x_i^{(d)})^{\mathrm{T}}$，$y_i \in R$，如果损失函数为平方损失函数，则优化目标为

$$\min_w \sum_{i=1}^{N}(y_i-\vec{w}^{\mathrm{T}}\vec{x}_i)^2$$

引入正则化项。

● 如果使用 L_2 范数正则化，则优化目标为

$$\min_w \sum_{i=1}^{N}(y_i-\vec{w}^{\mathrm{T}}\vec{x}_i)^2+\lambda\|\vec{w}\|_2^2, \lambda>0$$

此时称为岭回归。

● 如果使用 L_1 范数正则化，则优化目标为

$$\min_w \sum_{i=1}^{N}(y_i-\vec{w}^{\mathrm{T}}\vec{x}_i)^2+\lambda\|\vec{w}\|_1, \lambda>0$$

此时称为 LASSO（Least Absolute Shrinkage and Selection Operator）回归。

引入 L_1 范数除了可以降低过拟合风险外，还有一个好处：它求得的 $\vec{w}$ 中会有较多分量为零，即它更容易获得稀疏解。

假设 $\vec{w}=(w^{(1)},w^{(2)},\cdots,w^{(d)})^{\mathrm{T}}$ 的解为 $(w^{(1*)},w^{(2*)},\cdots,w^{(v*)},0,0,\cdots,0)^{\mathrm{T}}$，即前 v 个分量非零，后面的 $d-v$ 个分量为零，则意味着初始的 d 个特征中，只有前 v 个特征才会出现在最终模型中。

于是基于 L_1 正则化的学习方法就是一种嵌入式特征选择方法，其特征选择过程也就是学习器训练过程。

L_1 正则化问题的求解可以用近端梯度下降（Proximal Gradient Descent，PGO）算法求解。

13.3.9 稀疏表示和字典学习

对于 $\boldsymbol{D}=\{(\vec{x}_1,y_1),(\vec{x}_2,y_2),\cdots,(\vec{x}_N,y_N)\}$，$\vec{x}_i=(x_i^{(1)},x_i^{(2)},\cdots,x_i^{(d)})^{\mathrm{T}}$，$y_i \in R$。构建矩阵

$$D=\begin{bmatrix}x_1^{(1)} & x_1^{(2)} & \cdots & x_1^{(d)}\\ x_2^{(1)} & x_2^{(2)} & \cdots & x_2^{(d)}\\ \vdots & \vdots & \ddots & \vdots\\ x_N^{(1)} & x_N^{(2)} & \cdots & x_N^{(d)}\end{bmatrix}$$

其中每一行对应一个样本，每一列对应一个特征。考虑以下两类情况：

（1）矩阵中可能许多列与当前学习任务无关。如果通过特征选择去除这些列，则学习器训练过程仅需要在较小的矩阵上进行。这就是特征选择要解决的问题。

（2）$\boldsymbol{D}$ 中有大量元素为 0，称为稀疏矩阵。如果数据集具有高度的稀疏性，则该问题很可能是线性可分的，而线性支持向量机能取得更佳的性能。另外稀疏矩阵有很多很高效的存储方法，可以节省存储空间。这就是字典学习要考虑的问题。

字典学习：学习一个字典，通过该字典将样本转化为合适的稀疏表示形式。

稀疏编码（sparse coding）：获取样本的稀疏表达，不一定需要通过字典。这两者通常是在同一个优化求解过程中完成的，因此这里不做区分，统称为字典学习。

给定数据集 $\boldsymbol{D}=\{(\vec{x}_1,y_1),(\vec{x}_2,y_2),\cdots,(\vec{x}_N,y_N)\}$，$\vec{x}_i=(x_i^{(1)},x_i^{(2)},\cdots,x_i^{(d)})^{\mathrm{T}}$。希望对样本 $\vec{x}_i$，学习到它的一个稀疏表示 $\vec{\alpha}_i\in R^k$（一个 k 维列向量）。一个自然的想法是进行线性变换，即寻找一个矩阵 $\boldsymbol{P}\in R^{k\times d}$，使得 $\boldsymbol{P}\vec{x}_i=\vec{\alpha}_i$。

现在的问题是：既不知道变换矩阵 $\boldsymbol{P}$，也不知道 $\vec{x}_i$ 的稀疏表示 $\vec{\alpha}_i$，因此要求解它们，求解的目标是：

（1）根据 $\vec{\alpha}_i$ 能正确还原 $\vec{x}_i$，或者还原的误差最小。

（2）$\vec{\alpha}_i$ 尽量稀疏，即它的分量尽量为零。

因此给出字典学习的最优化目标为

$$\min_{B,\vec{\alpha}_i}\sum_{i=1}^{N}\|\vec{x}_i-\boldsymbol{B}\vec{\alpha}_i\|_2^2+\lambda\sum_{i=1}^{N}\|\vec{\alpha}_i\|_1$$

其中，$\boldsymbol{B}\in R^{d\times k}$ 为字典矩阵；k 称为字典的词汇量，通常由用户指定；式中第一项希望 $\vec{\alpha}_i$ 能够良好地重构 $\vec{x}_i$，第二项则希望 $\vec{\alpha}_i$ 尽可能地稀疏（即尽可能多的项为 0）。

求解该问题采用类似 LASSO 的解法，但是要使用变量交替优化策略：

（1）第一步：固定字典 $\boldsymbol{B}$，为每一个样本 $\vec{x}_i$ 找到相应的 $\vec{\alpha}_i$。这是通过求解下式来实现的：

$$\min_{\vec{\alpha}_i}\|\vec{x}_i-\boldsymbol{B}\vec{\alpha}_i\|_2^2+\lambda\sum_{i=1}^{N}\|\vec{\alpha}_i\|_1 k$$

（2）第二步：根据下式，以 $\vec{\alpha}_i$ 为初值来更新字典 $\boldsymbol{B}$，即求解下式：

$$\min_{B}\|\boldsymbol{X}-\boldsymbol{B}\boldsymbol{A}\|_F^2$$

其中，$\boldsymbol{X}=(\vec{x}_1,\vec{x}_2,\cdots,\vec{x}_N)\in R^{d\times N}$，$\boldsymbol{A}=(\vec{\boldsymbol{a}}_1,\vec{\boldsymbol{a}}_2,\cdots,\vec{\boldsymbol{a}}_N)\in R^{k\times N}$。写成矩阵形式为：

$$X=\begin{bmatrix} x_1^{(1)} & x_2^{(1)} & \cdots & x_N^{(1)} \\ x_1^{(2)} & x_2^{(2)} & \cdots & x_N^{(2)} \\ \vdots & \vdots & \ddots & \vdots \\ x_1^{(d)} & x_2^{(d)} & \cdots & x_N^{(d)} \end{bmatrix},\quad A=\begin{bmatrix} a_1^{(1)} & a_2^{(1)} & \cdots & x_N^{(1)} \\ a_1^{(2)} & a_2^{(2)} & \cdots & x_N^{(2)} \\ \vdots & \vdots & \ddots & \vdots \\ a_1^{(k)} & a_2^{(k)} & \cdots & a_N^{(k)} \end{bmatrix}$$

这里，$\|\cdot\|_F$ 为矩阵的 Frobenius 范数（所有元素的平方和的平方根）。对于矩阵 $\boldsymbol{M}$，有

$$\|\boldsymbol{M}\|_F=\sqrt{\sum_i\sum_j|m_{ij}|^2}$$

反复迭代上述两步，最终即可求得字典 $\boldsymbol{B}$ 和样本 $\vec{x}_i$ 的稀疏表示 $\vec{\alpha}^{(i)}$。用户可以通过设置词汇量 k 的大小来控制字典的规模，从而影响稀疏程度。

此处有个最优化问题：

$$\min_B\|\boldsymbol{X}-\boldsymbol{BA}\|_F^2$$

该问题有多种求解方法，常用的有基于逐列更新策略的 KSVD 算法。令 $\vec{b}_i$ 为字典矩阵 $\boldsymbol{B}$ 的第 i 列，$\vec{\alpha}^{(i)}$ 表示稀疏矩阵 $\boldsymbol{A}$ 的第 i 行，则上式可以重写为

$$\min_{\vec{b}_i}\left\|\boldsymbol{X}-\sum_{j=1}^{k}\vec{b}_j\vec{a}^{(j)}\right\|_F^2=\min_{\vec{b}_i}\left\|\left(\boldsymbol{X}-\sum_{j=1,j\neq i}^{k}\vec{b}_j\vec{a}^{(j)}\right)-\vec{b}_i\vec{a}^{(i)}\right\|_F^2$$

考虑到更新字典的第 i 列 $\vec{b}_i$ 时，其他各列都是固定的，因此令：

$$\boldsymbol{E}_i=\boldsymbol{X}-\sum_{j=1,j\neq i}^{k}\vec{b}_j\vec{a}^{(j)}$$

$\boldsymbol{E}_i$ 是固定的，它表示去掉 $\vec{x}_i$ 的稀疏表示之后，稀疏表示与原样本集的误差矩阵，则最优化问题转换为

$$\min_{\vec{b}_i}\left\|\boldsymbol{E}_i-\vec{b}_i\vec{a}^{(i)}\right\|_F^2$$

求解该最优化问题只需要对 $\boldsymbol{E}_i$ 进行奇异值分解，以取得最大奇异值所对应的正交向量。

然而直接对 $\boldsymbol{E}_i$ 进行奇异值分解会同时修改 $\vec{b}_i$ 和 $\vec{a}^{(i)}$，可能会破坏 $\boldsymbol{A}$ 的稀疏性。因为第二步“以 $\vec{a}^{(i)}$ 为初值来更新字典 $\boldsymbol{B}$”，在更新 $\boldsymbol{B}$ 前、后，$\vec{a}^{(i)}$ 的非零元素所处的位置和非零元素的值很可能发生变化。为避免发生这样的情况，KSVD 对 $\boldsymbol{E}_i$ 和 $\vec{a}^{(i)}$ 进行了如下处理：

（1）$\vec{a}^{(i)}$ 仅保留非零元素。

（2）$\boldsymbol{E}_i$ 仅保留 $\vec{b}_i$ 和 $\vec{a}^{(i)}$ 的非零元素的乘积项，然后进行奇异值分解，这样就保持了第一步得到的稀疏性。

13.4 Python 实现

前面对数据预处理的相关概念及公式进行了介绍，下面直接利用实例来演示利用

Python 实现数据预处理。

【例 13-1】数据二元化。

```
"""
    数据预处理
    二元化
"""
from sklearn.preprocessing import Binarizer
def test_Binarizer():
    '''
    测试 Binarizer 的用法
    :return: None
    '''
    X=[   [1,2,3,4,5],
          [5,4,3,2,1],
          [3,3,3,3,3,],
          [1,1,1,1,1] ]
    print("before transform:",X)
    binarizer=Binarizer(threshold=2.5)  #阈值设定为2.5
    print("after transform:",binarizer.transform(X))
if __name__=='__main__':
    test_Binarizer() #调用 test_Binarizer
```

运行程序，输出如下：

```
    before transform: [[1, 2, 3, 4, 5], [5, 4, 3, 2, 1], [3, 3, 3, 3, 3], [1,
1, 1, 1, 1]]
    after transform: [[0 0 1 1 1]
     [1 1 1 0 0]
     [1 1 1 1 1]
     [0 0 0 0 0]]
    ------------------
```

由输出结果二元化后：所有小于 2.5 的属性值都转换为 0；所有大于 2.5 的属性值都转换为 1。

【例 13-2】数据标准化。

（1）min-max 标准化实现代码为：

```
    #-*- coding: utf-8 -*-
    """
      数据预处理
      数据标准化
    """
    from sklearn.preprocessing import MinMaxScaler,MaxAbsScaler,
StandardScaler
    def test_MinMaxScaler():
        '''
        测试 MinMaxScaler 的用法
        :return: None
        '''
```

```
    X=[   [1,5,1,2,10],
      [2,6,3,2,7],
      [3,7,5,6,4,],
      [4,8,7,8,1] ]
    print("before transform:",X)
    scaler=MinMaxScaler(feature_range=(0,2))
    scaler.fit(X)
    print("min_ is :",scaler.min_) #给出了每个属性的缩放倍数
    print("scale_ is :",scaler.scale_) #给出了每个属性的缩放倍数
    print("data_max_ is :",scaler.data_max_) #给出了每个属性原始的最大值
    print("data_min_ is :",scaler.data_min_) #给出了每个属性原始的最小值
    print("data_range_ is :",scaler.data_range_) #给出了每个属性的原始范围
    print("after transform:",scaler.transform(X)) #计算每个属性的最小值和最
大值，然后执行属性的标准化
if __name__=='__main__':
    test_MinMaxScaler()  #调用 test_MinMaxScaler
```

这里将每个属性值都缩放到区间[0,2]。运行程序，输出如下：

```
    before transform: [[1, 5, 1, 2, 10], [2, 6, 3, 2, 7], [3, 7, 5, 6, 4],
[4, 8, 7, 8, 1]]
    min_ is : [-0.66666667 -3.33333333 -0.33333333 -0.66666667 -0.22222222]
    scale_ is : [0.66666667 0.66666667 0.33333333 0.33333333 0.22222222]
    data_max_ is : [ 4.  8.  7.  8. 10.]
    data_min_ is : [1. 5. 1. 2. 1.]
    data_range_ is : [3. 3. 6. 6. 9.]
    after transform: [[0.         0.         0.         0.         2.        ]
     [0.66666667 0.66666667 0.66666667 0.         1.33333333]
     [1.33333333 1.33333333 1.33333333 1.33333333 0.66666667]
     [2.         2.         2.         2.         0.        ]]
    ------------------
```

由输出结果可看到：

- scaler.min_：存放的是每个属性的最小值的调整值。
- scaler.data_max_与 scaler.data_min_：存放的是每个属性的最大值和最小值。
- scaler.data_range_：存放的是每个属性的最大值减去最小值。
- 标准化后，所有的属性的值都在区间[0,2]。

（2）最大绝对值标准化（MaxAbsScaler）的实现代码为：

```
def test_MaxAbsScaler():
    '''
    测试 MaxAbsScaler 的用法
    :return: None
    '''
    X=[   [1,5,1,2,10],
      [2,6,3,2,7],
      [3,7,5,6,4,],
      [4,8,7,8,1] ]
    print("before transform:",X)
```

```
    scaler=MaxAbsScaler()
    scaler.fit(X)
    print("scale_ is :",scaler.scale_) #一个数组，给出了每个属性缩放倍数的倒数
    print("max_abs_ is :",scaler.max_abs_) #给出了每个属性绝对值的最大值
    print("after transform:",scaler.transform(X)) #
if __name__=='__main__':
    #test_MinMaxScaler()  #调用 test_MinMaxScaler
     test_MaxAbsScaler()  #调用 test_MaxAbsScaler
```

运行程序，输出如下：

```
before transform: [[1, 5, 1, 2, 10], [2, 6, 3, 2, 7], [3, 7, 5, 6, 4],
[4, 8, 7, 8, 1]]
scale_ is : [ 4.  8.  7.  8. 10.]
max_abs_ is : [ 4.  8.  7.  8. 10.]
after transform: [[0.25       0.625      0.14285714 0.25       1.        ]
 [0.5        0.75       0.42857143 0.25       0.7       ]
 [0.75       0.875      0.71428571 0.75       0.4       ]
 [1.         1.         1.         1.         0.1       ]]
-------------------
```

由输出结果可看出：

- scaler.scale_：给出了每个属性缩放倍数的倒数，它也是每个属性的绝对值的最大值。
- scaler.max_abs_：6 给出了每个属性的绝对值的最大值。
- 标准化后，每个属性值的绝对值都在区间[0,1]。

（3）z-score 标准化的实现代码为：

```
def test_StandardScaler():
    '''
    测试 StandardScaler 的用法
    :return: None
    '''
    X=[   [1,5,1,2,10],
      [2,6,3,2,7],
      [3,7,5,6,4,],
      [4,8,7,8,1] ]
    print("before transform:",X)
    scaler=StandardScaler()
    scaler.fit(X)
    print("scale_ is :",scaler.scale_) #给出了每个属性的缩放倍数的倒数
    print("mean_ is :",scaler.mean_) #给出了原始数据的每个属性的均值
    print("var_ is :",scaler.var_) #给出了原始数据的每个属性的方差
    print("after transform:",scaler.transform(X))
if __name__=='__main__':
    #test_MinMaxScaler()    #调用 test_MinMaxScaler
    #test_MaxAbsScaler()    #调用 test_MaxAbsScaler
    #test_StandandScaler()  #调用 test_StandandScaler
```

运行程序，输出如下：

```
before transform: [[1, 5, 1, 2, 10], [2, 6, 3, 2, 7], [3, 7, 5, 6, 4],
```

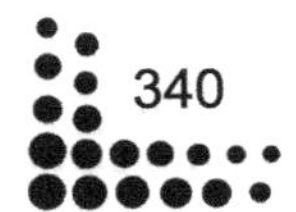

```
[4, 8, 7, 8, 1]]
       scale_ is : [1.11803399  1.11803399  2.23606798  2.59807621  3.35410197]
       mean_ is : [2.5  6.5  4  4.5  5.5]
       var_ is : [1.25  1.25  5  6.75  11.25]
       after transform: [[-1.34164079   -1.34164079     -1.34164079
                                         -0.96225045     1.34164079]
                        [-0.4472136     -0.4472136      -0.4472136
                                         -0.96225045     0.4472136]
                        [0.4472136      0.4472136       0.4472136
                                         0.57735027      -0.4472136]
                        [1.34164079     1.34164079      1.34164079
                                         1.34715063      -1.34164079]]
       ------------------
```

由输出结果可看出：

- scaler.scale_：存放的是每个属性的缩放倍数的倒数（其实就是每个属性的标准差）。
- scaler.mean_：存放的是每个特征的均值，这里依次为 2.5,6.5,4.0,4.5,5.5。
- scaler.var_：存放的是每个特征的方差，这里依次为 1.25,1.25,5.0,6.75,11.25。
- 标准化后，每个特征的均值为 0，方差为 1。

【例 13-3】数据的正则化。

```
    """
        数据预处理
        数据正则化
    """
    from sklearn.preprocessing import Normalizer
    def test_Normalizer():
        '''
        测试 Normalizer 的用法
        :return: None
        '''
        X=[   [1,2,3,4,5],
              [5,4,3,2,1],
              [1,3,5,2,4,],
              [2,4,1,3,5] ]
        print("before transform:",X)
        normalizer=Normalizer(norm='l2') #采用不同范数的正则化，norm='l1'为L1范
数正则化，norm='l2'为L2范数正则化，norm='max'为L∞范数正则化
        print("after transform:",normalizer.transform(X))
    if __name__=='__main__':
        test_Normalizer() #调用 test_Normalizer
```

运行程序，L_2 范数的输出如下：

```
     before transform: [[1, 2, 3, 4, 5], [5, 4, 3, 2, 1], [1, 3, 5, 2, 4], [2,
4, 1, 3, 5]]
     after transform: [[0.13483997 0.26967994 0.40451992 0.53935989
0.67419986]
```

```
 [0.67419986 0.53935989 0.40451992 0.26967994 0.13483997]
 [0.13483997 0.40451992 0.67419986 0.26967994 0.53935989]
 [0.26967994 0.53935989 0.13483997 0.40451992 0.67419986]]
--------------------
```

L_1 范数的输出如下：

```
before transform: [[1, 2, 3, 4, 5], [5, 4, 3, 2, 1], [1, 3, 5, 2, 4], [2,
4, 1, 3, 5]]
after transform: [[0.06666667 0.13333333 0.2        0.26666667 0.33333333]
 [0.33333333 0.26666667 0.2        0.13333333 0.06666667]
 [0.06666667 0.2        0.33333333 0.13333333 0.26666667]
 [0.13333333 0.26666667 0.06666667 0.2        0.33333333]]
--------------------
```

L_∞ 范数的输出如下：

```
before transform: [[1, 2, 3, 4, 5], [5, 4, 3, 2, 1], [1, 3, 5, 2, 4], [2,
4, 1, 3, 5]]
after transform: [[0.2 0.4 0.6 0.8 1. ]
 [1.  0.8 0.6 0.4 0.2]
 [0.2 0.6 1.  0.4 0.8]
 [0.4 0.8 0.2 0.6 1. ]]
--------------------
```

【例 13-4】数据的过滤式特征选取。

（1）VarianceThreshold。

方差很小的属性。意味着该属性的识别能力很差。极端情况下，方差为 0，意味着该属性在所有样本上的值都是一个常数，可以通过 scikit-learn 提供的 VarianceThreshold 剔除它。代码为：

```
"""
    数据预处理
    过滤式特征选择
"""
from sklearn.feature_selection import
VarianceThreshold,SelectKBest,f_classif
def test_VarianceThreshold():
    '''
    测试VarianceThreshold的用法
    :return:  None
    '''
    X=[[100,1,2,3],
       [100,4,5,6],
       [100,7,8,9],
       [101,11,12,13]]
    selector=VarianceThreshold(1)
    selector.fit(X)
    print("Variances is %s"%selector.variances_)
    print("After transform is %s"%selector.transform(X))
    print("The surport is %s"%selector.get_support(True))
```

```
    print("After reverse transform is %s"%
            selector.inverse_transform(selector.transform(X)))
if __name__=='__main__':
    test_VarianceThreshold() #调用 test_VarianceThreshold
    #test_SelectKBest() #调用 test_SelectKBest
```

运行程序，输出如下：

```
Variances is [ 0.1875 13.6875 13.6875 13.6875]
After transform is [[ 1  2  3]
 [ 4  5  6]
 [ 7  8  9]
 [11 12 13]]
The surport is [1 2 3]
After reverse transform is [[ 0  1  2  3]
 [ 0  4  5  6]
 [ 0  7  8  9]
 [ 0 11 12 13]]
------------------
```

由输出结果可看出：

- selector.variances_依次给出 4 个属性的方差为 0.1875,13.6875,13.6875,13.6875。
- 经过特征选取后（selection.transform(X)），第一个属性被剔除了。
- 被选择出来的特征的下标为 1,2,3(selector.get_support(Ture))，表明第一个属性被剔除了。
- 根据特征选取之后的数据还原原始数据时发现，第一个属性（被剔除的属性）全部被填充为零。

（2）单变量特征提取。

单变量特征提取是通过计算每个特征的某个统计指标，然后根据该指标来选取特征的。常用类有：

- SelectKbest：可以保留在该统计指标上得分最高的 *k* 个特征。
- SelectPercentile：可以保留在该统计指标上得分最高的百分之 *k* 的特征。

实现的代码为：

```
def test_SelectKBest():
    '''
    测试SelectKBest的用法，其中考察的特征指标是 f_classif
    :return:  None
    '''
    X=[   [1,2,3,4,5],
          [5,4,3,2,1],
          [3,3,3,3,3,],
          [1,1,1,1,1] ]
    y=[0,1,0,1]
    print("before transform:",X)
    selector=SelectKBest(score_func=f_classif,k=3)
    selector.fit(X,y)
```

```
    print("scores_:",selector.scores_)
    print("pvalues_:",selector.pvalues_)
    print("selected index:",selector.get_support(True))
    print("after transform:",selector.transform(X))
if __name__=='__main__':
    #test_VarianceThreshold() #调用 test_VarianceThreshold
     test_SelectKBest() #调用 test_SelectKBest
```

这里共有 5 个特征，选取 f_classif 指标最好的 3 个特征，运行程序，输出如下：

```
    before transform: [[1, 2, 3, 4, 5], [5, 4, 3, 2, 1], [3, 3, 3, 3, 3], [1,
1, 1, 1, 1]]
    scores_: [0.2 0.  1.  8.  9. ]
    pvalues_: [0.69848865 1.         0.42264974 0.10557281 0.09546597]
    selected index: [2 3 4]
    after transform: [[3 4 5]
     [3 2 1]
     [3 3 3]
     [1 1 1]]
    ------------------
```

【例 13-5】数据包裹式特征选取。

（1）RFE：RFE 通过外部提供的一个学习器来选择特征。它要求学习器学习的是特征的权重（如线性模型），其原理为：

- 首先学习器在初始的特征集合及初始的权重上训练。
- 然后学习器学得每个特征的权重，剔除当前权重最小的那个特征，构成新的训练集。
- 最后将学习器在新的训练集上训练，直到剩下的特征数量满足条件为止。

实现代码为：

```
"""
    数据预处理
    包裹式特征选择
"""
from sklearn.feature_selection import  RFE,RFECV
from sklearn.svm import LinearSVC
from sklearn.datasets import  load_iris
from  sklearn import  cross_validation
def test_RFE():
    '''
    测试 RFE 的用法，其中目标特征数量为 2
    :return: None
    '''
    iris=load_iris()
    X=iris.data
    y=iris.target
    estimator=LinearSVC()
    selector=RFE(estimator=estimator,n_features_to_select=2)
    selector.fit(X,y)
    print("N_features %s"%selector.n_features_)
```

```
        print("Support is %s"%selector.support_)
        print("Ranking %s"%selector.ranking_)
    if __name__=='__main__':
        test_RFE() #调用 test_RFE
    #test_compare_with_no_feature_selection() #调用
test_compare_with_no_feature_selection
        #test_RFECV() #调用 test_RFECV
```

运行程序，输出如下：

```
    N_features 2
    Support is [False  True False  True]
    Ranking [3 1 2 1]
    ------------------
```

由运行结果可看出：

- selector.n_features_给出了最终挑选出来的特征数量为 2。
- selector.support_给出了每个特征被挑选出来与否，如第二个与第四个特征对应的 mask 为 True，则挑出了第二个特征与第四个特征。
- selector.ranking_给出了最终各特征的排名，如第二个与第四个特征对应的 rank 为 1，则挑出了第二个特征与第四个特征。

注意：特征提取对于预测性能的提升没有必然的联系，这里可以比较：

```
    def test_compare_with_no_feature_selection():
        '''
        比较经过特征选择和未经特征选择的数据集，对 LinearSVC 的预测性能的区别
        :return: None
        '''
        ###加载数据
        iris=load_iris()
        X,y=iris.data,iris.target
        ###特征提取
        estimator=LinearSVC()
        selector=RFE(estimator=estimator,n_features_to_select=2)
        X_t=selector.fit_transform(X,y)
        ####切分测试集与验证集
        X_train,X_test,y_train,y_test=cross_validation.train_test_split(X, y,
                test_size=0.25,random_state=0,stratify=y)
        X_train_t,X_test_t,y_train_t,y_test_t=cross_validation.train_test_
    split (X_t, y,
                test_size=0.25,random_state=0,stratify=y)
        ###测试与验证
        clf=LinearSVC()
        clf_t=LinearSVC()
        clf.fit(X_train,y_train)
        clf_t.fit(X_train_t,y_train_t)
        print("Original DataSet: test score=%s"%(clf.score(X_test,y_test)))
        print("Selected DataSet: test score=%s"%(clf_t.score(X_test_t,
y_test_t)))
```

```
    if __name__=='__main__':
        #test_RFE() #调用 test_RFE
        test_compare_with_no_feature_selection() #调用
test_compare_with_no_feature_selection
        #test_RFECV() #调用 test_RFECV
```

运行程序，输出如下：

```
Original DataSet: test score=0.9736842105263158
Selected DataSet: test score=0.9473684210526315
------------------
```

由输出结果可看到：原始数据利用支持向量机预测的准确率高达 97.368%，而经过特征提取之后的数据利用支持向量机预测的准确率为 94.737%。之所以特征提取之后的预测准确率降低，是因为被剔除的特征中包含了有效信息，因此抛弃了这部分信息会在一定程度上降低预测准确率。

（2）RFECV：RFECV 是 RFE 的一个变体，其执行一个交叉验证来寻找最优的剩余特征数量，因此不需要指定保留多少个特征。代码为：

```
    def test_RFECV():
        '''
        测试 RFECV 的用法
        :return:  None
        '''
        iris=load_iris()
        X=iris.data
        y=iris.target
        estimator=LinearSVC()
        selector=RFECV(estimator=estimator,cv=3)
        selector.fit(X,y)
        print("N_features %s"%selector.n_features_)
        print("Support is %s"%selector.support_)
        print("Ranking %s"%selector.ranking_)
        print("Grid Scores %s"%selector.grid_scores_)
    if __name__=='__main__':
        #test_RFE() #调用 test_RFE
      #test_compare_with_no_feature_selection() #调用 test_compare_with_no_
feature_selection
        test_RFECV() #调用 test_RFECV
```

运行程序，输出如下：

```
N_features 4
Support is [ True  True  True  True]
Ranking [1 1 1 1]
Grid Scores [0.91421569 0.94689542 0.95383987 0.96691176]
------------------
```

由输出结果可看出：

- selector.n_features_给出了最终挑选出来的特征数量为 4（即所有的特征都保留了）。
- selector.support_给出了每个特征被挑选出来与否。这里所有特征对应的值都是 True，

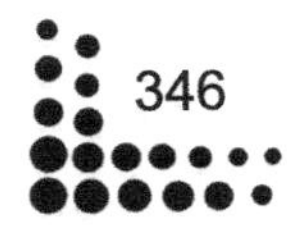

因此所有的特征都被选中。

- selector.ranking_给出了最终各特征的排名。这里所有的特征对应的 rank 为 1，因此所有的特征都被选中。
- selector.grid_scores 依次给出了单个特征上交叉验证得到的最佳预测准确率。这里 4 个特征依次对应的交叉验证最佳预测准确率为 0.91421569 0.94689542 0.95383987 0.96691176。

【例 13-6】数据嵌入式特征选取。

在 Python 中提供了 SelectFromModel 来实现嵌入式特征选取。SelectFromModel 使用外部提供的 estimator 来工作。estimator 必须有 code_或 feature_importances_属性。当某个特征对应的 coef_或 feature_importances_低于某个阈值时，该特征将被移除。当然也可以不指定阈值，而使用启发式方法，如指定均值 mean，指定中位数 median 或指定这些统计量的一个倍数，如 0.1×mean。实现代码为：

```
"""
    数据预处理
    嵌入式特征选择
"""
from sklearn.feature_selection import  SelectFromModel
from sklearn.svm import LinearSVC
from sklearn.datasets import  load_digits,load_diabetes
import numpy as np
import  matplotlib.pyplot as plt
from sklearn.linear_model import Lasso
def test_SelectFromModel():
    '''
    测试 SelectFromModel 的用法。
    :return: None
    '''
    digits=load_digits()
    X=digits.data
    y=digits.target
    estimator=LinearSVC(penalty='l1',dual=False)
    selector=SelectFromModel(estimator=estimator,threshold='mean')
    selector.fit(X,y)
    selector.transform(X)
    print("Threshold %s"%selector.threshold_)
    print("Support is %s"%selector.get_support(indices=True))
if __name__=='__main__':
    test_SelectFromModel() #调用 test_SelectFromModel
```

此处指定阈值为‘mean’，表示特征重要性的均值，运行代码，输出为：

```
Threshold 0.6721603900621222
Support is [ 2  3  4  5  6  9 12 13 14 18 19 20 21 22 23 25 26 27 30 33 36
38 41 42 43 44 45 51 53 54 55 58 61]
------------------
```

由输出结果可看到：

- selector.threshold_ 给出了最终用于特征提取的特征重要性的阈值，这里为 0.6721603900621222。
- selector.get_support 方法给出了被选中特征的下标，这里特征的总数量为 64，所以下标为 0～63。

这里重点说明 estimator 的类型。

（1）线性且带有 L_1 正则化项的模型。此时 estimator 学习的模型具有较好的系数解：大量的系数为零。

① 对于回归问题，我们可以使用 linear_model.Lasso 类型的 estimator。

② 对于分类问题，我们可以使用 linear_model.LogisticRegression 或 svm.LinearsSVC 类型的 estimator。

（2）基于决策树的模型（在 sklearn.tree 模块中）和基于森林的模型（在 sklearn.ensemble 模块中）能计算特征的重要性并用于特征选取。

① 在 Lasso 中，α 参数控制了稀疏性；α 越小，则稀疏性越小；α 越大，则稀疏性越大，代码为：

```
def test_Lasso(*data):
    '''
    测试 alpha 与稀疏性的关系
    :param data: 可变参数。它是一个元组，这里要求其元素依次为训练样本集、测试样本集、训练样本的值、测试样本的值
    :return: None
    '''
    X,y=data
    alphas=np.logspace(-2,2)
    zeros=[]
    for alpha in alphas:
        regr=Lasso(alpha=alpha)
        regr.fit(X,y)
        ###计算零的个数 ###
        num=0
        for ele in regr.coef_:
            if abs(ele) < 1e-5:num+=1
        zeros.append(num)
    #####绘图
    fig=plt.figure()
    ax=fig.add_subplot(1,1,1)
    ax.plot(alphas,zeros)
    ax.set_xlabel(r"$\alpha$")
    ax.set_xscale("log")
    ax.set_ylim(0,X.shape[1]+1)
    ax.set_ylabel("zeros in coef")
    ax.set_title("Sparsity In Lasso")
    plt.show()
```

```
if __name__=='__main__':
    test_SelectFromModel() #调用 test_SelectFromModel
    data=load_diabetes() #生成用于回归问题的数据集
    test_Lasso(data.data,data.target) #调用 test_Lasso
```

运行程序，效果如图 13-4 所示。

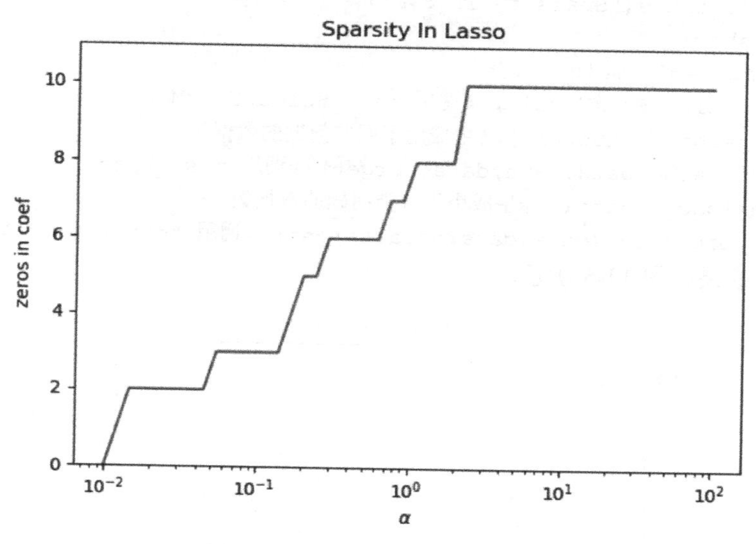

图 13-4　Lasso 中 α 与稀疏性关系图

② 在 SVM 和 logistic-regression 中，参数 c 控制了稀疏性：c 越小，则稀疏性越大；c 越大，则稀疏性越小。代码为：

```
def test_LinearSVC(*data):
    '''
    测试C与稀疏性的关系
    :param data: 可变参数。它是一个元组，这里要求其元素依次为训练样本集、测试样本集、训练样本的标记、测试样本的标记
    :return: None
    '''
    X,y=data
    Cs=np.logspace(-2,2)
    zeros=[]
    for C in Cs:
        clf=LinearSVC(C=C,penalty='l1',dual=False)
        clf.fit(X,y)
        ###计算零的个数 ###
        num=0
        for row in clf.coef_:
            for ele in row:
                if abs(ele) < 1e-5:num+=1
        zeros.append(num)
    #####绘图
    fig=plt.figure()
```

```
    ax=fig.add_subplot(1,1,1)
    ax.plot(Cs,zeros)
    ax.set_xlabel("C")
    ax.set_xscale("log")
    ax.set_ylabel("zeros in coef")
    ax.set_title("Sparsity In SVM")
    plt.show()
if __name__=='__main__':
    test_SelectFromModel() #调用 test_SelectFromModel
    #data=load_diabetes() #生成用于回归问题的数据集
    #test_Lasso(data.data,data.target) #调用 test_Lasso
    data=load_digits() #生成用于分类问题的数据集
    test_LinearSVC(data.data,data.target) #调用 test_LinearSVC
```

运行程序，效果如图 13-5 所示。

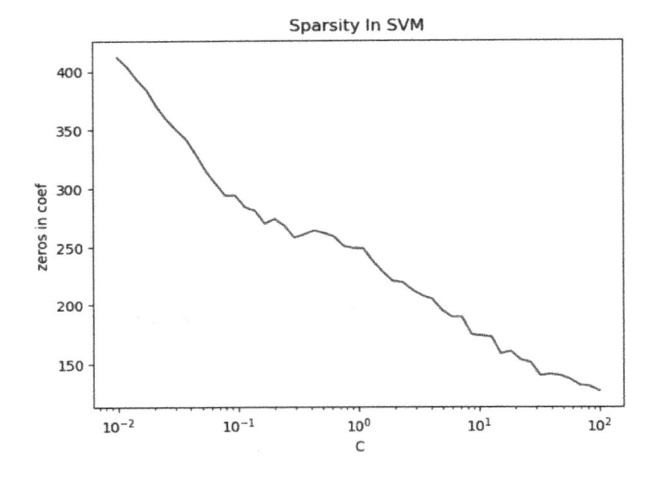

图 13-5　SVM 中 α 与稀疏性的关系图

【例 13-7】数据的字典学习。

```
"""
    数据预处理
    字典学习
"""
from sklearn.decomposition import DictionaryLearning
def test_DictionaryLearning():
    '''
    测试DictionaryLearning的用法
    :return: None
    '''
    X=[[1,2,3,4,5],
       [6,7,8,9,10],
       [10,9,8,7,6,],
       [5,4,3,2,1] ]
    print("before transform:",X)
```

```
    dct=DictionaryLearning(n_components=3)
    dct.fit(X)
    print("components is :",dct.components_)
    print("after transform:",dct.transform(X))
if __name__=='__main__':
    test_DictionaryLearning()#调用test_DictionaryLearning
```

运行程序，输出如下：

```
before transform: [[1, 2, 3, 4, 5], [6, 7, 8, 9, 10], [10, 9, 8, 7, 6],
[5, 4, 3, 2, 1]]
components is : [[-0.54734995 -0.49408718 -0.4408244  -0.38756163
-0.33429885]
 [-0.67419986 -0.53935989 -0.40451992 -0.26967994 -0.13483997]
 [ 0.18512822  0.30070194  0.41627567  0.53184939  0.64742311]]
after transform: [[  0.          0.          7.3998722 ]
 [  0.          0.         17.80676384]
 [-18.16560384   0.          0.        ]
 [  0.         -7.41619849   0.        ]]
------------------
```

由结果可以看出：

- 原始数据每个样本的特征数量为 5，经过字典学习后，转换后的每个样本的特征数量为 3。这是因为我们指定了字典大小 k=3。
- dct.components_存放了学习模型的字典。由于转换前样本的特征数量为 5，转换后的每个样本的特征数量为 3，因此字典为 5×3 大小的矩阵。

参考文献

[1] 赵志勇．Python 机器学习算法[M]．北京：电子工业出版社，2017.

[2] 小甲鱼．零基础入门学习 Python[M]．北京：清华大学出版社，2016.

[3] 赵志勇．Python 机器学习算法[M]．北京：人民邮电出版社，2017.

[4] 唐松，陈智铨．Python 网络爬虫——从入门到实践[M]．北京：机械工业出版社，2017.

[5] 华校专，王正林．Python 大战机器学习——数据科学家的第一个小目标[M]．北京：电子工业出版社，2017.

反侵权盗版声明